ANSYS Workbench 有限元分析完全自学手册

施阳和 槐创锋 黄志刚等 / 编著

人民邮电出版社
北京

图书在版编目（CIP）数据

ANSYS Workbench有限元分析完全自学手册 / 施阳和等编著. -- 北京 : 人民邮电出版社, 2025.3

ISBN 978-7-115-59181-4

Ⅰ. ①A… Ⅱ. ①施… Ⅲ. ①有限元分析—应用软件 Ⅳ. ①O241.82-39

中国版本图书馆CIP数据核字(2022)第068827号

内 容 提 要

本书基于 ANSYS 2021 R1，对 ANSYS Workbench 有限元分析的基本思路、操作步骤、应用技巧进行详细介绍，并结合典型工程应用实例详细讲解 ANSYS Workbench 的具体应用方法。

本书分为两篇，共 18 章。第 1 篇是基础知识篇（第 1～9 章），详细介绍 ANSYS Workbench 分析全流程的基本步骤和方法，包括 ANSYS Workbench 2021 R1 基础、项目管理、DesignModeler 图形用户界面、草图模式、三维特征、高级三维建模、概念建模、一般网格控制、Mechanical 简介等内容。第 2 篇为专题实例篇（第 10～18 章），分专题以实例的方式具体讲解各种参数的设置方法与技巧，所涉及的专题有静力结构分析、模态分析、响应谱分析、谐响应分析、随机振动分析、线性屈曲分析、结构非线性分析、热分析、优化设计等。

本书适合 ANSYS 软件的初、中级用户，以及有初步使用经验的技术人员使用。本书可作为理工科院校相关专业的高年级本科生、研究生及教师学习 ANSYS 软件的教材，也可作为从事结构分析相关行业的工程技术人员使用 ANSYS 软件的参考书。

◆ 编　　著　施阳和　槐创锋　黄志刚　等
责任编辑　蒋　艳
责任印制　王　郁　胡　南

◆ 人民邮电出版社出版发行　　北京市丰台区成寿寺路 11 号
邮编　100164　　电子邮件　315@ptpress.com.cn
网址　https://www.ptpress.com.cn
固安县铭成印刷有限公司印刷

◆ 开本：787×1092　1/16
印张：21.25　　2025 年 3 月第 1 版
字数：577 千字　　2025 年 3 月河北第 1 次印刷

定价：109.80 元

读者服务热线：(010)81055410　印装质量热线：(010)81055316
反盗版热线：(010)81055315

前言

PREFACE

有限元法是一种数值计算方法，在工程分析领域应用较为广泛，自20世纪中叶以来，以独有的计算优势得到了广泛的发展和应用，且已发展出了不同的有限元算法，并由此产生了一批非常成熟的通用和专业有限元分析商业软件。随着计算机技术的飞速发展，各种工程软件也得以广泛应用。

ANSYS软件是美国ANSYS公司研制的大型通用有限元分析（Finite Element Analysis，FEA）软件，能够用其进行包括结构、热、声、流体，以及电磁场等学科的研究，在核工业、铁道、石油化工、航空航天、机械制造、能源、汽车交通、电子、土木工程、造船、生物医药、轻工、地矿、水利、日用家电等领域有着广泛的应用。ANSYS软件功能强大，操作简单方便，现在已成为流行的有限元分析软件，在历年FEA软件评比中名列第一。

Workbench是ANSYS公司开发的协同仿真环境，有利于协同仿真、项目管理，可以进行双向的参数传输，具有复杂装配件接触关系的自动识别、接触建模等功能，可对复杂的几何模型进行高质量的网格处理，自带可定制的工程材料数据库，方便操作者进行编辑、应用，支持所有ANSYS的有限元分析功能。

本书基于ANSYS 2021 R1，对ANSYS Workbench分析的基本思路、操作步骤、应用技巧进行详细介绍，并结合典型工程应用实例详细讲解ANSYS Workbench的具体应用方法。

随书配送的电子资源包中包含所有实例的素材源文件和配音讲解视频文件。

本书由华东交通大学教材基金资助，华东交通大学的施阳和、槐创锋、黄志刚等3位老师担任主编，华东交通大学的陈慧、沈晓玲、钟礼东参与部分章节的编写。其中施阳和执笔编写了第1～5章，槐创锋执笔编写了第6～8章，黄志刚执笔编写了第9～11章，陈慧执笔编写了第12～14章，沈晓玲执笔编写了第15～16章，钟礼东执笔编写了第17～18章。康士廷、解江坤等参与了部分编写工作。

本书适合ANSYS软件的初、中级用户，以及有初步使用经验的技术人员使用。本书可作为理工科院校相关专业的高年级本科生、研究生及教师学习ANSYS软件的教材，也可作为从事结构分析相关行业的工程技术人员使用ANSYS软件的参考书。由于作者水平有限，书中不足之处在所难免，恳请专家和广大读者不吝赐教。读者可以加入QQ群180284277或联系714491436@qq.com反馈意见。

编者

2023.4

资源与支持

资源获取

本书提供如下资源：

- 配套源文件；
- 视频讲解文件；
- 本书思维导图。

要获得以上资源，扫描下方二维码，根据指引领取。

提交勘误

作者和编辑尽最大努力来确保书中内容的准确性，但难免会存在疏漏。欢迎您将发现的问题反馈给我们，帮助我们提升图书的质量。

当您发现错误时，请登录异步社区（ttps:/www.epubit.com/），按书名搜索，进入本书页面，点击“发表勘误”，输入错误相关信息，点击“提交勘误”按钮即可（见下图）。本书的作者和编辑会对您提交的勘误进行审核，确认并接受后，您将获赠异步社区的100积分。积分可用于在异步社区兑换优惠券、样书或奖品。

图书勘误　发表勘误

页码：1　页内位置（行数）：1　勘误印次：1

图书类型：纸书　电子书

添加勘误图片（最多可上传4张图片）

+

提交勘误

全部勘误　我的勘误

与我们联系

我们的联系邮箱是 contact@epubit.com.cn.如果您对本书有任何疑问或建议,请您发邮件给我们,并请在邮件标题中注明本书书名以便我们更高效地做出反馈。

如果您有兴趣出版图书、录制教学视频，或者参与图书翻译、技术审校等工作，可以发邮件给我们。

如果您所在的学校、培训机构或企业，想批量购买本书或异步社区出版的其他图书，也可以发邮件给我们。

如果您在网上发现有针对异步社区出品图书的各种形式的盗版行为，包括对图书全部或部分内容的非授权传播，请您将怀疑有侵权行为的链接发邮件给我们。您的这一举动是对作者权益的保护，也是我们持续为您提供有价值的内容的动力之源。

关于异步社区和异步图书

"异步社区"（www.epubit.com）是由人民邮电出版社创办的 IT 专业图书社区，于 2015 年 8 月上线运营，致力于优质内容的出版和分享，为读者提供高品质的学习内容，为作译者提供专业的出版服务，实现作者与读者在线交流互动，以及传统出版与数字出版的融合发展。

"异步图书"是异步社区策划出版的精品 IT 图书的品牌，依托于人民邮电出版社在计算机图书领域 40 余年的发展与积淀。异步图书面向 IT 行业以及使用 IT 相关技术的用户。

目 录

CONTENTS

第1篇 基础知识篇

第1章 ANSYS Workbench 2021 R1 基础 ········ 3

1.1 有限元法简介 ························· 4
1.1.1 有限元法的基本思想 ······ 4
1.1.2 有限元法的特点 ·········· 4
1.2 ANSYS 简介 ························· 5
1.2.1 ANSYS 的发展 ·········· 5
1.2.2 ANSYS 的功能 ·········· 6
1.3 ANSYS Workbench 概述 ········ 7
1.3.1 ANSYS Workbench 的特点 ························· 7
1.3.2 ANSYS Workbench 的应用 ························· 8
1.4 ANSYS Workbench 分析的基本过程 ························· 9
1.4.1 前处理 ························· 10
1.4.2 加载并求解 ··················· 10
1.4.3 后处理 ························· 10
1.5 ANSYS Workbench 2021 R1 的设计流程 ························· 11
1.6 ANSYS Workbench 2021 R1 的系统要求和启动 ······················· 11
1.6.1 系统要求 ······················ 11
1.6.2 启动 ···························· 12
1.6.3 设置 ANSYS Workbench 2021 R1 的中文界面 ······ 13

第2章 项目管理 ·············· 15

2.1 工具箱 ································· 16
2.2 项目原理图 ··························· 17
2.2.1 系统和模块 ·················· 17
2.2.2 模块的介绍 ·················· 18
2.2.3 模块的状态 ·················· 18
2.2.4 项目原理图中的链接 ······ 19
2.3 Workbench 选项窗口 ·············· 20
2.4 Workbench 文档管理 ·············· 20
2.4.1 目录结构 ····················· 20
2.4.2 显示文件明细 ··············· 21
2.4.3 存档文件 ····················· 21
2.5 创建项目原理图实例 ·············· 22

第3章 DesignModeler 图形用户界面 ··········· 25

3.1 启动 DesignModeler ·············· 26
3.2 图形用户界面 ······················· 27
3.2.1 界面介绍 ······················ 27
3.2.2 DesignModeler 窗格定制 ························· 29
3.2.3 DesignModeler 主菜单 ··· 30
3.2.4 DesignModeler 工具栏 ··· 31
3.2.5 详细信息视图窗格 ········· 31
3.2.6 DesignModeler 与 CAD 类文件交互 ······ 31

3.3 选择操作 …… 32
3.3.1 基本鼠标功能 …… 33
3.3.2 选择过滤器 …… 33
3.4 视图操作 …… 35
3.4.1 图形控制 …… 35
3.4.2 鼠标指针状态 …… 36
3.5 右键快捷菜单 …… 36
3.5.1 插入特征 …… 36
3.5.2 隐藏 / 显示目标 …… 37
3.5.3 部件或体抑制 …… 38
3.5.4 转到特征 …… 38
3.6 帮助文档 …… 39

第4章 草图模式 …… 40

4.1 DesignModeler 中几何体的分类 …… 41
4.2 绘制草图 …… 41
4.2.1 长度单位 …… 41
4.2.2 创建新平面 …… 41
4.2.3 创建新草图 …… 42
4.2.4 草图的隐藏与显示 …… 43
4.3 工具箱 …… 43
4.3.1 绘制工具箱 …… 44
4.3.2 修改工具箱 …… 44
4.3.3 维度工具箱 …… 46
4.3.4 约束工具箱 …… 47
4.3.5 设置工具箱 …… 48
4.4 附属工具 …… 49
4.4.1 标尺工具 …… 49
4.4.2 正视于工具 …… 49
4.4.3 撤销工具 …… 49
4.5 实例——垫片草图 …… 49

第5章 三维特征 …… 54

5.1 建模特性 …… 55
5.1.1 挤出 …… 55
5.1.2 旋转 …… 58
5.1.3 扫掠 …… 58
5.1.4 蒙皮 / 放样 …… 59
5.1.5 薄 / 表面 …… 59
5.2 修改特征 …… 60
5.2.1 固定半径混合 …… 60
5.2.2 变量半径混合 …… 61
5.2.3 顶点倒圆 …… 61
5.2.4 倒角 …… 61
5.3 几何体操作 …… 62
5.3.1 缝补 …… 62
5.3.2 简化 …… 63
5.3.3 切割材料 …… 63
5.3.4 压印面 …… 63
5.4 几何体转换 …… 64
5.4.1 移动 …… 64
5.4.2 平移 …… 65
5.4.3 旋转 …… 65
5.4.4 镜像 …… 65
5.4.5 比例 …… 65
5.5 高级体操作 …… 66
5.5.1 阵列特征 …… 66
5.5.2 布尔操作 …… 67
5.5.3 直接创建几何体 …… 67
5.6 实例 1——联轴器 …… 68
5.6.1 新建模型 …… 68
5.6.2 挤出模型 …… 69
5.6.3 挤出底面 …… 70
5.6.4 挤出大圆孔 …… 71
5.6.5 挤出生成键槽 …… 72
5.6.6 挤出小圆孔 …… 73
5.7 实例 2——机盖 …… 74
5.7.1 新建模型 …… 74
5.7.2 旋转模型 …… 74
5.7.3 阵列筋 …… 76
5.7.4 创建底面 …… 78

第6章 高级三维建模 ………… 81

6.1 建模工具 …………………………… 82
6.1.1 冻结和解冻 ………………………… 82
6.1.2 抑制几何体 ………………………… 82
6.1.3 多体零件 …………………………… 83
6.2 高级工具 …………………………… 83
6.2.1 命名的选择 ………………………… 83
6.2.2 中间表面 …………………………… 84
6.2.3 外壳 ………………………………… 86
6.2.4 对称特征 …………………………… 86
6.2.5 填充 ………………………………… 87
6.2.6 切片 ………………………………… 88
6.2.7 面删除 ……………………………… 89
6.3 实例——铸管 ………………………… 90
6.3.1 导入模型 …………………………… 90
6.3.2 填充特征 …………………………… 91
6.3.3 简化模型 …………………………… 91

第7章 概念建模 ……………… 93

7.1 概念建模工具 ………………………… 94
7.1.1 来自点的线 ………………………… 94
7.1.2 草图线 ……………………………… 94
7.1.3 分割边 ……………………………… 95
7.1.4 边线 ………………………………… 95
7.2 横截面 ……………………………… 96
7.2.1 横截面树形目录 …………………… 96
7.2.2 横截面编辑 ………………………… 96
7.3 面操作 ……………………………… 99
7.3.1 边表面 ……………………………… 99
7.3.2 草图表面 …………………………… 99
7.3.3 面修补 ……………………………… 100
7.3.4 边接头 ……………………………… 100
7.4 实例——框架结构 …………………… 101
7.4.1 新建模型 …………………………… 101
7.4.2 创建草图 …………………………… 101
7.4.3 创建线体 …………………………… 103
7.4.4 创建横截面 ………………………… 103
7.4.5 创建梁之间的面 …………………… 104
7.4.6 生成多体零件 ……………………… 104

第8章 一般网格控制 ……… 106

8.1 网格划分概述 ………………………… 107
8.1.1 ANSYS 网格划分应用程序概述 ………… 107
8.1.2 网格划分步骤 ……………………… 107
8.1.3 分析类型 …………………………… 107
8.2 全局网格控制 ………………………… 109
8.2.1 全局单元尺寸 ……………………… 109
8.2.2 全局尺寸调整 ……………………… 109
8.2.3 质量 ………………………………… 111
8.2.4 高级尺寸功能 ……………………… 112
8.3 局部网格控制 ………………………… 113
8.3.1 尺寸调整 …………………………… 113
8.3.2 接触尺寸 …………………………… 116
8.3.3 加密 ………………………………… 117
8.3.4 面网格剖分 ………………………… 118
8.3.5 匹配控制 …………………………… 119
8.3.6 收缩 ………………………………… 120
8.3.7 膨胀 ………………………………… 120
8.4 网格工具 …………………………… 121
8.4.1 生成网格 …………………………… 121
8.4.2 截面 ………………………………… 122
8.4.3 创建命名选择 ……………………… 123
8.5 网格划分方法 ………………………… 123
8.5.1 自动划分方法 ……………………… 124
8.5.2 四面体 ……………………………… 124
8.5.3 扫掠 ………………………………… 126
8.5.4 多区域 ……………………………… 126
8.6 实例 1——两管容器网格划分 ………… 128
8.6.1 定义几何结构 ……………………… 128

8.6.2 初始化网格 ………… 129
8.6.3 命名选择 ………… 130
8.6.4 膨胀 ………… 131
8.6.5 截面 ………… 132
8.7 实例 2——四通管网格划分 … 132
8.7.1 定义几何结构 ………… 133
8.7.2 CFD 网格 ………… 134
8.7.3 截面 ………… 134
8.7.4 使用面尺寸 ………… 136
8.7.5 局部网格划分 ………… 137

第 9 章 Mechanical 简介 …… 140

9.1 启动 Mechanical ………… 141
9.2 Mechanical 图形用户界面 …… 141
9.2.1 Mechanical 功能区 … 142
9.2.2 图形工具栏 ………… 143
9.2.3 树形目录 ………… 143
9.2.4 详细信息窗格 ………… 143
9.2.5 视图区域 ………… 144
9.2.6 应用向导 ………… 145
9.3 基本分析步骤 ………… 145
9.4 实例——非标铝合金弯管头 … 146
9.4.1 问题描述 ………… 146
9.4.2 项目原理图 ………… 147
9.4.3 前处理 ………… 148
9.4.4 求解 ………… 151
9.4.5 结果 ………… 151

第 2 篇 专题实例篇

第 10 章 静力结构分析 …… 155

10.1 几何模型 ………… 156
10.1.1 质点 ………… 156
10.1.2 材料特性 ………… 157
10.2 分析设置 ………… 157
10.3 载荷和约束 ………… 158
10.3.1 加速度 ………… 159
10.3.2 集中力 ………… 159
10.3.3 约束 ………… 160
10.4 求解模型 ………… 161
10.5 后处理 ………… 162
10.6 实例 1——连杆基体强度校核 ………… 164
10.6.1 问题描述 ………… 164
10.6.2 项目原理图 ………… 165
10.6.3 前处理 ………… 165
10.6.4 求解 ………… 169
10.6.5 结果 ………… 169
10.7 实例 2——联轴器变形和应力校核 ………… 171
10.7.1 问题描述 ………… 171
10.7.2 项目原理图 ………… 171
10.7.3 前处理 ………… 172
10.7.4 求解 ………… 174
10.7.5 结果 ………… 175
10.8 实例 3——基座基体强度校核 ………… 176
10.8.1 问题描述 ………… 176
10.8.2 项目原理图 ………… 176
10.8.3 前处理 ………… 178
10.8.4 求解 ………… 181
10.8.5 结果 ………… 181

第 11 章 模态分析 …………… 183

11.1 模态分析方法 ………………… 184
11.2 模态分析步骤 ………………… 184
11.2.1 几何体和质点 ……… 184
11.2.2 接触区域 …………… 184
11.2.3 分析类型 …………… 185
11.2.4 载荷和约束 ………… 186
11.2.5 求解 ………………… 186
11.2.6 检查结果 …………… 186
11.3 实例 1——机盖壳体强度校核 ………………………… 186
11.3.1 问题描述 …………… 186
11.3.2 项目原理图 ………… 186
11.3.3 前处理 ……………… 188
11.3.4 求解 ………………… 189
11.3.5 结果 ………………… 190
11.4 实例 2——长铆钉预应力 …… 191
11.4.1 问题描述 …………… 192
11.4.2 项目原理图 ………… 192
11.4.3 前处理 ……………… 193
11.4.4 求解 ………………… 195
11.4.5 结果 ………………… 195
11.5 实例 3——机翼 ……………… 197
11.5.1 问题描述 …………… 198
11.5.2 项目原理图 ………… 198
11.5.3 前处理 ……………… 199
11.5.4 求解 ………………… 201
11.5.5 结果 ………………… 202

第 12 章 响应谱分析 ………… 205

12.1 响应谱分析简介 ……………… 206
12.1.1 响应谱分析步骤 …… 206
12.1.2 在 ANSYS Workbench 2021 R1 中进行响应谱分析 ………………… 207
12.2 实例——两跨三层框架结构地震响应分析 ………… 208
12.2.1 问题描述 …………… 208
12.2.2 项目原理图 ………… 209
12.2.3 前处理 ……………… 210
12.2.4 模态分析求解 ……… 212
12.2.5 响应谱分析设置并求解 ……………… 214
12.2.6 查看分析结果 ……… 215

第 13 章 谐响应分析 ……… 217

13.1 谐响应分析简介 …………… 218
13.2 谐响应分析步骤 …………… 218
13.2.1 建立谐响应分析 …… 218
13.2.2 加载谐响应载荷 …… 219
13.2.3 求解方法 …………… 219
13.2.4 查看结果 …………… 219
13.3 实例——固定梁 …………… 220
13.3.1 问题描述 …………… 220
13.3.2 项目原理图 ………… 220
13.3.3 前处理 ……………… 223
13.3.4 模态分析求解 ……… 223
13.3.5 谐响应分析预处理 … 225
13.3.6 谐响应分析设置并求解 ……………… 226
13.3.7 谐响应分析后处理 … 227

第 14 章 随机振动分析 …… 230

14.1 随机振动分析简介 ………… 231
14.1.1 随机振动分析步骤 … 231
14.1.2 在 ANSYS Workbench 2021 R1 中进行随机振动分析 ………………… 231
14.2 实例——桥梁模型随机振动分析 ………………… 232
14.2.1 问题描述 …………… 232

14.2.2 项目原理图 ………… 233
14.2.3 前处理 ………… 234
14.2.4 模态分析求解 ………… 237
14.2.5 随机振动分析设置并求解 ………… 239
14.2.6 查看分析结果 ………… 240

第 15 章 线性屈曲分析 …… 242

15.1 线性屈曲概述 ………… 243
15.2 线性屈曲分析步骤 ………… 243
15.2.1 几何体和材料属性 … 244
15.2.2 接触区域 ………… 244
15.2.3 载荷与约束 ………… 244
15.2.4 设置屈曲 ………… 244
15.2.5 求解模型 ………… 244
15.2.6 检查结果 ………… 245
15.3 实例 1——空心管 ………… 246
15.3.1 问题描述 ………… 246
15.3.2 项目原理图 ………… 247
15.3.3 创建草图 ………… 248
15.3.4 前处理 ………… 249
15.3.5 求解 ………… 250
15.3.6 结果 ………… 251
15.4 实例 2——升降架 ………… 252
15.4.1 问题描述 ………… 252
15.4.2 项目原理图 ………… 252
15.4.3 前处理 ………… 253
15.4.4 求解 ………… 255
15.4.5 结果 ………… 256

第 16 章 结构非线性分析 … 257

16.1 结构非线性分析概论 ………… 258
16.1.1 引起结构非线性的原因 ………… 258
16.1.2 结构非线性分析的基本信息 ………… 259
16.2 结构非线性分析的一般过程 … 261
16.2.1 建立模型 ………… 261
16.2.2 分析设置 ………… 262
16.2.3 查看结果 ………… 264
16.3 接触非线性结构 ………… 264
16.3.1 接触基本概念 ………… 264
16.3.2 接触类型 ………… 265
16.3.3 刚度及渗透 ………… 265
16.3.4 搜索区域 ………… 266
16.3.5 对称 / 非对称接触行为 ………… 266
16.3.6 接触结果 ………… 268
16.4 实例 1——刚性接触 ………… 268
16.4.1 问题描述 ………… 268
16.4.2 项目原理图 ………… 269
16.4.3 绘制草图 ………… 269
16.4.4 创建面体 ………… 270
16.4.5 更改模型分析类型 … 271
16.4.6 修改几何体属性 …… 271
16.4.7 添加接触 ………… 272
16.4.8 划分网格 ………… 274
16.4.9 分析设置 ………… 275
16.4.10 求解 ………… 277
16.4.11 查看求解结果 ………… 279
16.4.12 接触结果后处理 …… 280
16.5 实例 2——“O”形密封圈 … 282
16.5.1 问题描述 ………… 282
16.5.2 项目原理图 ………… 282
16.5.3 绘制草图 ………… 283
16.5.4 创建面体 ………… 285
16.5.5 添加材料 ………… 285
16.5.6 修改几何体属性 …… 287
16.5.7 添加接触 ………… 289
16.5.8 划分网格 ………… 290

16.5.9 分析设置 ………………… 292
16.5.10 求解…………………… 293
16.5.11 查看求解结果……… 294

第17章 热分析 ……………… 296

17.1 热分析模型 ……………… 297
17.1.1 几何模型 ……………… 297
17.1.2 材料属性 ……………… 297
17.2 装配体 ……………………… 297
17.2.1 实体接触 ……………… 297
17.2.2 导热率 ………………… 298
17.2.3 点焊 …………………… 299
17.3 热环境功能区 …………… 299
17.3.1 热载荷 ………………… 299
17.3.2 热边界条件 …………… 299
17.4 求解选项 ………………… 300
17.5 结果和后处理 …………… 301
17.5.1 温度 …………………… 301
17.5.2 热通量 ………………… 302
17.6 实例 1——变速器上箱盖…… 302
17.6.1 问题描述 ……………… 303
17.6.2 项目原理图 …………… 303
17.6.3 前处理 ………………… 303
17.6.4 求解 …………………… 307
17.6.5 结果 …………………… 307
17.7 实例 2——齿轮泵基座……… 308
17.7.1 问题描述 ……………… 309
17.7.2 项目原理图 …………… 309
17.7.3 前处理 ………………… 310
17.7.4 求解 …………………… 313
17.7.5 结果 …………………… 314

第18章 优化设计 …………… 315

18.1 优化设计概论 …………… 316
18.1.1 ANSYS 优化方法…… 316
18.1.2 定义参数 ……………… 316
18.2 优化工具 ………………… 317
18.2.1 拓扑优化设计 ……… 317
18.2.2 设计探索优化 ……… 318
18.3 实例——板材拓扑优化设计… 319
18.3.1 问题描述 ……………… 319
18.3.2 项目原理图 …………… 319
18.3.3 创建模型 ……………… 321
18.3.4 前处理 ………………… 322
18.3.5 求解 …………………… 325
18.3.6 结果 …………………… 326

第 1 篇

基础知识篇

本篇主要介绍 ANSYS Workbench 的基础知识，主要包括 ANSYS Workbench 2021 R1 基础、项目管理、DesignModeler 图形用户界面、草图模式、三维特征、高级三维建模、概念建模、一般网格控制、Mechanical 简介，知识讲解循序渐进、详细具体，并结合相应的实例帮助读者对知识内容有更深入的理解。

- 第 1 章　ANSYS Workbench 2021 R1 基础
- 第 2 章　项目管理
- 第 3 章　DesignModeler 图形用户界面
- 第 4 章　草图模式
- 第 5 章　三维特征
- 第 6 章　高级三维建模
- 第 7 章　概念建模
- 第 8 章　一般网格控制
- 第 9 章　Mechanical 简介

第 1 章 ANSYS Workbench 2021 R1 基础

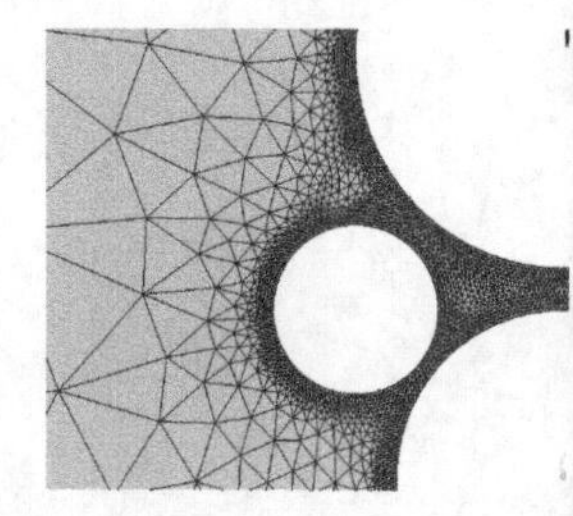

本章主要介绍 ANSYS Workbench 的特点、应用和分析的基本过程等。

本章通过介绍 ANSYS Workbench 的基本知识，让读者对 ANSYS Workbench 有大致的认识。

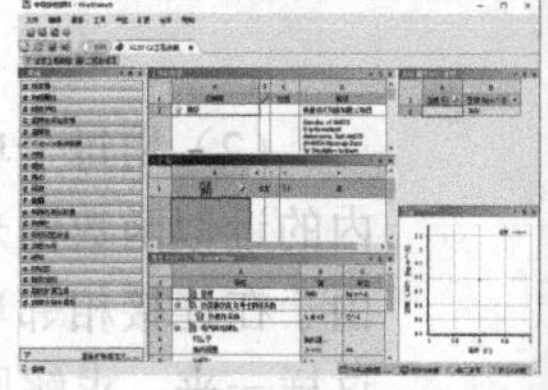

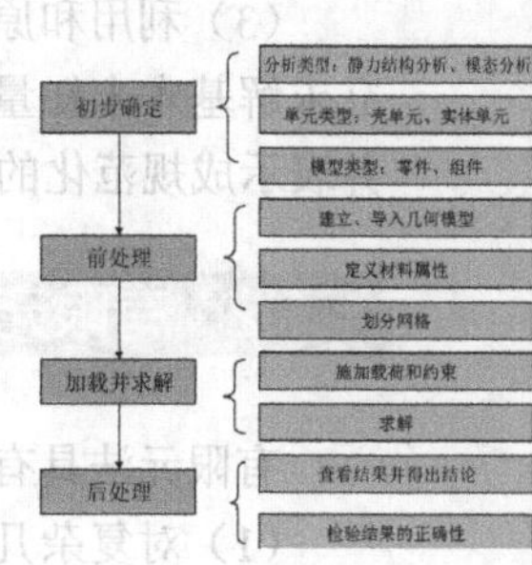

学习要点

- 有限元法简介
- ANSYS 简介
- ANSYS Workbench 概述
- ANSYS Workbench 分析的基本过程
- ANSYS Workbench 2021 R1 的设计流程
- ANSYS Workbench 2021 R1 的系统要求和启动

1.1　有限元法简介

有限元法的基本概念：把一个连续的物体划分为有限个单元，这些单元通过有限个节点相互连接，承受与实际载荷等效的节点载荷，并根据力的平衡条件进行分析，然后根据变形协调条件把这些单元重新组合，使其能够作为一个整体进行综合求解。

1.1.1　有限元法的基本思想

工程或物理问题的数学模型（基本变量、基本方程、求解域和边界条件等）确定以后，有限元法作为对其进行分析的数值计算方法的基本思想可简单概括为如下 3 点。

（1）将一个表示结构或连续体的求解域离散为若干个子域（单元），并通过它们边界上的节点将它们相互连接为一个组合体，如图 1-1 所示。

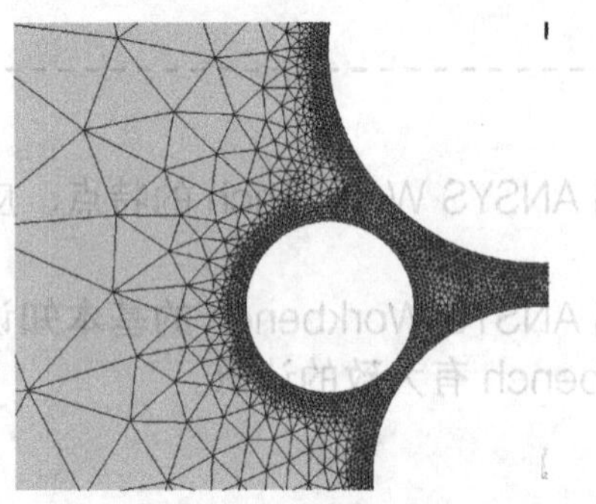

图 1-1　有限元法的单元划分示意图

（2）用每个单元内假设的近似函数来分片地表示全求解域内待求解的未知场变量。而每个单元内的近似函数由未知场函数（或其导数）在单元各个节点上的数值和与其对应的插值函数来表示。由于在连接相邻单元的节点上，场函数具有相同的数值，因此将它们作为数值求解的基本未知量。这样一来，求解原待求场函数的无穷多自由度问题转换为求解场函数节点值的有限自由度问题。

（3）利用和原问题数学模型（例如基本方程、边界条件等）等效的变分原理或加权余量法，建立求解基本未知量（场函数节点值）的代数方程组或常微分方程组。此方程组为有限元求解方程，并表示成规范化的矩阵形式，接着用相应的数值方法求解该方程，从而得到原问题的解答。

1.1.2　有限元法的特点

有限元法具有以下特点。

（1）对复杂几何构形的适应性。由于单元在空间上可以是一维、二维或三维的，而且每一种单元可以有不同的形状，同时各单元之间可以采用不同的连接方式，所以，实际工程中遇到的非常复杂的结构或构造都可以离散为由单元组合体表示的有限元模型。图 1-2 所示为一个三维实体的单元划分模型。

（2）对各种物理问题的适用性。由于用单元内近似函数分片地表示全求解域的未知场函数，并未限制场函数所满足的方程形式，也未限制各个单元所对应的方程必须有相同的形式，因此它不仅适用于各种物理问题，例如线弹性问题、弹塑性问题、黏弹性问题、动力问题、屈曲问题、流体力学问题、热传导问题、声学问题、电磁场问题等，还适用于各种物理现象相互耦合的问题。图 1-3 所示为一个热应力问题应用。

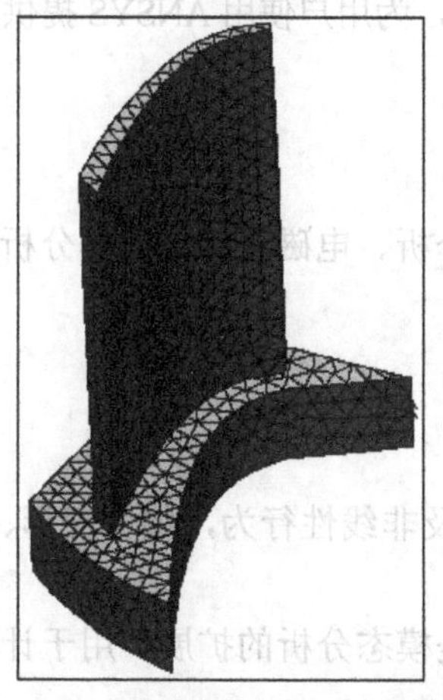

图 1-2 三维实体的单元划分模型

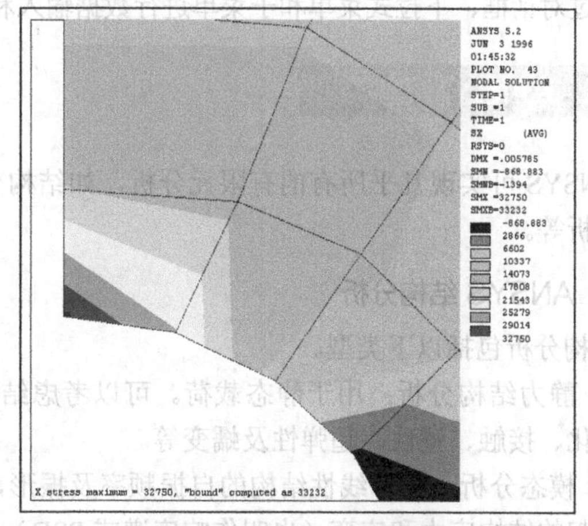

图 1-3 热应力问题应用

（3）建立于严格理论基础上的可靠性。因为用于建立有限元方程的变分原理或加权余量法在数学上已证明是微分方程和边界条件的等效积分形式，所以只要原问题的数学模型是正确的，同时用来求解有限元方程的数值算法是稳定可靠的，则随着单元数目的增加（即单元尺寸的缩小）或者单元自由度数的增加（即插值函数阶次的提高），有限元解的近似程度会不断地被提高。如果单元是满足收敛准则的，则近似解最后收敛于原数学模型的精确解。

（4）适合计算机实现的高效性。由于有限元分析的各个步骤可以表达成规范化的矩阵形式，最后使求解方程可以统一为标准的矩阵代数问题，因此它特别适合计算机的编程和求解。随着计算机硬件技术的高速发展及新的数值算法的不断出现，大型复杂问题的有限元分析已成为工程技术领域的常规工作。

1.2 ANSYS 简介

ANSYS 软件（以下简称 ANSYS）是融结构、热、流体、电磁、声等学科于一体的大型通用有限元分析软件，广泛用于核工业、铁道、石油化工、航空航天、机械制造、能源、汽车交通、国防军工、电子、土木工程、造船、生物医学、轻工、地矿、水利、日用家电等领域的一般工业及科学研究。该软件可在大多数计算机及操作系统中运行，从 PC 到工作站再到巨型计算机，ANSYS 文件在其所有的产品系列和工作平台上均兼容。ANSYS 多物理场耦合的功能，允许在同一模型上进行各式各样的耦合计算，如热－结构耦合、磁－结构耦合，以及电－磁－流体－热耦合。在 PC 上生成的模型同样可运行于巨型计算机上，这样就确保了 ANSYS 对多领域多变工程问题的求解。

1.2.1 ANSYS 的发展

ANSYS 能与多数 CAD 软件结合使用，实现数据共享和交换，如 AutoCAD、I-DEAS、Pro/ENGINEER、NASTRAN、Alogor 等，它是现代产品设计中的高级 CAD 工具之一。

ANSYS 提供了一个不断改进的功能清单，具体包括结构高度非线性分析、电磁分析、计算流体力学分析、设计优化、接触分析、自适应网格划分、大应变/有限转动功能，以及利用 ANSYS 参数设计语言（ANSYS Parametric Design Language, APDL）的扩展宏命令功能。基于 Motif 的菜单系统使用户能够通过对话框、下拉式菜单和子菜单进行数据输入和功能选择，为用户使用 ANSYS 提供“导航”。

1.2.2 ANSYS 的功能

ANSYS 可实现几乎所有的有限元分析，如结构分析、热分析、电磁分析、流体分析，以及耦合场分析等。

1. ANSYS 结构分析

结构分析包括以下类型。

- 静力结构分析：用于静态载荷。可以考虑结构的线性及非线性行为，如大变形、大应变、应力刚化、接触、塑性、超弹性及蠕变等。
- 模态分析：计算线性结构的自振频率及振形，谱分析是模态分析的扩展，用于计算由随机振动引起的结构应力和应变（也叫作响应谱或 PSD）。
- 谐响应分析：确定线性结构对随时间按正弦曲线变化的载荷的响应。
- 瞬态动力学分析：确定结构对随时间任意变化的载荷的响应。可以考虑与静力结构分析相同的结构非线性行为。
- 特征屈曲分析：用于计算线性屈曲载荷并确定屈曲模态形状（结合瞬态动力学分析可以实现非线性屈曲分析）。
- 专项分析：断裂分析、复合材料分析、疲劳分析。专项分析用于模拟非常大的变形，惯性力占支配地位，并考虑所有的非线性行为。它的显式方程可以求解冲击、碰撞、快速成型等问题，是目前求解这些问题最有效的方法之一。

2. ANSYS 热分析

热分析一般不是单独进行的，其后往往会进行结构分析，计算由于热膨胀或收缩不均匀引起的应力。热分析包括以下类型。

- 相变（熔化及凝固）：金属合金在温度变化时的相变，如铁合金中马氏体与奥氏体的转变。
- 内热源（例如电阻发热等）：存在热源问题，如在加热炉中对试件进行加热。
- 热传导：热传递的一种方式，当相接触的两物体存在温度差时发生。
- 热对流：热传递的一种方式，当存在流体、气体和温度差时发生。
- 热辐射：热传递的一种方式，只要存在温度差就会发生，可以在真空中进行。

3. ANSYS 电磁分析

电磁分析中考虑的物理量是磁通量密度、磁场密度、磁力、磁力矩、阻抗、电感、涡流、耗能及磁通量泄漏等。磁场可由电流、永磁体、外加磁场等产生。电磁分析包括以下类型。

- 静磁场分析：计算直流（Direct Current，DC）电或永磁体产生的磁场。
- 交变磁场分析：计算交流（Alternating Current，AC）电产生的磁场。
- 瞬态磁场分析：计算随时间随机变化的电流或外场所产生的磁场。
- 电场分析：用于计算电阻或电容系统的电场。典型的物理量有电流密度、电荷密度、电场及电阻热等。
- 高频电磁场分析：用于微波及射频（Radio Frequency，RF）无源组件，波导、雷达系统、同轴连接器等。

4. ANSYS 流体分析

流体分析主要用于确定流体的流动及热行为。流体分析包括以下类型。

- 耦合流体动力（Coupling Fluid Dynamic, CFD）分析：ANSYS/FLOTRAN 提供强大的流体动力学分析功能，包括对不可压缩或可压缩流体、层流和湍流，以及多组分流等的分析。
- 声学分析：考虑流体介质与周围固体的相互作用，进行声波传递或水下结构的动力学分析等。
- 容器内流体分析：考虑容器内的非流动流体的影响，可以确定由于晃动引起的静力压力。
- 流体动力学耦合分析：在考虑流体约束质量的动力响应基础上，在结构动力学分析中使用流体耦合单元。

5. ANSYS 耦合场分析

耦合场分析主要考虑两个或多个物理场之间的相互作用。如果两个物理场之间相互影响，单独求解一个物理场是不可能得到正确结果的，因此需要一个能够将两个物理场组合到一起求解的分析软件。例如，在压电力分析中，需要同时求解电压分布（电场分析）和应变（结构分析）。

1.3 ANSYS Workbench 概述

Workbench 是 ANSYS 公司开发的协同仿真环境。

1997 年，ANSYS 公司基于广大设计的分析应用需求、特点，开发了供设计人员应用的分析软件 ANSYS DesignSpace（DS），其前后处理功能与经典的 ANSYS 完全不同，软件的易用性及与 CAD 接口的适配性非常好。

2000 年，由于 ANSYS DesignSpace 的界面风格深受广大用户喜爱，ANSYS 公司决定改变 ANSYS DesignSpace 的界面风格，以便经典的 ANSYS 的前后处理功能也能应用，从而形成了协同仿真环境：ANSYS Workbench Environment（AWE）。其具有以下特点：

- 重现经典 ANSYS 软件的前后处理功能；
- 新产品的风格界面；
- 收购产品转化后的最终界面；
- 用户的软件开发环境。

之后，在 AWE 基础上，ANSYS 公司开发了 ANSYS DesignModeler（DM）、ANSYS DesignXplorer（DX）、ANSYS DesignXplorer VT（DX VT）、ANSYS Fatigue Module（FM）、ANSYS CAE Template 等，当时的目的是和 DS 共同为用户提供先进的 CAE 技术。

ANSYS Inc. 公司允许以前只能在 ACE 上运行的 MP、ME、ST 等产品，也可在 AWE 上运行。用户在启动这些产品时，可以选择 ACE，也可选择 AWE。AWE 还未支持 ANSYS 所有的功能，目前主要支持大部分的 ME 和 ANSYS Emag 的功能，而且与 ACE 的 ANSYS PP 并存。

1.3.1 ANSYS Workbench 的特点

相较于其他有限元分析软件，ANSYS Workbench 有以下几大特点。

1. 协同仿真、项目管理

ANSYS Workbench 集设计、仿真、优化、网格变形等功能于一体，能对各种数据进行项目协同管理。

2. 双向的参数传输功能

ANSYS Workbench 支持 CAD-CAE 间的双向参数传输功能。

3. 高级的装配部件处理工具

ANSYS Workbench 具有复杂装配件接触关系的自动识别、接触建模功能。

4. 先进的网格处理功能

ANSYS Workbench 可对复杂的几何模型进行高质量的网格处理。

5. 分析功能

ANSYS Workbench 支持几乎所有 ANSYS 的有限元分析功能。

6. 内嵌可定制的材料库

ANSYS Workbench 自带可定制的工程材料数据库，方便操作者进行编辑、应用。

7. 易学易用

ANSYS 公司所有软件模块的共同运行功能、协同仿真与数据管理环境，工程应用的整体性和流程性都大大增强。采用 Windows 友好界面和工程化应用，方便工程设计人员应用。实际上，Workbench 的有限元仿真分析采用的方法（单元类型、求解器、结果处理方式等）与 ANSYS 经典界面是一样的，只不过 Workbench 采用了更加工程化的方式来方便用户操作，即使是没有多少有限元软件应用经历的人也能很快地完成有限元分析工作。

1.3.2 ANSYS Workbench 的应用

ANSYS Workbench 的应用包括自身的本地应用和外部的数据整合应用两大类。

1. 本地应用

ANSYS Workbench 现有的本地应用，包括项目原理图、材料属性管理与设计探索，如图 1-4 所示。本地应用可以在 Workbench 窗口中启动和运行。

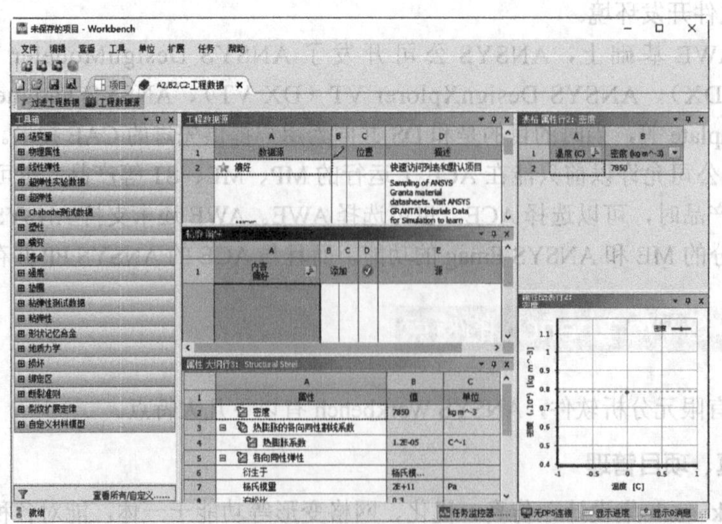

图 1-4 本地应用

2. 数据整合应用

ANSYS Workbench 现有的数据整合应用包括 Mechanical、Mechanical APDL、Fluent、CFX、AUTODYN 等，如图 1-5 所示。

在工业应用领域中，为了提高产品设计质量、缩短周期、节约成本，CAE 技术的应用越来越广泛，设计人员进行 CAE 分析已成为必然。这对 CAE 分析软件的灵活性、易学易用性提出了更高的要求。ANSYS Workbenoh 就很好地解决了这些问题，将各种应用整合在一起，并且这些应用之间可以相互共享模型、材料、网络以及传递结果数据等。

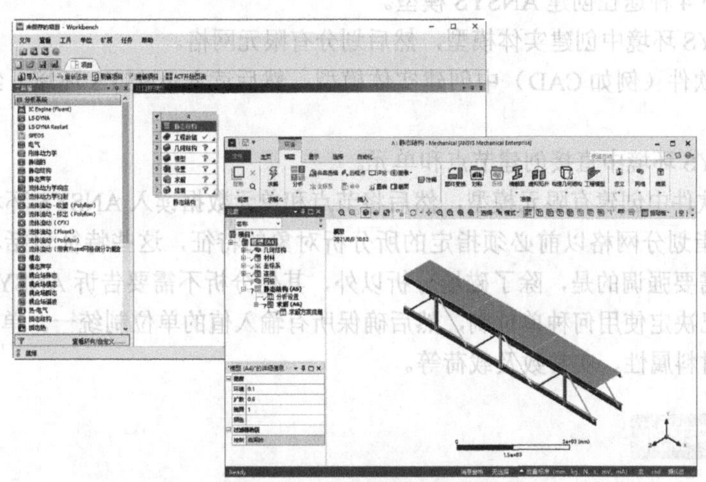

图 1-5 数据整合应用

1.4 ANSYS Workbench 分析的基本过程

ANSYS Workbench 分析的基本过程为初步确定、前处理、加载并求解、后处理，如图 1-6 所示。其中，初步确定将列出分析的概况，后 3 个步骤为操作步骤。

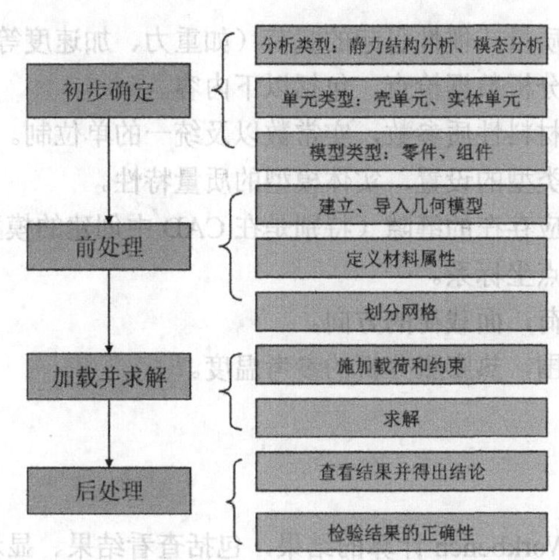

图 1-6 ANSYS Workbench 分析的基本过程

1.4.1 前处理

前处理是指创建实体模型及有限元模型。它包括创建实体模型、定义单元属性、划分有限元网格、修正模型等内容。现在大部分的有限元模型都是通过实体模型创建的，类似于CAD，ANSYS以数学的方式表达结构的几何形状，然后在里面划分节点和单元，还可以在几何模型边界上方便地施加载荷或约束。但是实体模型并不参与有限元分析，所以施加在几何实体边界上的载荷或约束必须最终传递到有限元模型上（单元或节点）进行求解，这个过程通常是ANSYS自动完成的。可以通过以下4种途径创建ANSYS模型。

（1）在ANSYS环境中创建实体模型，然后划分有限元网格。

（2）在其他软件（例如CAD）中创建实体模型，然后读入ANSYS环境，经过修正后划分有限元网格。

（3）在ANSYS环境中直接创建节点和单元。

（4）在其他软件中创建有限元模型，然后将节点和单元数据读入ANSYS环境。

单元属性是指划分网格以前必须指定的所分析对象的特征，这些特征包括材料属性、单元类型、实常数等。需要强调的是，除了磁场分析以外，其他分析不需要告诉ANSYS使用的是什么单位制，只需要自己决定使用何种单位制，然后确保所有输入值的单位制统一。单位制影响输入的实体模型的尺寸、材料属性、实常数及载荷等。

1.4.2 加载并求解

加载载荷和约束是ANSYS Workbench中进行求解计算的边界条件，它们是以所选单元的自由度的形式定义的。

（1）自由度（Degree of Freedom，DOF）——定义节点的自由度值（如结构分析的位移、热分析的温度、电磁分析的磁势等）。

（2）面载荷（包括线载荷）——作用在表面的分布载荷（如结构分析的压力、热分析的热对流、电磁分析的麦克斯韦尔表面等）。

（3）体积载荷——作用在体积上或场域内的载荷（如热分析的体积膨胀和内生成热、电磁分析的磁流密度等）。

（4）惯性载荷——结构质量或惯性引起的载荷（如重力、加速度等）。

在进行求解之前应进行分析数据检查，包括以下内容。

（1）单元类型和选项，材料性质参数，实常数以及统一的单位制。

（2）单元实常数和材料类型的设置，实体模型的质量特性。

（3）确保模型中没有不应存在的缝隙（特别是在CAD中创建的模型）。

（4）壳单元的法向，节点坐标系。

（5）集中载荷和体积载荷，面载荷的方向。

（6）温度场的分布和范围，热膨胀分析的参考温度。

1.4.3 后处理

后处理是处理ANSYS Workbench计算的结果，包括查看结果、显示结果、输出结果等内容。

（1）通用后处理（POST1）——用来观看整个模型在某一时刻的结果。

（2）时间历程后处理（POST26）——用来观看模型在不同时间段或载荷步上的结果，常用于处理瞬态分析和动力分析的结果。

1.5 ANSYS Workbench 2021 R1的设计流程

在现在应用的版本中，ANSYS对Workbench构架进行了重新设计，全新的“项目视图”功能改变了用户使用Workbench仿真环境的方式。在一个类似“流程图”的图表中，仿真项目中的各种任务以相互连接的图形化方式清晰地表示出来，如图1-7所示，用户可以非常方便地理解项目的工程意图、数据关系、分析过程的状态等。

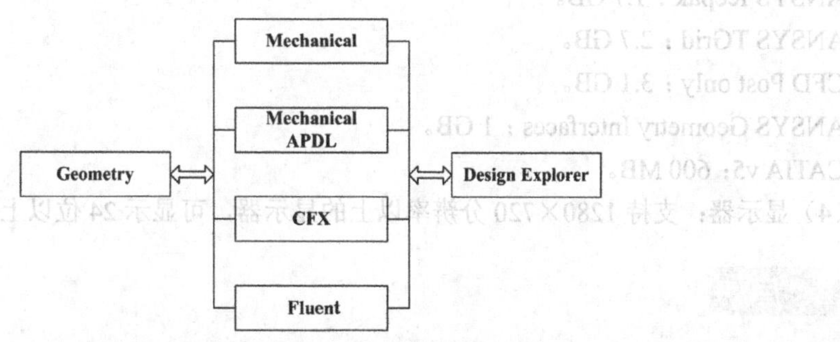

图1-7 ANSYS Workbench的设计流程

1.6 ANSYS Workbench 2021 R1的系统要求和启动

1.6.1 系统要求

由于ANSYS Workbench 2021 R1进行有限元分析时需要处理和计算大量的信息，因此对计算机的操作系统和硬件有一定的要求。

1. 操作系统要求

（1）ANSYS Workbench 2021 R1可运行于HP-UX Itanium 64（hpia64）、IBM AIX 64（aix64）、Sun SPARC 64（solus64）、Sun Solaris x64（solx64）、Linux 32（lin32）、Linux Itanium 64（linia64）、Linux x64（linx64）、Windows x64（winx64）、Windows 32（win32）等操作系统中。

（2）确保计算机安装有网卡、TCP/IP，并将TCP/IP绑定到网卡上。

2. 硬件要求

（1）内存：4GB（推荐16GB）以上。

（2）计算机：采用Intel 2.4GHz处理器或主频更高的处理器。

（3）硬盘：20GB以上硬盘空间，用于安装ANSYS软件及其配套使用软件。

各模块所需硬盘容量如下。

Mechanical APDL（ANSYS）：6.1 GB。

ANSYS AUTODYN：3.1 GB。

ANSYS LS-DYNA：3.3 GB。

ANSYS CFX：3.8 GB。

ANSYS TurboGrid：3.1 GB。

ANSYS Fluent：4.1 GB。

POLYFLOW：1.4 MB。

ANSYS ASAS：2.9 GB。

ANSYS AQWA：2.7 GB。

ANSYS ICEM CFD：1.4 GB。

ANSYS Icepak：1.7 GB。

ANSYS TGrid：2.7 GB。

CFD Post only：3.1 GB。

ANSYS Geometry Interfaces：1 GB。

CATIA v5：600 MB。

（4）显示器：支持 1280×720 分辨率以上的显示器，可显示 24 位以上显卡。

1.6.2 启动

ANSYS Workbench 2021 R1 具有多种启动方式，这里介绍常用的几种。

（1）在 Windows 开始菜单中启动，如图 1-8 所示。

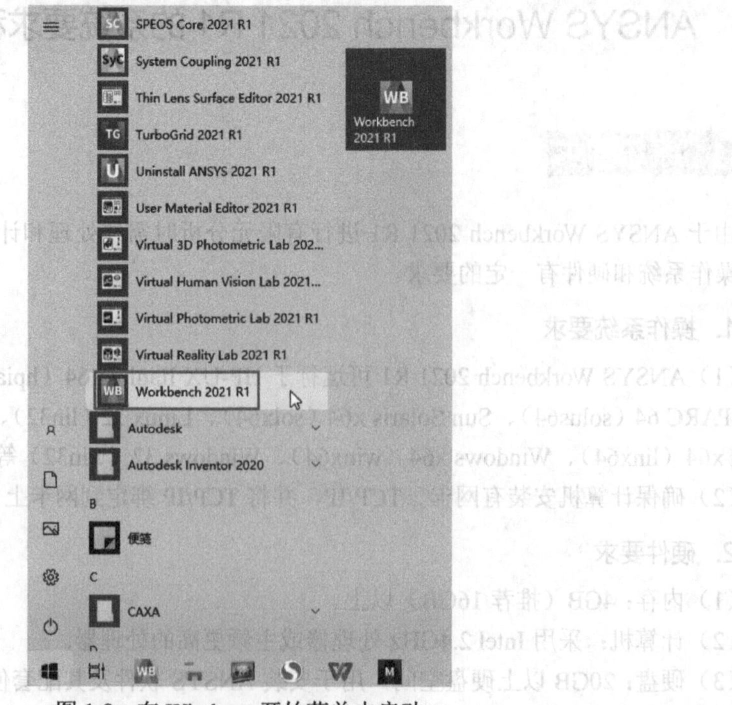

图 1-8 在 Windows 开始菜单中启动

(2)从其支持的三维 CAD 系统中启动，如图 1-9 所示。目前 ANSYS Workbench 2021 R1 支持的三维 CAD 系统包括 Creo、Inventor、SolidWorks、UG、CATIA 等。

图 1-9 从其支持的三维 CAD 系统中启动

1.6.3 设置 ANSYS Workbench 2021 R1 的中文界面

启动 ANSYS Workbench 2021 R1 后将进入图 1-10 所示的图形用户界面。默认情况下 ANSYS Workbench 2021 R1 的图形用户界面为英文界面，这里介绍如何将界面设置成中文界面。

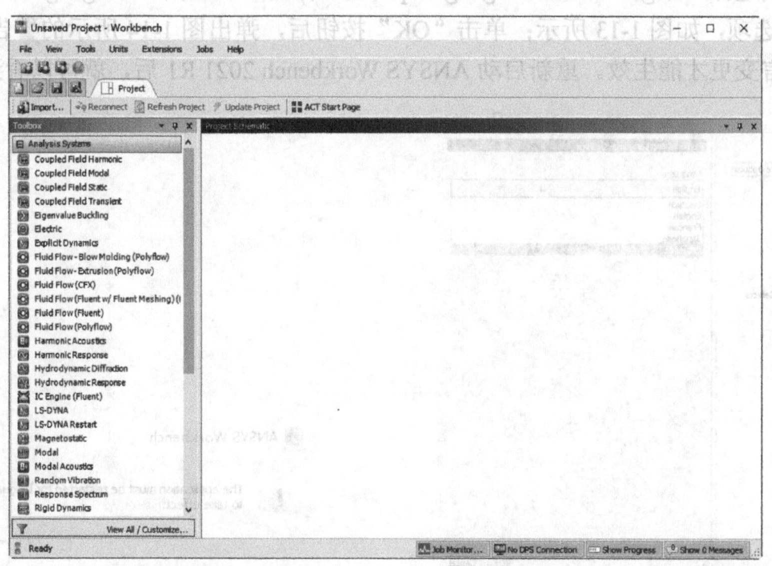

图 1-10 ANSYS Workbench 2021 R1 的图形用户界面

01 打开“Options”对话框。选择菜单栏中的“Tools”→“Options...”命令，如图 1-11 所示，打开“Options”对话框。

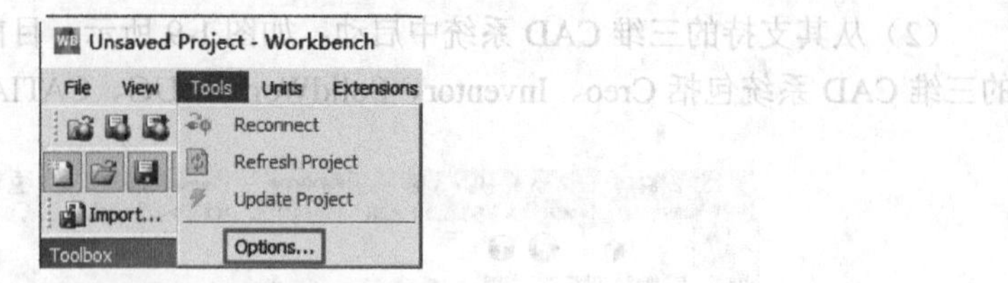

图 1-11　选择“Options...”命令

02 激活测试模式。在“Options”对话框的左侧选择“Appearance”标签，在右侧勾选“Beta Options”复选框，单击“OK”按钮，如图 1-12 所示，激活 Workbench 的测试模式。

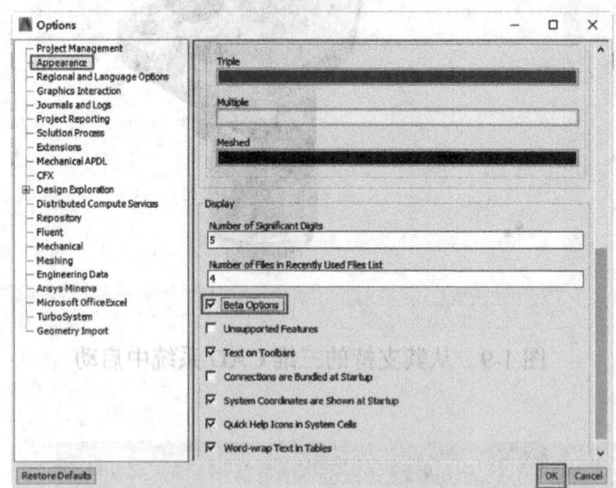

图 1-12　激活测试模式

03 设置语言为中文。选择菜单栏中的“Tools”→“Options...”命令，打开“Options”对话框。在对话框的左侧选择“Regional and Language Options”标签，在右侧“Language”下拉列表框中选择“Chinese”选项，如图 1-13 所示；单击“OK”按钮后，弹出图 1-14 所示的警告对话框，提示重启应用后语言变更才能生效。重新启动 ANSYS Workbench 2021 R1 后，就可以看到中文界面。

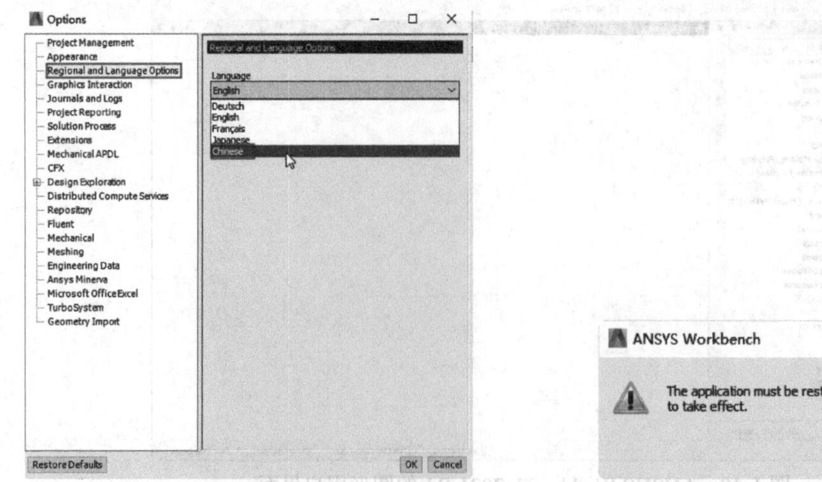

图 1-13　设置语言为中文　　　　图 1-14　提示需重启应用

第 2 章 项目管理

Workbench 项目管理是定义一个或多个系统所需要的工作流程的图形体现。一般情况下，项目管理中的工作流程放在 Workbench 图形用户界面的右边。

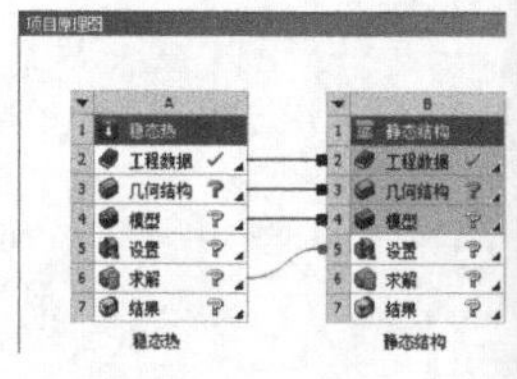

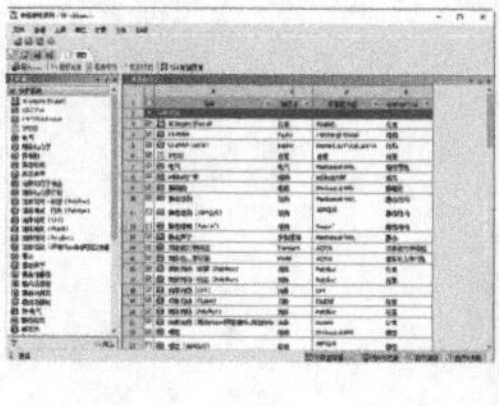

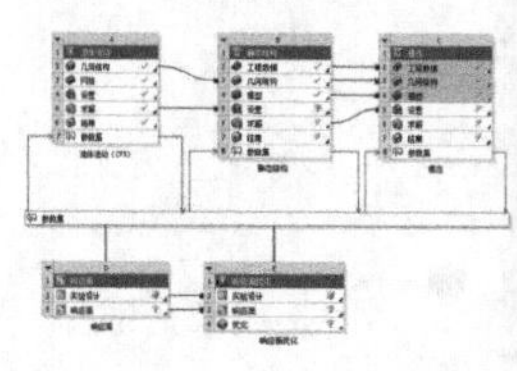

学习要点

- 工具箱
- 项目原理图
- Workbench 选项窗口
- Workbench 文档管理
- 创建项目原理图实例

2.1 工具箱

可以通过项目原理图中的工作流程运行多种应用，具体分为以下两种方式。

（1）现有多种应用是完全在 Workbench 窗口中运行的，包括项目原理图、材料属性管理与设计探索。

（2）非本地应用是在各自的窗口中运行的，包括 Mechanical（formerly Simulation）、Mechanical APDL（formerly ANSYS）、ANSYS Fluent、ANSYS CFX 等。

ANSYS Workbench 的工具箱列出了可以使用的应用程序和系统，用户可以通过工具箱将这些应用程序和系统添加到项目原理图中。图 2-1 所示的工具箱由 4 个子组组成，可以展开或折叠起来，也可以通过工具箱下面的“查看所有 / 自定义”按钮来调整工具箱中应用程序或系统的显示或隐藏。工具箱中 4 个子组的介绍如下。

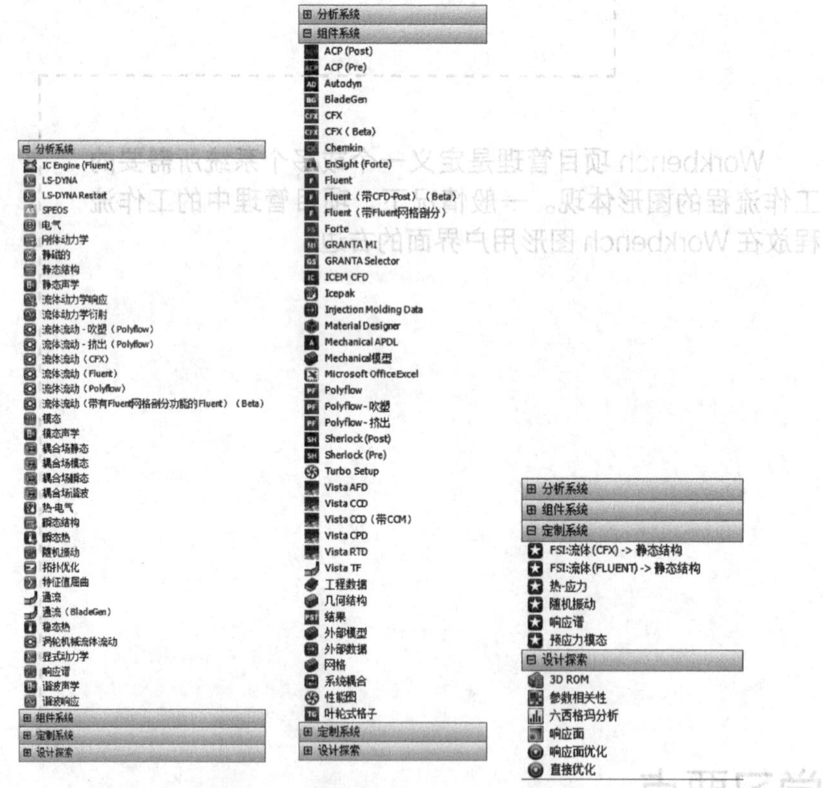

图 2-1　ANSYS Workbench 工具箱

- 分析系统：可用在示意图中的预定义的模板。
- 组件系统：可存取多种程序来建立和扩展分析系统。
- 定制系统：为耦合应用预定义分析系统（如 FSI、thermal-stress 等）。用户也可以建立自己的预定义系统。
- 设计探索：参数管理和优化工具。

注意

工具箱列出的系统取决于安装的 ANSYS 产品。

利用“查看所有 / 自定义”窗口中的工具箱自定义复选框，可以展开或闭合工具箱中的各项，如图 2-2 所示。

图 2-2　工具箱显示设置

2.2　项目原理图

项目原理图是通过放置应用程序或系统到项目管理区中的各个区域，定义全部分析项目的。它表示了项目的结构和工作的流程，为项目中各对象和它们之间的相互关系提供了一个可视化的表示方法。项目原理图由一个个模块组成，如图 2-3 所示。

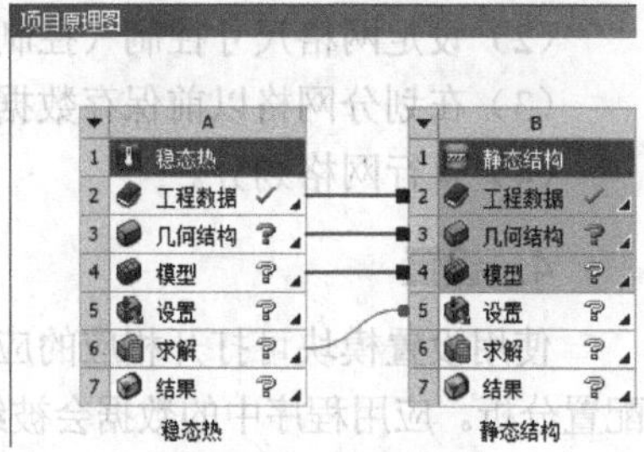

图 2-3　项目原理图

项目原理图可以因要分析的项目不同而不同，可以仅由单一的模块组成，也可以是含有一套复杂链接的系统耦合分析或模型的方法。

项目原理图中的模块是将工具箱里的应用程序或系统直接拖动到项目管理界面中或直接在项目上双击载入的。

2.2.1　系统和模块

要生成一个项目，需要从工具箱中添加模块到原理图中形成一个项目原理图系统，一个项目原理图系统是由一个个模块组成的。要定义一个项目，还需要在模块之间进行交互。也可以在模块中单击鼠标右键，在弹出的快捷菜单中选择可使用的模块。可以通过一个模块实现下面的功能。

- 通过模块进入由数据集成的应用程序或工作区。
- 添加与其他模块间的链接系统。
- 分配输入或参考的文件。
- 分配属性分析的组件。

图 2-4　项目原理图中的模块

每个模块含有一个或多个单元，如图 2-4 所示，每个单元都有一个与它关联的应用程序或工作区，例如 ANSYS Fluent 或 Mechanical 应用程序。可以通过相关单元单独打开与之关联的应用程序。

2.2.2 模块的介绍

模块包含许多可以使用的分析和组件系统，下面介绍一些通用的分析模块。

1. 工程数据

使用工程数据模块可以定义或访问使用材料模型中的分析所用数据。双击工程数据的单元格，或在单元格上单击鼠标右键，从弹出的快捷菜单中选择“编辑”命令，以显示工程数据的工作区。可以在该工作区中定义数据材料等。

2. 几何结构

使用几何结构模块可以导入、创建、编辑或更新用于分析的几何模型。

（1）几何模型中的 4 类图元如下。

- 体（3D 模型）：由面围成，代表三维实体。
- 面（表面）：由线围成，代表实体表面、平面形状或壳（可以是三维曲面）。
- 线：以关键点为端点，代表物体的边（可以是空间曲线）。
- 关键点（位于 3D 空间）：代表物体的角点。

（2）从最低阶到最高阶，模型图元的层次关系为：关键点、线、面、体。

如果低阶的图元连在高阶图元上，则低阶图元不能删除。

3. 模型

模型建立之后，需要划分网格，这涉及以下 4 个方面：

（1）选择单元属性（单元类型、实常数、材料属性）；

（2）设定网格尺寸控制（控制网格密度）；

（3）在划分网格以前保存数据库；

（4）执行网格划分。

4. 设置

使用设置模块可打开相应的应用程序。设置包括定义载荷、边界条件等。也可以在应用程序中配置分析。应用程序中的数据会被纳入 Workbench 的项目中，其中包括系统之间的链接。

载荷是指加在有限单元模型（或实体模型，但最终要将载荷转换到有限元模型上）上的位移、力、温度、热、电磁等。载荷包括边界条件和内外环境对物体的作用。

5. 求解

在所有的前处理工作进行完后，要进行求解。求解过程包括选择求解器、对求解结果进行检查、求解的实施及解决求解过程中出现的问题等。

6. 结果

分析问题的最后一步工作是进行后处理，后处理就是对求解所得到的结果进行查看、分析和操作。结果模块为显示的分析结果的可用性和状态。结果模块是不能与任何其他系统共享数据的。

2.2.3 模块的状态

Workbench 中的模块在运行的不同时期有不同的状态，了解和掌握模块的状态，对了解运行状态和及时发现错误有很大帮助。

1. 典型的模块状态

无法执行：丢失上行数据。

需要注意：可能需要改正本单元或上行单元。

需要刷新：上行数据发生改变，需要刷新单元（更新也会刷新单元）。

需要更新：数据改变后，单元的输出也要相应地更新。

最新的。

发生输入变动：单元是局部刷新的，上行数据发生变化可能使其发生改变。

2. 解决方案特定的状态

中断：表示已经中断的解决方案。此状态执行的求解器正常停止，这将完成当前迭代，并写一个解决方案文件。

挂起：标志着一个批次或异步解决方案正在进行。当一个模块进入挂起状态后，可以与项目的其他部分一起退出 ANSYS Workbench 或工作。

3. 故障状态

刷新失败，需要刷新。

更新失败，需要更新。

更新失败，需要注意。

2.2.4 项目原理图中的链接

链接的作用是连接系统之间的数据共享系统或进行数据传输。链接在项目原理图中的主要类型包括以下几种，如图 2-5 所示。

- 指示数据链接系统之间的共享关系。这些链接以方形终止。
- 指示数据的链接是从上游系统到下游系统。这些链接以圆形终止。
- 指示系统强制输入参数。这些链接连接系统参数设置栏，并通过箭头进入系统。
- 指示系统提供输出参数。这些链接连接系统参数设置栏，并用箭头指向系统。
- 表明设计探索系统的链接。它连接到项目参数。这些链接连接设计探索系统的参数设置栏，响应面（D）和响应面优化（E）与系统的连接如图 2-5 所示。

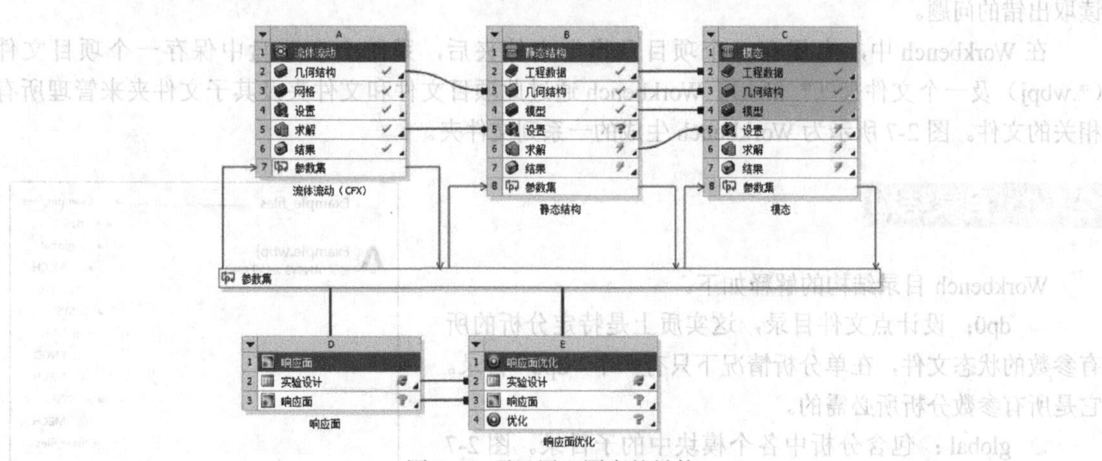

图 2-5 项目原理图中的链接

2.3 Workbench 选项窗口

利用“查看”菜单（或在项目原理图上单击鼠标右键），可以在 Workbench 环境下显示附加的信息，并打开 Workbench 选项窗口，如图 2-6 所示。高亮显示“几何结构”模块，其属性会自动显示出来，此时可以查看和调整项目原理图中单元的属性。

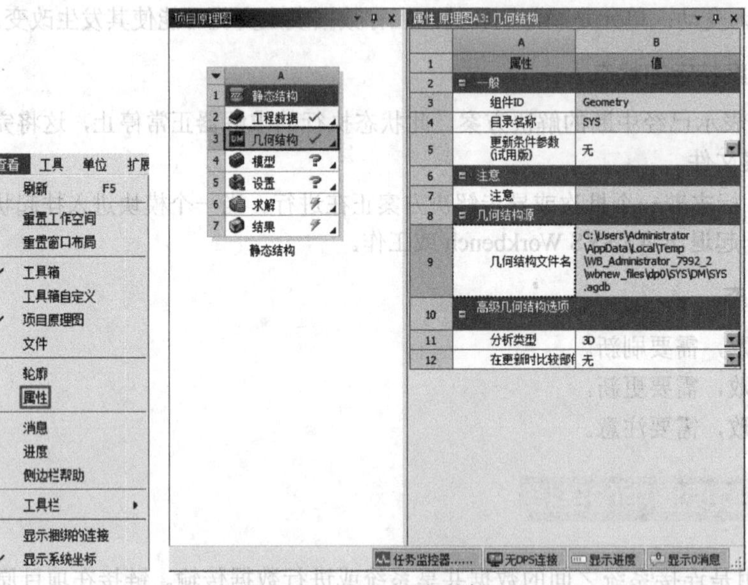

图 2-6 Workbench 选项窗口

2.4 Workbench 文档管理

Workbench 会自动创建所有相关文件，包括一个项目文件和一系列的子目录。用户应允许 Workbench 管理这些目录的内容，最好不要手动修改项目目录的内容或结构，否则会引起应用程序读取出错的问题。

在 Workbench 中，当保存一个项目及指定文件夹后，系统会在磁盘中保存一个项目文件（*.wbpj）及一个文件夹（*_files）。Workbench 通过此项目文件和文件夹及其子文件夹来管理所有相关的文件。图 2-7 所示为 Workbench 生成的一系列文件夹。

2.4.1 目录结构

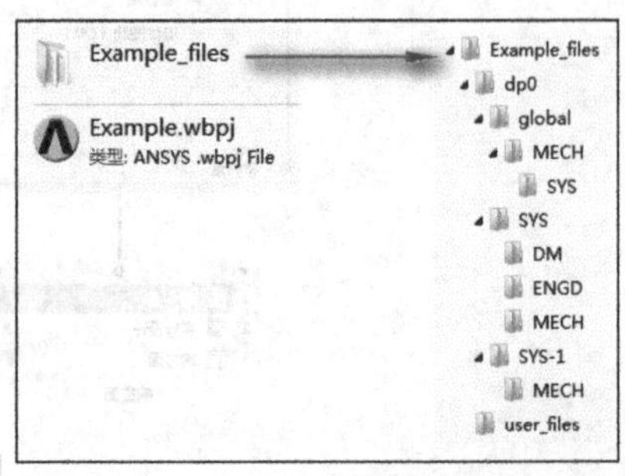

图 2-7 Workbench 生成的一系列文件夹

Workbench 目录结构的解释如下。

- dp0：设计点文件目录，这实质上是特定分析的所有参数的状态文件，在单分析情况下只有一个“dp0”目录。它是所有参数分析所必需的。
- global：包含分析中各个模块中的子目录。图 2-7 中的“MECH”目录中包括数据库及 Mechanical 模块的相关文件。“global”目录内的“MECH”目录为仿真分析的一系列数据及数据库等相关文件。

- SYS：包括项目中各种系统的子目录（如Mechanical、Fluent、CFX等）。每个系统的子目录都包含特定的求解文件。例如MECH的子目录有结果文件、ds.dat文件、solve.out文件等。
- user_files：包含输入文件、用户文件等，这些可能与项目有关。

2.4.2 显示文件明细

如需查看所有文件的具体信息，可在Workbench的“查看”菜单中选择“文件”命令，如图2-8所示，以显示一个包含文件明细与路径的窗格，如图2-9所示。

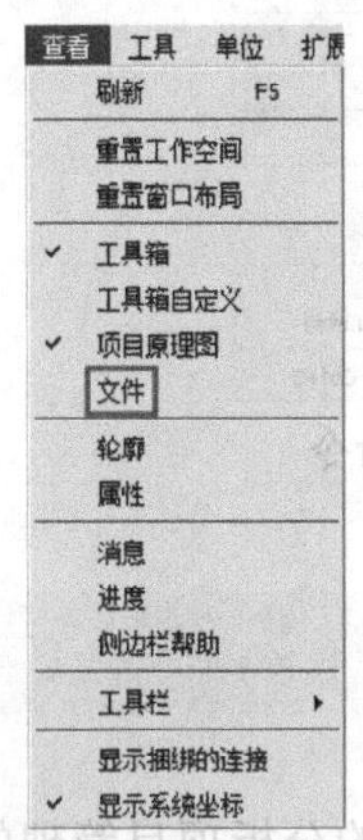

图2-8 “查看”菜单中的“文件”命令

文件

	A	B	C	D	E	F
1	名称	单...	尺寸	类型	修改日期	位置
2	SYS.agdb	A3,B3	2 MB	几何结构文件	2021/8/9 8:41:50	dp0\SYS\DM
3	material.engd	A2,B2	27 KB	工程数据文件	2021/8/9 8:41:32	dp0\SYS\ENGD
4	SYS.engd	A4,B4	27 KB	工程数据文件	2021/8/9 8:41:32	dp0\global\MECH
5	SYS.mechdb	A4,B4	6 MB	Mechanical数据库文件	2021/8/9 8:41:52	dp0\global\MECH
6	CAERep.xml	A1	10 KB	CAERep文件	2021/8/9 8:43:23	dp0\SYS\MECH
7	CAERepOutput.xml	A1	849 B	CAERep文件	2021/8/9 8:43:48	dp0\SYS\MECH
8	ds.dat	A1	49 KB	.dat	2021/8/9 8:43:23	dp0\SYS\MECH
9	file.db	A1	192 KB	.db	2021/8/9 8:43:44	dp0\SYS\MECH
10	file.DSP	A1	1 KB	.dsp	2021/8/9 8:43:42	dp0\SYS\MECH
11	file.err	A1	308 B	.err	2021/8/9 8:43:37	dp0\SYS\MECH
12	file.esav	A1	128 KB	.esav	2021/8/9 8:43:44	dp0\SYS\MECH
13	file.full	A1	448 KB	.full	2021/8/9 8:43:44	dp0\SYS\MECH
14	file.mode	A1	128 KB	.mode	2021/8/9 8:43:44	dp0\SYS\MECH
15	file.rst	A1	1 MB	ANSYS结果文件	2021/8/9 8:43:44	dp0\SYS\MECH
16	MatML.xml	A1	28 KB	CAERep文件	2021/8/9 8:43:23	dp0\SYS\MECH
17	solve.out	A1	32 KB	.out	2021/8/9 8:43:46	dp0\SYS\MECH
18	file.aapresults	A1	243 B	.aapresults	2021/8/9 8:44:41	dp0\SYS\MECH
19	CAERep.xml	B1	12 KB	CAERep文件	2021/8/9 8:47:40	dp0\SYS-1\MECH
20	CAERepOutput.xml	B1	849 B	CAERep文件	2021/8/9 8:47:47	dp0\SYS-1\MECH
21	ds.dat	B1	5 KB	.dat	2021/8/9 8:47:40	dp0\SYS-1\MECH
22	file.err	B1	1 KB	.err	2021/8/9 8:47:45	dp0\SYS-1\MECH
23	file.rst	B1	18 MB	ANSYS结果文件	2021/8/9 8:47:46	dp0\SYS-1\MECH
24	MatML.xml	B1	28 KB	CAERep文件	2021/8/9 8:47:40	dp0\SYS-1\MECH
25	solve.out	B1	42 KB	.out	2021/8/9 8:47:46	dp0\SYS-1\MECH
26	file.aapresults	B1	2 KB	.aapresults	2021/8/9 8:48:52	dp0\SYS-1\MECH

图2-9 文件窗格

2.4.3 存档文件

为了便于文件的管理与传输，Workbench还提供了存档文件功能，存档后的文件为.wbpz格式。可用Workbench的“文件”菜单下的“存档......”命令操作，如图2-10所示。选择存档文件的保存位置后，会弹出“存档选项”对话框，其内有多个选项可供选择，如图 2-11 所示。

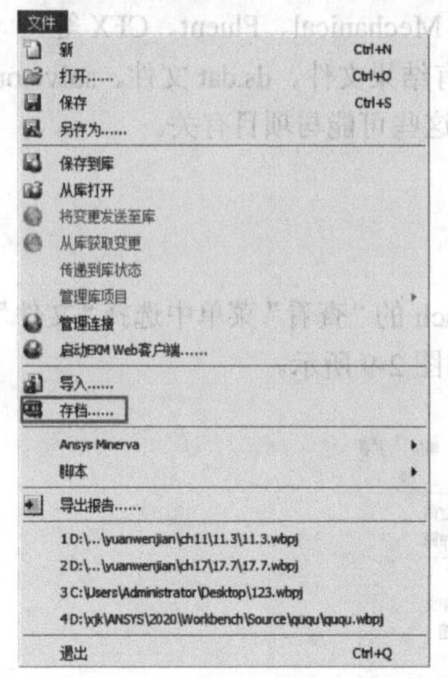

图 2-10 “存档 ......”命令

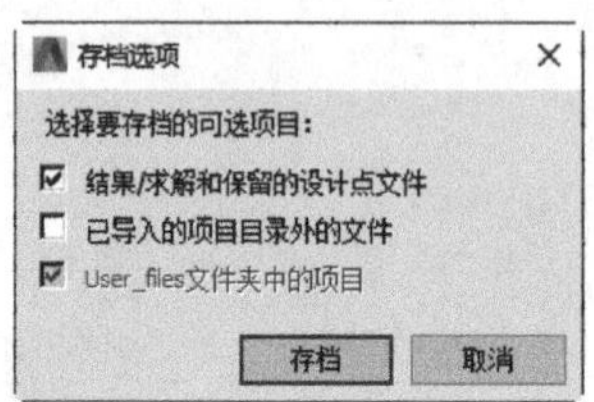

图 2-11 “存档选项”对话框

2.5 创建项目原理图实例

项目原理图是用来进行 Workbench 的分析项目管理的，它通过图形来表示一个或多个系统所需要的工作流程。项目通常按照从左到右、从上到下的模式进行管理。

01 将工具箱里的“静态结构”模块直接拖动到项目管理界面中或是直接在项目上双击将其载入，结果如图 2-12 所示。

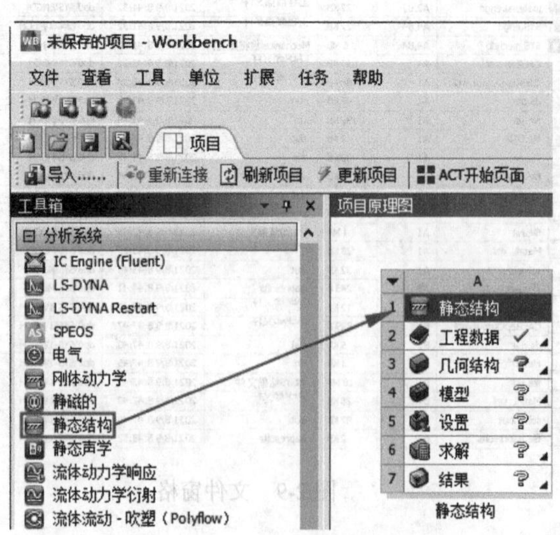

图 2-12 添加“静态结构”选项

02 模块下面的名称处于修改状态，输入“初步静力学分析”作为此模块的名称。

03 在工具箱中选中“模态”模块，按住鼠标左键不放，向项目管理界面中拖动，将“模态”选项放到“初步静力学分析”模块第 6 行的“求解”中，如图 2-13 所示。

04 此时两个模块分别以字母 A、B 为编号显示在项目管理界面中，其中两个模块中间有 4 条链接，如图 2-14 所示，其中以方形结尾的链接为可共享链接、以圆形结尾的链接为上游到下游的链接。

图 2-13 可拖动到的位置　　图 2-14 添加模态分析

05 单击“模态”模块左上角的倒三角形，弹出快捷菜单，在其中选择“重新命名”命令，如图 2-15 所示，将此模块的名称更改为“模态分析一”。

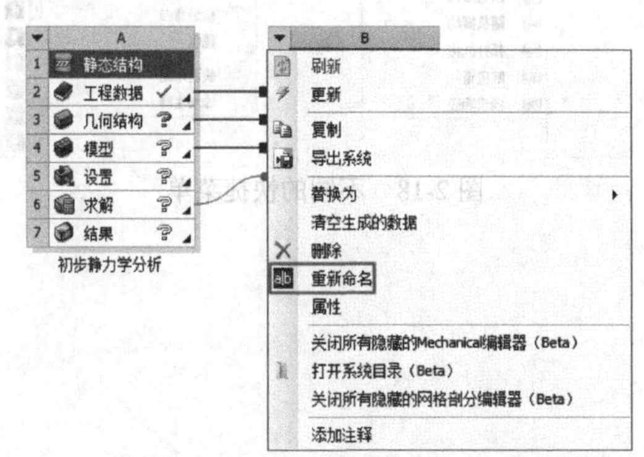

图 2-15 选择“重新命名”命令

06 右击“初步静力学分析”模块第 6 行的“求解”栏，在弹出的快捷菜单中选择“将数据传输到‘新建’”→“模态”命令，如图 2-16 所示。另一个模态分析模块将被添加到项目管理界面中，将其名称更改为“模态分析二”，结果如图 2-17 所示。

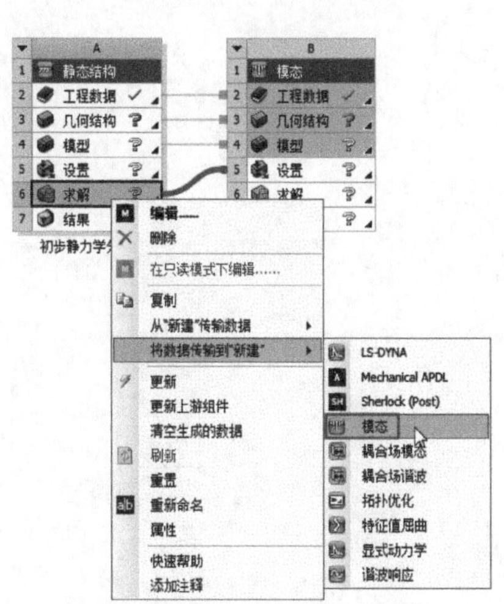

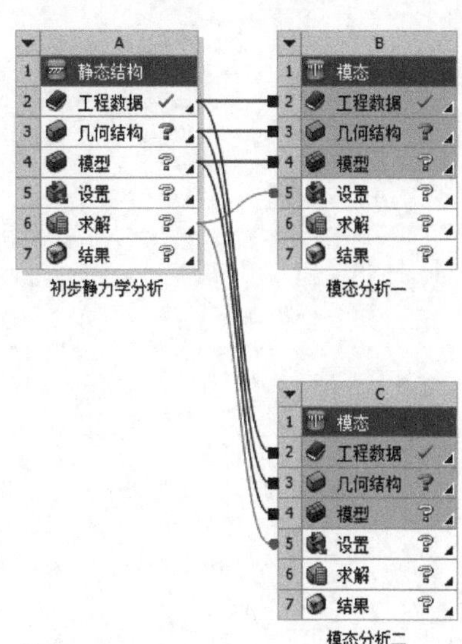

图 2-16 新建模态分析模块　　图 2-17 添加“模态分析二”模块

下面列举项目原理图中需注意的地方。

- 分析流程模块可以通过右键快捷菜单进行删除。
- 使用转换特性时，将显示所有可能的转换（上行转换和下行转换）。
- 高亮显示系统中的分支不同，打开的快捷菜单也会有所不同，如图 2-18 所示。

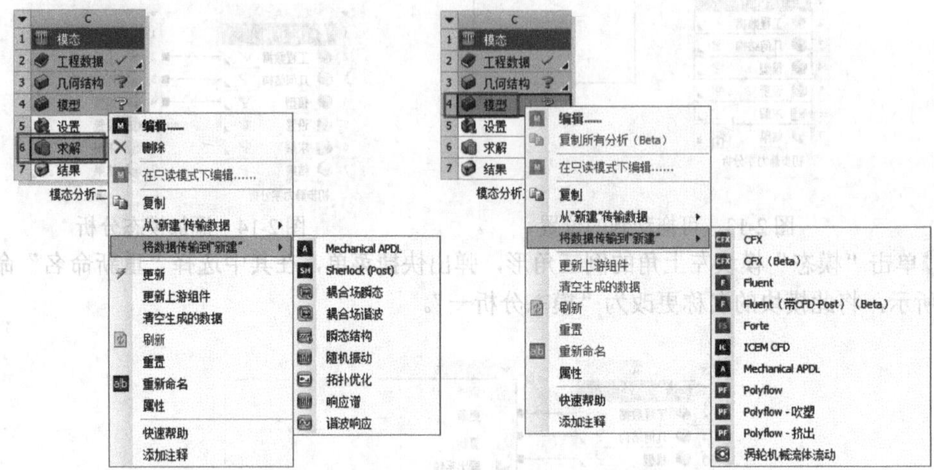

图 2-18　不同的快捷菜单

第 3 章 DesignModeler 图形用户界面

DesignModeler 是 ANSYS Workbench 的一个模块。

DesignModeler 是一个现有的 CAD 模型的几何编辑器。它是一个基于创建特征的实体建模器，可以直观、快速地绘制 2D 草图、3D 零件或导入 3D CAD 模型、进行工程分析预处理等。

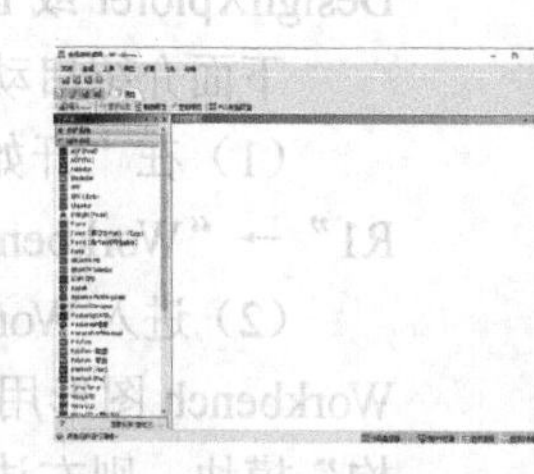

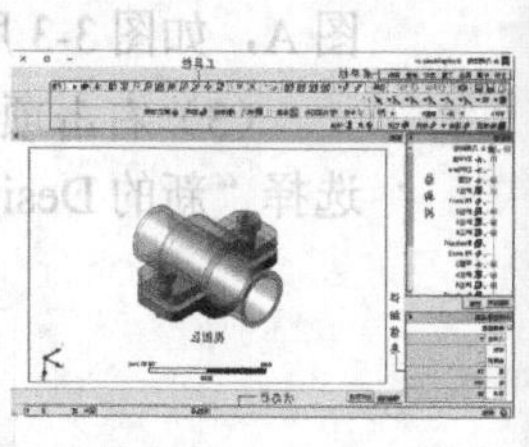

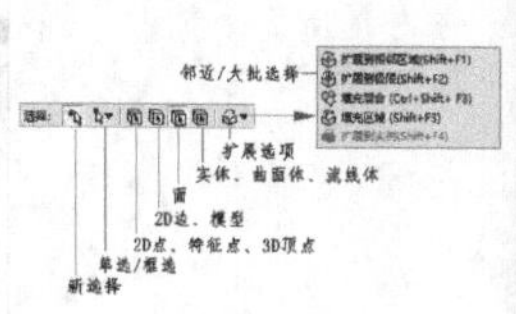

学习要点

- 启动 DesignModeler
- 图形用户界面
- 选择操作
- 视图操作
- 右键快捷菜单
- 帮助文档

3.1 启动 DesignModeler

几何模型是进行有限元分析的基础，在对工程项目进行有限元分析之前必须对其建立有效的几何模型，此时既可以通过其他的 CAD 软件导入几何模型，也可以采用 ANSYS Workbench 集成的 DesignModeler 平台进行几何建模。本章主要介绍 DesignModeler 的图形用户界面。

DesignModeler 除了有主流 CAD 软件的基本功能外，还具有其他一些特殊的几何修改功能：特征简化、包围操作、填充操作、焊点、切分面、面拉伸、平面体拉伸和梁建模等。

DesignModeler 还具有参数建模功能，可绘制具有尺寸和约束条件的二维图形。

另外，DesignModeler 还可以直接结合其他 ANSYS Workbench 模块使用，如 Mechanical、Meshing、Advanced Meshing（ICEM）、DesignXplorer 或 BladeModeler 等。

下面介绍启动 DesignModeler 的方式。

（1）在“开始”菜单中选择“所有程序”→“ANSYS 2021 R1”→“Workbench 2021 R1”命令，如图 3-1 所示。

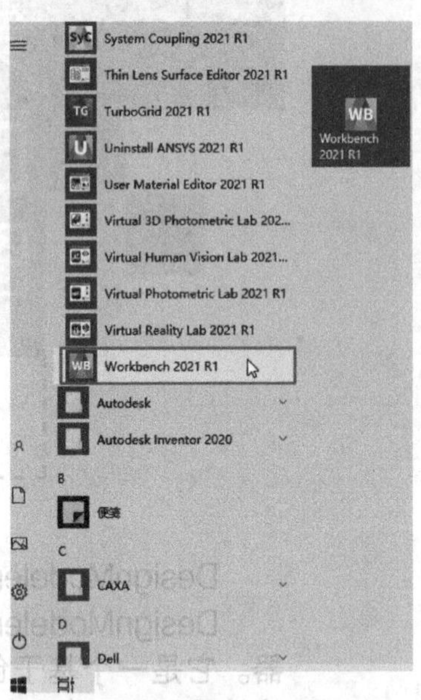

图 3-1 打开 Workbench 程序

（2）进入 Workbench 2021 R1，可以看到图 3-2 所示的 ANSYS Workbench 图形用户界面。双击左边“组件系统”中的“几何结构”模块，则右边的项目管界面器空白区内会出现一个项目原理图 A，如图 3-3 所示。

（3）右击项目原理图 A 中的“A2 几何结构”栏 2 几何结构 ?，在图 3-4 所示的快捷菜单中选择“新的 DesignModeler 几何结构 ......”命令，打开 DesignModeler 应用程序。

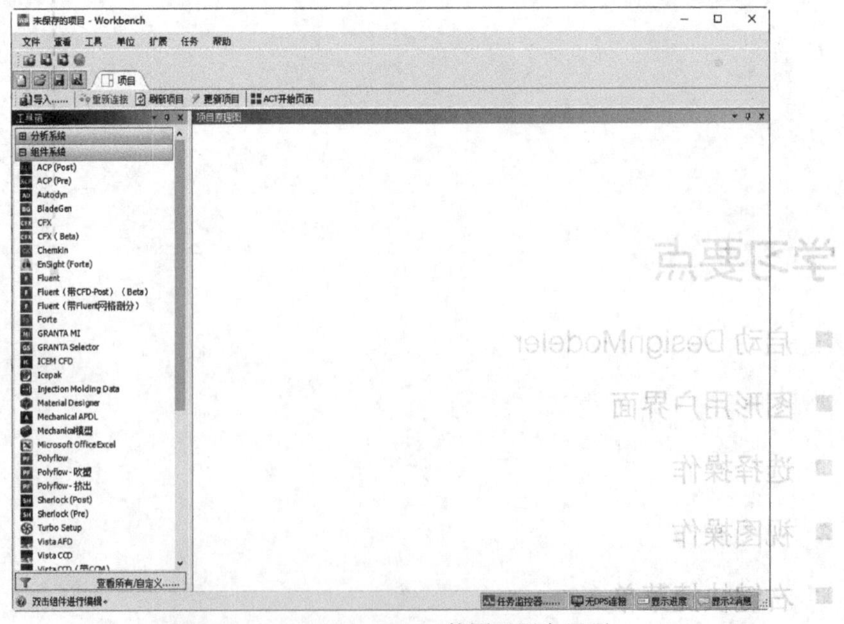

图 3-2 ANSYS Workbench 的图形用户界面

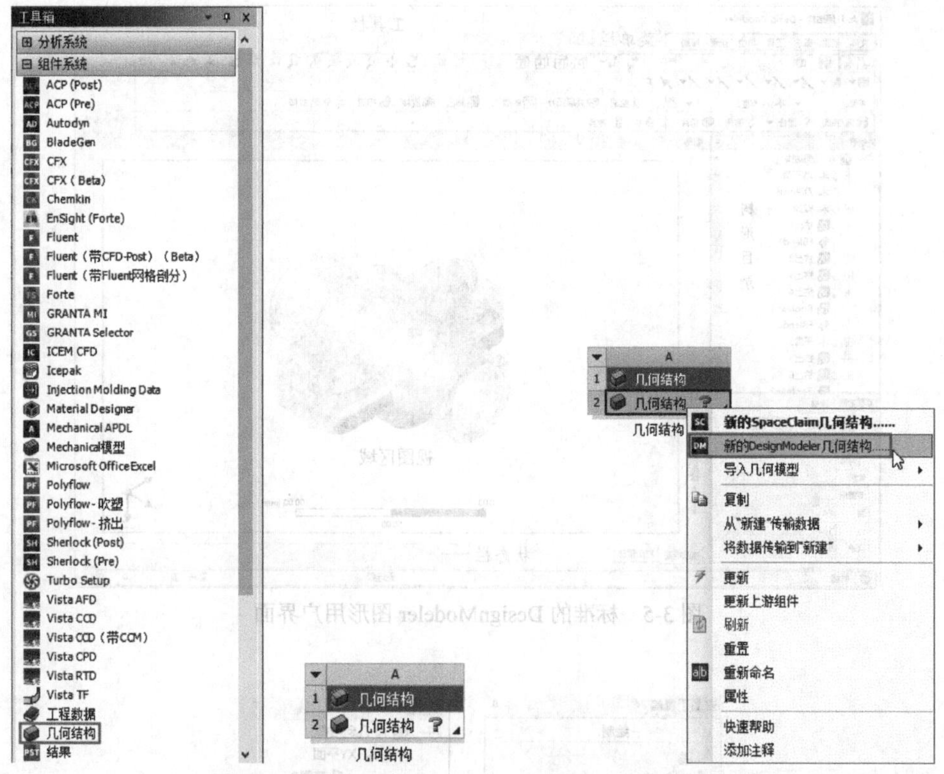

图 3-3　项目原理图 A　　　　图 3-4　打开 DesignModeler 应用程序

3.2　图形用户界面

DesignModeler 提供的图形用户界面具有直观、分类科学的优点，方便用户学习和应用。

3.2.1　界面介绍

标准的 DesignModeler 图形用户界面如图 3-5 所示，包括 6 个部分。

- 菜单栏：与其他 Windows 程序一样，菜单栏用下拉菜单组织图形用户界面的层次，可以从中选择所需的命令。大部分命令允许在任何时刻访问。菜单栏包含 7 个下拉菜单，分别是：文件、创建、概念、工具、单位、查看、帮助。
- 工具栏：工具栏是一组图标型工具的集合，鼠标指针在图标上悬停片刻图标一侧即可显示相应的工具提示。此时，单击图标可以启动相应命令。菜单和工具栏可以接收用户输入及命令。工具栏可以根据用户的要求放置在任何地方，其尺寸也可以根据需要进行改变。
- 树形目录：树形目录包括平面、特征、操作、几何模型等。它展示了所建模型的结构关系。树形目录是一个很好的操作模型选择工具。习惯从树形目录中选择特征、模型或平面将会大大提高建模的效率。在树形目录中，可看到有两种基本的操作模式——草图绘制和建模。图 3-6 所示为分别切换为不同标签显示的内容。

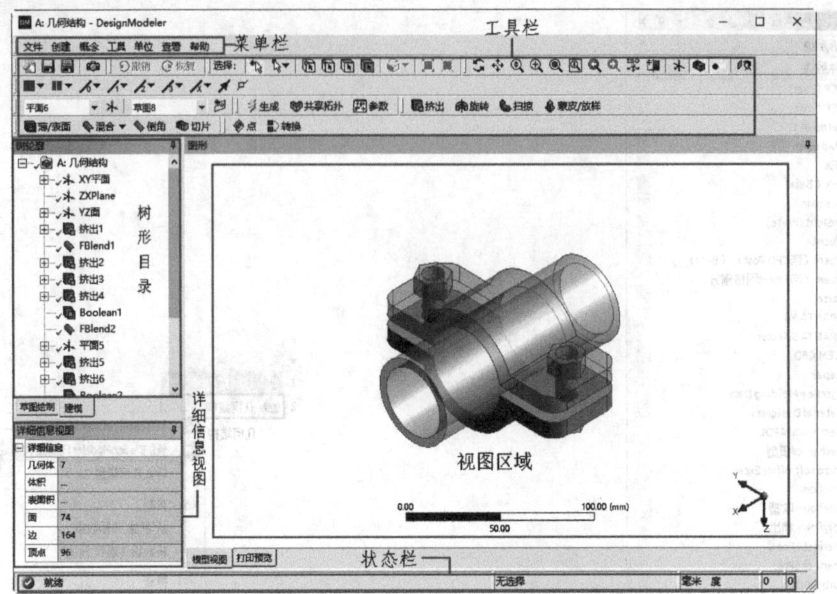

图 3-5　标准的 DesignModeler 图形用户界面

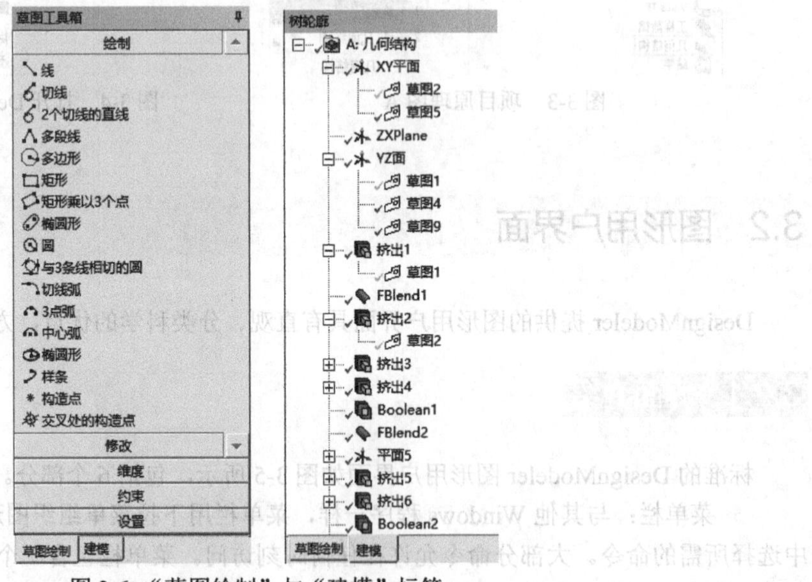

图 3-6　“草图绘制”与“建模”标签

- 详细信息视图：此区域是用来查看或修改模型的细节的。详细信息视图以表格的方式显示相关信息，左栏为细节名称，右栏为具体细节。为了便于操作，详细信息视图内的细节信息是进行了分组的。
- 视图区域：视图区域是使用 DesignModeler 绘制图形的区域，建模的操作都是在视图区域中完成的。
- 状态栏：窗口底部的状态栏提供与正执行的功能有关的信息，并给出必要的提示信息。读者要养成经常查看提示信息的习惯。

3.2.2 DesignModeler 窗格定制

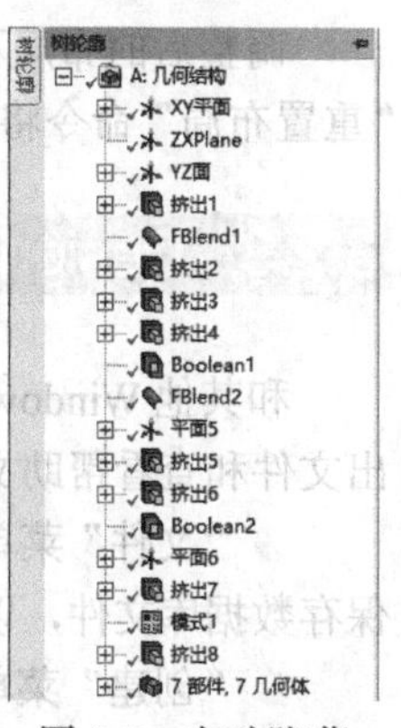

图 3-7 自动隐藏

在 DesignModeler 中，所有的窗格都允许按需定制。用户不仅可以调整各个窗格的大小，而且可以将窗格停靠在上、下、左、右栏。另外，还可以将窗格设置为自动隐藏状态。单击窗格右上角的大头针图标可以调整窗格是自动隐藏还是一直显示。当图标处于■状态时，窗格一直显示；当图标处于■状态时，窗格自动隐藏，如图 3-7 所示。

可以拖曳（按住鼠标左键拖动）标题栏来移动窗格到合适的位置，如图 3-8 所示。将窗格拖曳至未接入的窗格处，然后利用接入目标预览窗格的最终位置，最后松开鼠标安放窗格，如图 3-9 所示。

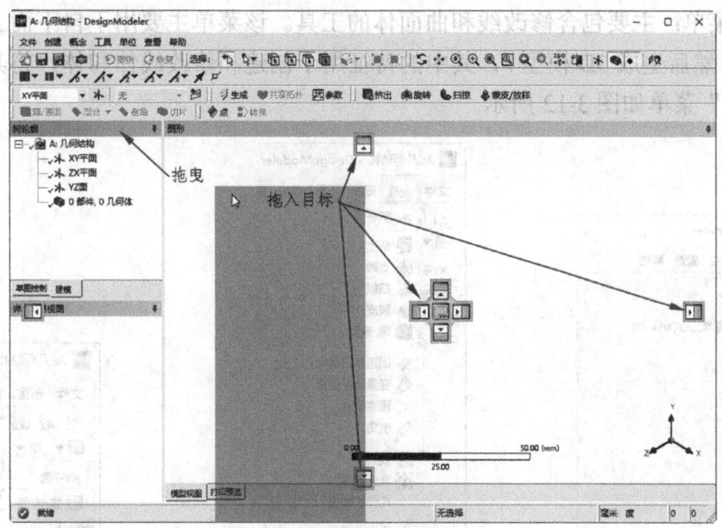

图 3-8 拖曳标题栏

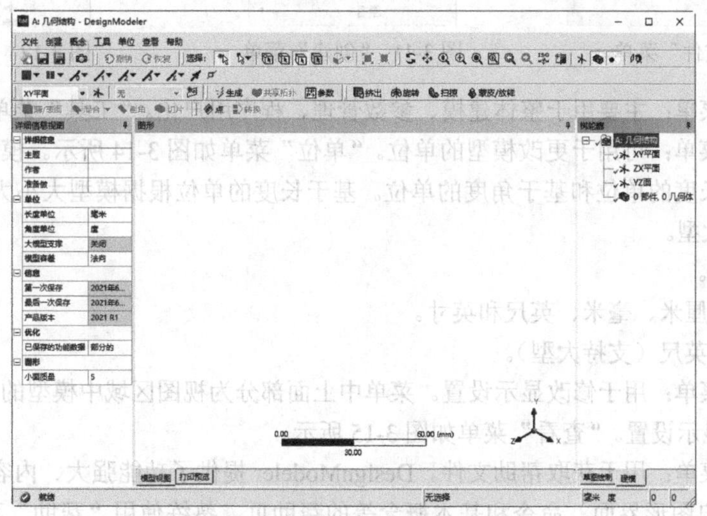

图 3-9 移动后的窗格位置

调整后的布局不合理或要恢复到初始布局时，可以使用菜单栏中的“查看”→“Windows”→“重置布局”命令将布局恢复到原始状态。

3.2.3 DesignModeler 主菜单

和其他 Windows 菜单操作一样，利用 DesignModeler 主菜单可以实现大部分功能，如保存、输出文件和查看帮助文件等。DesignModeler 主菜单包括以下菜单。

- “文件”菜单：用于实现基本的文件操作，包括常规的文件输入、文件输出、与 CAD 交互、保存数据库文件，以及脚本的运行等功能。“文件”菜单如图 3-10 所示。
- “创建”菜单：主要包含创建和修改 3D 模型的工具。该菜单主要用于进行 3D 特征的操作，如新建平面、挤出、旋转和扫掠等操作。“创建”菜单如图 3-11 所示。
- “概念”菜单：主要包含修改线和曲面体的工具。该菜单主要用于自下而上建立模型（例如先设计 3D 草图，然后生成 3D 模型），其中的特征用于创建和修改线体和体，将其变成有限元梁和板壳模型。“概念”菜单如图 3-12 所示。

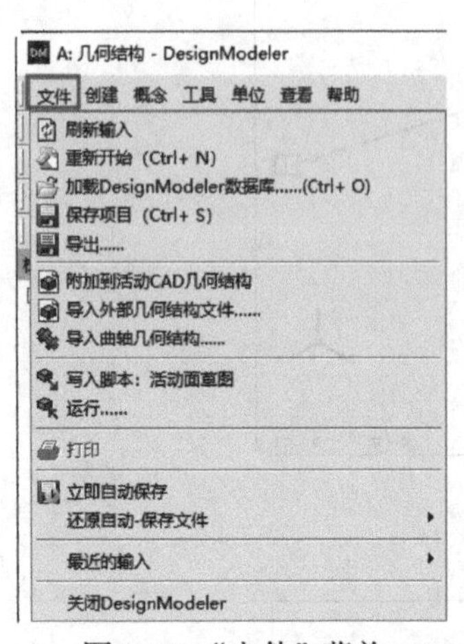

图 3-10 “文件”菜单

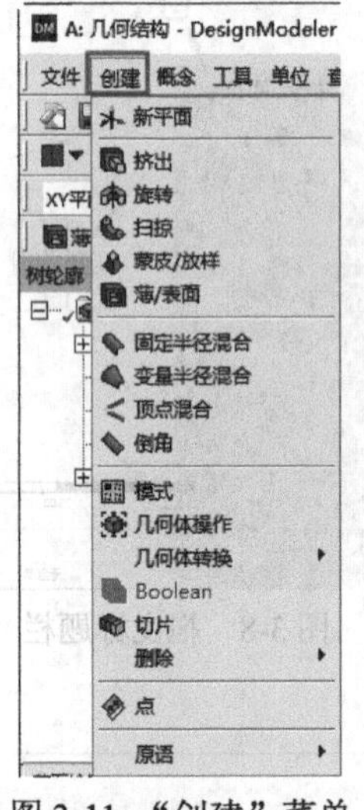

图 3-11 “创建”菜单

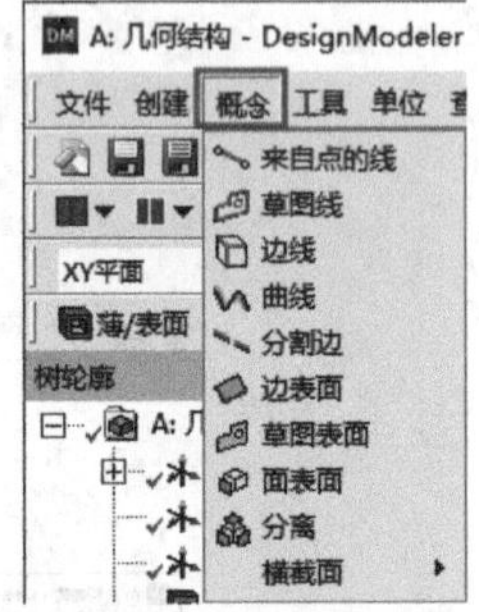

图 3-12 “概念”菜单

- “工具”菜单：主要用于整体建模、参数管理、程序用户化。“工具”菜单如图 3-13 所示。
- “单位”菜单：可用于更改模型的单位。“单位”菜单如图 3-14 所示。模型里面包含两种类型的单位，基于长度的单位和基于角度的单位。基于长度的单位根据模型大小大致分为 3 种类型，即小型、中型和大型。
  - 小型：微米。
  - 中型：米、厘米、毫米、英尺和英寸。
  - 大型：米和英尺（支持大型）。
- “查看”菜单：用于修改显示设置。菜单中上面部分为视图区域中模型的显示状态，下面是其他附属部分的显示设置。“查看”菜单如图 3-15 所示。
- “帮助”菜单：用于获取帮助文件。DesignModeler 提供了功能强大、内容完备的帮助菜单，包括大量关于用户图形界面、命令和基本概念等的帮助页。熟练使用“帮助”菜单是进一步学习 DesignModeler 的必要条件。这些帮助页以 Web 页面的形式存在，可以很容易地访问。“帮助”菜单如图 3-16 所示。

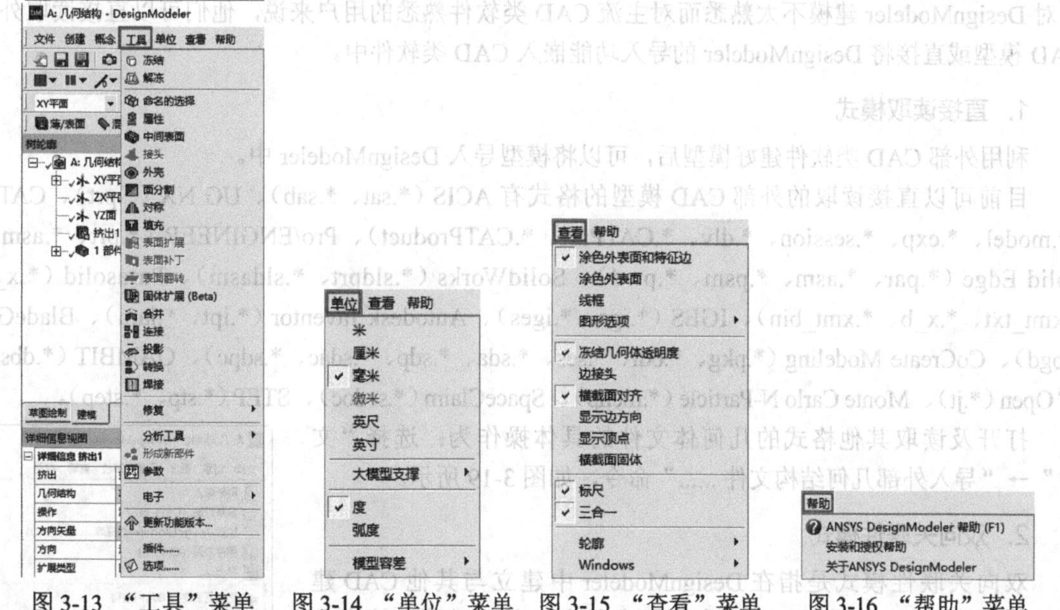

图 3-13 “工具”菜单　图 3-14 “单位”菜单　图 3-15 “查看”菜单　图 3-16 “帮助”菜单

3.2.4 DesignModeler 工具栏

DesignModeler 中的工具栏可以执行绝大多数的操作。工具栏上的每个按钮对应一个命令或宏。工具栏默认位于菜单栏的下方，只要单击其中的按钮即可执行相应命令，但这里的工具是不可以进行添加或删除的。图 3-17 所示为工具栏。

图 3-17 工具栏

3.2.5 详细信息视图窗格

详细信息视图窗格提供了数据的列表，会根据选取分支的不同自动改变显示的内容。详细信息视图窗格的左栏为细节名称，右栏为具体细节。右栏中的方格底色会有所不同，如图 3-18 所示。

- 白色区域：显示当前输入的数据。
- 灰色区域：显示信息数据，不能编辑。
- 黄色区域：未完成的信息输入。

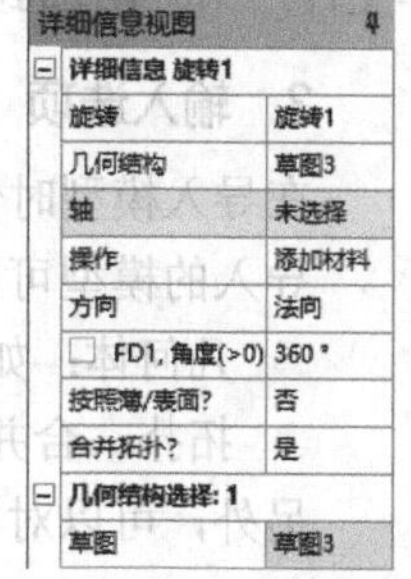

图 3-18 详细信息视图窗格

3.2.6 DesignModeler 与 CAD 类文件交互

DesignModeler 不仅具有建模的能力，而且可以与大多数主流的 CAD 类软件交互。这样对许多对 DesignModeler 建模不太熟悉而对主流 CAD 类软件熟悉的用户来说，他们可以直接读取外部 CAD 模型或直接将 DesignModeler 的导入功能嵌入 CAD 类软件中。

1. 直接读取模式

利用外部 CAD 类软件建好模型后，可以将模型导入 DesignModeler 中。

目前可以直接读取的外部 CAD 模型的格式有 ACIS（*.sat、*.sab）、UG NX（*.prt）、CATIA（*.model、*.exp、*.session、*.dlv、*.CATPart、*.CATProduct）、Pro/ENGINEER（*.prt、*.asm）、Solid Edge（*.par、*.asm、*.psm、*.pwd）、SolidWorks（*.sldprt、*.sldasm）、Parasolid（*.x_t、*.xmt_txt、*.x_b、*.xmt_bin）、IGES（*.igs、*.iges）、Autodesk Inventor（*.ipt、*.iam）、BladeGen（.bgd）、CoCreate Modeling（*.pkg、*.bdl、*.ses、*.sda、*.sdp、*.sdac、*.sdpc）、GAMBIT（*.dbs）、JT Open（*.jt）、Monte Carlo N-Particle（*.mcnp）、SpaceClaim（*.scdoc）、STEP（*.stp、*.step）。

打开及读取其他格式的几何体文件的具体操作为：选择“文件”→“导入外部几何结构文件……”命令，如图 3-19 所示。

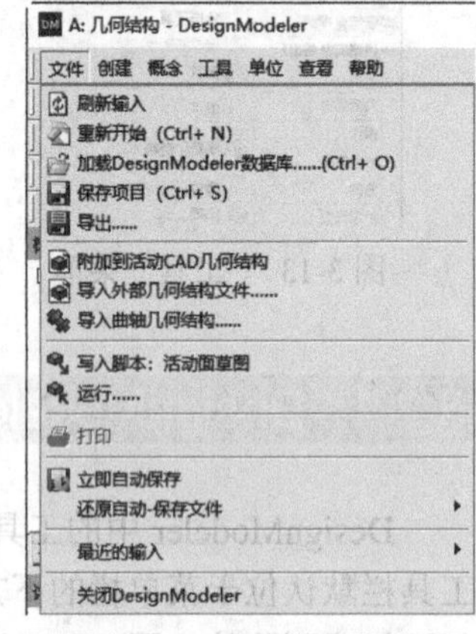

图 3-19 “文件”菜单

2. 双向关联性模式

双向关联性模式是指在 DesignModeler 中建立与其他 CAD 建模软件的关联性，即实现二者之间的互相刷新、协同建模，这也是 DesignModeler 的特色。这种技术被称为双向关联性，它在并行设计迅速发展的情况下大大提高了工作的效率。双向关联性的具体优势为：同时打开其他外部 CAD 类软件和 DesignModeler 两个程序，当外部 CAD 软件中的模型发生变化时，DesignModeler 中的模型只需刷新便可同步更新；同样，当 DesignModeler 中的模型发生变化时也只需通过刷新，CAD 软件中的模型就可实现同步更新。

DesignModeler 支持的当今流行的 CAD 类软件有 CATIA V5（*.CATPart、*.CATProduct）、UG NX（*.prt）、Autodesk Inventor（*.ipt、*.iam）、CoCreate Modeling（*.pkg、*.bdl、*.ses、*.sda、*.sdp、*.sdac、*.sdpc）、Pro/ENGINEER（*.prt、*.asm）、SolidWorks（*.sldprt、*.sldasm）和 Solid Edge（*.par、*.asm、*.psm、*.pwd）。

从一个打开的 CAD 系统中找到并导入当前的 CAD 文件进行双向关联性的具体操作为：选择“文件”→“附加到活动 CAD 几何结构”命令，如图 3-19 所示。

3. 输入选项

在导入模型时包含的主要导入选项为：几何体类型（包含实体、表面、全部等）。

导入的模型可以进行简化处理，具体简化项目如下。

- 几何体：如有可能，将曲面几何体转换为解析后的几何体。
- 拓扑：合并重叠的实体。

另外，可以对导入的模型进行校验和修复，即对非完整的或质量较差的几何体进行修复。

3.3 选择操作

在 DesignModeler 中，选择要操作的对象后才能进行后续操作。

3.3.1 基本鼠标功能

在视图区域中，利用鼠标可以快速执行选定对象或缩放、平移视图的操作。基本的鼠标控制如下。

1. 鼠标左键的功能

- 单击鼠标左键可选择几何体。
- 按住 Ctrl 键 + 鼠标左键可添加 / 移除选定的实体。
- 按住鼠标左键并拖动为连续选择模式。

2. 鼠标中键的功能

- 按住鼠标中键为自由旋转模式。

3. 鼠标右键的功能

- 窗口缩放。
- 打开快捷菜单。

3.3.2 选择过滤器

在建模过程中，都是用鼠标左键选定模型特性的，一般在选择的时候，特性的选择通过激活一个选择过滤器来完成（也可使用鼠标右键来完成）。图 3-20 所示为选择过滤器，使用过滤器的操作为：首先在相应的过滤器图标上单击，然后在视图区域中选中相应的特征。例如选择面，单击选择过滤器中的面选择过滤器后，之后的操作中就只能选中面了。

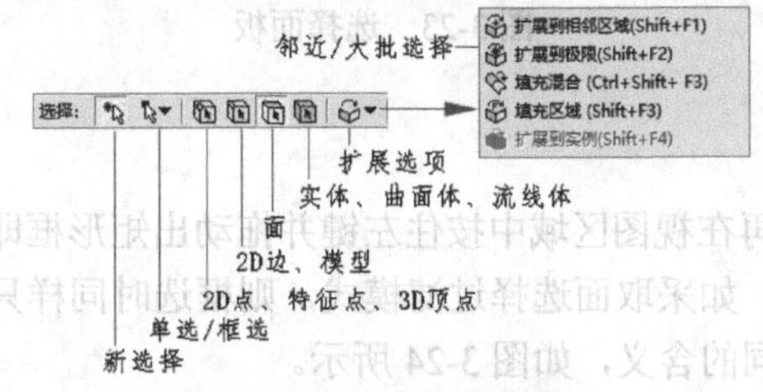

图 3-20 选择过滤器

在选择模式下，鼠标指针会反映出当前的选择过滤器，不同的鼠标指针表示不同的选择方式，具体的鼠标指针模式参见 3.4 节的介绍。

除了直接选取过滤之外，选择过滤器中还具有邻近选择功能，邻近选择会选择当前选择对象附近的所有面或边。

在草图绘制模式与建模模式下也可以通过右键快捷菜单快速选择需要的选择过滤器，如图 3-21 所示。

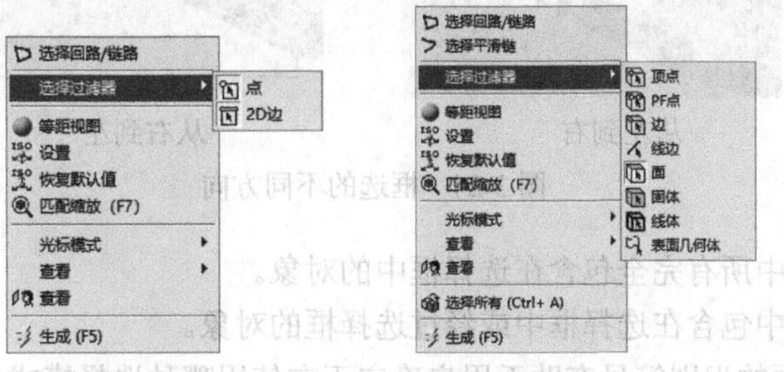

图 3-21 右键快捷菜单

1. 单选

在 DesignModeler 中，目标是指点、线、面、体。可以通过图 3-20 中的“选择模式”按钮，进行选择模式的选取，包含“单次选择”模式和“框选择”模式，如图 3-22 所示。单击“选择模式”按钮，选择“单次选择”选项，进入单次选择模式，在模型上单击进行目标的选取。

图 3-22　选择模式

在选择几何体时，有些是被其他几何体遮盖住的，这时选择面板十分有用。具体操作为：首先选择被遮盖几何体的最前面部分，这时在视图区域的左下角将显示出选择面板的待选窗格，如图3-23所示。它用来选择被遮盖的几何体（线、面等），待选窗格的颜色和零部件的颜色相匹配（适用于装配体）。可以直接单击待选窗格中的待选方块，每一个待选方块都代表着一个实体（面、边等）。屏幕下方的状态栏中将显示被选择的目标的信息。

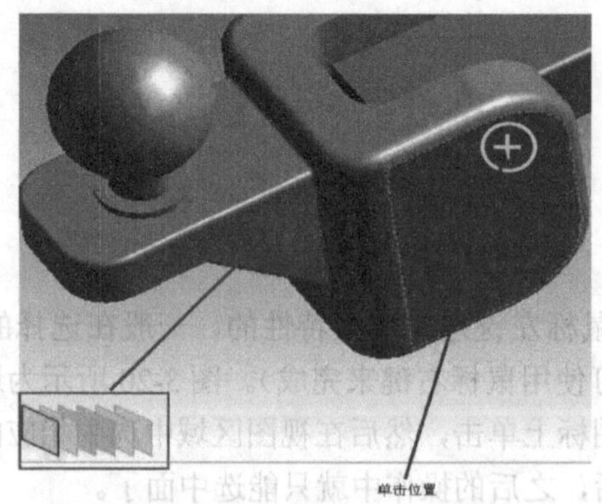

图 3-23　选择面板

2. 框选

选择“框选择”选项，再在视图区域中按住左键并拖动出矩形框即可进行选取。框选也是基于当前激活的过滤器来选择的，如采取面选择过滤模式，则框选时同样只可以选择面。另外，在框选时，不同的拖动方向代表不同的含义，如图 3-24 所示。

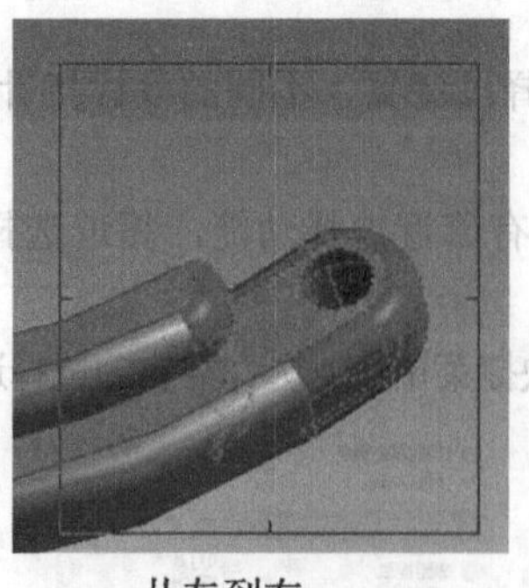

从左到右　　从右到左

图 3-24　框选的不同方向

- 从左到右：选中所有完全包含在选择框中的对象。
- 从右到左：选中包含在选择框中或经过选择框的对象。

注意，选择框边框的识别符号有助于用户确定正在使用哪种选择模式。

另外，还可以在树形目录中的 Geometry 分支中进行选择。

3.4　视图操作

建模时，主要的操作区域就是视图区域，在视图区域里面的操作包含旋转视图、平移视图等，且不同的鼠标指针形状表示不同的含义。

3.4.1　图形控制

DesignModeler 是一个三维建模平台，具有全方位的视角。为了操作方便，在建模过程中需要对视角进行调整，还需要对图形进行控制，如旋转、平移、缩放等。

1. 旋转操作

可以直接在视图区域按住鼠标中键进行旋转操作，也可以通过单击拾取工具栏中的“旋转”按钮来执行旋转操作。鼠标指针在视图区域的不同位置，将实现不同的旋转操作，如图 3-25 所示。其中：

- 鼠标指针位于图形中央时旋转模式为自由旋转；
- 鼠标指针位于图形中心之外时旋转模式为绕 *Z* 轴旋转；
- 鼠标指针位于视图区域顶部或边缘时旋转模式为绕 *X* 轴（上 / 下边界）或 *Y* 轴（左 / 右边界）旋转。

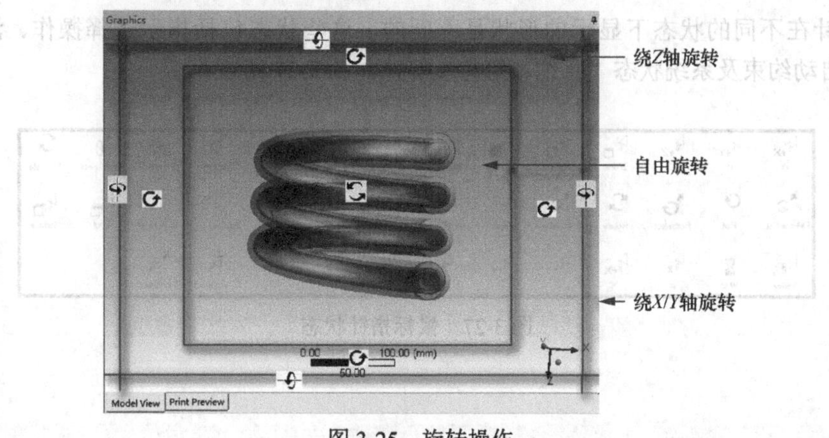

图 3-25　旋转操作

注意

鼠标指针会根据所处的位置或操作方式改变其形状。

2. 平移操作

可直接在视图区域按住 Ctrl 键 + 鼠标中键进行平移操作，也可以通过单击拾取工具栏中的“平移”按钮来执行平移操作。

3. 缩放操作

可以直接在视图区域利用 Shift 键和鼠标中键进行放大或缩小操作，也可以通过单击拾取工具栏中的“缩放”命令来执行缩放操作。

4. 窗口放大操作

可直接在视图区域按住鼠标右键并拖动，鼠标指针经过的区域被放大，也可以通过单击拾取工具栏中的“窗口放大”按钮来执行窗口放大操作。

注意

在旋转、平移、缩放模式下，可以通过单击模型暂时重设模型的当前浏览中心和旋转中心（红点标记），如图 3-26 所示，单击空白区域可将模型浏览中心和旋转中心设置为模型的质心。

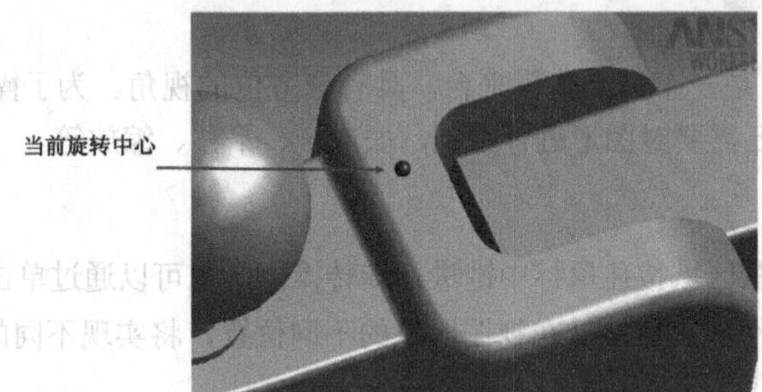

图 3-26　旋转中心

3.4.2　鼠标指针状态

鼠标指针在不同的状态下显示的形状是不同的，这些状态包括指示选择操作、浏览、旋转、选定、草图自动约束及系统状态“正忙，等待”等，如图 3-27 所示。

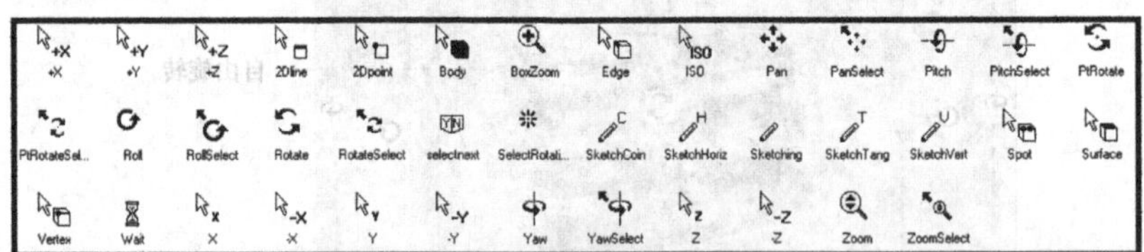

图 3-27　鼠标指针状态

3.5　右键快捷菜单

在不同的位置单击鼠标右键，会弹出不同的快捷菜单。本节介绍常见的右键快捷菜单。

3.5.1　插入特征

在建模过程中，可以通过在树形目录中的任何特征上单击鼠标右键，并在弹出的快捷菜单中选择“插入”命令来实现插入特征操作。这种操作允许在选择的特征之前插入一个新的特征，插入的特征将会位于树形目录中被选特征之前，只有新建模型被再生后，该特征之后的特征才会被激活。图 3-28 所示为插入特征操作。

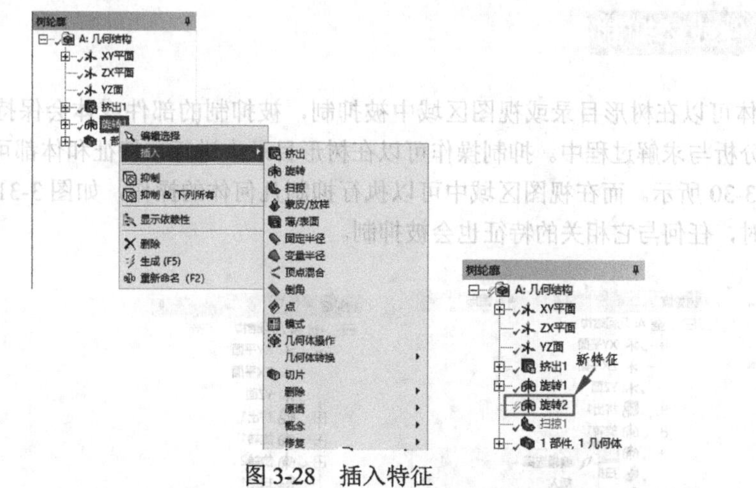

图 3-28　插入特征

3.5.2　隐藏 / 显示目标

在建模过程中，有时为了方便观察或选择，需要隐藏或显示某些特征或模型，这就需要对这些目标进行隐藏或显示操作。

1. 隐藏目标

在视图区域的模型上选择一个目标，单击鼠标右键，在弹出的快捷菜单中选择“隐藏几何体”命令，如图 3-29 所示，该目标即被隐藏。也可以在树形目录中选取一个目标，单击鼠标右键，选择“隐藏几何体”命令来隐藏该目标。当一个目标被隐藏时，该目标在树形目录中会变暗。

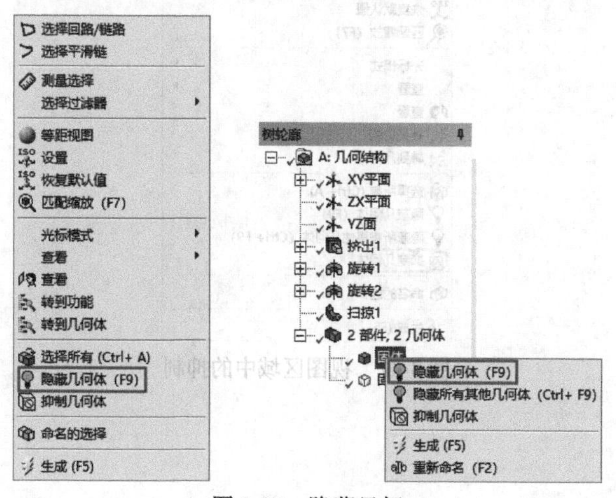

图 3-29　隐藏目标

2. 显示目标

在树形目录中选中要显示的项目，单击鼠标右键，在弹出的快捷菜单中选择“显示主体”命令，显示目标。

3.5.3　部件或体抑制

部件与体可以在树形目录或视图区域中被抑制，被抑制的部件或体会保持隐藏状态，不会被导入后期的分析与求解过程中。抑制操作可以在树形目录中进行，特征和体都可以在树形目录中被抑制，如图 3-30 所示。而在视图区域中可以执行抑制几何体的操作，如图 3-31 所示。另外，当一特征被抑制时，任何与它相关的特征也会被抑制。

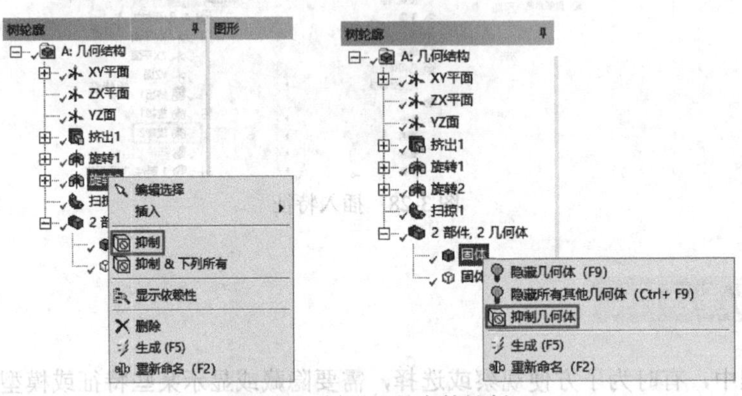

图 3-30　树形目录中的抑制

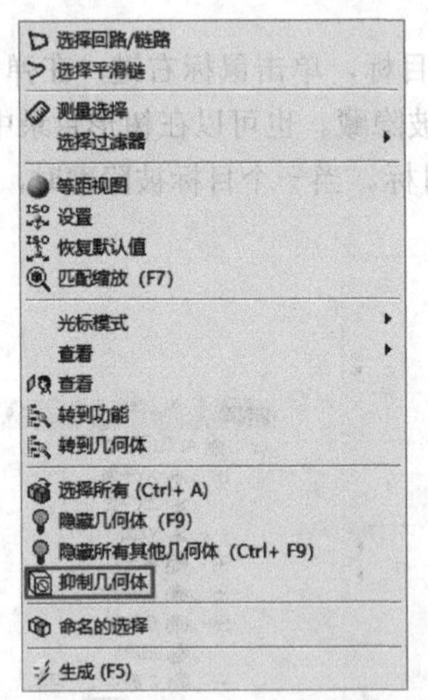

图 3-31　视图区域中的抑制

3.5.4　转到特征

右键快捷菜单中的转到特征命令允许根据视图区域中选择的体快速切换到树形目录中对应的位置。这个功能在模型复杂的时候经常用到。如要实现转到特征，只需要在视图区域中选中体，单击鼠标右键，弹出图 3-32 所示的快捷菜单，选中其中的转到特征命令即可。可在树形目录选择特征或体，切换到树形目录对应的特征或体节点上。

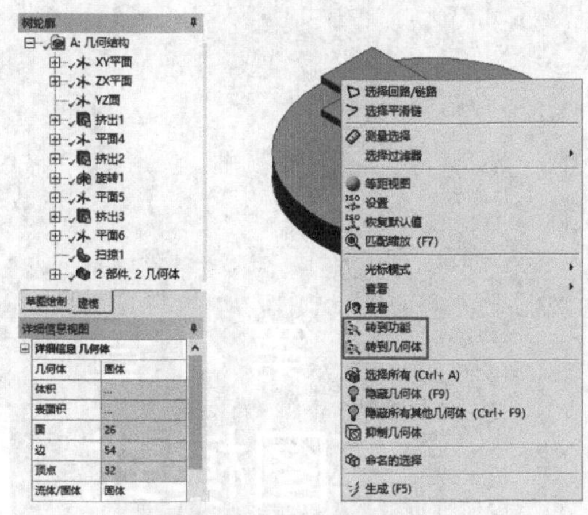

图 3-32　转到特征命令

3.6　帮助文档

可以通过“帮助”菜单打开帮助文档。选择菜单栏中的“帮助”→“ANSYS DesignModeler 帮助”命令，打开图 3-33 所示的帮助文档，这些文档以 Web 页面的形式存在。从图中可以看出，可以通过以下两种方式来得到项目的相关帮助。

- 目录方式：使用此方式需要对所查项目的属性有所了解。
- 搜索方式：这种方式简便快捷，缺点是可能搜索到大量条目。

有下划线的颜色不同的内容是超文本链接。单击相应内容，就能得到关于项目的帮助。以超文本链接形式存在的典型内容是命令名、单元类型、用户手册的章节名等。

当单击某个超文本链接之后，它将显示不同的颜色。一般情况下，未单击时为蓝色，单击之后为红褐色。

另外，还可以通过“帮助”菜单访问版权和支持信息。

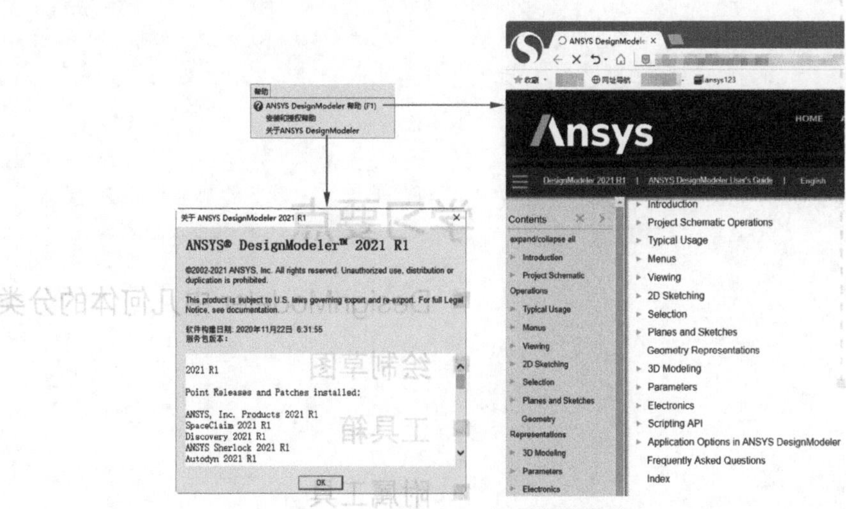

图 3-33　打开帮助文档

第 4 章 草图模式

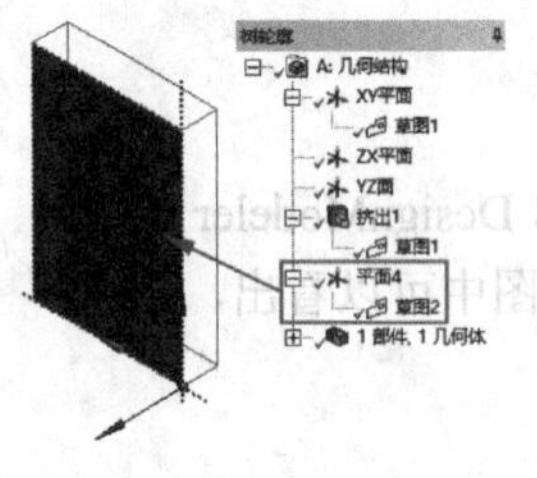

DesignModeler 草图均在平面上创建。默认情况下，创建一个新的模型时，全局直角坐标系原点处有 3 个默认的正交平面（*XY*，*ZX*，*YZ*）。在这 3 个默认的正交平面上可以绘制草图。

学习要点

- DesignModeler 中几何体的分类
- 绘制草图
- 工具箱
- 附属工具
- 草图绘制实例

4.1　DesignModeler 中几何体的分类

可以根据需要定义原点和方位或以现有几何体的面作为参照平面创建和放置新的工作平面。可以根据需要创建任意个工作平面，并且多个草图可以同时存在于同一个平面上。

创建草图的步骤如下。

（1）定义绘制草图的平面。

（2）在所希望的平面上绘制或识别草图。

在 DesignModeler 中，几何体有 4 个基本模式。

- 草图模式：包括 2D 几何体的创建、修改，尺寸标注及添加约束等。创建的 2D 几何体可用于为 3D 几何体的创建和概念建模做准备。
- 3D 几何体模式：对草图进行拉伸、旋转、扫掠等操作得到的 3D 几何体。
- 几何体输入模式：直接导入其他 CAD 模型到 DesignModeler 中，并对其进行修补，使之适应有限元网格的划分。
- 概念建模模式：用于创建和修改线体或面体，使之能应用于创建梁和壳体的有限元模型。

4.2　绘制草图

在 DesignModeler 中，绘制 2D 草图前必须先建立或选择一个工作平面。所以在绘制草图前首先要懂得如何进行绘图前的设置及如何创建一个工作平面。

4.2.1　长度单位

创建一个新的设计模型或导入模型到 DesignModeler 之前，首先需要设置长度单位，设置单位的菜单如图 4-1 所示。

4.2.2　创建新平面

所有草图只能建立在平面上，所以绘制草图前要懂得如何创建一个新的平面。

可以选择菜单栏中的“创建”→“新平面”命令或直接单击工具栏中的“新平面”按钮，执行创建新平面命令。完成后，树形目录中将显示出新的平面对象。可以更改创建新平面的方式共有 8 种方式，如图 4-2 所示。

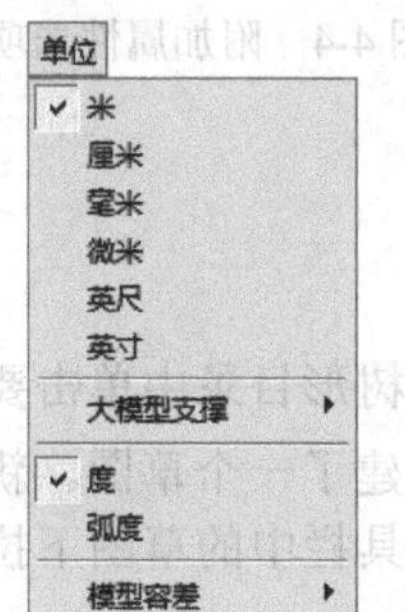

图 4-1　设置单位的菜单

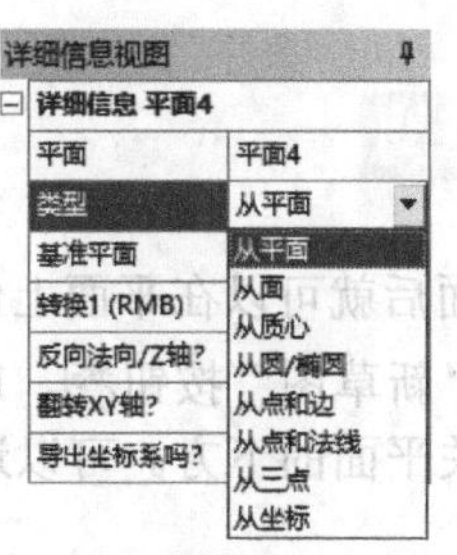

图 4-2　详细信息视图

- 从平面：基于另一个已有平面创建新平面。
- 从面：从表面创建新平面。
- 从质心：由选定的质心定义新平面，新平面位于 *XY* 平面，其原点为计算的质心值。
- 从圆 / 椭圆：基于选定的 2D 或 3D 的圆或椭圆的边（包括圆弧）来创建新平面。原点是圆或椭圆的中心点。
- 从点和边：用一点和一条直线的边界定义新平面。
- 从点和法线：用一点和一条边界方向的法线定义新平面。
- 从三点：用三点定义新平面。
- 从坐标：通过输入距离原点的坐标和法线定义新平面。

创建平面后，在详细信息视图中还可以进行多种变换。单击详细信息视图中的“转换”栏，在打开的下拉列表中选择一种变换方式，如图 4-3 所示，可以迅速完成选定面的变换。

一旦选择了变换方式，将出现附加属性选项，如图 4-4 所示，允许输入偏移距离、旋转角度和旋转轴等。

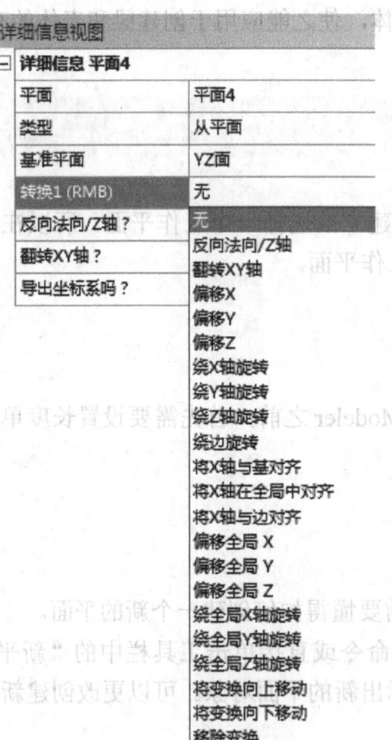

图 4-3　平面变换方式

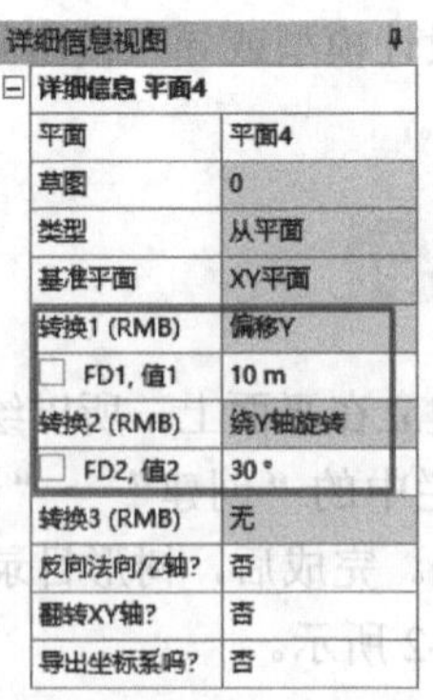

图 4-4　附加属性选项

4.2.3　创建新草图

在创建完新平面后就可以在平面上创建新草图了。在树形目录中单击要创建草图的平面，然后单击工具栏中的“新草图”按钮，就在激活平面上新建了一个草图。新建的草图会出现在树形目录中，且在相关平面的下方。可以通过树形目录或工具栏中的草图下拉列表来选择草图，如图 4-5 所示。

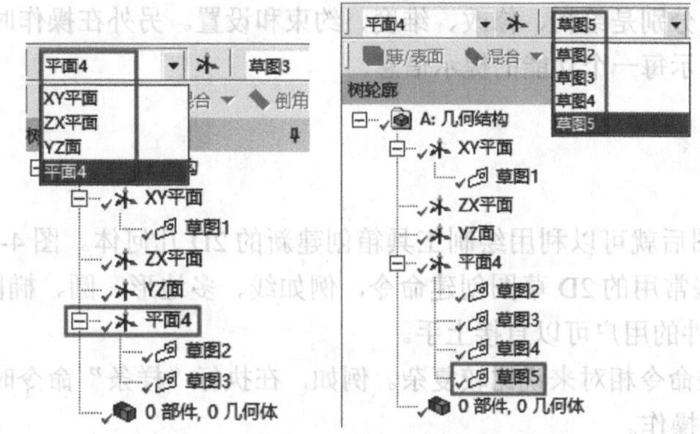

图 4-5　选择草图

注意

草图下拉列表中仅显示以当前激活平面为参照的草图。

除上面的方法之外，还可以通过“从表面”命令快速建立平面和草图：选择“从表面”命令，选中创建新平面所用的表面，然后切换到“草图绘制”标签开始绘制草图，新工作平面和草图将自动创建，如图 4-6 所示。

4.2.4　草图的隐藏与显示

在 DesignModeler 中，可以通过右键快捷菜单控制草图的隐藏与显示，如图 4-7 所示，在树形目录中单击鼠标右键，在弹出的快捷菜单中可以选择“总是显示草图”或“隐藏草图”命令。默认情况下，在树形目录中高亮显示的草图才会显示在视图区域中。

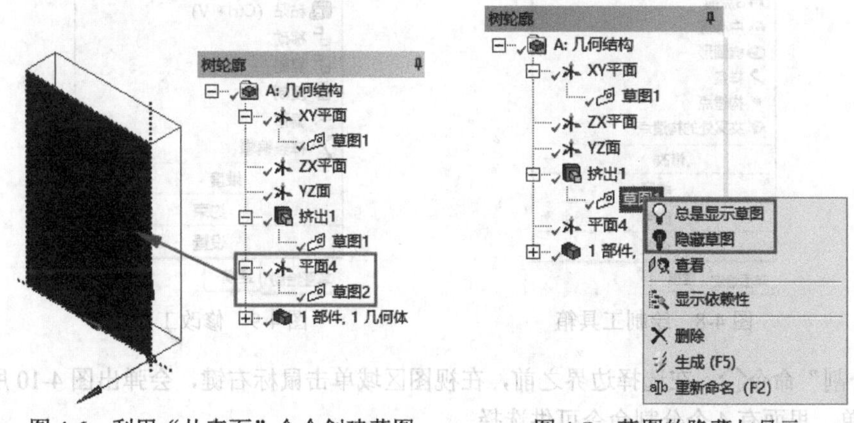

图 4-6　利用“从表面”命令创建草图　　图 4-7　草图的隐藏与显示

4.3　工具箱

在创建 3D 模型时，要从 2D 草图的绘制开始，此时绘图工具箱中的命令是必不可少的。工具箱中的命令分为5类，分别是绘制、修改、维度、约束和设置。另外在操作时要注意状态栏中的提示，状态栏中会实时显示每一个功能的提示信息。

4.3.1 绘制工具箱

创建完平面和草图后就可以利用绘制工具箱创建新的2D几何体。图4-8所示为绘制工具箱。绘制工具箱中包含一些常用的2D草图创建命令，例如线、多边形、圆、椭圆形、切线和样条等。一般会简单CAD类软件的用户可以直接上手。

另外，其中有一些命令相对来说比较复杂。例如，在执行“样条”命令时，必须用鼠标右键选择所需的选项才能结束操作。

4.3.2 修改工具箱

修改工具箱中有许多编辑草图的工具，如图4-9所示。修改工具箱中的基本命令有：倒角、圆角、扩展、修剪、切割、复制、粘贴、移动等。部分命令介绍如下。

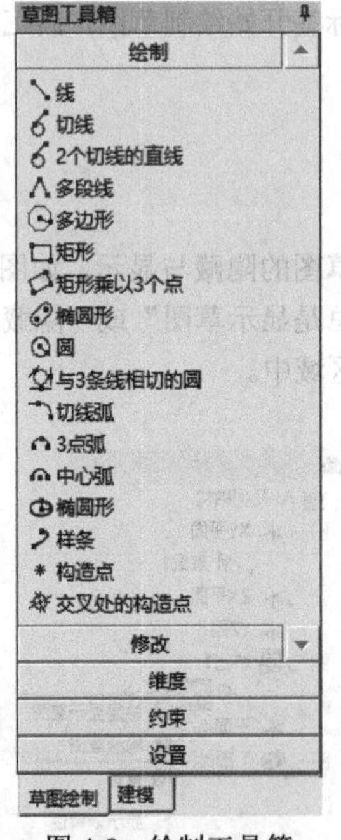

图4-8 绘制工具箱

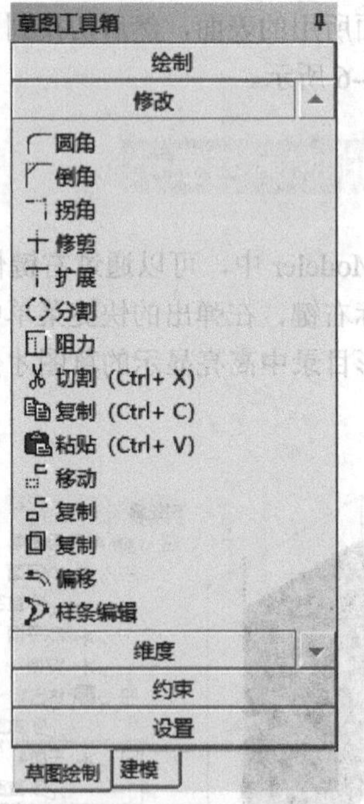

图4-9 修改工具箱

（1）“分割”命令：在选择边界之前，在视图区域单击鼠标右键，会弹出图4-10所示的“分割”快捷菜单，里面有4个分割命令可供选择。

- 在选择处分割边（默认）：在选定位置将一条边线分割成两段（指定边线不能是整个圆或椭圆）。要对整个圆或椭圆做分割操作，必须指定起点和终点的位置。
- 在点处分割边：选定一个点后，所有经过此点的边线都将被分割成两段。
- 在所有点处分割边：选择一条边线，它将被所有它通过的点分割，这样就同时产生了一个重合约束。
- 将边分成n个相等的区段：先在编辑框中设定值（最大为100），然后选择待分割的线。

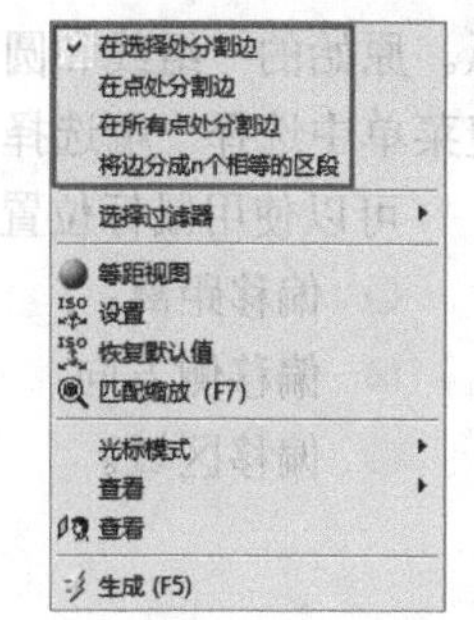

图 4-10 “分割”快捷菜单

（2）“阻力”命令：这是一个比较实用的命令，它几乎可以拖动所有的 2D 草图。在操作时可以选择一个点或一条边来进行拖动，产生的变化取决于所选的内容及其对应的约束和尺寸。例如，选定一条直线后可以在该直线的垂直方向上进行拖动操作，而选择此直线上的一个点，则可以通过对此点的拖动，将直线修改为不同的长度和角度；选择矩形上的一个点，与该点连接的两条线只能是水平或垂直的，如图 4-11 所示。另外，可以在使用拖动功能前可以预先选择多个实体，从而直接拖动多个实体。

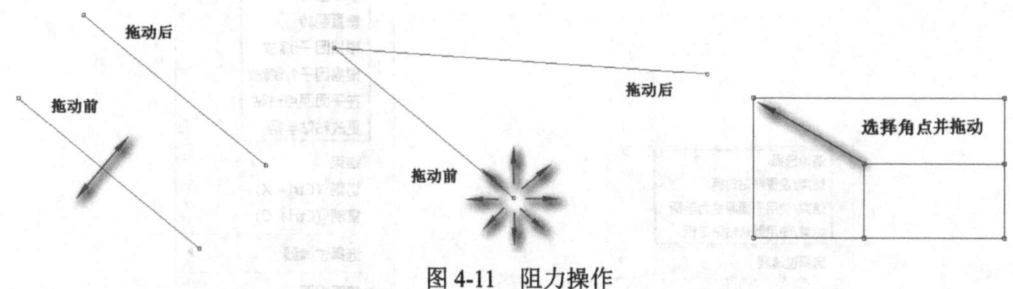

图 4-11　阻力操作

（3）“切割”/“复制”命令 / ：这些操作可以将一组对象复制到一个内部的剪贴板上然后将原图保留在草图上。在右键快捷菜单中可以选择对象的粘贴点。粘贴点是移动一段作图对象到待粘贴位置时，鼠标指针与之保持联系的点。“切割”/“复制”快捷菜单如图 4-12 所示，其中包括如下命令。

- 清除选择。
- 结束 / 设置粘贴句柄：手动设置粘贴点。
- 结束 / 使用平面原点为手柄：使用平面原点作为粘贴点。
- 结束 / 使用默认粘贴句柄：采用默认粘贴点。如果在退出前没有选择粘贴的操作点，则系统使用默认值。

（4）“粘贴”命令：将所需粘贴的对象复制或剪切至剪贴板中后再把其放到当前草图中（或放到不同的草图中）。单击鼠标右键，会弹出图 4-13 所示的“粘贴”快捷菜单，包括：

- 绕 r/-r 旋转；
- 水平 / 垂直翻转；
- 根据因子 f 或 1/f 缩放；
- 在平面原点粘贴；
- 更改粘贴手柄。

注意

- 完成复制后，可以进行多次粘贴操作。
- 可以从一个草图中复制后粘贴到另一个草图。
- 在进行粘贴操作时可以改变粘贴的操作点。

（5）“复制”命令：相当于复制加粘贴命令。在绘图区域单击鼠标右键，在弹出的快捷菜单中选取其中一个“结束”选项后，再次选择“复制”命令，鼠标右键就变成了粘贴功能键。

（6）“移动”命令：操作后选取的对象会移动到一个新的位置。

（7）“偏移”命令：可以通过将一组已有的线和圆弧偏移指定的距离来创建一组新的线和圆

弧。原始的一组线和圆弧必须相互连接构成一个开放或封闭的轮廓。预选或选择边，然后在右键快捷菜单中选择“端选择/放置偏移量”命令。

可以使用鼠标位置设定以下3个值：

- 偏移距离；
- 偏移侧方向；
- 偏移区域。

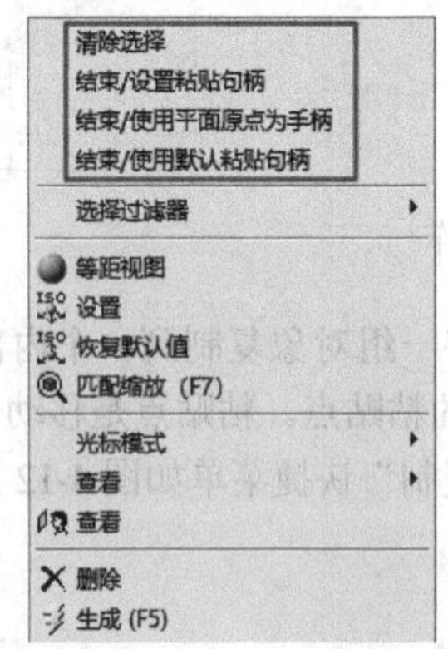

图4-12 “切割”/“复制”快捷菜单

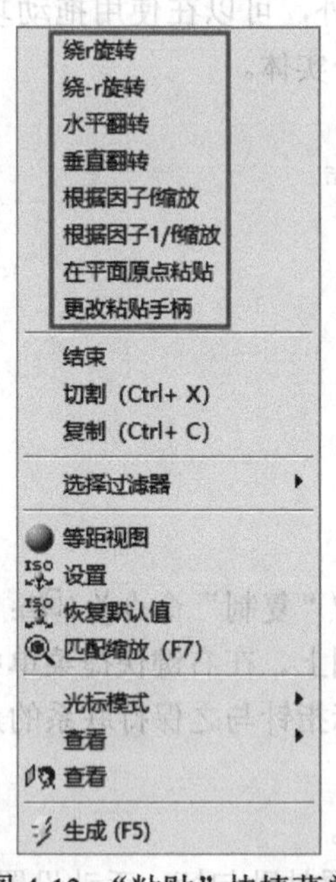

图4-13 “粘贴”快捷菜单

4.3.3 维度工具箱

维度工具箱里面有一套完整的标注命令集，如图4-14所示。可以在标注完尺寸后选中尺寸，然后在详细信息视图中输入新值完成修改。它不仅可以逐个标注尺寸，还可以进行半自动标注。

（1）“半自动”命令：此命令将依次给出待标注的尺寸的选项直到模型完全约束或用户选择结束标注。在半自动标注模式中，单击鼠标右键可以选择跳过或结束此模式。图4-15所示为“半自动标注”快捷菜单。

（2）“通用”命令：选择“通用”命令后可以直接在图形中进行智能标注。

（3）“移动”命令：用于修改标注尺寸的位置。

（4）“动画”命令：用来以动画的方式显示选定尺寸的变化情况，动画按钮后面的Cycles用于设置循环的次数。

（5）“显示”命令：用来调节标注尺寸的显示方式，可以通过尺寸的具体数值或尺寸名称来显示尺寸，如图4-16所示。

另外，在非标注模式下选中尺寸后单击鼠标右键，弹出图4-17所示的快捷菜单，可以选择“编辑名称/值”命令快速进行尺寸编辑。

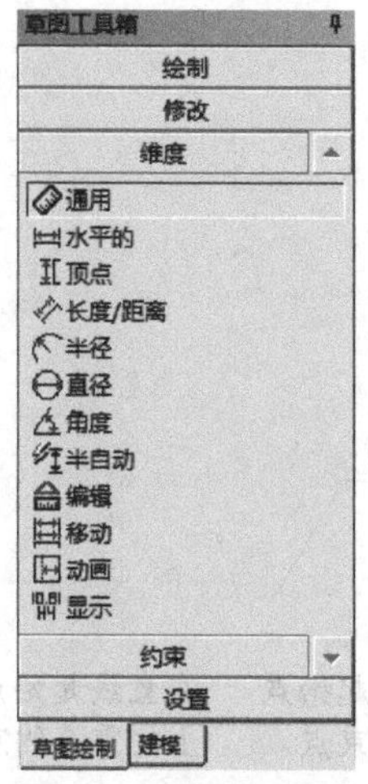

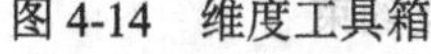

图 4-14　维度工具箱

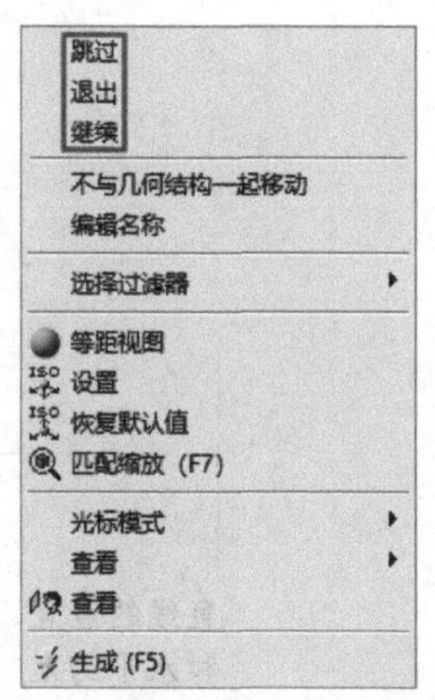

图 4-15　“半自动标注”快捷菜单

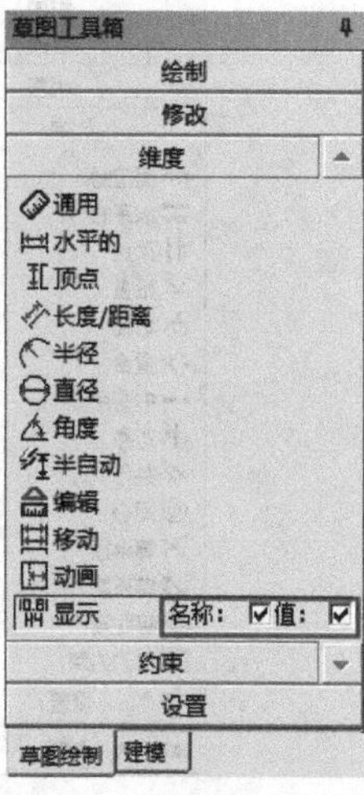

图 4-16　显示标注尺寸

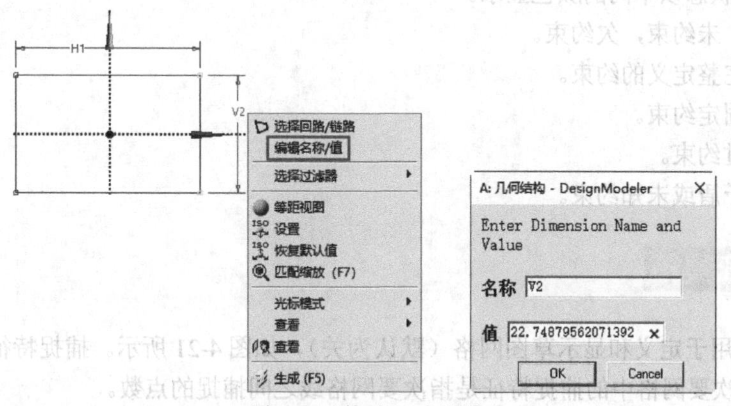

图 4-17　快速尺寸编辑

4.3.4　约束工具箱

可以利用约束工具箱来定义草图元素之间的关系，约束工具箱如图 4-18 所示。

（1）“固定的”命令：选取一个 2D 边或点来阻止要约束的对象的移动。对于 2D 边可以选择是否固定端点。

（2）“水平的”命令：拾取一条直线，水平约束可以使该直线与 X 轴平行。

（3）“垂直”命令：可以使拾取的两条线正交。

（4）“等半径”命令：对选择的两个圆或圆弧进行等半径的约束。

（5）“自动约束”命令：默认设计模型是“自动约束”模式，自动约束可以在新的草图实体中自动捕捉位置和方向。图 4-19 所示为鼠标指针的不同形状对应的约束类型。

草图的详细信息视图中会显示草图约束的详细情况，如图 4-20 所示。

约束可以通过自动约束产生，也可以由用户自定义。选中定义的约束后，按 Delete 键或单击鼠标右键，在弹出的快捷菜单中选择“删除”命令可删除约束。

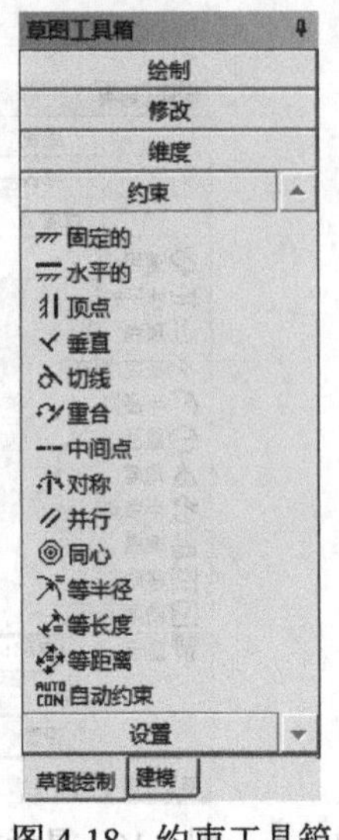

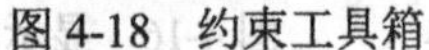

图 4-18　约束工具箱

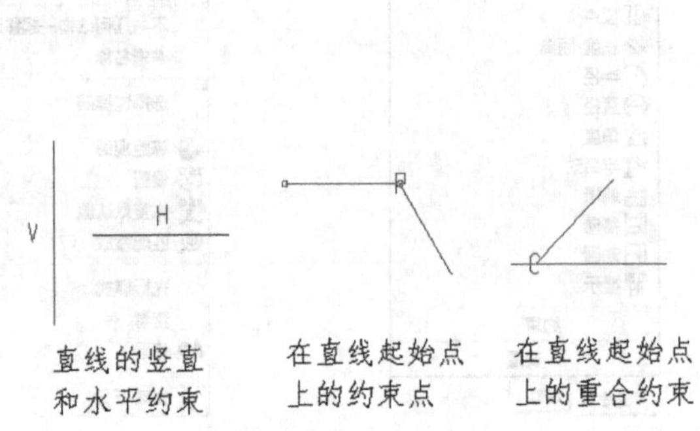

图 4-19　自动约束

不同的约束状态以不同的颜色显示。

- 深青色：未约束，欠约束。
- 蓝色：完整定义的约束。
- 黑色：固定约束。
- 红色：过约束。
- 灰色：矛盾或未知约束。

4.3.5　设置工具箱

设置工具箱用于定义和显示草图网格（默认为关），如图 4-21 所示。捕捉特征用来设置主要网格和次要网格。次要网格中的捕捉特征是指次要网格线之间捕捉的点数。

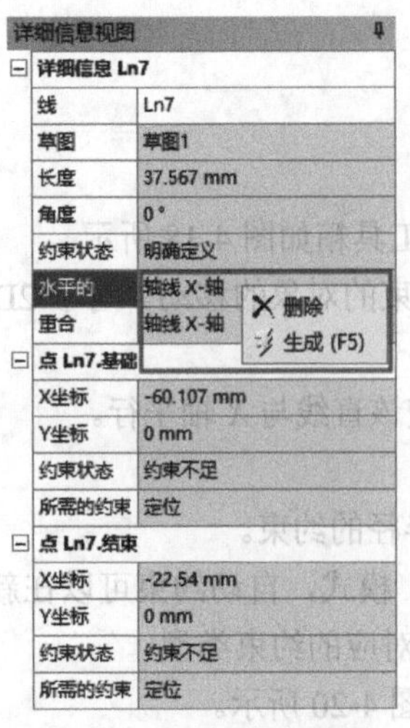

图 4-20　详细信息视图

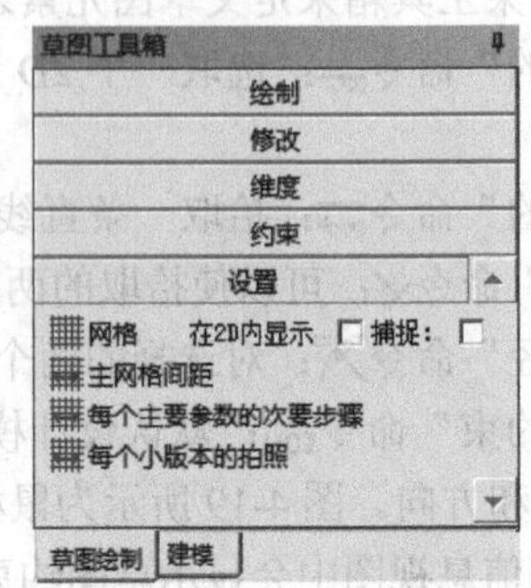

图 4-21　设置工具箱

4.4 附属工具

在绘图时有些附属工具是非常有用的，例如“标尺”工具、“正视于”工具和“撤销”工具等。

4.4.1 标尺工具

使用“标尺”工具可以快捷地看到图形的尺寸范围。利用“查看”→“标尺”命令，可以设置视图区域中是否显示标尺工具，如图 4-22 所示。

4.4.2 正视于工具

若需创建或改变平面和草图，运用“正视于”工具可以立即改变视图方向，使相应平面、草图或选定的实体与用户视线垂直。该工具在工具栏中的位置如图 4-23 所示。

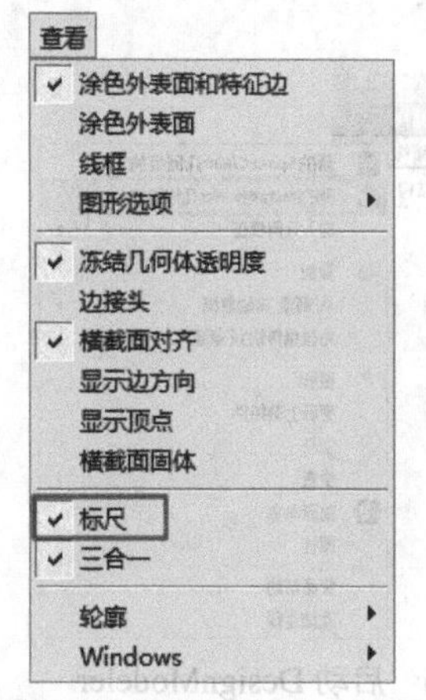

图 4-22　设置“标尺”工具

图 4-23　“正视于”工具

4.4.3 撤销工具

只有在草图模式下才可以使用“撤销”工具撤销上一次完成的草图操作，可以撤销多次。“后退”操作（可以通过右键快捷菜单找到）在绘制草图时类似简化的“撤销”操作。

注意　任何时候都只能激活一个草图。

4.5 实例——垫片草图

利用本章所讲内容绘制图 4-24 所示的垫片草图。

01 进入 ANSYS Workbench 2021 R1 工作界面，在左边工具箱中打开组件系统工具箱的下拉列表。

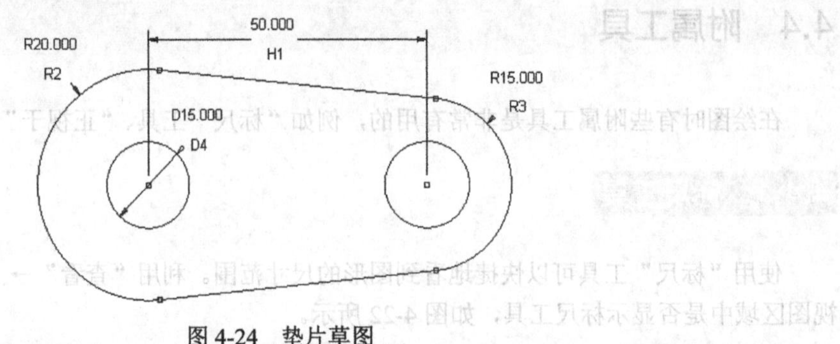

图 4-24　垫片草图

02 将组件系统工具箱中的“几何结构”模块拖动到右边的项目管理界面中（或在工具箱中直接双击“几何结构”模块）。此时项目管理界面中会出现图 4-25 所示的“几何结构”模块，此模块的默认编号为 A。

03 右击“A2 几何结构”栏，在弹出的快捷菜单中选择“新的 DesignModeler 几何结构 ......”命令，如图 4-26 所示，启动 DesignModeler。

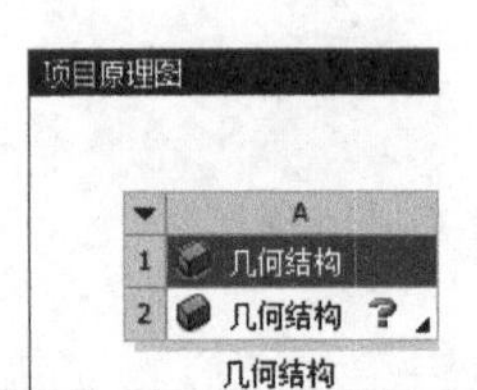

图 4-25　“几何结构”模块

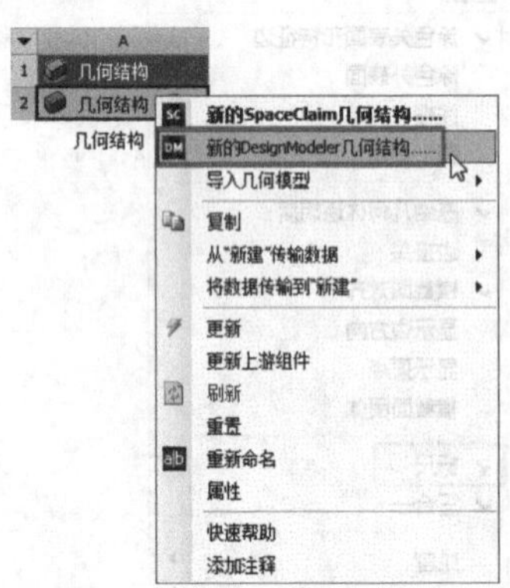

图 4-26　启动 DesignModeler

04 打开图 4-27 所示的 DesignModeler 图形用户界面。此时左侧的树形目录默认为建模状态下的树形目录。在建立草图前需要先选择一个工作平面。

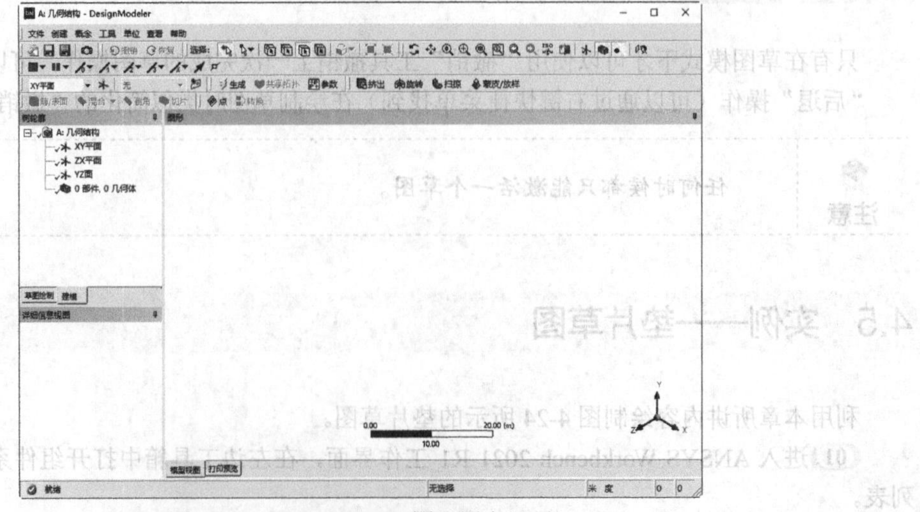

图 4-27　DesignModeler 图形用户界面

05 创建工作平面。单击树形目录中的“XY 平面”分支，单击工具栏中的“新草图”按钮，创建一个工作平面，此时树形目录中“XY 平面”分支下会多出一个名为“草图 1”的工作平面。

06 创建草图。单击树形目录中的“草图 1”分支，单击图 4-28 所示的“草图绘制”标签，打开草图绘制工具箱窗格。在新建的草图 1 上绘制图形。

07 切换视图。单击工具栏中的“查看面 / 平面 / 草图”按钮，如图 4-29 所示。将视图切换为 *XY* 方向的视图。

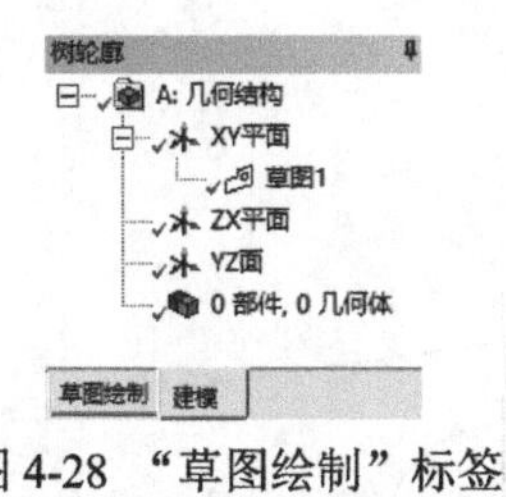

图 4-28 “草图绘制”标签

图 4-29 “查看面 / 平面 / 草图”按钮

08 绘制圆。打开草图绘制工具箱，选择绘图栏中的“圆”命令。将鼠标指针移入右边的视图区域。此时鼠标指针变为铅笔形状，移动鼠标指针到视图中的原点附近，直到鼠标指针中出现“P”字符，表示点自动约束到原点。单击确定圆的中心点，然后移动鼠标指针到任意位置绘制一个圆（此时不用管圆的大小，在后面的步骤中会进行尺寸的精确调整）。采用同样的方法绘制另外一个同心圆，结果如图 4-30 所示。

09 绘制另外两个圆。保持草图绘制工具箱中“圆”命令处于选中状态。移动鼠标指针到 *X* 轴的附近，直到鼠标指针中出现“C”字符，表示线自动约束到 *X* 轴。单击确定圆的中心点，然后移动鼠标指针到任意位置绘制一个圆，然后利用点约束绘制另外一个同心圆，结果如图 4-31 所示。

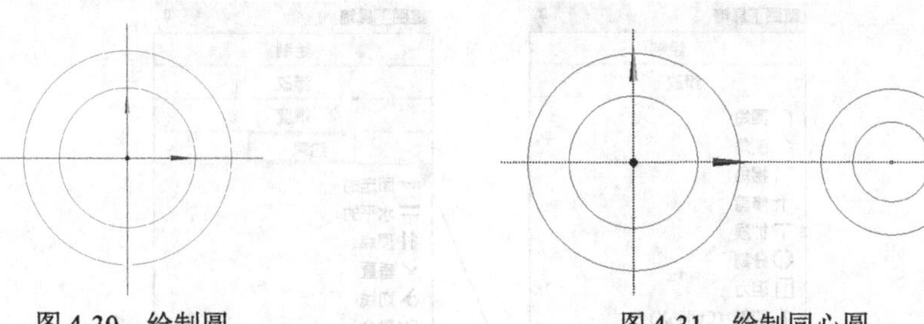

图 4-30 绘制圆

图 4-31 绘制同心圆

10 绘制切线。选择草图绘制工具箱中的“2 个切线的直线”命令。移动鼠标指针到视图区域中的右边外圆的上弧线附近，单击确定线段的一端，然后移动鼠标指针到左边外圆的上弧线附近，单击确定线段的另一端。采用同样的方法绘制下方的切线，结果如图 4-32 所示。

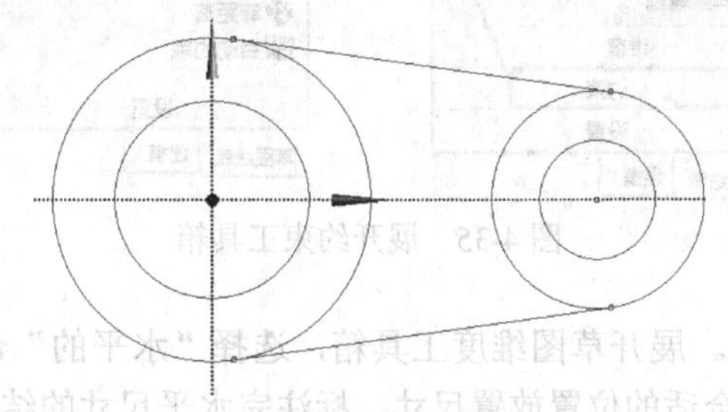

图 4-32 绘制切线

⑪修剪图形。展开草图修改工具箱，如图 4-33 所示。选择“修剪”命令，移动鼠标指针到要修剪的位置并单击，剪切掉多余的线条，修剪后的结果如图 4-34 所示。

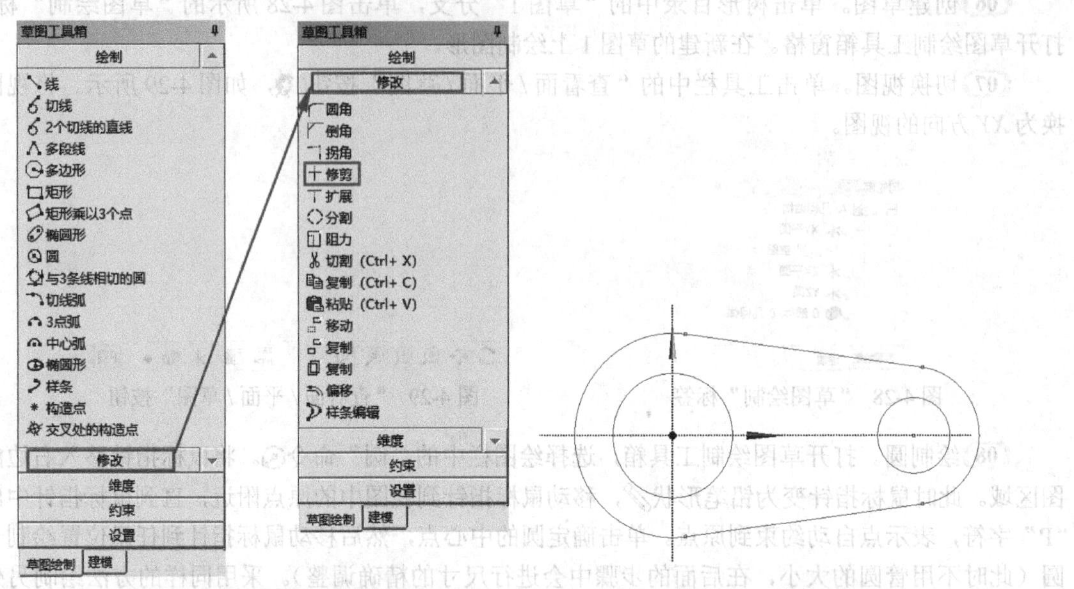

图 4-33　展开草图修改工具箱　　　　图 4-34　修剪图形

⑫添加约束。展开草图约束工具箱，如图 4-35 所示。选择“等半径”命令，分别单击两个内圆，为两个内圆添加等半径约束，使两个内圆的半径相等。调整后的结果如图 4-36 所示。

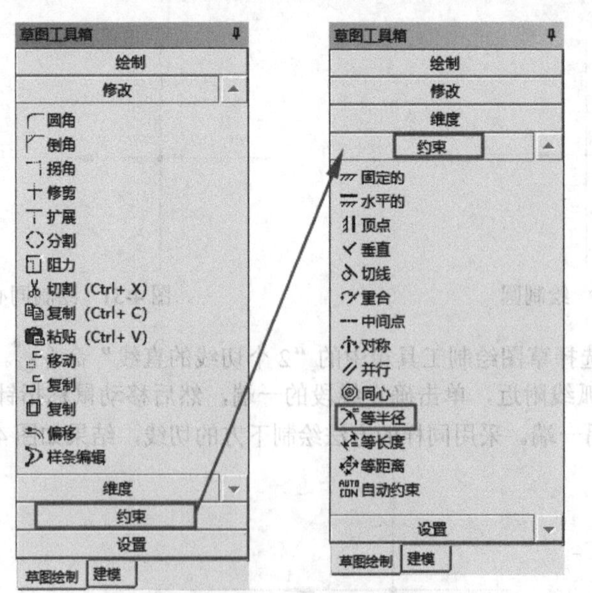

图 4-35　展开约束工具箱

⑬添加水平尺寸标注。展开草图维度工具箱，选择“水平的”命令，分别单击两个圆的圆心，然后移动鼠标指针到合适的位置放置尺寸。标注完水平尺寸的结果如图 4-37 所示。

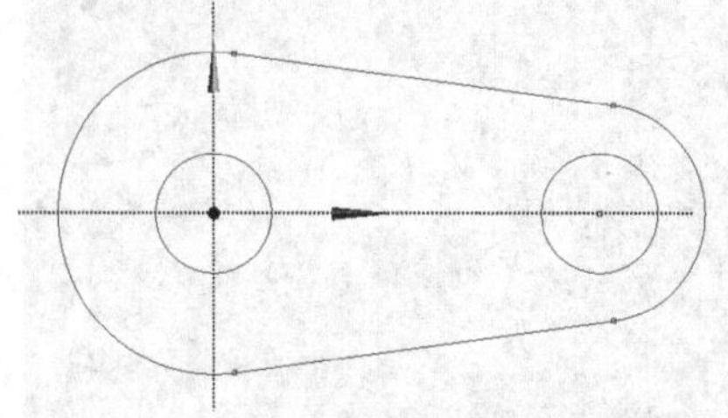

图 4-36　等半径约束

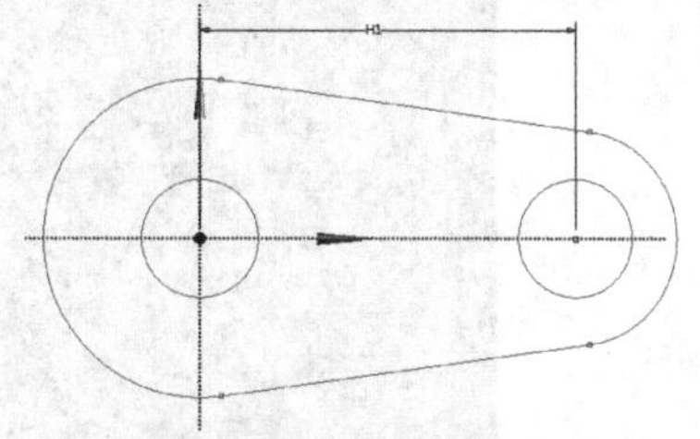

图 4-37　标注水平尺寸

⑭标注直径和半径。选择维度工具箱中的“半径”命令，标注两个外圆的半径。选择“直径”命令，标注一个内圆的直径。此时草图中绘制的所有轮廓线由绿色变为蓝色，表示草图中所有元素均完全约束。标注完成后的结果如图 4-38 所示。

⑮修改尺寸。此时草图虽然已完全约束，但尺寸并没有指定。现在在详细信息视图中修改相关参数来精确定义草图。此时的详细信息视图如图 4-39 所示。将详细信息视图中“H1”的参数值修改为“50mm”，“R2”的参数值修改为“20mm”，“R3”的参数值修改为“15mm”，“D4”的参数值修改为“15mm”，如图 4-40 所示。绘制结果如图 4-41 所示。

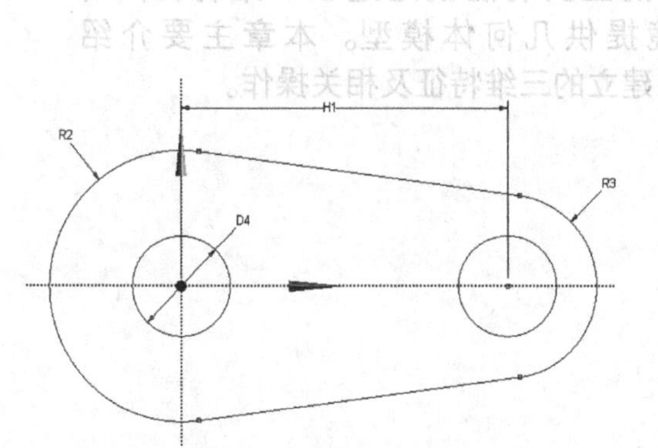

图 4-38　标注直径和半径

详细信息视图

详细信息 草图1	
草图	草图1
草图可视性	显示单个
显示约束?	否
维度: 4	
D4	12.755 mm
H1	51.201 mm
R2	22.773 mm
R3	10.796 mm
边: 6	
整圆	Cr7
圆弧	Cr8
圆弧	Cr9
整圆	Cr10
线	Ln12
线	Ln13

图 4-39　详细信息视图

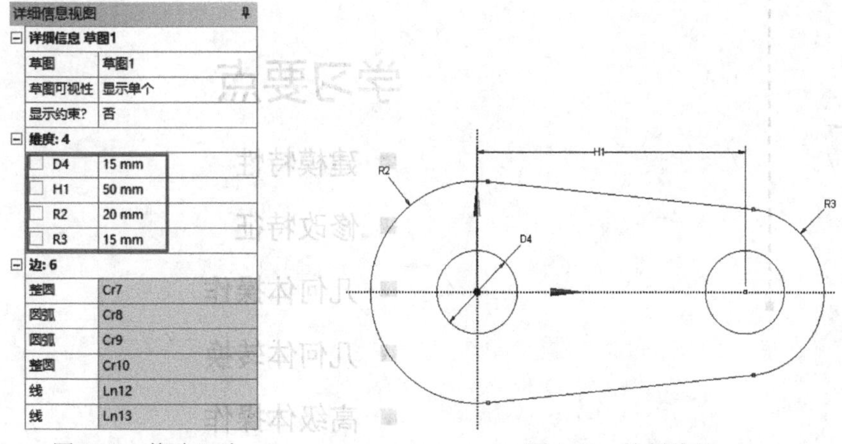

详细信息视图

详细信息 草图1	
草图	草图1
草图可视性	显示单个
显示约束?	否
维度: 4	
D4	15 mm
H1	50 mm
R2	20 mm
R3	15 mm
边: 6	
整圆	Cr7
圆弧	Cr8
圆弧	Cr9
整圆	Cr10
线	Ln12
线	Ln13

图 4-40　修改尺寸　　　图 4-41　绘制结果

第 5 章 三维特征

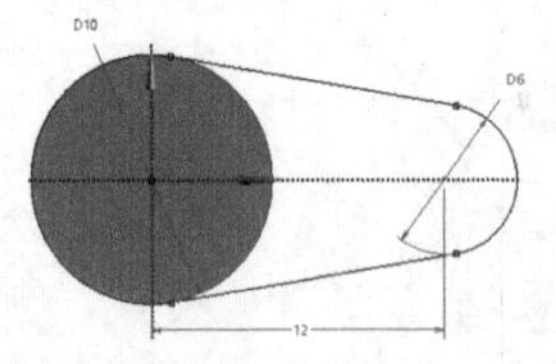

DesignModeler 的主要功能就是建立三维特征，给有限元的分析环境提供几何体模型。本章主要介绍 DesignModeler 可以建立的三维特征及相关操作。

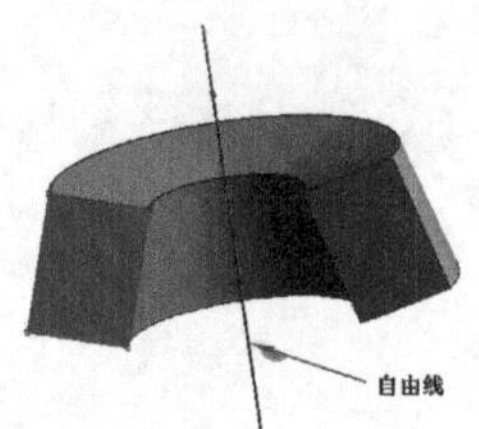

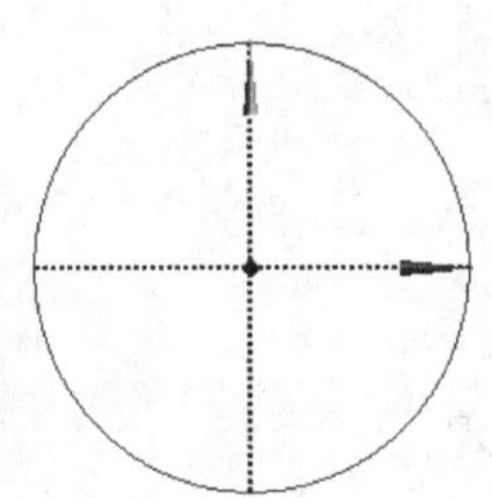

学习要点

- 建模特性
- 修改特征
- 几何体操作
- 几何体转换
- 高级体操作
- 三维特征实例

5.1 建模特性

DesignModeler 中包括 3 种体类型，如图 5-1 所示。

- 固体：由表面和体组成。
- 表面几何体：有表面但没有体。
- 线体：完全由边线组成，没有面和体。

默认情况下，DesignModeler 自动将生成的每一个体放在一个零件中。单个零件一般独自进行网格的划分。如果各个单独的体有共享面，则共享面上的网格划分不能匹配。单个零件上的多个体可以在共享面上划分匹配的网格。

可以通过三维特征操作由 2D 草图生成的 3D 几何体。常见的特征操作包括：挤出、旋转、扫掠、蒙皮 / 放样、薄 / 表面等。特征工具栏如图 5-2 所示。

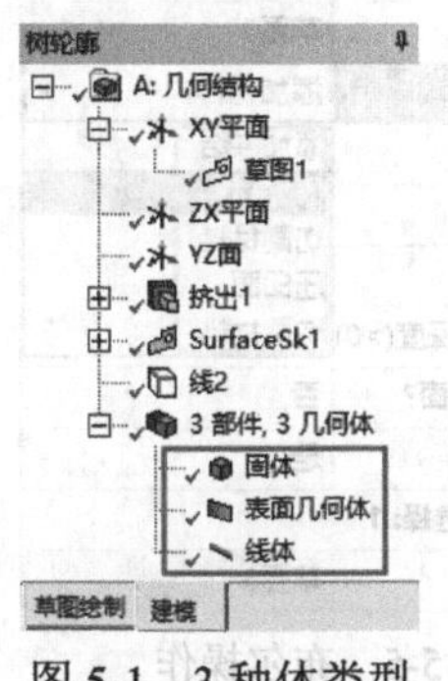

图 5-1　3 种体类型

图 5-2　特征工具栏

三维特征的生成（如挤出、扫掠）包括 3 个步骤。

（1）选择草图或特征并执行特征命令。

（2）指定特征的属性。

（3）执行“生成”命令。

5.1.1 挤出

“挤出”命令可以生成实体、表面和薄壁特征等。这里以创建表面为例介绍创建挤出特征的操作。

（1）单击欲生成挤出特征的草图，可以在树形目录中选择，也可以在视图区域中选择。

（2）在图 5-3 所示的挤出特征的详细信息视图中，选择“按照薄 / 表面？”，将之改为“是”，将内部、外部厚度设置为“0mm”，这样将创建一个表面。

（3）单击工具栏中的“生成”按钮，完成特征的创建。

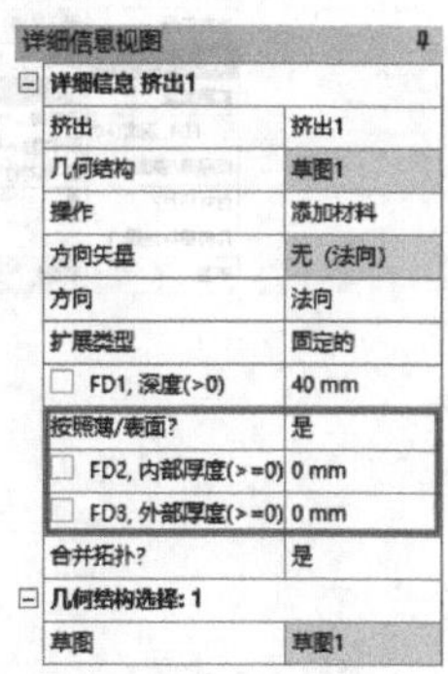

详细信息视图
详细信息 挤出1
挤出　挤出1
几何结构　草图1
操作　添加材料
方向矢量　无（法向）
方向　法向
扩展类型　固定的
FD1, 深度(>0)　40 mm
按照薄/表面?　是
FD2, 内部厚度(>=0)　0 mm
FD3, 外部厚度(>=0)　0 mm
合并拓扑?　是
几何结构选择: 1
草图　草图1

图 5-3　挤出特征的详细信息视图

1. 挤出特征的详细信息视图

详细信息视图用来设定挤出深度、方向和布尔操作类型（添加、切除、切片、印记或加入冻结）等。在详细信息视图中可以进行布尔操作，改变特征的方向、类型和确定是否拓扑等，如图 5-4 所示。

2. 挤出特征的布尔操作

挤出特征的布尔操作有 5 种，如图 5-5 所示。

- 添加冻结：新增特征体不被合并到已有的模型中，而是作为冻结体加入。
- 添加材料：默认选项，该操作始终可以创建材料并合并到激活体中。
- 切割材料：从激活体上切除材料。
- 压印面：和切片相似，但仅分割体上的面。如果需要，也可以在边线上增加印记（不创建新体）。
- 切割材料：冻结体切片，仅当体全部被冻结时才可用。

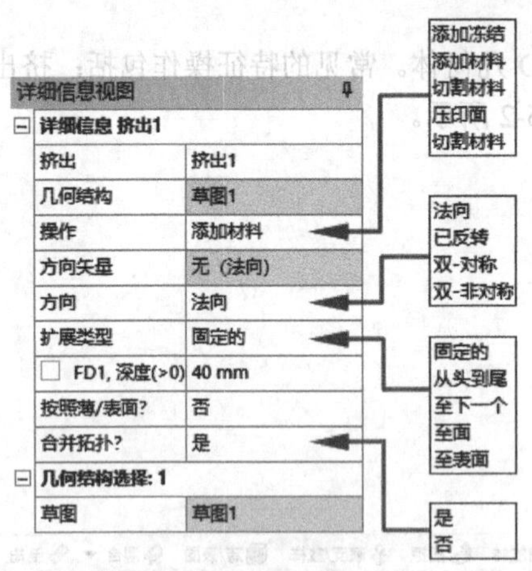

图 5-4 详细信息视图

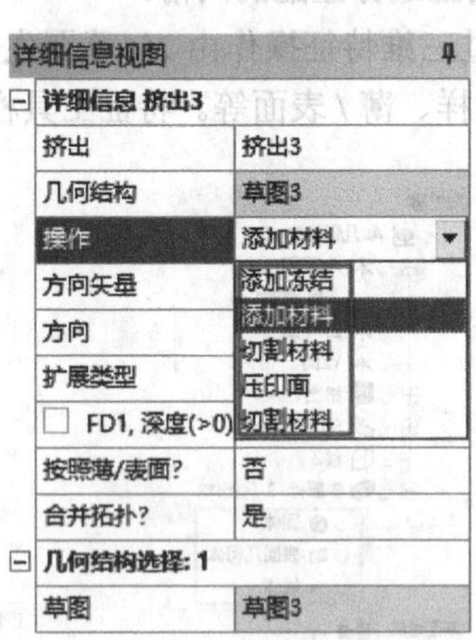

图 5-5 布尔操作

3. 挤出特征的方向

特征方向可以定义所生成模型的方向，其中包括法向、已反转、双 - 对称及双 - 非对称 4 种方向类型，如图 5-6 所示。法向为默认设置，也就是坐标轴的正方向。已反转为标准方向的反方向。双 - 对称只需设置一个方向的挤出深度，双 - 非对称则需分别设置两个方向的挤出深度。

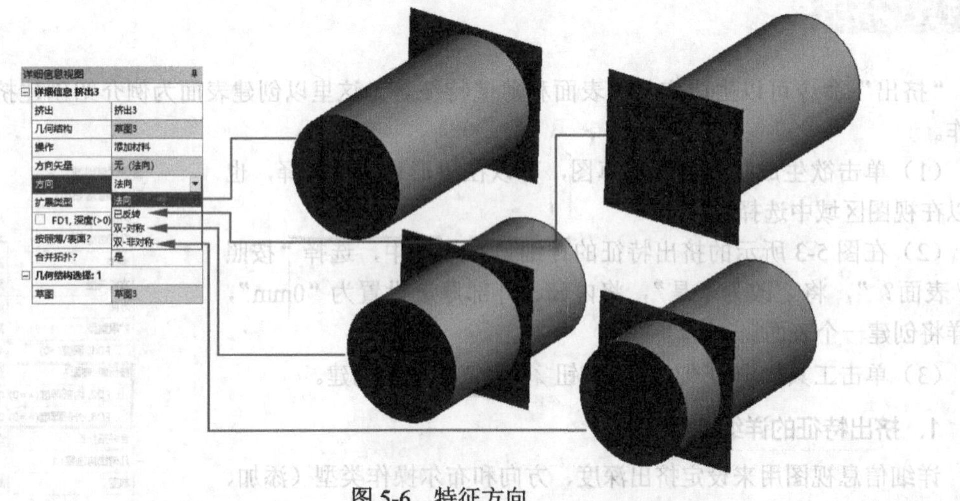

图 5-6 特征方向

4. 挤出特征的类型

◎“从头到尾”类型：将剖面延伸到整个模型，在加料操作中延伸轮廓必须完全和模型相交，如图 5-7 所示。

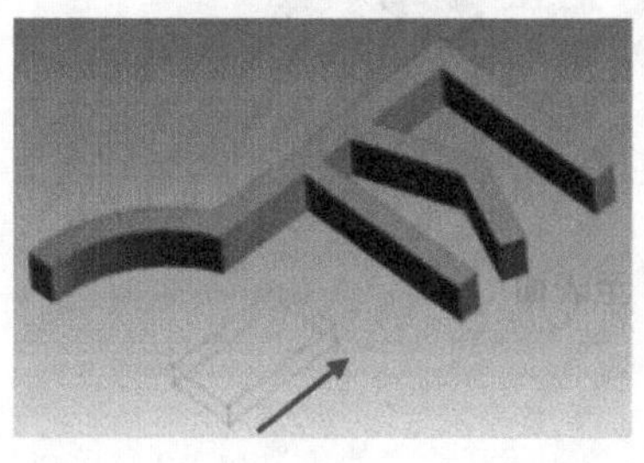

图 5-7　从头到尾

◎“至下一个”类型：此操作将延伸轮廓到所遇到的第一个面，在剪切、印记及切片操作中，将轮廓延伸至所遇到的第一个面或体，如图 5-8 所示。

图 5-8　至下一个

◎“至面”类型：可以延伸挤出特征到由一个或多个面形成的边界处，如图 5-9 所示。对多个轮廓而言，要确保每一个轮廓至少有一个面和延伸线相交，否则将导致延伸错误。

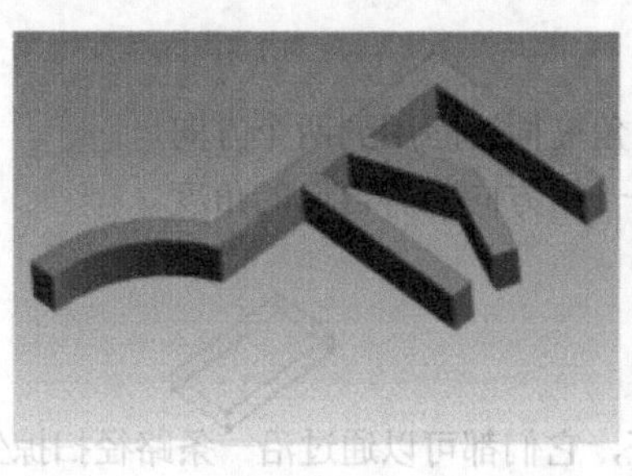

图 5-9　至面

◎“至面”类型不同于“至下一个”类型。“至下一个”并不意味着“至下一个面”，而是“至下一个块的体（实体或薄片）”，“至面”类型可以用于冻结体的面。

◎“至表面”类型：除只能选择一个面外，其他和“至面”类型类似。

如果选择的面与延伸后的体是不相交的，这就涉及面延伸的情况。延伸类型由选择面的潜在面与可能的游离面定义。在这种情况下选择一个单一面，该面的游离面会被用作延伸面，如图 5-10 所示。该游离面必须完全和挤出后的轮廓相交，否则会报错。

图 5-10　至表面

5.1.2　旋转

旋转可以利用选定的草图来创建轴对称旋转几何体。通常在详细信息视图中选择旋转轴，如果在草图中有一条孤立的线（自由线），如图 5-11 所示，它将被作为默认的旋转轴。旋转特征的详细信息视图如图 5-12 所示。

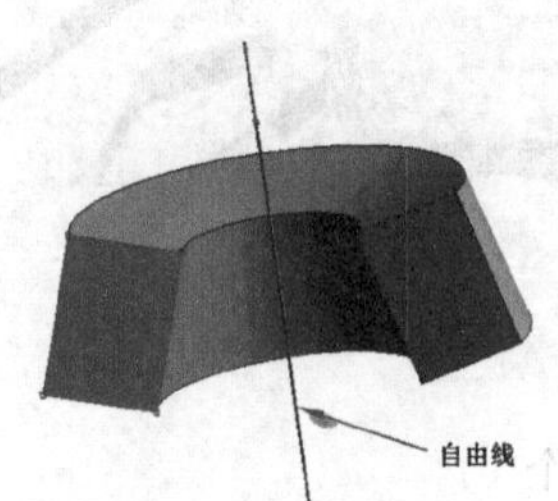

图 5-11　旋转特征

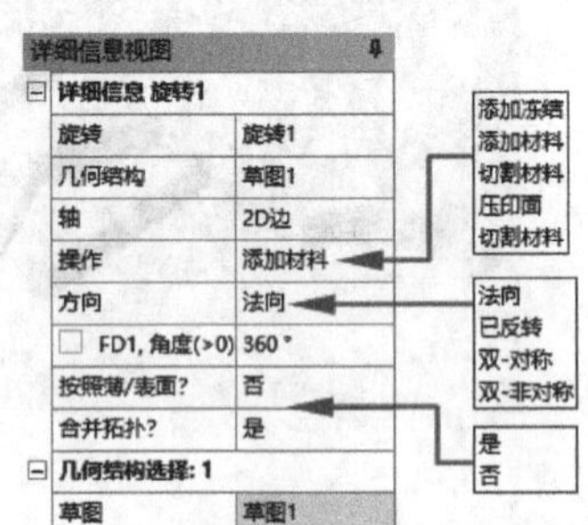

图 5-12　旋转特征的详细信息视图

旋转方向的介绍如下。

- 法向：沿基准对象的 Z 轴正方向旋转。
- 已反转：沿基准对象的 Z 轴负方向旋转。
- 双 - 对称：在两个方向上创建特征。一组角度同时运用到两个方向。
- 双 - 非对称：在两个方向上创建特征。每一个方向都有自己的角度。

5.1.3　扫掠

执行扫掠操作可以创建实体、表面、薄壁特征，它们都可以通过沿一条路径扫掠生成，如图 5-13 所示。扫掠的详细信息视图如图 5-14 所示。

在详细信息视图中可以设置的扫掠对齐方式如下。

- 全局轴：沿路径扫掠时不管路径的形状如何，剖面的方向都保持不变。
- 路径切线：沿路径扫掠时自动调整剖面，以保证剖面垂直于路径。

在详细信息视图中还可以设置俯仰和匝数特征。

- 俯仰：沿扫掠路径逐渐扩张或收缩。
- 匝数：沿扫掠路径转动剖面，匝数为负值——剖面沿与路径相反的方向旋转，匝数为正值——剖面沿逆时针方向旋转。

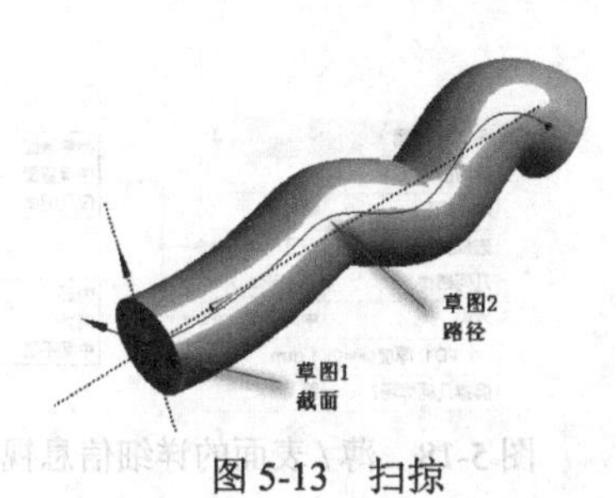

图 5-13　扫掠

详细信息视图	
详细信息 扫掠1	
扫掠	扫掠1
轮廓	草图1
路径	草图2
操作	添加材料
对齐	路径切线
FD4, 比例(>0)	1
扭曲规范	无扭曲
按照薄/表面?	否
合并拓扑?	否
轮廓 1	
草图	草图1

添加冻结
添加材料
切割材料
压印面
切割材料

全局轴
路径切线

无扭曲
俯仰
匝数

图 5-14　扫掠的详细信息视图

注意

如果扫掠路径是一个闭合的环路，则匝数必须是整数；如果扫掠路径是开放链路，则匝数可以是任意数值。俯仰和匝数的默认值分别为 1.0 和 0.0。

5.1.4　蒙皮 / 放样

蒙皮 / 放样为从不同平面上的一系列剖面（轮廓）产生一个与它们拟合的 3D 几何体（必须选两个或更多的剖面）。蒙皮 / 放样特征如图 5-15 所示。

要生成蒙皮 / 放样的剖面可以是一个闭合或开放的环路草图或由表面得到的面，所有的剖面必须有相同的边数，且所有的剖面必须是同种类型（开放或闭合）。

图 5-16 所示为蒙皮 / 放样的详细信息视图。

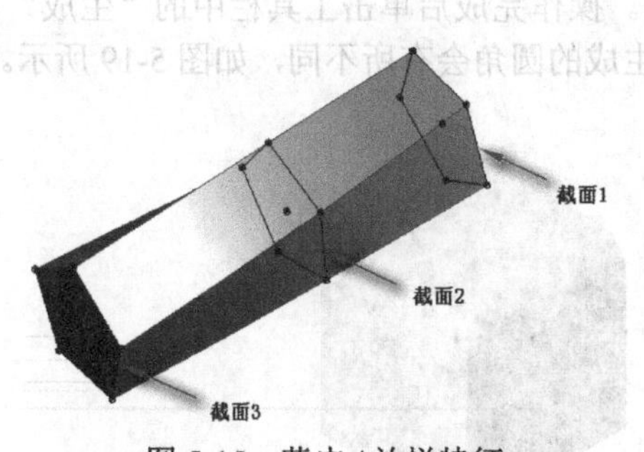

图 5-15　蒙皮 / 放样特征

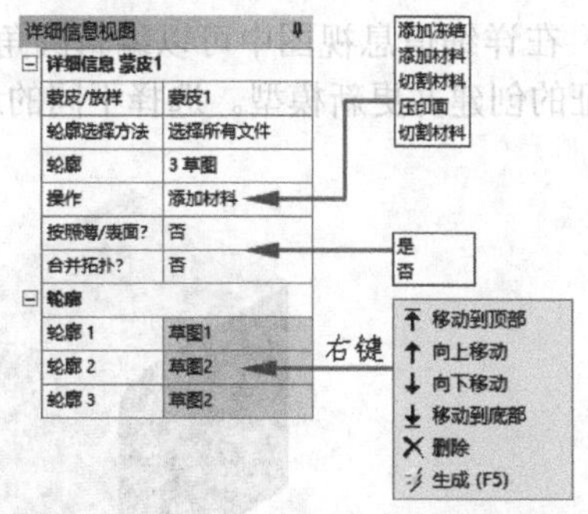

图 5-16　蒙皮 / 放样的详细信息视图

5.1.5　薄 / 表面

薄 / 表面特征主要用来创建薄壁实体和抽壳，如图 5-17 所示。

详细信息视图中抽壳类型包括 3 种。

- 待移除面：所选面将从体中删除。
- 待保留面：保留所选面，删除没有选择的面。
- 仅几何体：只对所选体进行操作，不删除任何面。

将实体转换成薄壁体或面时，可以采用以下 3 种方向中的一种来指定薄壁体或面的厚度。

- 内部。
- 向外。

- 中间平面。

图 5-18 所示为薄 / 表面的详细信息视图。

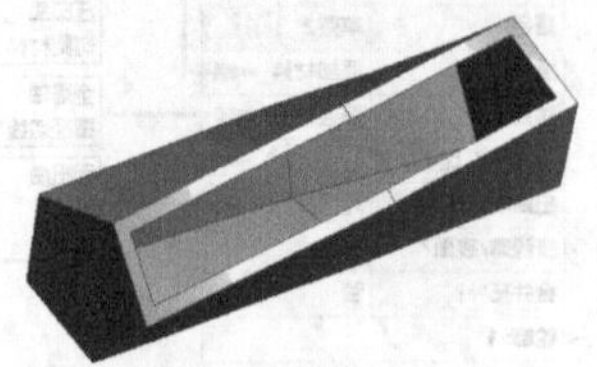

图 5-17　薄 / 表面特征

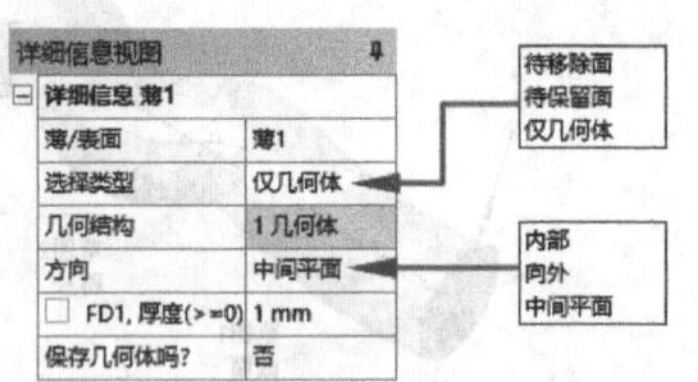

图 5-18　薄 / 表面的详细信息视图

5.2　修改特征

在建模过程中有些特征不能一次性建立出来，需要进行修改操作才能得到，常见的修改操作有倒圆角和倒角等。

5.2.1　固定半径混合

“固定半径混合”命令可以在模型边界上创建圆角，其在菜单栏中的位置为：“创建”→“固定半径混合”。

在生成圆角时，要选择 3D 边或面。如果选择面，则将在所选面的所有边上倒圆角。采用预先选择时，可以从右键快捷菜单中获取其他附加选项（面边界环路选择、三维边界链平滑）。

另外，在详细信息视图中可以编辑圆角的半径。操作完成后单击工具栏中的“生成”按钮，将完成特征的创建并更新模型。选择不同的边或面生成的圆角会有所不同，如图 5-19 所示。

图 5-19　固定半径混合

5.2.2　变量半径混合

“变量半径混合”命令与“固定半径混合”命令类似，其在菜单栏中的位置为：“创建”→“变量半径混合”。可在详细信息视图中改变每条边起始和结尾处的圆角半径，也可以设定圆角间的过渡方式是光滑还是线性，如图 5-20 所示。

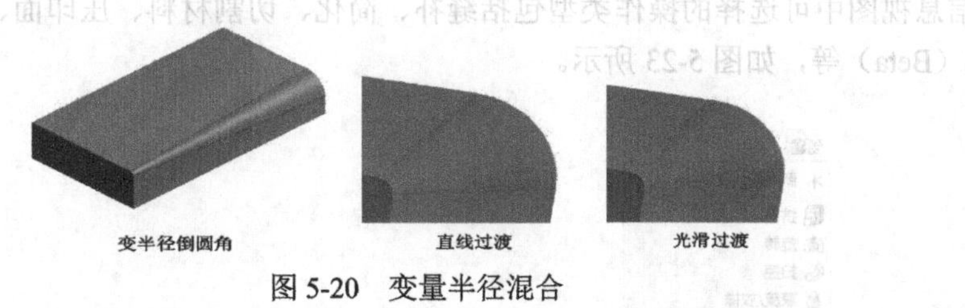

图 5-20　变量半径混合

5.2.3　顶点倒圆

当需要对曲面体和线体进行倒圆角操作时，要用到“顶点倒圆”命令。其在菜单栏中的位置为：“创建”→“顶点倒圆”。采用此命令时，顶点必须属于曲面体或线体，且必须与两条边相接。另外，顶点周围的几何体必须是平滑的。

5.2.4　倒角

“倒角”命令用来在模型边上创建平面过渡（或称倒角面）。其在菜单栏中的位置为：“创建”→“倒角”。

可对 3D 边或面进行倒角处理。如果选择的是面，则面上的所有边都将被倒角。预选时，可以从右键快捷菜单中选择其他命令（面边界环路选择、3D 边界链平滑）。

面上的每条边都有方向，该方向用于定义右侧和左侧。可以用平面过渡所用边到两条边的距离或距离（左或右）与角度来定义斜面。

在详细信息视图中设定倒角类型、距离和角度。设置不同的参数，生成的倒角不同，如图 5-21 所示。

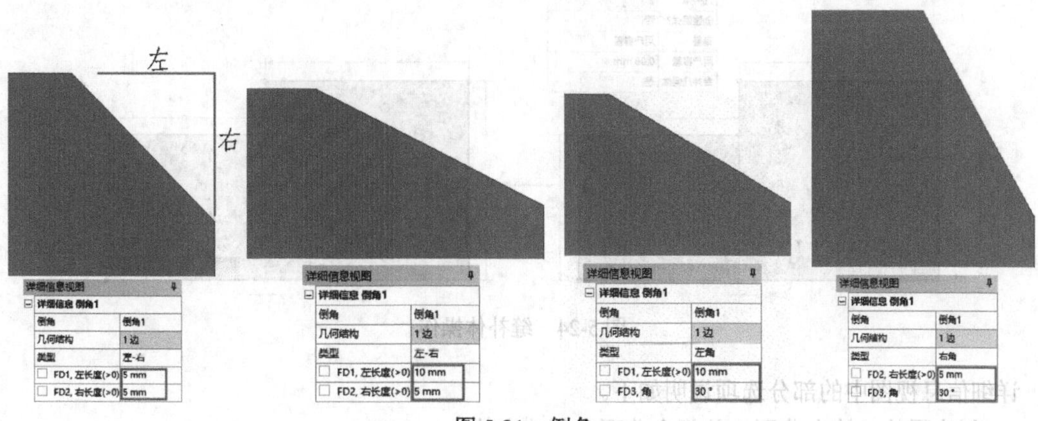

图 5-21　倒角

5.3 几何体操作

几何体操作在菜单栏中的位置为："创建"→"几何体操作"，如图 5-22 所示。几何体操作可用于任何类型的体（不管是激活的还是冻结的）。附着在选定体上的面或边上的特征点不受几何体操作的影响。

详细信息视图中可选择的操作类型包括缝补、简化、切割材料、压印面、清除几何体和转换为 NURBS（Beta）等，如图 5-23 所示。

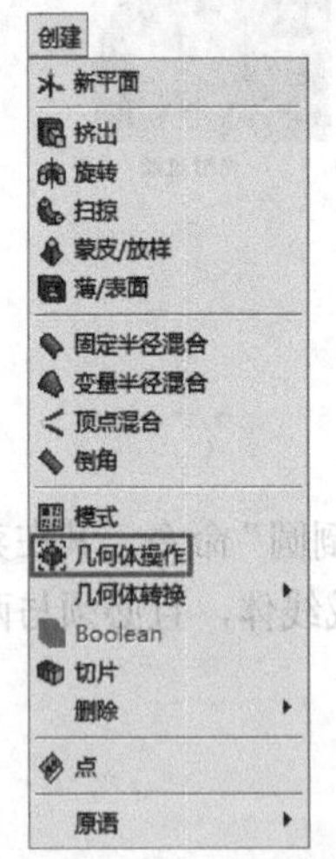

图 5-22　几何体操作

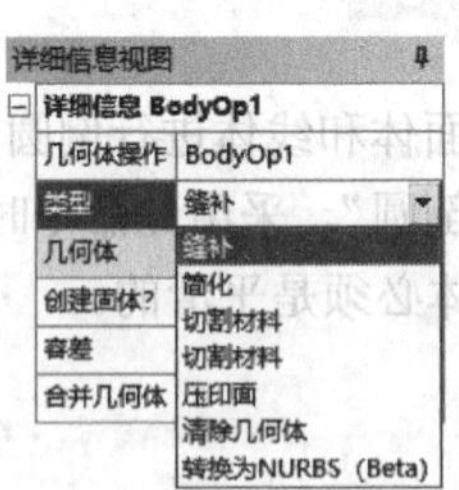

图 5-23　几何体操作的详细信息视图

5.3.1 缝补

选择曲面体进行缝补操作，DesignModeler 会在共同边上缝合曲面（在给定的公差内），如图 5-24 所示。

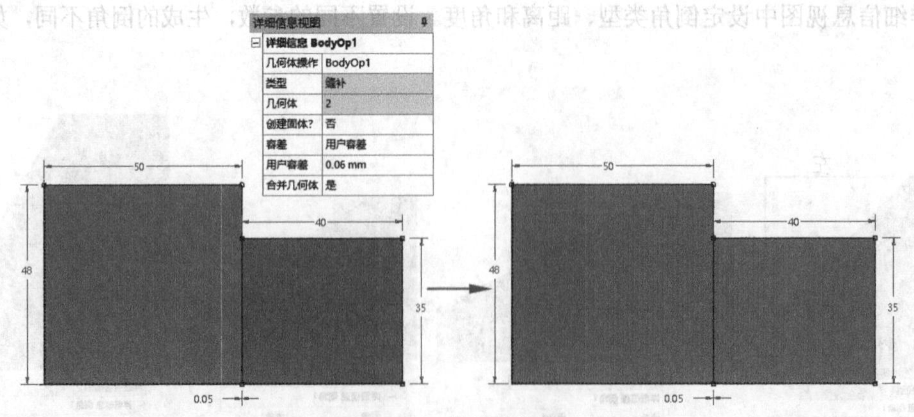

图 5-24　缝补体操作

详细信息视图中的部分选项说明如下。

- 创建固体：缝合曲面，从闭合曲面上创建实体。

- 容差：包括法向、释放或用户容差 3 种方式。
- 用户容差：用于指定缝合操作的尺寸。

5.3.2　简化

可使用几何或拓扑进行简化，如图 5-25 所示。

- 简化几何结构：尽可能简化曲面和曲线，以形成适合分析的几何体（默认值为“是”）。
- 简化拓扑：尽可能移除多余的面、边和顶点（默认值为“是”）。

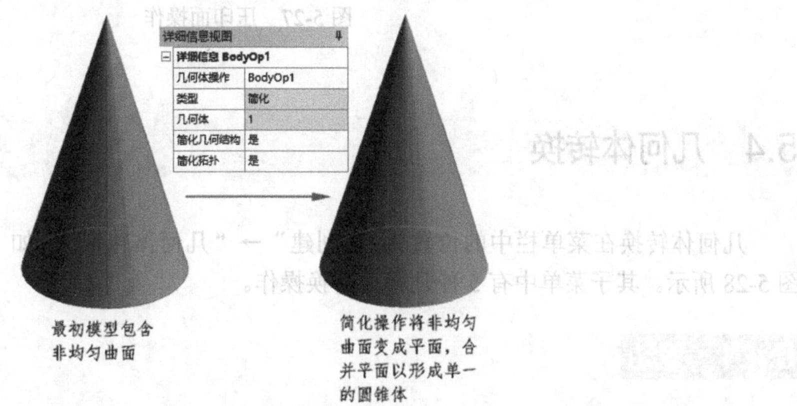

图 5-25　简化体操作

5.3.3　切割材料

切割材料是指从模型的激活体中选择用来切割材料的体。

体操作的“切割材料”选项和基本操作中的“切割材料”操作一样。

图 5-26 所示为从块中切割选定的体以形成一个模具。

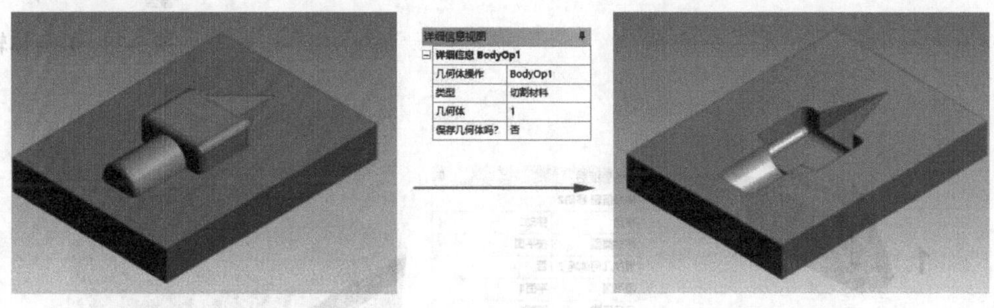

图 5-26　切割体操作

5.3.4　压印面

体操作中的“压印面”选项和基本操作中的“压印面”操作一样。当模型中存在激活体时才能选择该选项。

图 5-27 所示为用选定的体在块的表面添加印记。

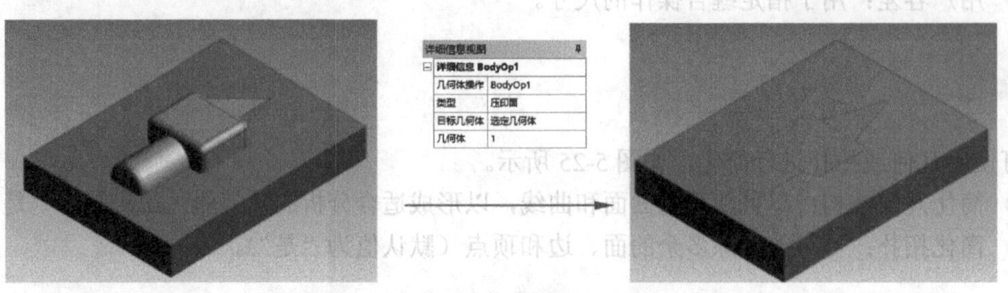

图 5-27 压印面操作

5.4 几何体转换

几何体转换在菜单栏中的位置为："创建" → "几何体转换"，如图 5-28 所示。其子菜单中有 5 种几何体转换操作。

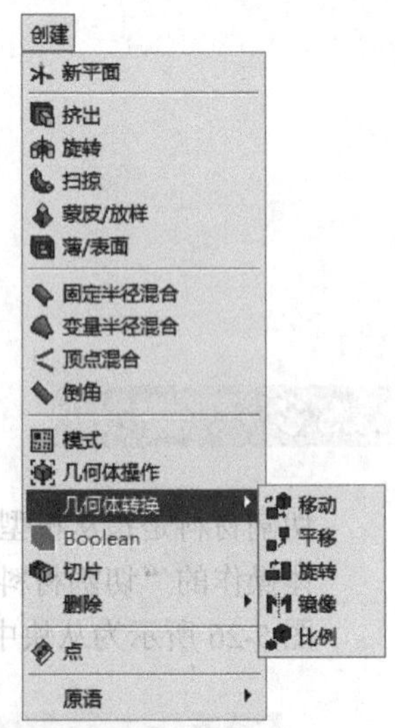

图 5-28 几何体转换

5.4.1 移动

在移动操作中要选择体和两个平面（一个源平面和一个目标平面）。DesignModeler 将选定的体从源平面转移到目标平面中。这对对齐导入的体或链接的体特别有用。

图 5-29 左侧的两个导入体（一个盒子和一个盖子）没有对准。有可能它们是用两种不同的坐标系从 CAD 系统中分别导出的。用移动体操作可以解决这个问题。

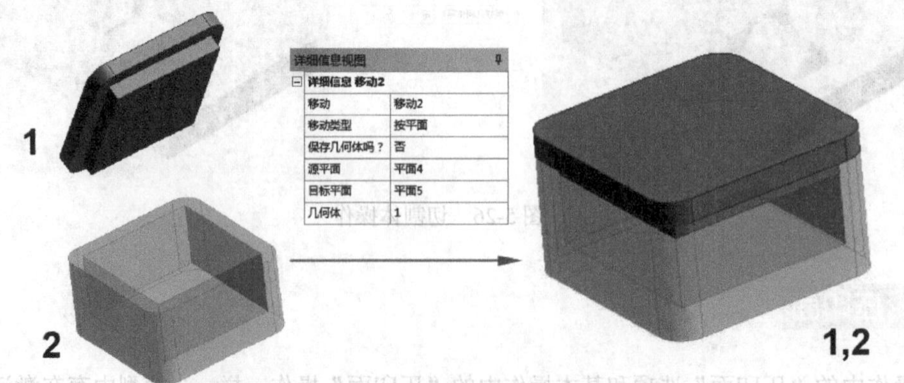

图 5-29 移动体操作

5.4.2 平移

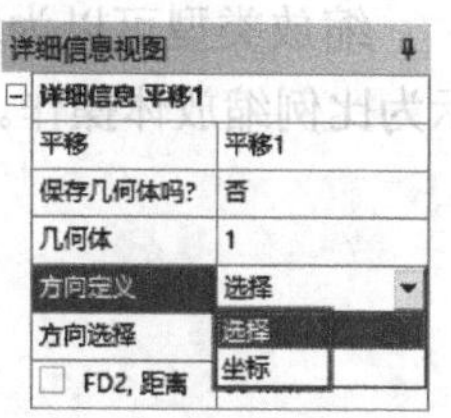

图 5-30 “方向定义”属性

平移操作用于移动实体。可以使用“方向定义”属性中列出的两种方法之一指定方向，如图 5-30 所示。

- 选择：选择平移的方向矢量，并指定沿矢量方向平移的距离。
- 坐标：指定要转换实体的 *X*、*Y*、*Z* 偏移量。

将“保存几何体吗？”选项设置为“是”则保留原始实体。如果不需要原始实体，则将该选项设置为“否”。

5.4.3 旋转

旋转就是将草图绘制截面绕定义的中心轴旋转一定角度来创建旋转几何体。详细信息视图中轴的说明如下。

- 方向：指定绕选定轴的旋转方向。
- 角度：指定绕选定轴的旋转角度。

5.4.4 镜像

在镜像操作中需要选择体和镜像平面。DesignModeler 将在镜像平面上创建选定原始体的镜像对象。镜像的激活体将和原激活模型合并。镜像的冻结体不能合并。镜像平面默认为最初的激活面。图 5-31 所示为镜像体操作。

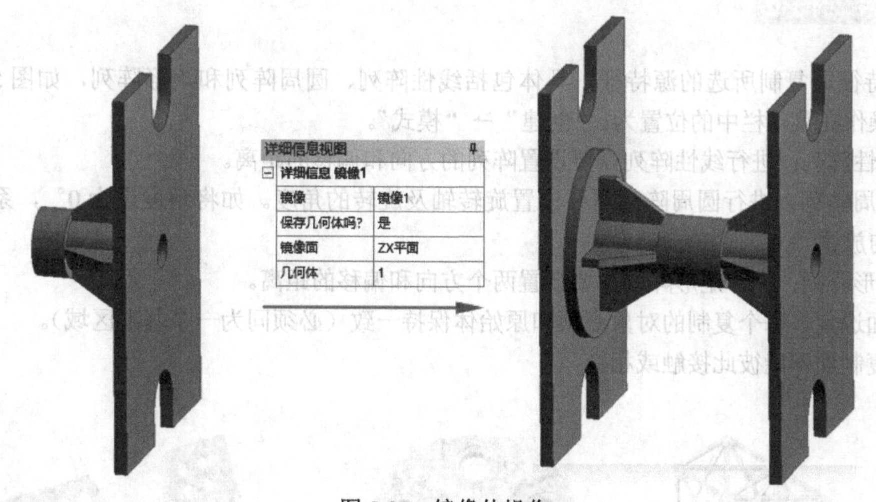

图 5-31 镜像体操作

5.4.5 比例

比例操作用于通过缩放原点缩放所选实体。

“缩放源”属性包含 3 个选项。

- 世界起源：将世界坐标系的原点作为缩放原点。

- 几何体质心：每个选定实体围绕其自身的质心缩放。
- 点：可以选择一个特定的点，2D 草图点、3D 顶点都可用作缩放原点。

缩放类型可以为均匀（全局比例因子）或非均匀（每个轴的独立比例因子）两种。图 5-32 所示为比例缩放体操作。

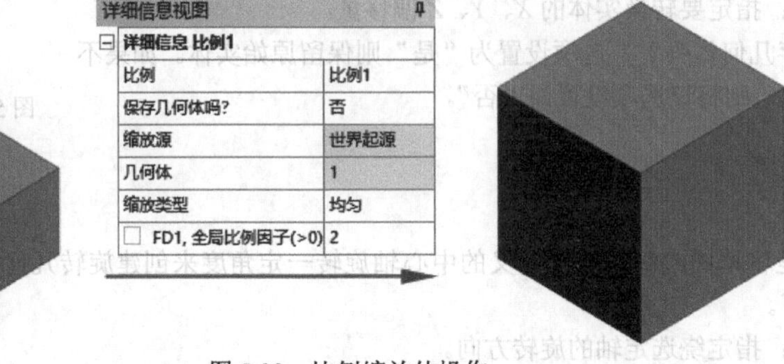

图 5-32　比例缩放体操作

5.5　高级体操作

高级体操作主要包括阵列特征、布尔操作和直接创建几何体。

5.5.1　阵列特征

阵列特征即复制所选的源特征，具体包括线性阵列、圆周阵列和矩形阵列，如图 5-33 所示。阵列特征操作在菜单栏中的位置为：“创建”→“模式”。

- 线性阵列：进行线性阵列需要设置阵列的方向和偏移的距离。
- 圆周阵列：进行圆周阵列需要设置旋转轴及旋转的角度。如将角度设为 0°，系统会自动计算并均匀放置。
- 矩形阵列：进行矩形阵列需要设置两个方向和偏移的距离。

对于面选定，每个复制的对象必须和原始体保持一致（必须同为一个基准区域）。

每个复制面不能彼此接触或相交。

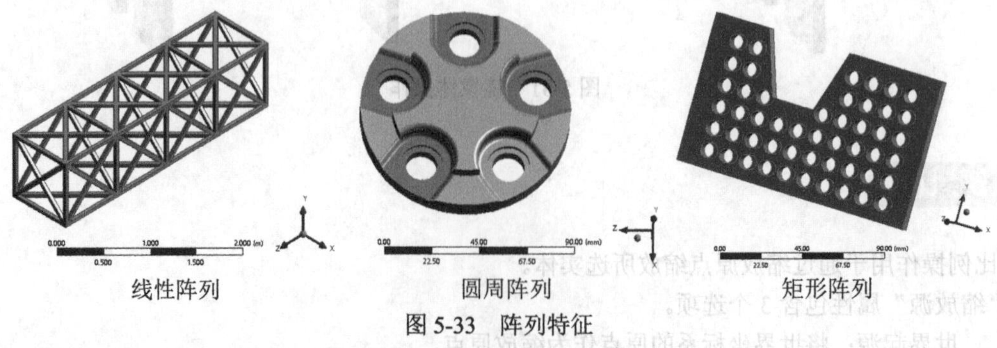

图 5-33　阵列特征

5.5.2 布尔操作

可以使用布尔操作对现有的体做相加、相减或相交处理。这里所指的体可以是实体、面体或线体（仅适用于布尔加）。另外，在操作时面体必须有一致的法向。

布尔操作在菜单栏中的位置为："创建"→"Boolean"。

根据操作类型，体分为目标体与工具体，如图5-34所示。

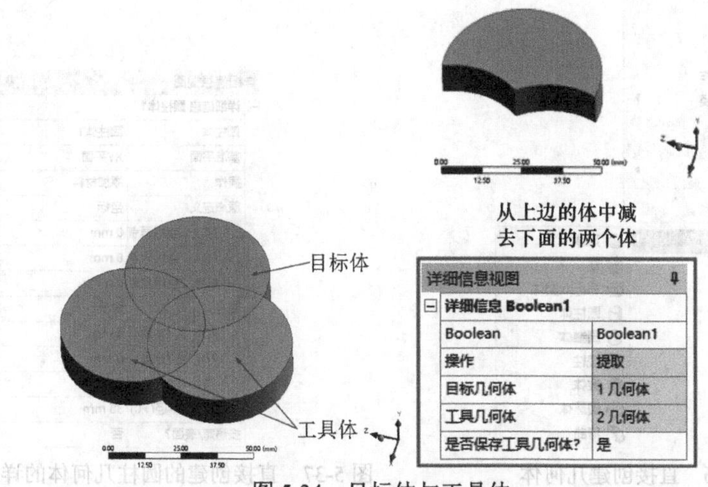

图5-34　目标体与工具体

布尔操作包括求交、求和及相交等，图5-35所示为布尔操作。

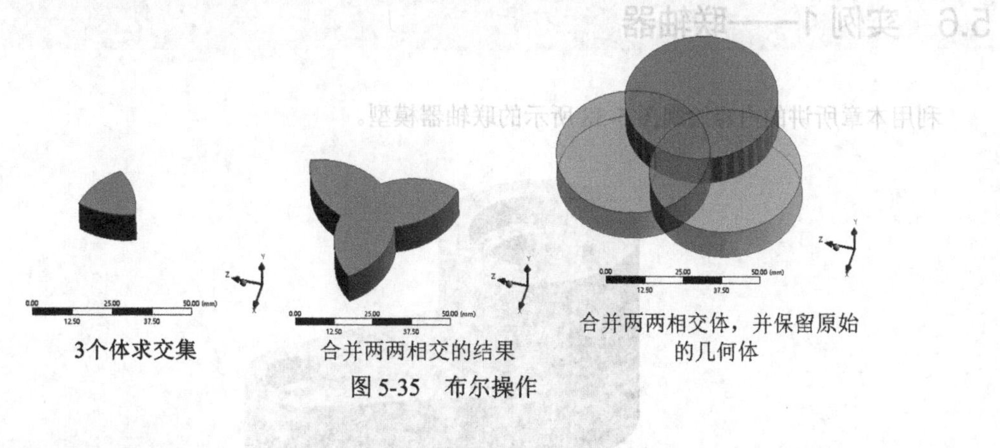

图5-35　布尔操作

5.5.3 直接创建几何体

直接创建几何体通过定义几何外形（如球、圆柱等）来快速建立几何体，该操作在菜单栏中的位置为"创建"→"原语"，如图5-36所示。直接创建几何体不需要草图，可以直接创建体，但需要指定基本平面和定义原点或指定方向。

直接创建的几何体与由草图生成的几何体的详细信息视图是不同的，图5-37所示为直接创建的圆柱几何体的详细信息视图，在其中可以选择基准平面、定义原点、定义轴（定义圆柱高度）、定义半径等。

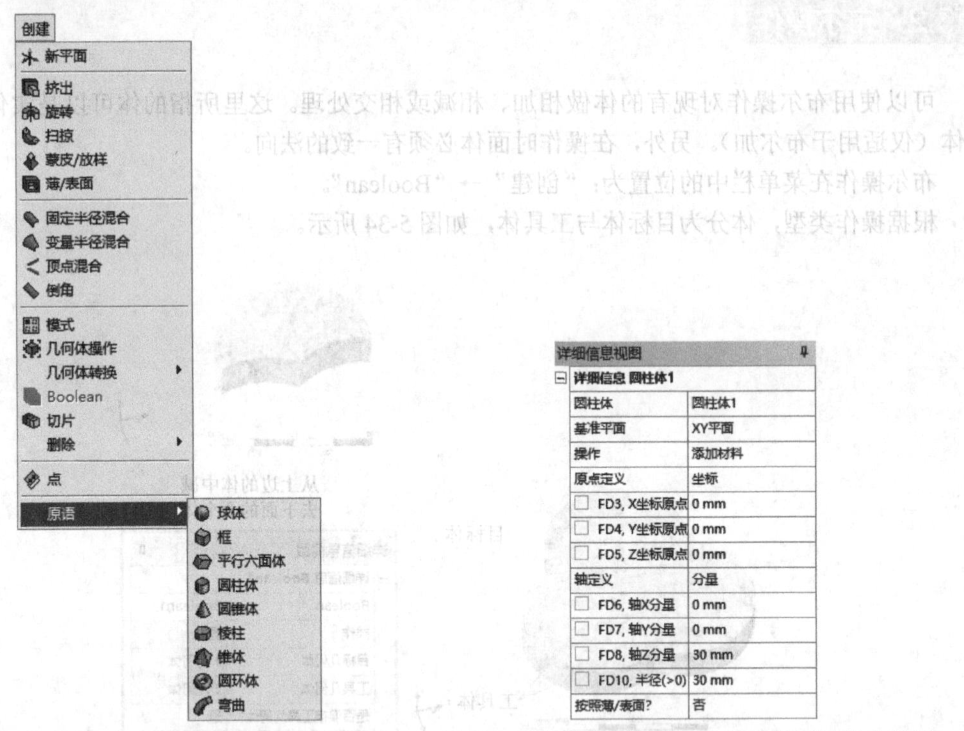

图 5-36　直接创建几何体　　　　图 5-37　直接创建的圆柱几何体的详细信息视图

5.6　实例 1——联轴器

利用本章所讲的内容绘制图 5-38 所示的联轴器模型。

图 5-38　联轴器模型

5.6.1　新建模型

01 进入 ANSYS Workbench 2021 R1 工作界面，在左边工具箱中打开组件系统工具箱的下拉列表。

02 将组件系统工具箱中的“几何结构”模块拖动到项目管理界面中（或在工具箱中直接双击

“几何结构”模块)。此时项目管理界面中会出现“几何结构”模块,此模块的默认编号为 A。

03 右击“A2 几何结构”栏,在弹出的快捷菜单中选择“新的 DesignModeler 几何结构......”命令,如图 5-39 所示,启动 DesignModeler。

04 选择菜单栏中的“单位”→“毫米”命令,设置模型的单位为毫米,如图 5-40 所示。返回 DesignModeler,此时左侧的树形目录默认为建模状态下的树形目录。在建立草图前需要先选择一个工作平面。

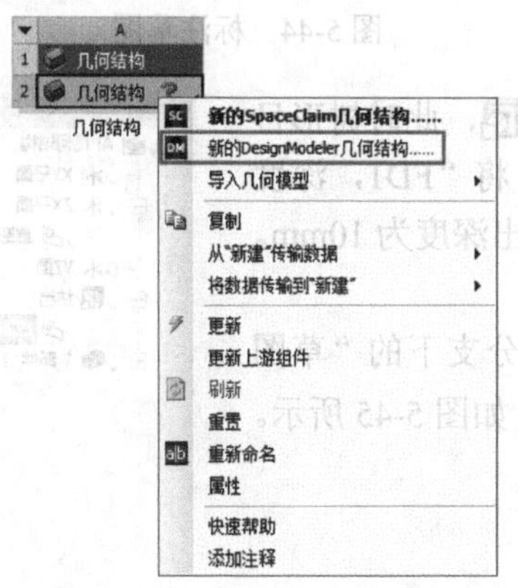

图 5-39 启动 DesignModeler

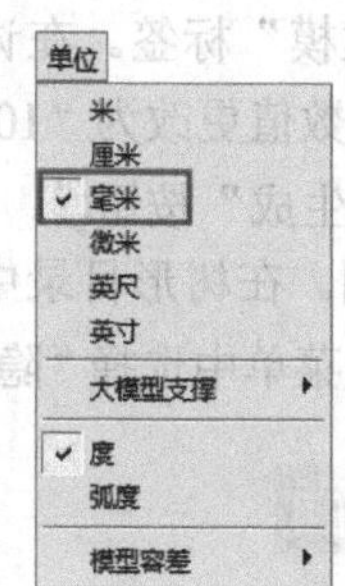

图 5-40 设置单位

5.6.2 挤出模型

01 创建草图绘制平面。单击树形目录中的“ZX 平面”分支,单击工具栏中的“新草图”按钮,创建一个草图绘制平面,此时树形目录中“ZX 平面”分支下会多出一个名为“草图 1”的草图绘制平面。

02 创建草图。单击树形目录中的“草图 1”分支,单击图 5-41 所示的“草图绘制”标签,打开草图绘制工具箱窗格。在新建的草图 1 上绘制图形。

03 切换视图。单击工具栏中的“查看面 / 平面 / 草图”按钮,如图 5-42 所示。将视图切换为 *ZX* 方向的视图。

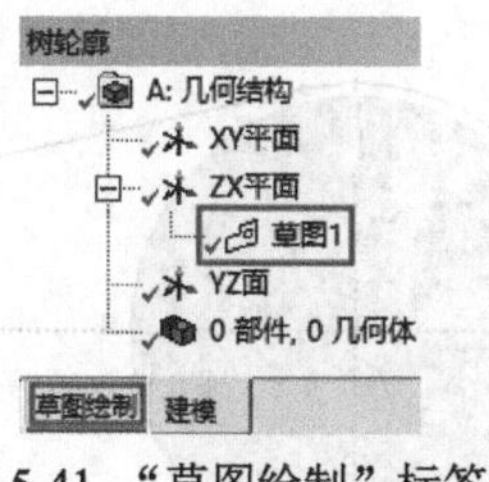

图 5-41 “草图绘制”标签

图 5-42 “查看面 / 平面 / 草图”按钮

04 绘制草图。展开草图绘制工具箱,利用其中的绘图工具绘制图 5-43 所示的草图。

05 标注草图。展开草图维度工具箱,选择“直径”命令,标注尺寸。此时草图中所绘制的轮廓线由绿色变为蓝色,表示草图中所有元素均完全约束。标注完成后的结果如图 5-43 所示。

06 修改尺寸。此时草图虽然已完全约束,但尺寸并没有指定。现在在详细信息视图中修改相关参数来精确定义草图。将详细信息视图中“D1”的参数值修改为“10mm”。修改完成后的结果如图 5-44 所示。

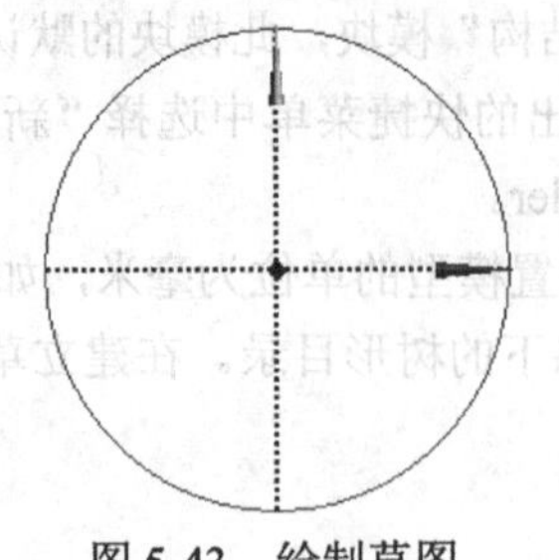

图 5-43　绘制草图

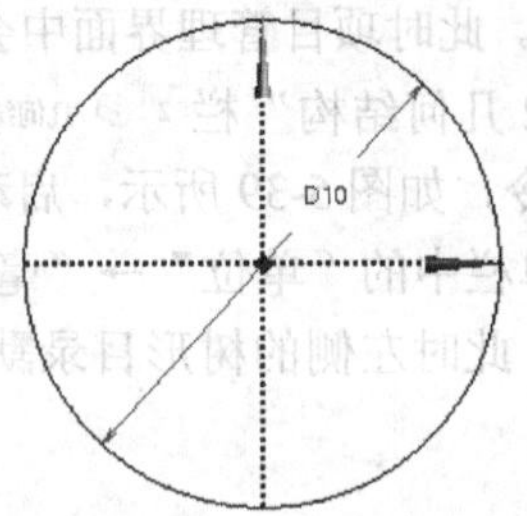

图 5-44　标注草图

07 挤出模型。单击工具栏中的“挤出”按钮，此时树形目录自动切换到“建模”标签。在详细信息视图中，将“FD1，深度(>0)”栏右侧的参数值更改为“10mm”，即设置挤出深度为 10mm。单击工具栏中的“生成”按钮。

08 隐藏草图。在树形目录中右击“挤出 1”分支下的“草图 1”，在弹出的快捷菜单中选择“隐藏草图”命令，如图 5-45 所示。

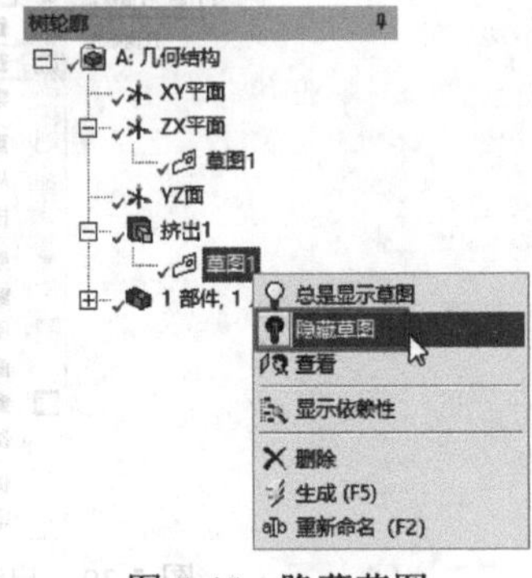

图 5-45　隐藏草图

5.6.3　挤出底面

01 创建草图绘制平面。单击树形目录中的“ZX 平面”分支，单击工具栏中的“新草图”按钮，创建一个草图绘制平面，此时树形目录中“ZX 平面”分支下会多出一个名为“草图 2”的草图绘制平面。

02 创建草图。单击树形目录中的“草图 2”分支，单击树形目录下方的“草图绘制”标签，打开草图绘制工具箱窗格。在新建的草图 2 上绘制图形。

03 切换视图。单击工具栏中的“查看面 / 平面 / 草图”按钮，将视图切换为 *ZX* 方向的视图。

04 绘制草图。展开草图绘制工具箱，利用其中的圆命令绘制两个圆，选择“2 个切线的直线”命令，分别连接两个圆，绘制两圆的切线，然后利用修剪命令对多余的圆弧进行剪切处理，结果如图 5-46 所示。

05 标注草图。展开草图维度工具箱，选择尺寸标注命令，标注尺寸。此时绘制的草图的轮廓线由绿色变为蓝色，表示草图中所有元素均完全约束。标注完成后的结果如图 5-47 所示。

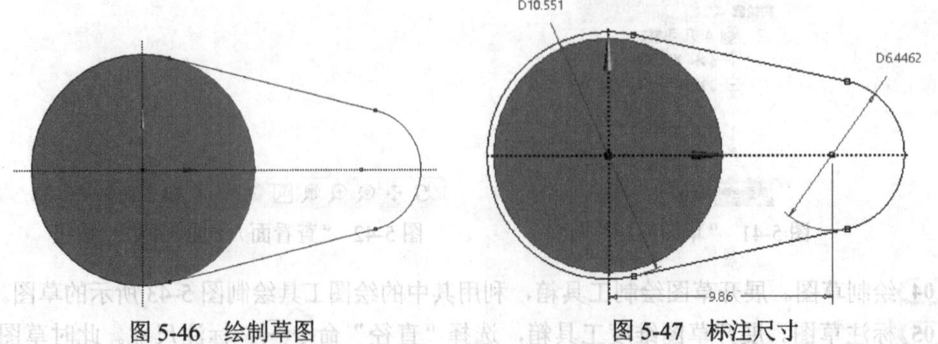

图 5-46　绘制草图　　图 5-47　标注尺寸

06 修改尺寸。此时草图虽然已完全约束，但尺寸并没有指定。现在在详细信息视图中修改相关参数来精确定义草图。将详细信息视图中“D2”的参数值修改为“10mm”、“D3”的参数值修改为“6mm”、“H4”的参数值修改为“12mm”。修改完成后的结果如图 5-48 所示。

07 挤出模型。单击工具栏中的“挤出”按钮，此时树形目录自动切换到“建模”标签。在详细信息视图中，将“FD1，深度（>0）”栏右侧的参数值更改为“4mm”，即设置挤出深度为4mm。单击工具栏中的“生成”按钮。生成的模型如图5-49所示。

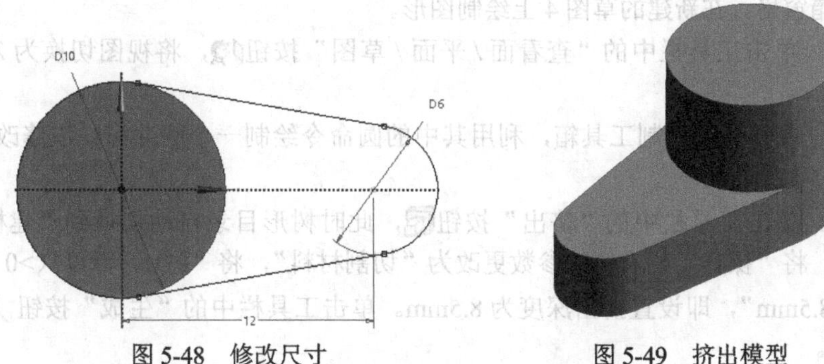

图5-48 修改尺寸　　图5-49 挤出模型

5.6.4 挤出大圆孔

01 创建草图绘制平面。单击选择工具栏中的“面”按钮，单击模型中最大的圆面，单击工具栏中的“新平面”按钮，创建新的平面。单击工具栏中的“生成”按钮，生成新的平面“平面4”。

02 单击树形目录中的“平面4”分支，单击工具栏中的“新草图”按钮，创建一个草图绘制平面，此时树形目录中“平面4”分支下会多出一个名为“草图3”的草图绘制平面。单击树形目录中的“草图3”分支，单击树形目录下方的“草图绘制”标签，打开草图绘制工具箱窗格。在新建的草图3上绘制图形。

03 切换视图。单击工具栏中的“查看面/平面/草图”按钮，将视图切换为平面4方向的视图。

04 绘制草图。展开草图绘制工具箱，利用其中的圆命令绘制一个圆并标注，修改其直径为“7mm”，结果如图5-50所示。

05 挤出模型。单击工具栏中的“挤出”按钮，此时树形目录自动切换到“建模”标签。在详细信息视图中，将“操作”栏右侧的参数更改为“切割材料”，将“FD1，深度（>0）”栏右侧的参数值更改为“1.5mm”，即设置挤出深度为1.5mm。单击工具栏中的“生成”按钮。生成的模型如图5-51所示。

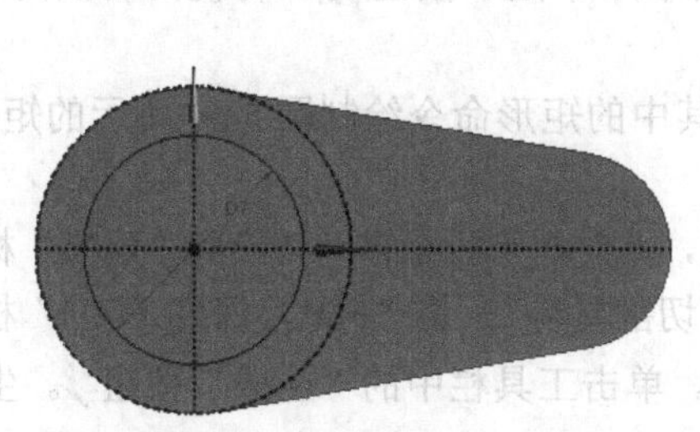

图5-50 绘制草图（1）

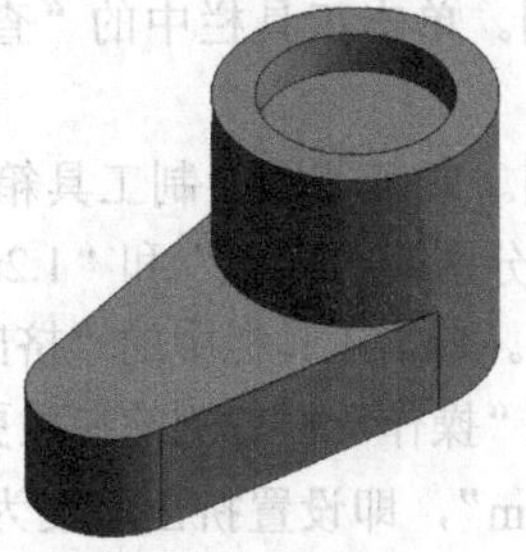

图5-51 挤出模型（1）

06创建草图绘制平面。单击树形目录中的“ZX 平面”分支，单击工具栏中的“新草图”按钮，创建一个草图绘制平面，此时树形目录中“ZX 平面”分支下会多出一个名为“草图 4”的草图绘制平面。

07创建草图。单击树形目录中的“草图 4”分支，单击树形目录下方的“草图绘制”标签，打开草图绘制工具箱窗格。在新建的草图 4 上绘制图形。

08切换视图。单击工具栏中的“查看面 / 平面 / 草图”按钮，将视图切换为 *ZX* 方向的视图。

09绘制草图。展开草图绘制工具箱，利用其中的圆命令绘制一个圆并标注，修改其直径为“5mm”，结果如图 5-52 所示。

10挤出模型。单击工具栏中的“挤出”按钮，此时树形目录自动切换到“建模”标签。在详细信息视图中，将“操作”栏右侧的参数更改为“切割材料”，将“FD1，深度（>0）”栏右侧的参数值更改为“8.5mm”，即设置挤出深度为 8.5mm。单击工具栏中的“生成”按钮。生成的模型如图 5-53 所示。

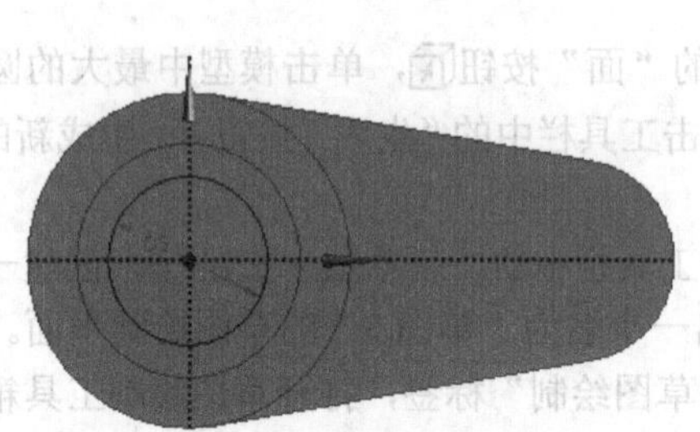
图 5-52　绘制草图（2）

图 5-53　挤出模型（2）

5.6.5　挤出生成键槽

01创建草图绘制平面。单击树形目录中的“ZX 平面”分支，单击工具栏中的“新草图”按钮，创建一个草图绘制平面，此时树形目录中“ZX 平面”分支下会多出一个名为“草图 5”的草图绘制平面。

02创建草图。单击树形目录中的“草图 5”分支，单击树形目录下方的“草图绘制”标签，打开草图绘制工具箱窗格。在新建的草图 5 上绘制图形。

03切换视图。单击工具栏中的“查看面 / 平面 / 草图”按钮，将视图切换为 *ZX* 方向的视图。

04绘制草图。展开草图绘制工具箱，利用其中的矩形命令绘制图 5-54 所示的矩形并标注，修改其长度、宽度分别为“3mm”和“1.2mm”。

05挤出模型。单击工具栏中的“挤出”按钮，此时树形目录自动切换到“建模”标签。在详细信息视图中，将“操作”栏右侧的参数更改为“切割材料”，将“FD1，深度（>0）”栏右侧的参数值更改为“8.5mm”，即设置挤出深度为 8.5mm。单击工具栏中的“生成”按钮。生成的模型如图 5-55 所示。

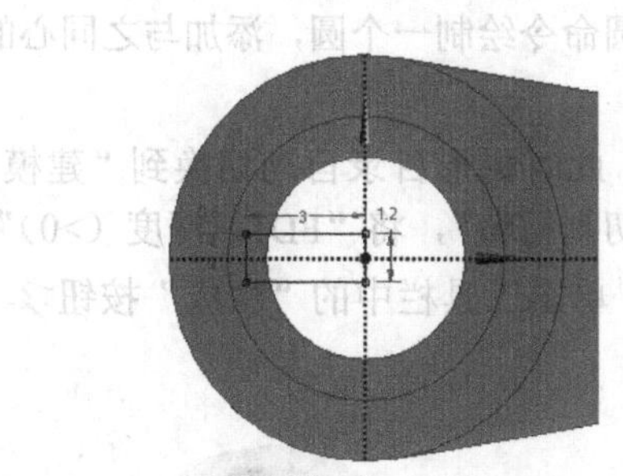
图 5-54 绘制草图

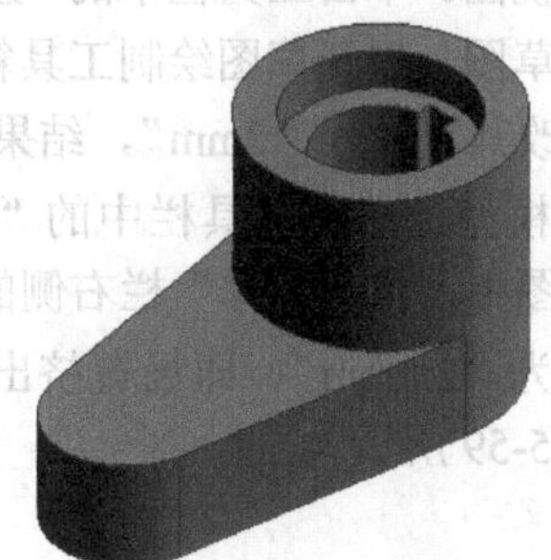
图 5-55 挤出模型

5.6.6 挤出小圆孔

01 创建草图绘制平面。选中模型中的凸台面，单击工具栏中的“新平面”按钮，创建新的平面。单击工具栏中的“生成”按钮，生成新的平面“平面 5”。

02 单击树形目录中的“平面 5”分支，单击工具栏中的“新草图”按钮，创建一个草图绘制平面，此时树形目录中“平面 5”分支下会多出一个名为“草图 6”的草图绘制平面。单击树形目录中的“草图 6”分支，单击树形目录下方的“草图绘制”标签，打开草图绘制工具箱窗格。在新建的草图 6 上绘制图形。

03 切换视图。单击工具栏中的“查看面 / 平面 / 草图”按钮，将视图切换为平面 5 方向的视图。

04 绘制草图。展开草图绘制工具箱，利用其中的圆命令绘制一个圆，添加此圆与边上小圆同心的几何关系并标注，修改其直径为“4mm”，结果如图 5-56 所示。

05 挤出模型。单击工具栏中的“挤出”按钮，此时树形目录自动切换到“建模”标签。在详细信息视图中，将“操作”栏右侧的参数更改为“切割材料”，将“FD1，深度（>0）”栏右侧的参数值更改为“1.5mm”，即设置挤出深度为 1.5mm。单击工具栏中的“生成”按钮。生成的模型如图 5-57 所示。

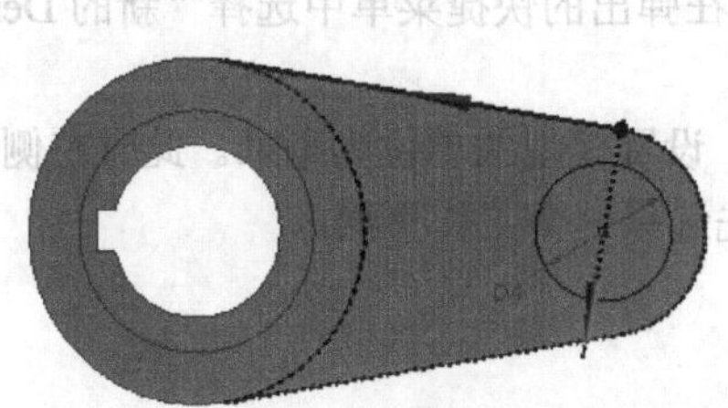
图 5-56 绘制草图（1）

图 5-57 挤出模型（1）

06 创建草图绘制平面。单击树形目录中的“ZX 平面”分支，单击工具栏中的“新草图”按钮，创建一个草图绘制平面，此时树形目录中“ZX 平面”分支下会多出一个名为“草图 7”的草图绘制平面。

07 创建草图。单击树形目录中的“草图 7”分支，单击树形目录下方的“草图绘制”标签，打开草图绘制工具箱窗格。在新建的草图 7 上绘制图形。

08 切换视图。单击工具栏中的“查看面 / 平面 / 草图”按钮，将视图切换为 ZX 方向的视图。

09 绘制草图。展开草图绘制工具箱，利用其中的圆命令绘制一个圆，添加与之同心的几何关系并标注，修改其直径为“3mm”，结果如图 5-58 所示。

10 挤出模型。单击工具栏中的“挤出”按钮，此时树形目录自动切换到“建模”标签。在详细信息视图中，将“操作”栏右侧的参数更改为“切割材料”，将“FD1，深度（>0）”栏右侧的参数值更改为“2.5mm”，即设置挤出深度为 2.5mm。单击工具栏中的“生成”按钮。最后生成的模型如图 5-59 所示。

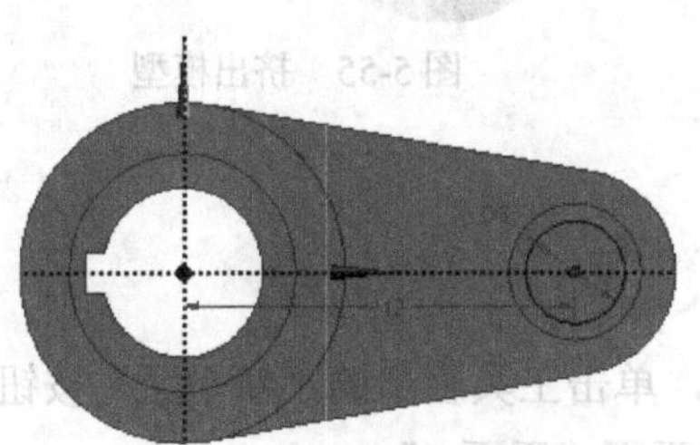

图 5-58　绘制草图（2）

图 5-59　挤出模型（2）

5.7　实例 2——机盖

利用本章所讲的内容绘制图 5-60 所示的机盖模型。

图 5-60　机盖模型

5.7.1　新建模型

01 进入 ANSYS Workbench 2021 R1 工作界面，在左边工具箱中打开组件系统工具箱的下拉列表。

02 将组件系统工具箱中的“几何结构”模块拖动到右边项目管理界面中（或在工具箱中直接双击“几何结构”模块）。此时项目管理界面中会出现图 5-61 所示的“几何结构”模块，此模块的默认编号为 A。

03 右击“A2 几何结构”栏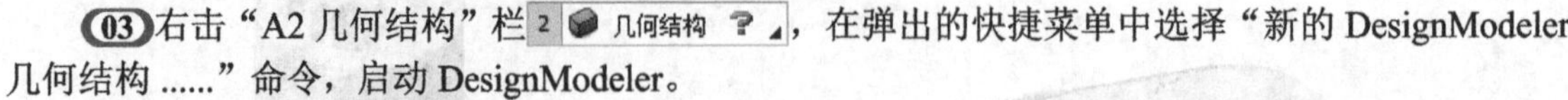，在弹出的快捷菜单中选择“新的 DesignModeler 几何结构 ......”命令，启动 DesignModeler。

04 选择菜单栏中的“单位”→“毫米”命令，设置模型的单位为毫米。此时左侧的树形目录默认为建模状态下的树形目录。在建立草图前需要先选择一个工作平面。

5.7.2　旋转模型

01 创建草图绘制平面。单击树形目录中的“XY 平面”分支，然后单击工具栏中的“新草图”按钮，创建一个草图绘制平面，此时树形目录中“XY 平面”分支下会多出一个名为“草图 1”的草图绘制平面。

02 创建草图。单击树形目录中的“草图 1”分支，然后单击图 5-62 所示的“草图绘制”标签，打开草图绘制工具箱窗格。在新建的草图 1 上绘制图形。

03 切换视图。单击工具栏中的“查看面 / 平面 / 草图”按钮，如图 5-63 所示。将视图切换为 *XY* 方向的视图。

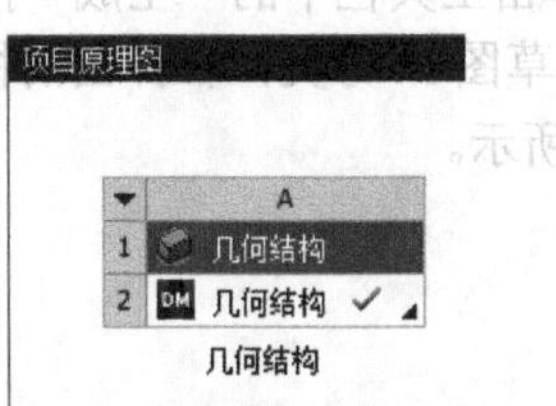

图 5-61 几何结构模块

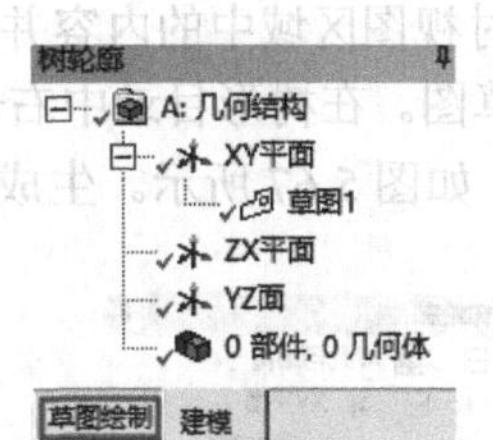

图 5-62 “草图绘制”标签

04 绘制草图。展开草图绘制工具箱，利用其中的绘图工具绘制图 5-64 所示的草图（注：*Y* 轴方向上还有一条直线）。

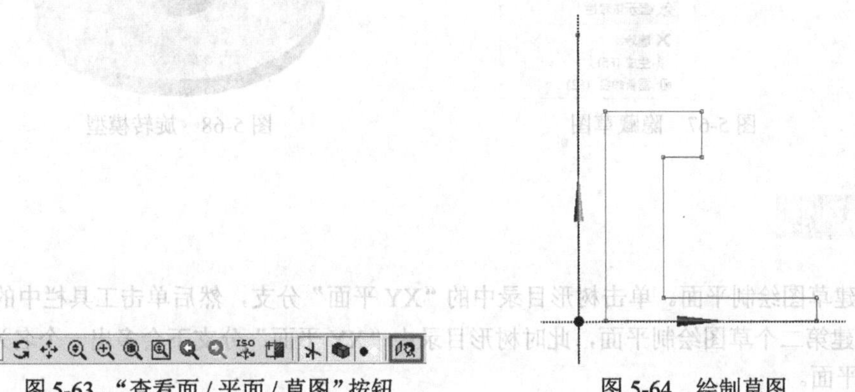

图 5-63 “查看面 / 平面 / 草图”按钮

图 5-64 绘制草图

05 标注草图。展开草图维度工具箱，选择“水平的”命令和“顶点”命令，标注尺寸。此时草图中绘制的所有轮廓线由绿色变为蓝色，表示草图中所有元素均完全约束。标注完成后的结果如图 5-65 所示。

06 修改尺寸。此时草图虽然已完全约束，但尺寸并没有指定。现在在详细信息视图中修改相关参数来精确定义草图。将详细信息视图中“H1”的参数值修改为“22mm”、“H2”的参数值修改为“16mm”，“H3”的参数值修改为“2mm”，“V4”的参数值修改为“3mm”，“V5”的参数值修改为“8mm”，“V6”的参数值修改为“12mm”，“H7”的参数值修改为“3mm”。修改完成后的结果如图 5-66 所示。

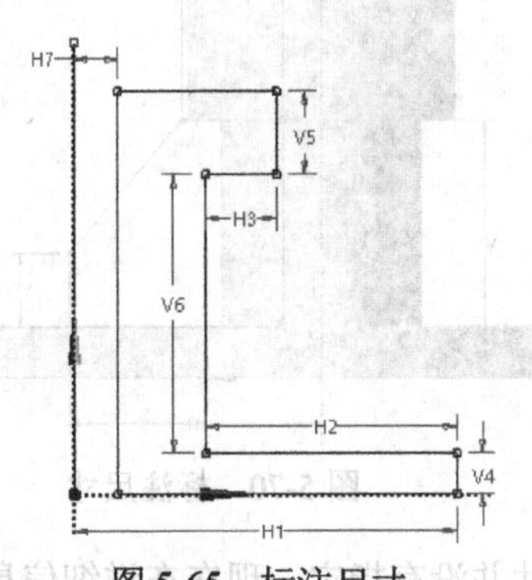

图 5-65 标注尺寸

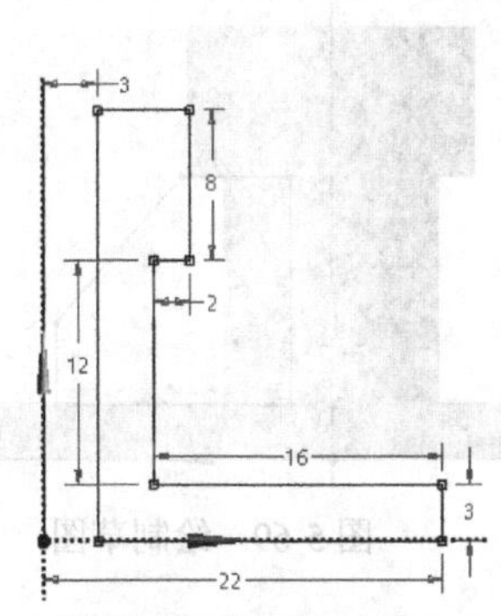

图 5-66 修改尺寸

07 旋转模型。单击工具栏中的“旋转”按钮，此时树形目录自动切换到“建模”标签，并生成“旋转 1”分支。在详细信息视图中，“轴”栏采用默认的 *Y* 轴上的孤立直线，单击“应用”按钮 应用 。此时视图区域中的内容并无变化，还需要单击工具栏中的“生成”按钮。

08 隐藏草图。在树形目录中右击“旋转1”下的“草图1”分支，在弹出的快捷菜单中选择“隐藏草图”命令，如图 5-67 所示。生成的模型如图 5-68 所示。

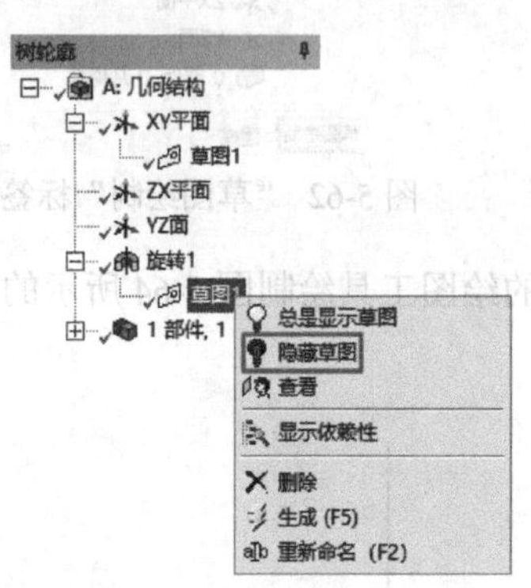

图 5-67　隐藏草图

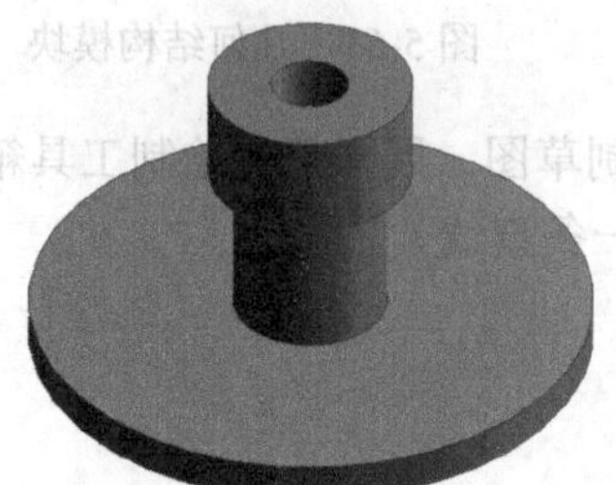

图 5-68　旋转模型

5.7.3　阵列筋

01 创建草图绘制平面。单击树形目录中的“XY 平面”分支，然后单击工具栏中的“新草图”按钮，创建第二个草图绘制平面，此时树形目录中“XY 平面”分支下会多出一个名为“草图 2”的草图绘制平面。

02 创建草图。单击树形目录中的“草图 2”分支，单击树形目录下方的“草图绘制”标签，打开草图绘制工具箱窗格。在新建的草图 2 上绘制图形。单击工具栏中的“查看面 / 平面 / 草图”按钮，将视图切换为 *XY* 方向的视图。

03 绘制草图。展开草图绘制工具箱，利用其中的绘图工具绘制图 5-69 所示的草图。

04 标注草图。展开草图维度工具箱，选择“水平的”命令和“顶点”命令，标注尺寸。此时草图中绘制的所有轮廓线由绿色变为蓝色，表示草图中所有元素均完全约束。标注完成后的结果如图 5-70 所示。

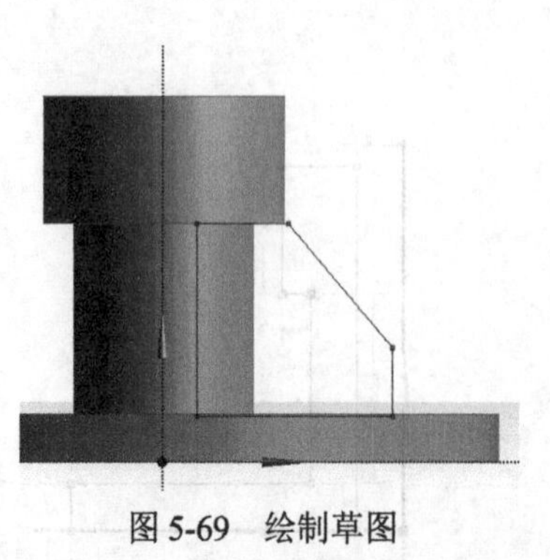

图 5-69　绘制草图

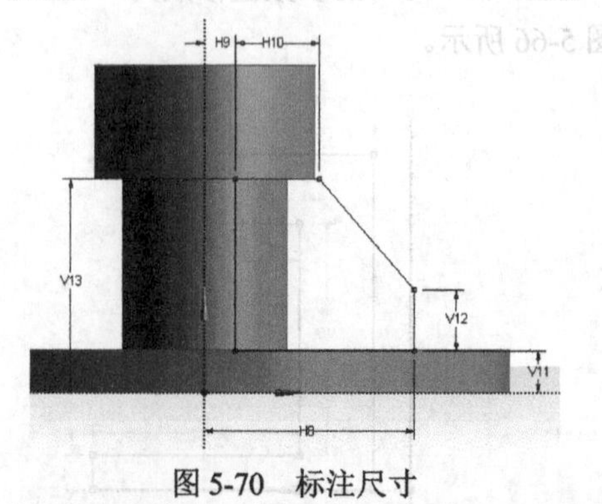

图 5-70　标注尺寸

05 修改尺寸。此时草图虽然已完全约束，但尺寸并没有指定。现在在详细信息视图中修改相关参数来精确定义草图。将详细信息视图中“H10”的参数值修改为“4mm”、“H8”的参数值修改为“16mm”、“H9”的参数值修改为“4mm”、“V11”的参数值修改为“3mm”、“V12”的参数值修改为“4mm”，“V13”的参数值修改为“15mm”，修改完成后的结果如图 5-71 所示。

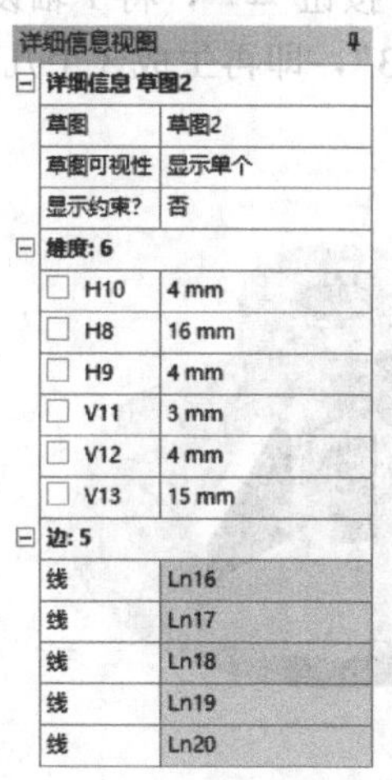

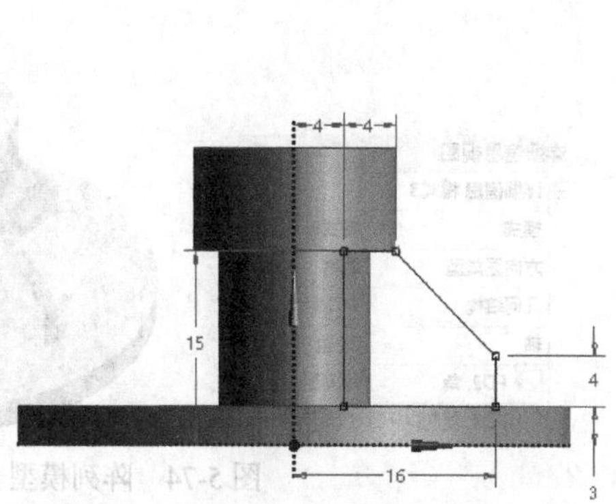

图 5-71　修改尺寸

06 挤出模型。单击工具栏中的“挤出”按钮，此时树形目录自动切换到“建模”标签。在详细信息视图中，将“方向”栏右侧的参数更改为“双 - 对称”，即设置挤出方向为两侧对称。将“FD1，深度（>0）”栏右侧的参数值更改为“1mm”，即设置挤出深度为 1mm。单击工具栏中的“生成”按钮。

07 隐藏草图。在树形目录中右击“挤出 1”下的“草图 2”分支，在弹出的快捷菜单中选择“隐藏草图”命令。生成的模型如图 5-72 所示。

08 阵列模型。在树形目录中选中步骤 07 挤出生成的机盖筋。选择“创建”→“模式”命令，如图 5-73 所示，生成阵列特征。具体操作如下。

图 5-72　挤出模型

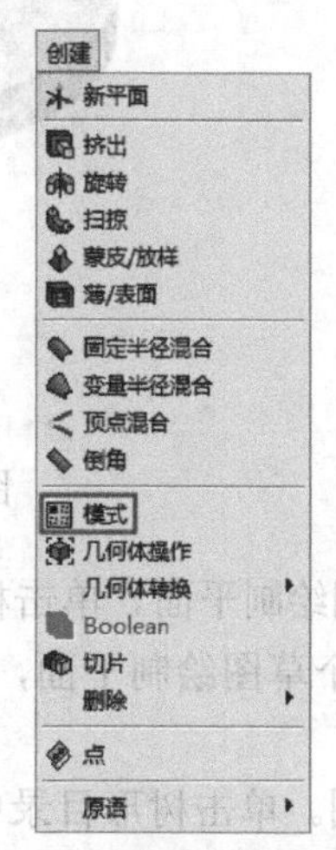

图 5-73　选择“模式”命令

① 在详细信息视图中，将“方向图类型”栏右侧的参数更改为“圆的”，即设置阵列类型为圆周阵列。

② 单击“几何结构”栏后在视图区域选中绘制的实体，使之变为黄色（被选中状态），然后返

回到详细信息视图。

③ 单击“几何结构”栏中的“应用”按钮 应用 。单击“轴”栏后，在视图区域选择 Y 轴，然后返回到详细信息视图，单击“几何结构”栏中的“应用”按钮 应用 ，将 Y 轴设为旋转轴。

④ 将“FD3，复制（>=0）”栏右侧的参数值更改为“3”，即再生成 3 个几何特征。单击工具栏中的“生成”按钮。生成的模型如图 5-74 所示。

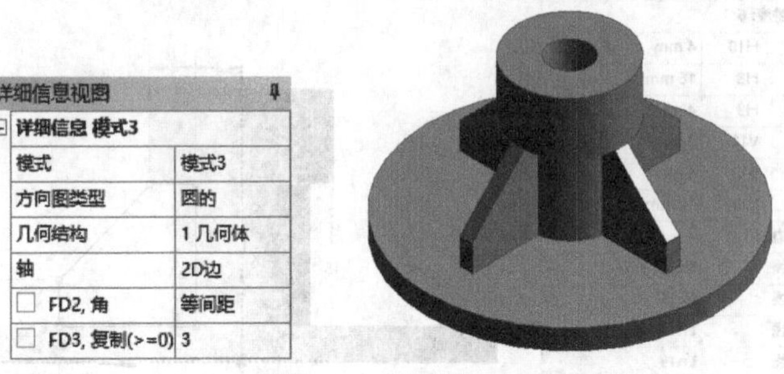

图 5-74　阵列模型

5.7.4　创建底面

01 创建工作平面。在视图区域中选中所创建模型的底面，如图 5-75 所示。单击工具栏中的“新平面”按钮，创建工作平面，此时树形目录中会多出一个名为“平面 4”的工作平面。单击工具栏中的“生成”按钮，生成新的工作平面——平面 4。

图 5-75　选中所创建模型的底面

02 创建草图绘制平面。单击树形目录中新建的“平面 4”分支，单击工具栏中的“新草图”按钮，创建一个草图绘制平面，此时树形目录中“平面 4”分支下会多出一个名为“草图 3”的草图绘制平面。

03 创建草图。单击树形目录中的“草图 3”分支，单击树形目录下方的“草图绘制”标签，打开草图绘制工具箱窗格。在新建的草图 3 上绘制图形。单击工具栏中的“查看面 / 平面 / 草图”按钮，将视图切换为平面 4 方向的视图。

04 绘制草图。展开草图绘制工具箱，利用其中的绘图工具绘制图 5-76 所示的草图。

05 添加约束。展开草图约束工具箱，利用其中的约束工具添加对称及相切的几何关系。绘制结果如图 5-77 所示。

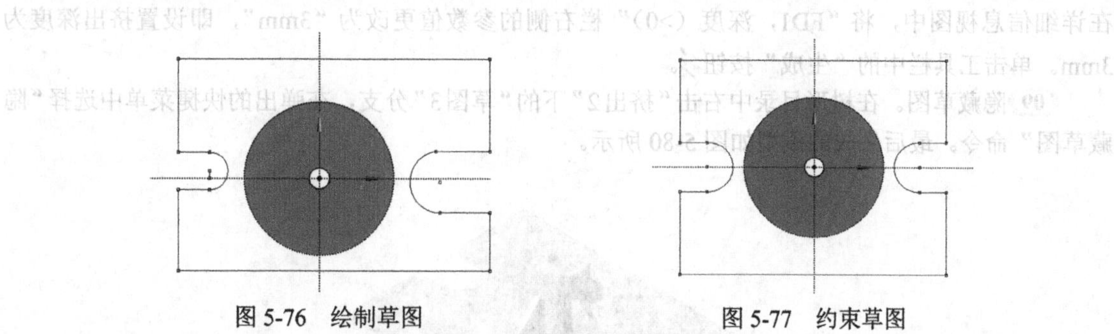

图 5-76　绘制草图　　　　图 5-77　约束草图

06 标注草图。展开草图维度工具箱，选择“水平的”命令、“顶点”命令、“半径”命令，标注尺寸。此时草图中绘制的所有轮廓线由绿色变为蓝色，表示草图中所有元素均完全约束。标注完成后的结果如图 5-78 所示。

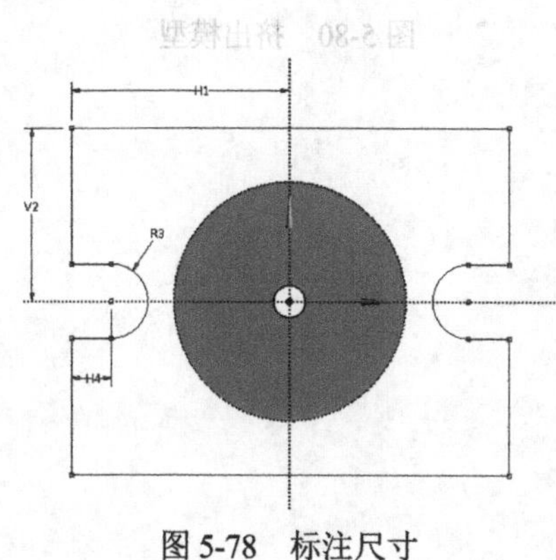

图 5-78　标注尺寸

07 修改尺寸。此时草图虽然已完全约束，但尺寸并没有指定。现在在详细信息视图中修改相关参数来精确定义草图。将详细信息视图中“H1”的参数值修改为“45mm”，“V2”的参数值修改为“32mm”，“R3”的参数值修改为“8mm”，“H4”的参数值修改为“8mm”，修改完成后的结果如图 5-79 所示。

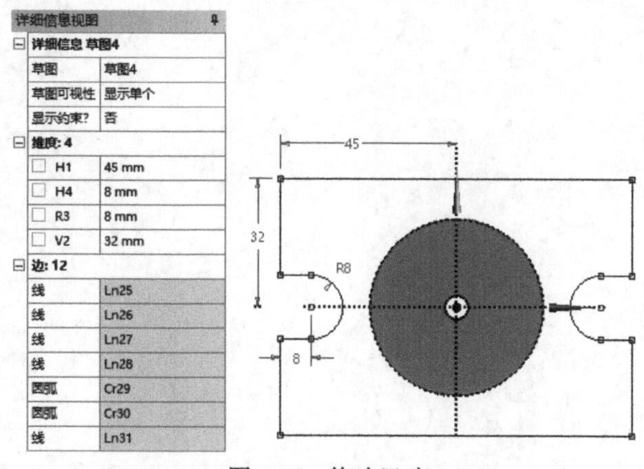

图 5-79　修改尺寸

08 挤出模型。单击工具栏中的“挤出”按钮，此时树形目录自动切换到“建模”标签。在详细信息视图中，将“FD1，深度（>0）”栏右侧的参数值更改为“3mm”，即设置挤出深度为3mm。单击工具栏中的“生成”按钮。

09 隐藏草图。在树形目录中右击“挤出2”下的“草图3”分支，在弹出的快捷菜单中选择“隐藏草图”命令。最后生成的模型如图5-80所示。

图 5-80　挤出模型

第 6 章 高级三维建模

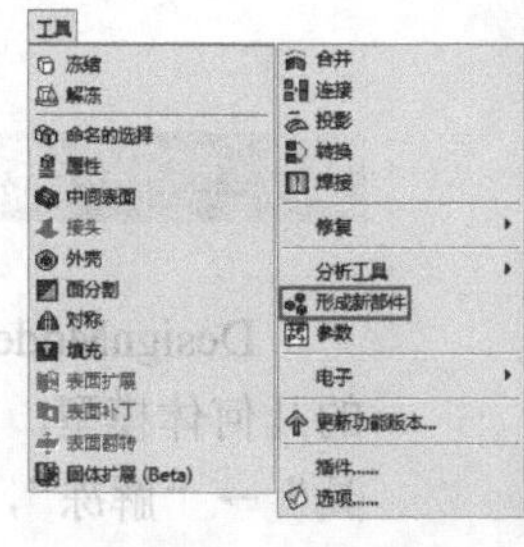

高级三维建模操作包括使用高级建模工具和附加特征高级工具，建模工具包括冻结、解冻、抑制几何体、多体零件等，高级工具包括中间表面、外壳、对称特征、填充、切片和面删除等。

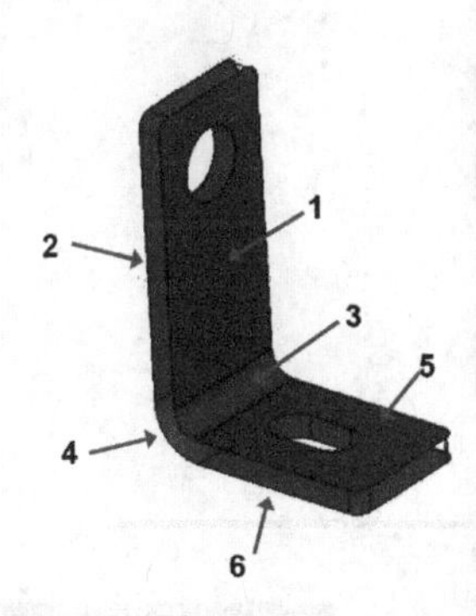

学习要点

- 建模工具
- 高级工具
- 高级三维建模实例

6.1 建模工具

建模工具集中在 DesignModeler 中的“工具”菜单中，“工具”菜单如图 6-1 所示。

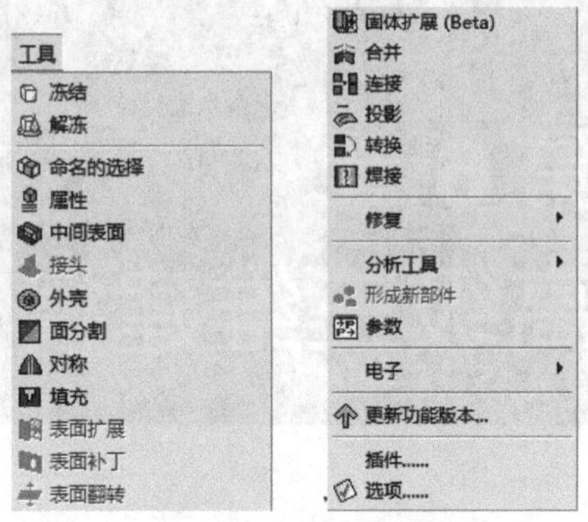

图 6-1 “工具”菜单

6.1.1 冻结和解冻

DesignModeler 会默认将新的几何体和已有的几何体合并来保持单个体。如果想要生成不合并的几何体模型，则可以用冻结和解冻工具来进行控制。操作的路径为“工具”→“冻结”，或“工具”→“解冻”，如图 6-2 所示。

Design Modeler 中有两种状态体，如图 6-3 所示。

- 冻结：主要目的是为仿真装配建模提供不同的选择方式。建模中的操作一般均不能用于冻结体。用冻结特征可以将所有的解冻状态转到冻结状态，选取体对象后用解冻特征可以解冻单个几何体。冻结体在树形目录中显示成较淡的颜色。
- 解冻：在解冻的状态，几何体可以进行常规的建模操作，解冻体在树形目录中显示为蓝色，而几何体显示在树形目录中的图标取决于它的类型（包括实体、表面或线体）。

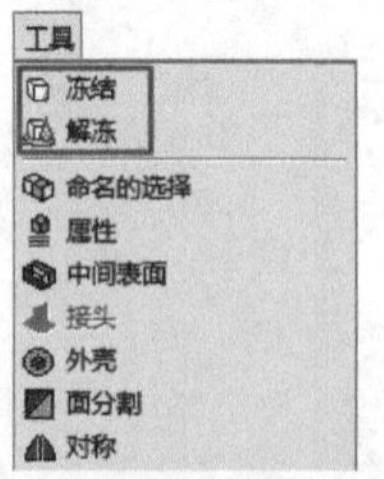

图 6-2 冻结和解冻工具

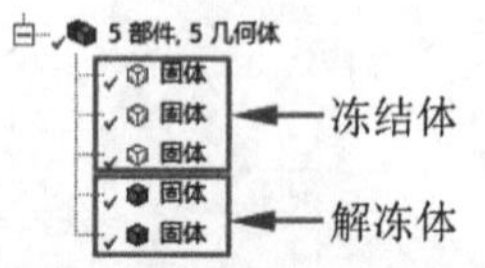

图 6-3 冻结体、解冻体

6.1.2 抑制几何体

抑制几何体是不显示在视图区域中的，而且抑制几何体既不能传输到其他 Workbench 模块中进行分网与分析，也不能导出为 Parasolid（.x_t）或 ANSYS Neutral（.anf）文件格式。

抑制几何体在树形目录中，其前面有一个“×”，如图 6-4 所示。要将一个几何体抑制，可以在树形目录中将其选中，单击鼠标右键，在弹出的快捷菜单中选择“抑制几何体”命令。取消抑制几何体的操作与此类似。

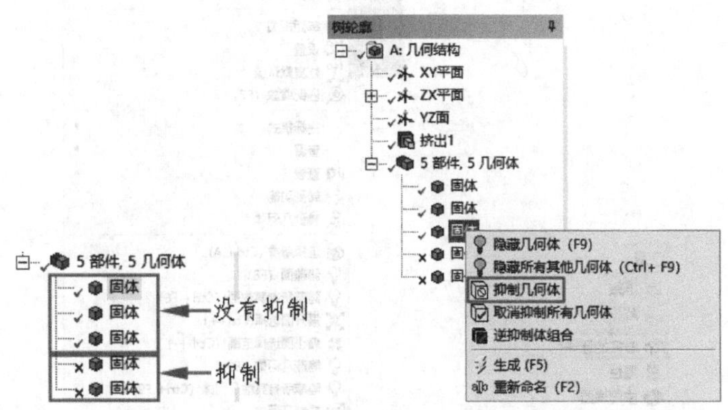

图 6-4 抑制几何体

6.1.3 多体零件

默认情况下，DesignModeler 将每一个几何体自动合并到一个零件中。自动合并的前提是导入的零件或由体组成的复合体零件中包含多个体素，并且它们具有共享拓扑（离散网格在共享面上匹配）。

为构成一个新的零件，可以先在视图区域中选定两个或更多的几何体，然后选择“工具”→“形成新部件”命令，如图 6-5 所示。只有在选择体之后才可以使用“形成新部件”命令，而且不能处于特征创建或特征编辑状态。

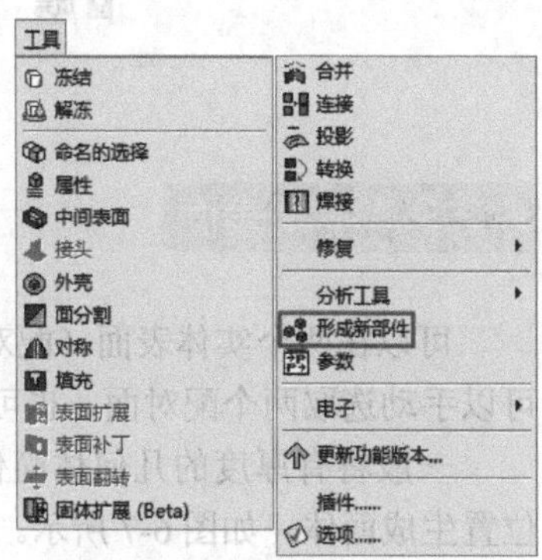

图 6-5 “形成新部件”命令

6.2 高级工具

通常，3D 实体特征的操作步骤如下。

（1）创建 3D 特征体（如拉伸特征）。

（2）利用布尔操作将特征体和现有模型合并，包括加入材料、切割材料、表面烙印记。

6.2.1 命名的选择

“命名的选择”命令可以将特征进行分组，便于在 DesignModeler、Meshing 或其他模块中进行快速选择。“命名的选择”命令位于“工具”菜单与右键快捷菜单中，如图 6-6 所示。

操作步骤为：选择特征后，单击鼠标右键，在弹出的快捷菜单中选择“命名的选择”命令，然后在树形目录中更改特征名字。“命名的选择”命令的操作对象可以是体、面、边或者点。

如果“命名的选择”命令在项目页中被执行，则相应的更改会传输到其他的 Workbench 模块中去，包括 Meshing 模块。

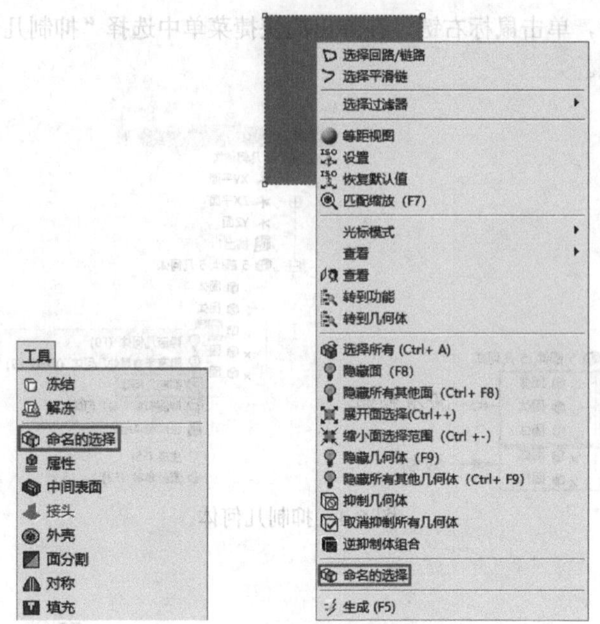

图 6-6 “命名的选择”命令

6.2.2 中间表面

可以在两个实体表面（配对面）中创建中间表面特征，生成的中间表面自动定义了厚度属性。可以手动选取两个配对面，也可以根据事先设定的厚度范围自动选取，然后自动生成中间表面。

一般将有厚度的几何体简化为“壳”模型，“中间表面”工具可自动在多个 3D 面组的中间位置生成面体，如图 6-7 所示。

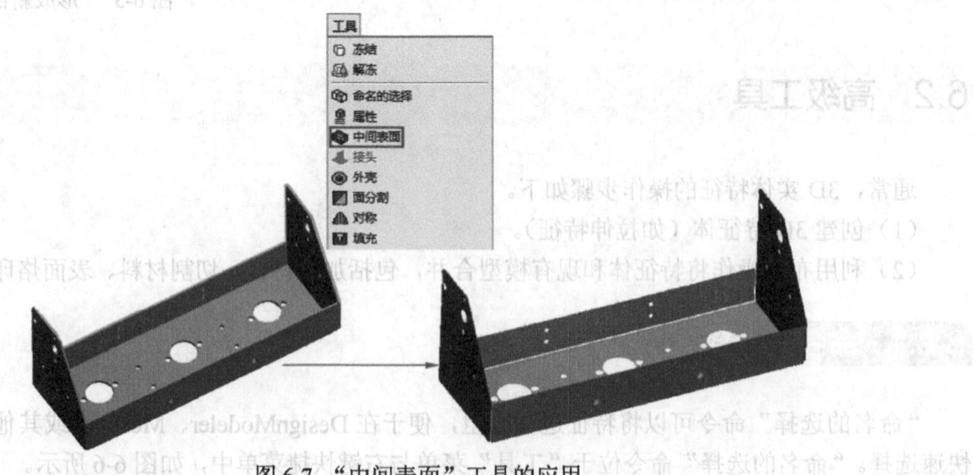

图 6-7 “中间表面”工具的应用

也可以在多个面组之间创建中间表面。多个面组可以在单次中间表面操作中被选取，但是被选取的面必须是相对的，如图 6-8 所示。

1. 手动创建中间表面

在详细信息视图中单击“‘面’对”将其激活。“面对”栏中会出现“应用”按钮 应用 ，如图 6-9 所示。选择需要抽取中间表面的两个配对面。

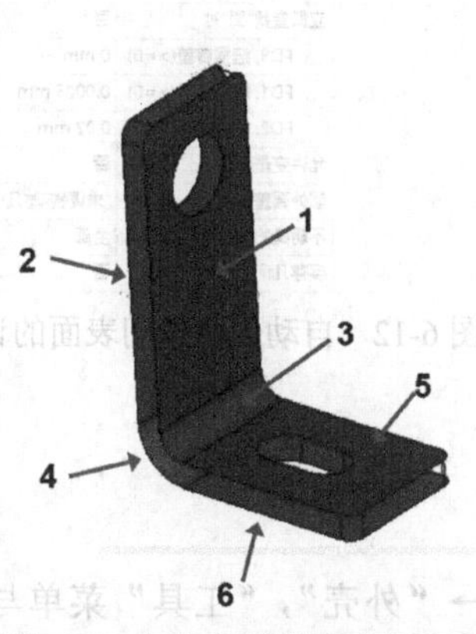

图 6-8 含多个面组的中间表面

详细信息视图	
⊟ 详细信息 MidSurf1	
中间表面	MidSurf1
‘面’对	应用 取消
选择方法	手动
要搜索的几何体	可见几何体
最小阈值	30 mm
最大阈值	30 mm
立即查找‘面’对	否
☐ FD3, 选择容差(>=0)	0 mm
☐ FD1, 厚度容差(>=0)	0.0005 mm
☐ FD2, 缝纫容差(>=0)	0.02 mm
允许变量厚度	否
额外调整	"未调整"与几何体相交
不明确的面删除（Beta）	全部
保存几何体吗?	否

图 6-9 详细信息视图

注意，选择面的顺序决定了中间表面的法向。第一次选择的面和第二次选择的面如图 6-10 所示。当选择被确认后，被选择的面分别以深蓝色与浅蓝色显示。法线方向为第二次选择的面指向第一次选择的面的方向。

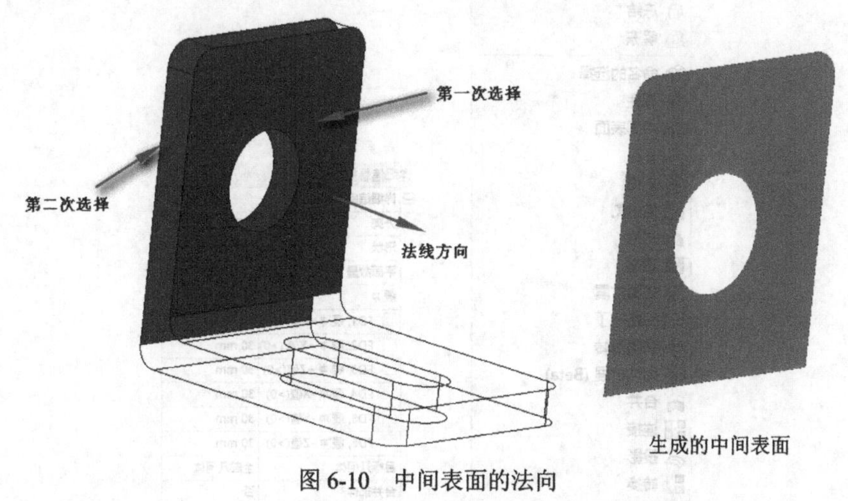

图 6-10 中间表面的法向

在“缝纫容差”之内，相邻面的缝隙可以在抽取中间表面的过程中被缝合为一个面，详细信息视图中的缝纫容差如图 6-11 所示。

2. 自动创建中间表面

“选择方法”从手动方式切换到自动方式时，详细信息视图中将会出现一些其他的选项。要搜索的几何体包括可见几何体、选定几何体或全部几何体。“保存几何体吗？”允许在生成中间表面后保留原始的几何体（默认是不保留的）。自动创建中间表面的详细信息视图如图 6-12 所示。

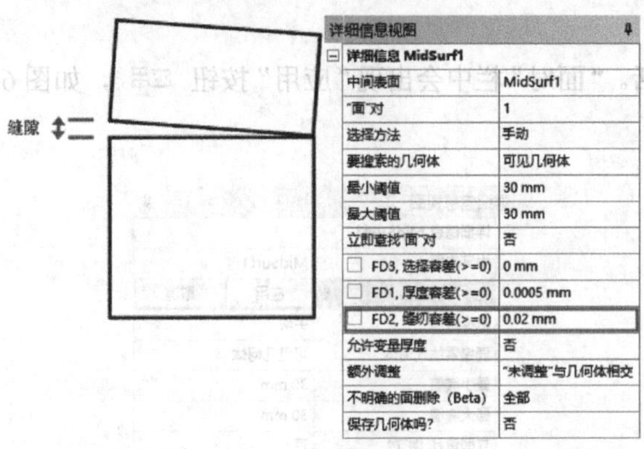

详细信息视图	
详细信息 MidSurf1	
中间表面	MidSurf1
"面"对	1
选择方法	手动
要搜索的几何体	可见几何体
最小阈值	30 mm
最大阈值	30 mm
立即查找"面"对	否
FD3, 选择容差(>=0)	0 mm
FD1, 厚度容差(>=0)	0.0005 mm
FD2, 缝纫容差(>=0)	0.02 mm
允许变量厚度	否
额外调整	"未调整"与几何体相交
不明确的面删除 (Beta)	全部
保存几何体吗?	否

图 6-11　缝纫容差

详细信息视图	
详细信息 MidSurf1	
中间表面	MidSurf1
"面"对	1
选择方法	自动
要搜索的几何体	可见几何体
最小阈值	30 mm
最大阈值	30 mm
立即查找"面"对	否
FD3, 选择容差(>=0)	0 mm
FD1, 厚度容差(>=0)	0.0005 mm
FD2, 缝纫容差(>=0)	0.02 mm
允许变量厚度	否
额外调整	"未调整"与几何体相交
不明确的面删除 (Beta)	全部
保存几何体吗?	否

图 6-12　自动创建中间表面的详细信息视图

6.2.3　外壳

外壳为在体附近创建的区域，操作路径为“工具”→“外壳”，“工具”菜单与详细信息视图如图 6-13 所示。创建外壳体时可采用球、圆柱或者用户自定义的形状，详细信息视图中的“缓冲”属性允许指定边界范围（必须大于 0），可以选择给所有体或者选中的目标使用外壳特征；“合并部件？”选项允许多体部件自动创建，以确保原始部件和场域在网格划分时与节点匹配。

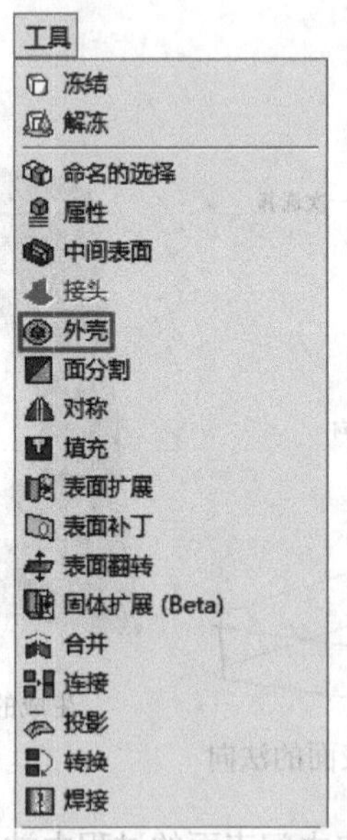

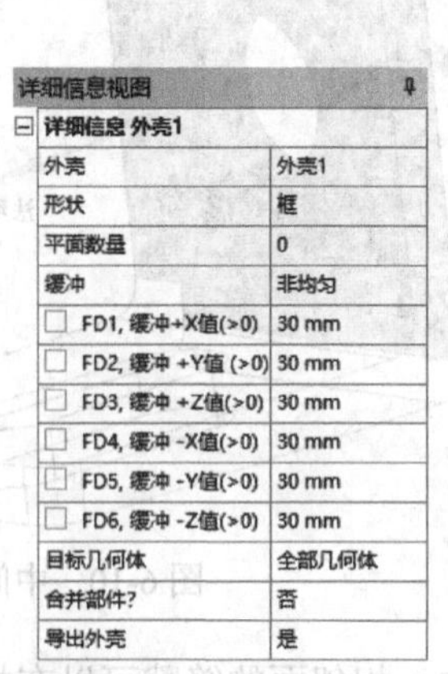

详细信息视图	
详细信息 外壳1	
外壳	外壳1
形状	框
平面数量	0
缓冲	非均匀
FD1, 缓冲+X值(>0)	30 mm
FD2, 缓冲 +Y值 (>0)	30 mm
FD3, 缓冲 +Z值(>0)	30 mm
FD4, 缓冲 -X值(>0)	30 mm
FD5, 缓冲 -Y值(>0)	30 mm
FD6, 缓冲 -Z值(>0)	30 mm
目标几何体	全部几何体
合并部件?	否
导出外壳	是

图 6-13　外壳

6.2.4　对称特征

可以使用对称特征来创建对称模型的简化模型，对称特征的操作路径为“工具”→“对称”，如图 6-14 所示。使用对称特征可最多定义 3 个对称平面。

详细信息视图
详细信息 对称1
对称 对称1
平面数量 1
对称平面1 ZX平面
模型类型 全模型
目标几何体 全部几何体
导出对称 是

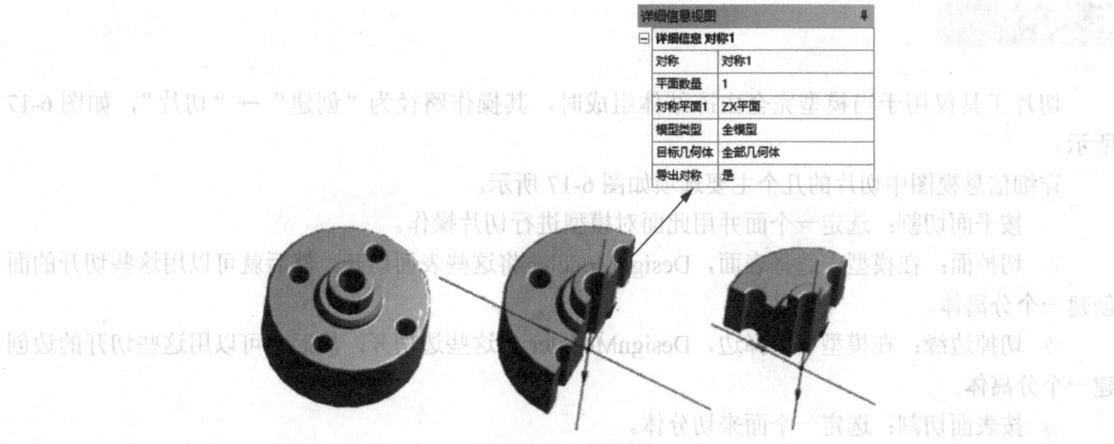

图 6-14 对称特征

6.2.5 填充

填充工具可以填充内部空隙（如冻结的孔洞），对冻结体和解冻体均可进行操作。填充的操作路径为：“工具”→“填充”，如图 6-15 所示。填充操作仅对实体进行，此操作在 CFD 中创建流动区域时很有用。图 6-16 所示为应用填充的一个例子。

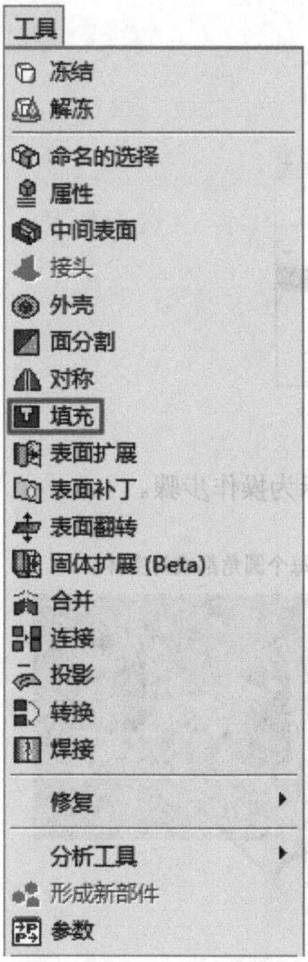

工具
冻结
解冻
命名的选择
属性
中间表面
接头
外壳
面分割
对称
填充
表面扩展
表面补丁
表面翻转
固体扩展 (Beta)
合并
连接
投影
转换
焊接
修复
分析工具
形成新部件
参数

图 6-15 “填充”命令

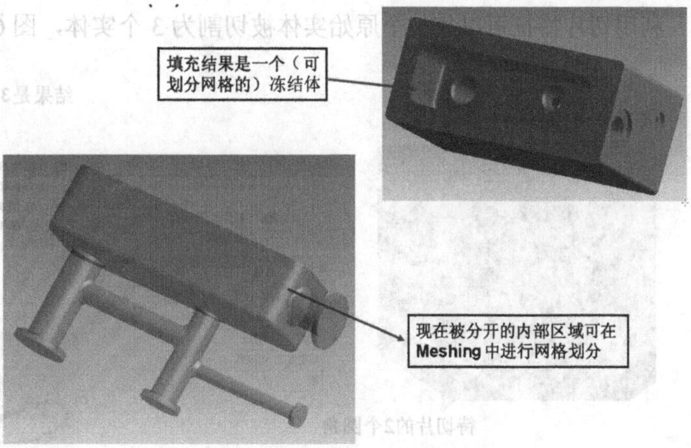

填充结果是一个（可划分网格的）冻结体
现在被分开的内部区域可在 Meshing 中进行网格划分

图 6-16 填充的应用

6.2.6 切片

切片工具仅用于当模型完全由冻结体组成时，其操作路径为“创建”→“切片”，如图 6-17 所示。

详细信息视图中切片的几个主要选项如图 6-17 所示。

- 按平面切割：选定一个面并用此面对模型进行切片操作。
- 切掉面：在模型中选择表面，DesignModeler 将这些表面切开，然后就可以用这些切开的面创建一个分离体。
- 切掉边缘：在模型中选择边，DesignModeler 将这些边切开，然后就可以用这些切开的边创建一个分离体。
- 按表面切割：选定一个面来切分体。

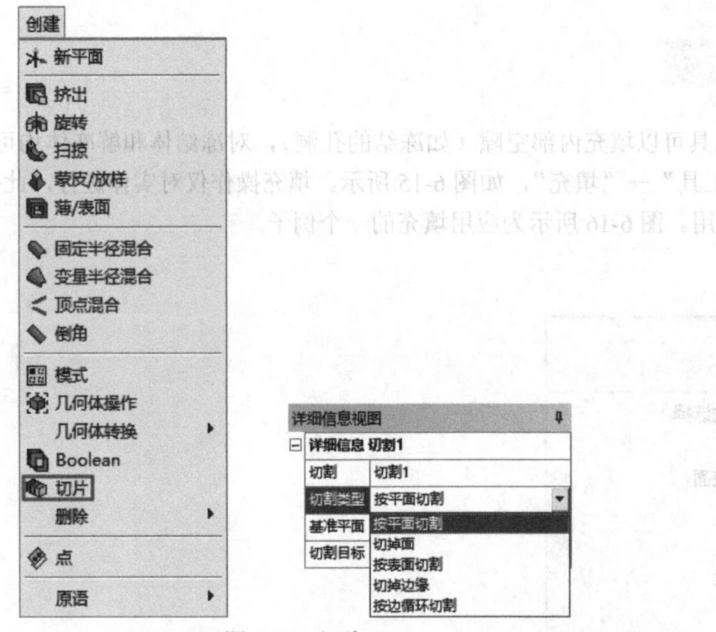

图 6-17 切片

利用切片特征可以使一个原始实体被切割为 3 个实体，图 6-18 所示为操作步骤。

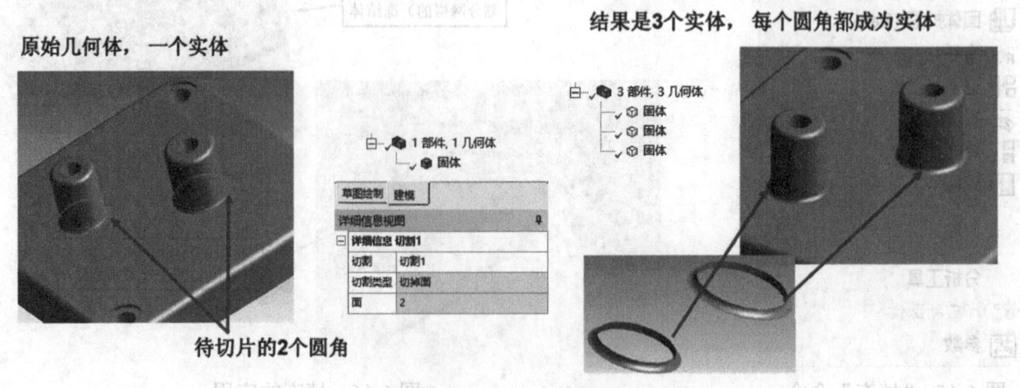

图 6-18 切片特征

6.2.7 面删除

面删除工具通过删除模型中的面删除特征，如倒圆角和切除等特征，然后弥补缺口。其操作路径为“创建”→“删除”→“面删除”，如图 6-19 所示。

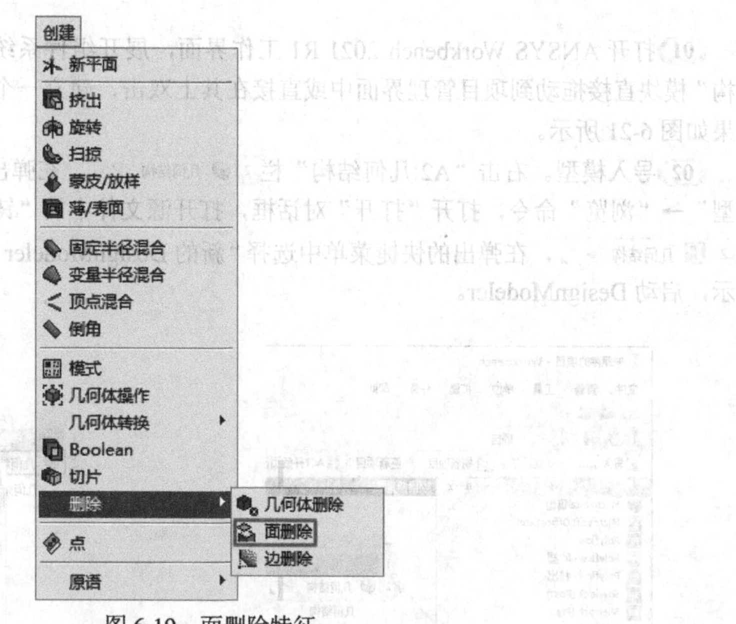

图 6-19 面删除特征

如果不能确定合适的延伸，该特征将报告一个错误，表明它不能弥补缺口。在详细信息视图中可以选择修复类型：自动、自然修复、补丁修复或无修复。部分效果如图 6-20 所示。

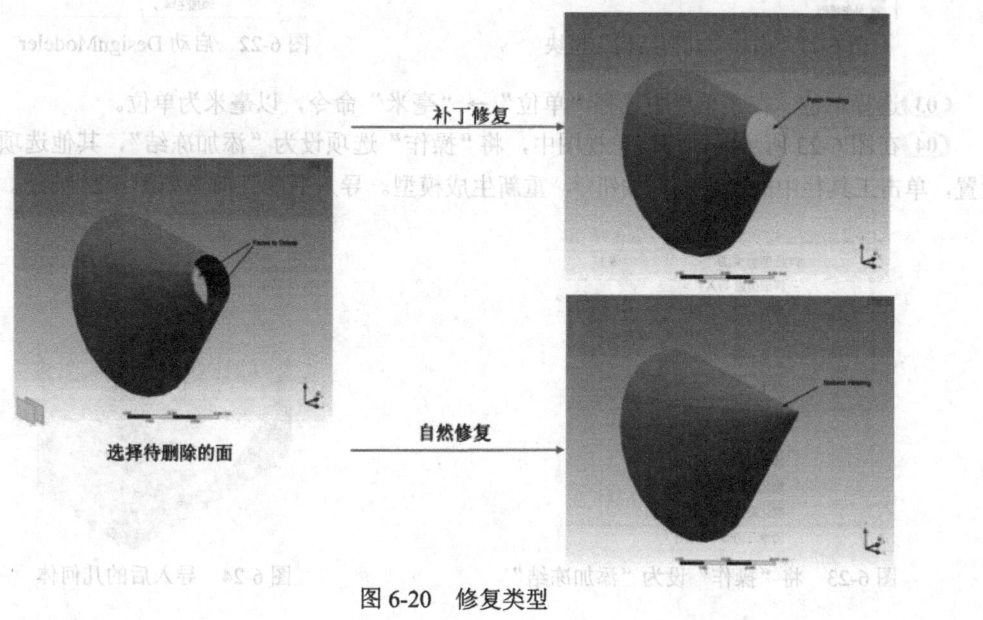

图 6-20 修复类型

6.3 实例——铸管

6.3.1 导入模型

01 打开 ANSYS Workbench 2021 R1 工作界面，展开组件系统工具箱，将工具箱里的“几何结构”模块直接拖动到项目管理界面中或直接在其上双击，建立一个含有“几何结构”的项目模块。结果如图 6-21 所示。

02 导入模型。右击“A2 几何结构”栏 2 几何结构 ?，在弹出的快捷菜单中选择“导入几何模型”→“浏览”命令，打开“打开”对话框，打开源文件中的“铸管 .x_t”。右击“A2 几何结构”栏 2 几何结构 ✓，在弹出的快捷菜单中选择“新的 DesignModeler 几何结构 ......”命令，如图 6-22 所示，启动 DesignModeler。

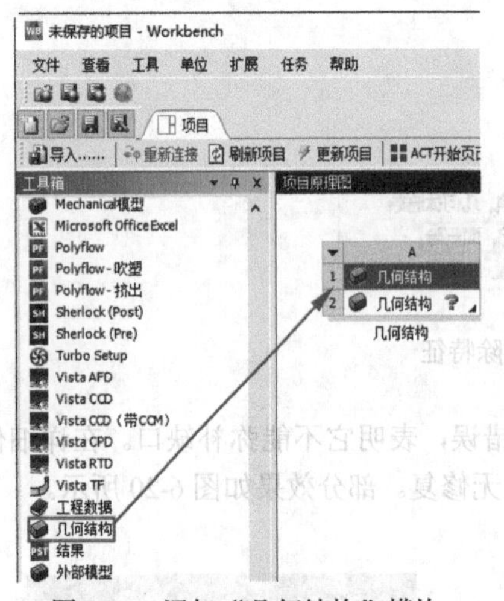

图 6-21 添加“几何结构”模块

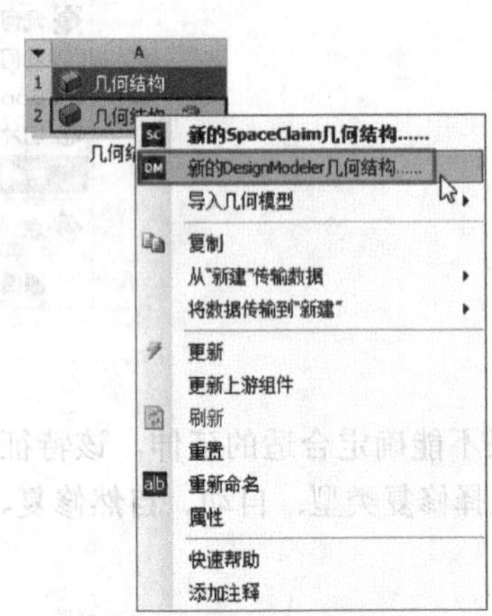

图 6-22 启动 DesignModeler

03 选择单位。在菜单栏中选择“单位”→“毫米”命令，以毫米为单位。

04 在图 6-23 所示的详细信息视图中，将“操作”选项设为“添加冻结”，其他选项保持默认设置，单击工具栏中的“生成”按钮，重新生成模型。导入后的几何体如图 6-24 所示。

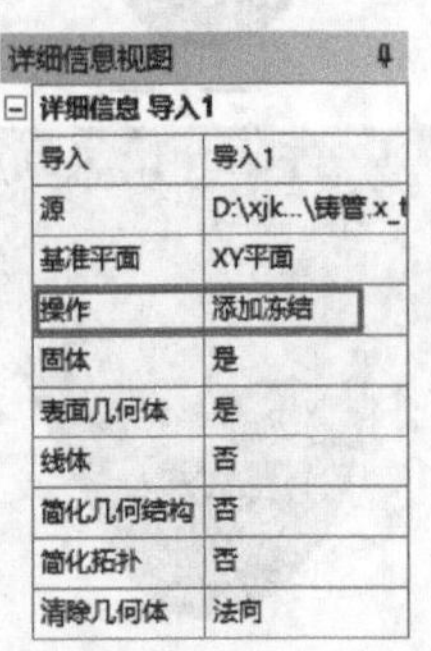

详细信息 导入1	
导入	导入1
源	D:\xjk...\铸管.x_t
基准平面	XY平面
操作	添加冻结
固体	是
表面几何体	是
线体	否
简化几何结构	否
简化拓扑	否
清除几何体	法向

图 6-23 将“操作”设为“添加冻结”

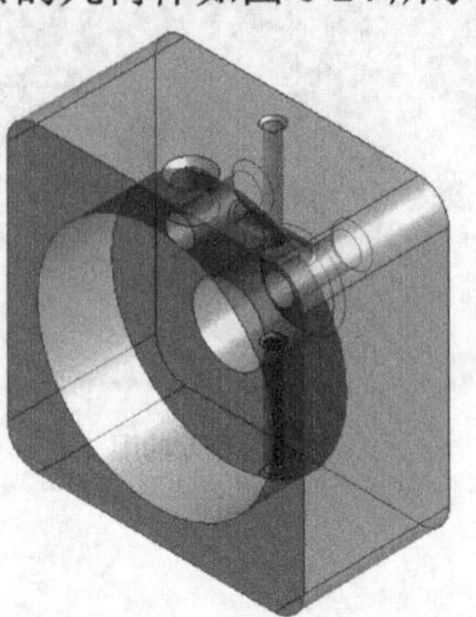

图 6-24 导入后的几何体

6.3.2　填充特征

(01)执行“填充”命令。选择菜单栏中的“工具”→“填充”命令，如图 6-25 所示。

(02)选择填充面。展开工具栏中“选择”下拉列表，从中选择“框选择”选项 框选择，如图 6-26 所示。在视图区域使用框选模式选中所有面，然后切换到单选模式，按住 Ctrl 键取消选定外表面，单击详细信息视图中的“应用”按钮 应用 。此时选中的面颜色发生变化，表示选定完成，如图 6-27 所示。

(03)生成模型。单击工具栏中的“生成”按钮，重新生成填充后的模型。

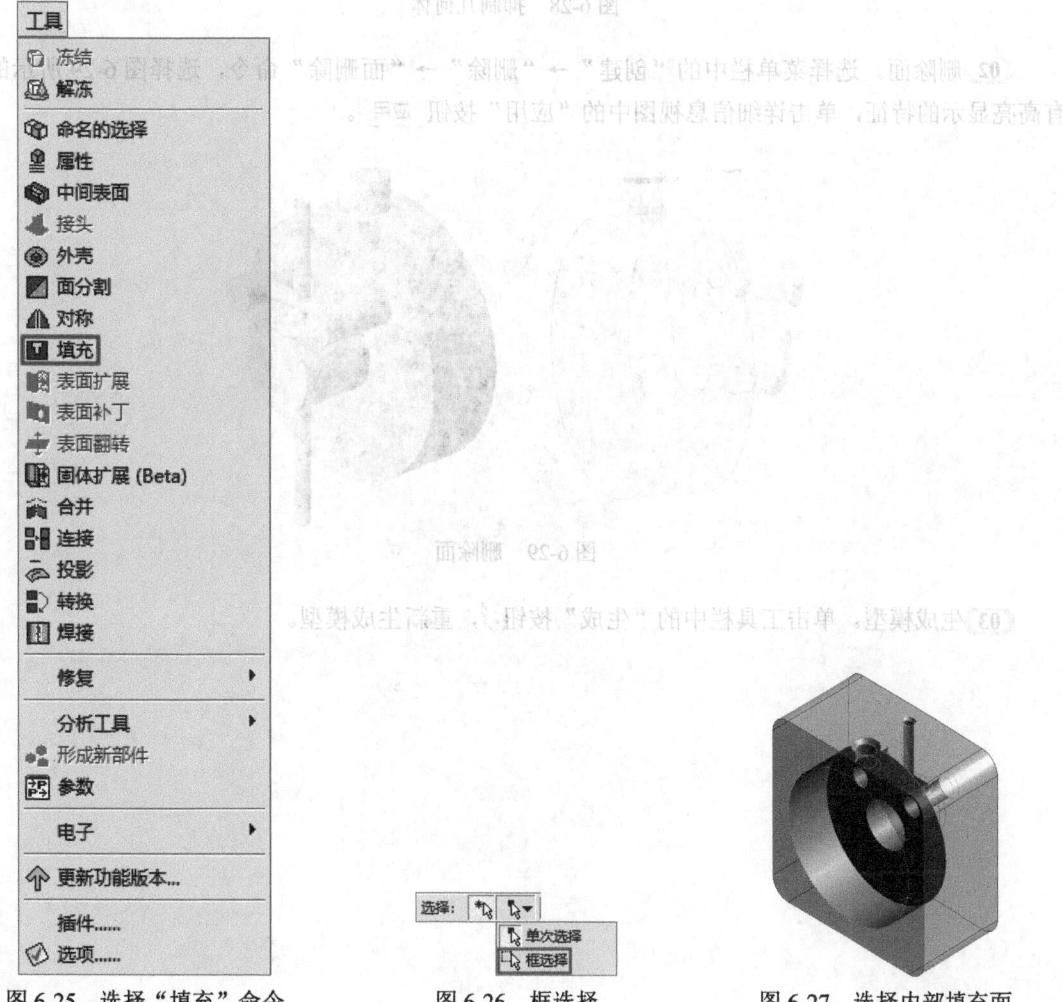

图 6-25　选择“填充”命令　　图 6-26　框选择　　图 6-27　选择内部填充面

6.3.3　简化模型

(01)抑制体。右击树形目录中“2 部件，2 几何体”分支中的第一个“固体”分支，在弹出的快捷菜单中选择“抑制几何体”命令，对外模型进行抑制处理，如图 6-28 所示。

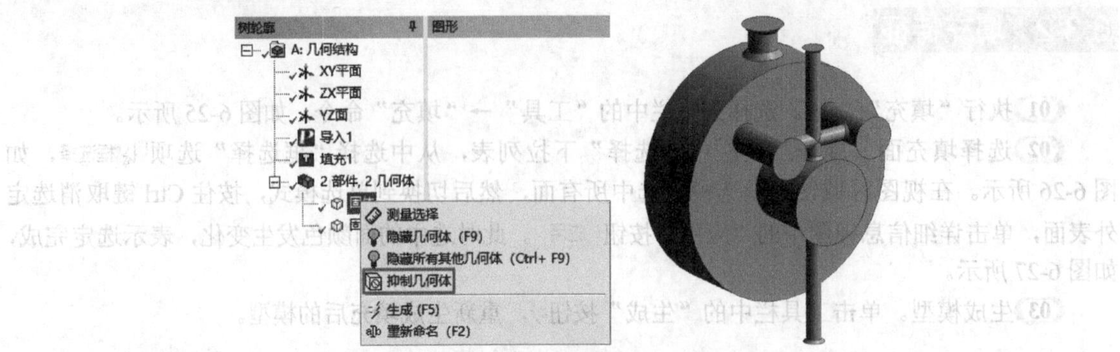

图 6-28　抑制几何体

02 删除面。选择菜单栏中的“创建”→“删除”→“面删除”命令，选择图 6-29 所示的所有高亮显示的特征，单击详细信息视图中的“应用”按钮 应用 。

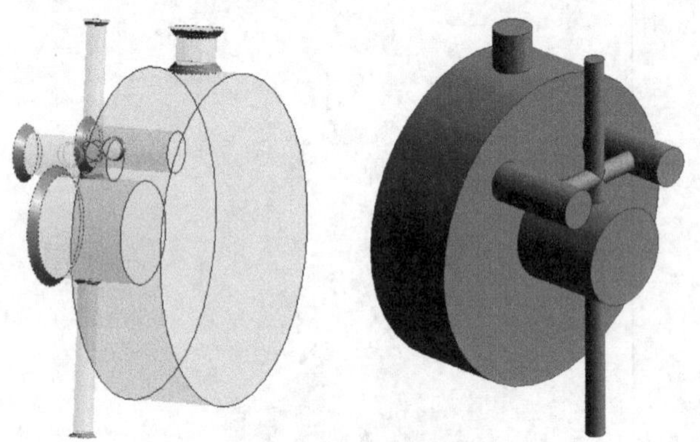

图 6-29　删除面

03 生成模型。单击工具栏中的“生成”按钮，重新生成模型。

第 7 章 概念建模

概念建模用于创建、修改线体或面体，并将其变为有限元的梁或板壳模型，是 DesignModeler 建模的重要组成部分。

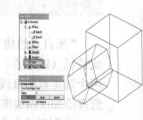

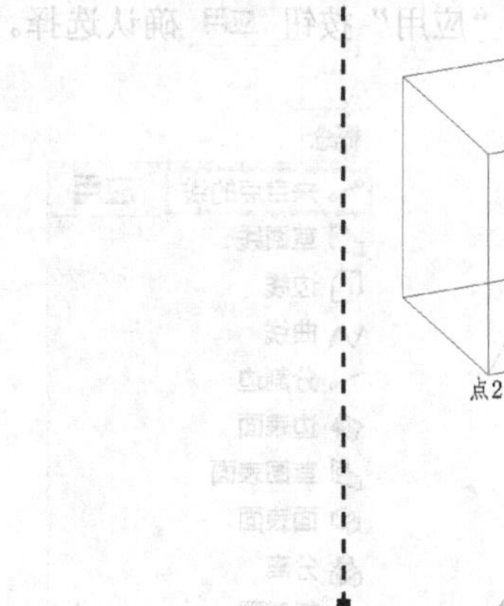

学习要点

- 概念建模工具
- 横截面
- 面操作
- 概念建模实例

7.1 概念建模工具

概念建模菜单中的命令用于创建、修改线体和表面体，将它们变成有限元梁和板壳模型，图 7-1 所示为概念建模菜单。

（1）用概念建模工具创建线体的命令有：

- 来自点的线；
- 草图线；
- 边线。

（2）用概念建模工具创建表面体的命令有：

- 边表面；
- 草图表面。

进行概念建模前要先创建线体，线体是概念建模的基础。

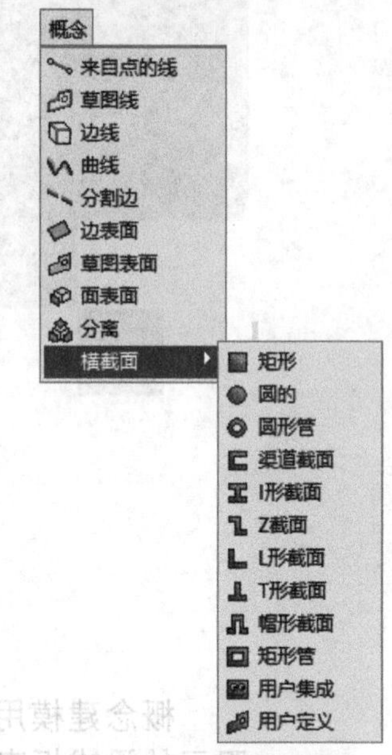

图 7-1　概念建模菜单

7.1.1 来自点的线

“来自点的线”命令中的点可以是任何 2D 草图点、3D 模型顶点或特征（PF）点，如图 7-2 所示。一条由点生成的线通常是一条连接两个选定点的直线。另外，对由点生成线的操作过程，允许在线体中选择添加或添加冻结选择。

在利用“来自点的线”命令创建线体时，先选定两个点来定义一条线，绿线表示要生成的线段，单击“应用”按钮 应用 确认选择。然后单击工具栏中的“生成”按钮，结果如图 7-3 所示。

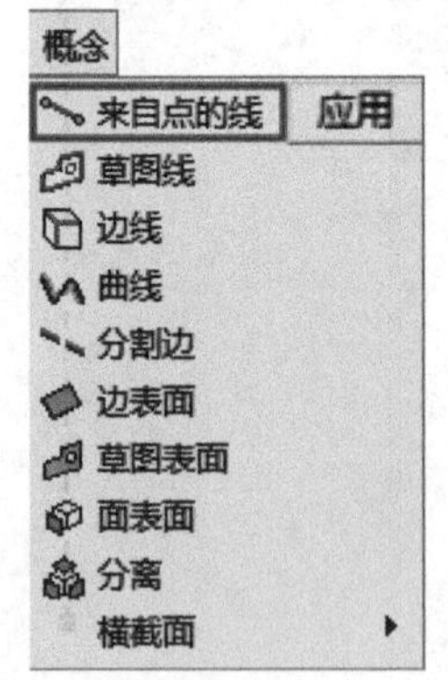

图 7-2 “来自点的线”命令

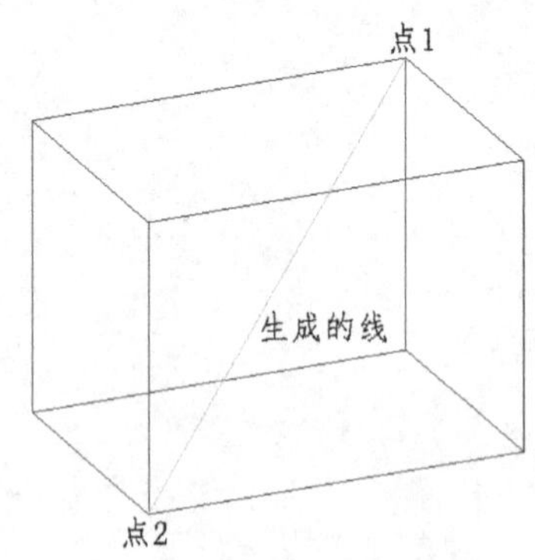

图 7-3　通过两个点生成线

7.1.2 草图线

“草图线”命令将基于草图和从表面得到的平面创建线体，此命令在菜单栏中的位置如图 7-4 所示。操作时在树形目录中选择草图或平面使它们高亮显示，然后在详细信息视图中单击“应用”按钮 应用 。图 7-5 所示为由草图生成的线。多个草图、面以及草图与平面组合可以作为基准对象来创建线体。

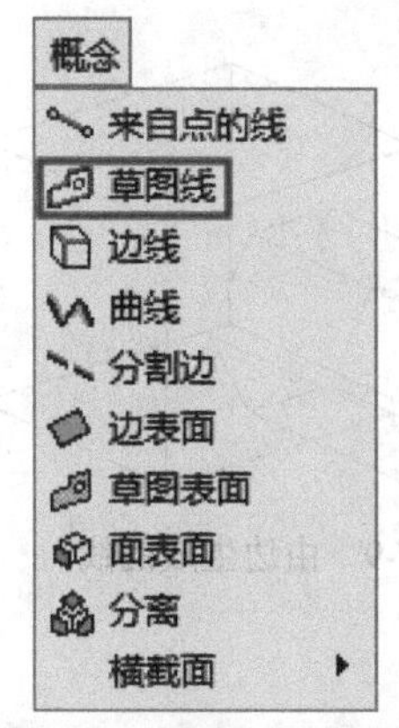

图 7-4 “草图线”命令

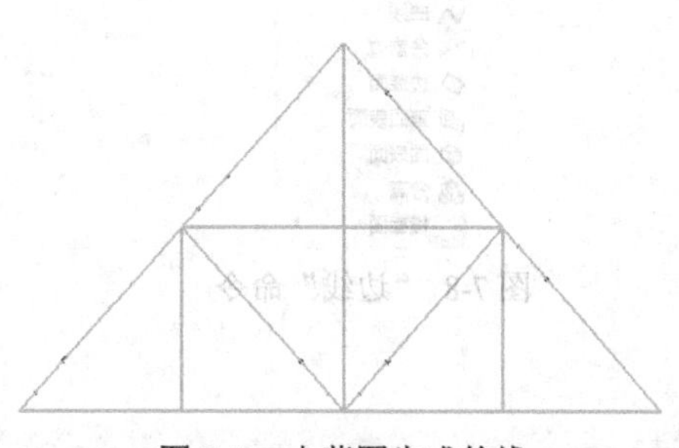

图 7-5　由草图生成的线

7.1.3　分割边

“分割边”命令可以将线进行分割。其在菜单栏中的位置为“概念”→“分割边”，如图 7-6 所示。“分割边”命令用于将边分成两段，可以用比例特性控制分割位置（如 0.5 表示在边的中间位置分割）。

在详细信息视图中可以通过设置其他选项对线体进行分割，图 7-7 所示为详细信息视图中可选择的分割类型，例如“按 Delta 分割”表示沿着边上给定的 Delta 来确定每个分割点间的距离，“按 N 分割”表示根据设定的边的段数进行分割。

图 7-6 “分割边”命令

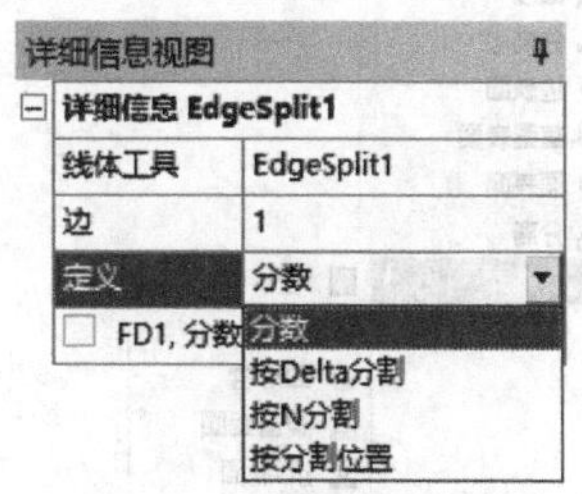

图 7-7　详细信息视图

7.1.4　边线

“边线”命令将基于已有的 2D 和 3D 模型边界创建线体，根据所选边和面的关联性可以创建多个线体，其在菜单栏中的位置如图 7-8 所示。在树形目录中或模型上选择边或面，表面边界将变成线体（另一种办法是直接选择 3D 边界），然后在详细信息视图中单击“应用”按钮 应用 ，使其作为基本对象，图 7-9 所示为所创建的线。

图 7-8 “边线”命令

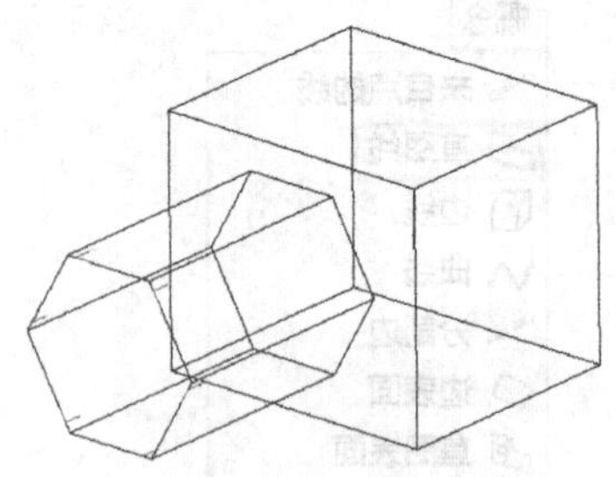

图 7-9 由边生成的线

7.2 横截面

在 DesignModeler 中,“横截面”命令可以为线赋予梁的属性。此横截面可以使用草图模式绘制，并可以赋予它一组尺寸值。此外，“横截面”命令能修改界面的尺寸值和横截面的尺寸值，在其他情况下它们是不能被编辑的。图 7-10 所示为“横截面”子菜单。

7.2.1 横截面树形目录

DesignModeler 对横截面使用一套不同于 ANSYS 环境的坐标系，从概念建模菜单中可以选择横截面，建成后的横截面会在树形目录中显示，如图 7-11 所示，其中列出了每个被创建的横截面。

在树形目录中高亮显示横截面后即可在详细信息视图中修改它的尺寸。

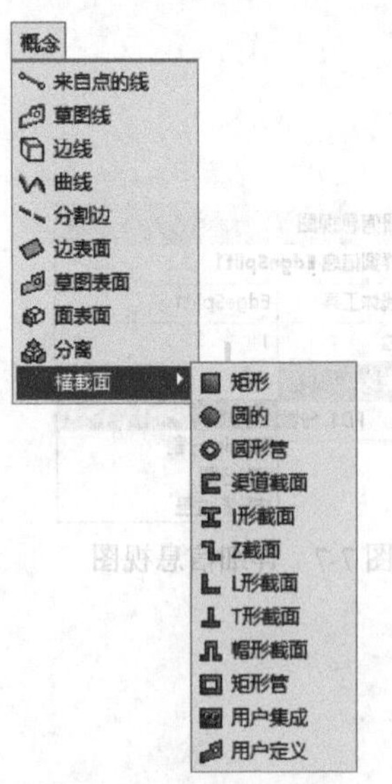

图 7-10 “横截面”子菜单

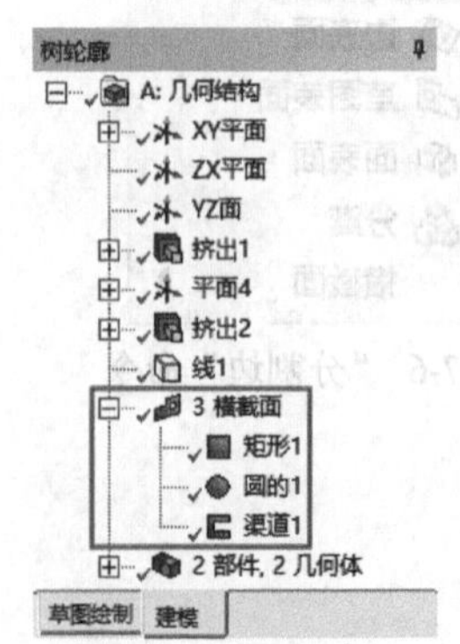

图 7-11 树形目录

7.2.2 横截面编辑

在插入横截面后，可能需要进行横截面的编辑，包括尺寸编辑、将横截面赋给线体、对齐横截面和偏移横截面。

1. 尺寸编辑

在树形目录相应的横截面上单击鼠标右键，在弹出的快捷菜单中选择“移动维度”命令，可以移动尺寸，如图 7-12 所示。这样就可以重新设置横截面尺寸的位置。

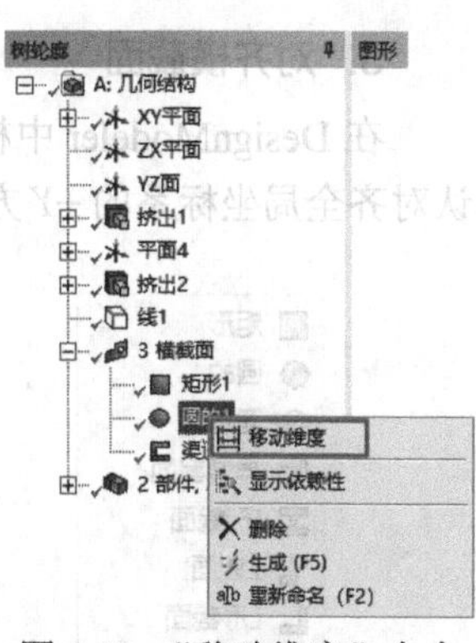

图 7-12 “移动维度”命令

2. 将横截面赋给线体

将横截面赋给线体的操作步骤为：在树形目录中保持线体处于选择状态，横截面的属性出现在详细信息视图中，在对应的下拉列表中选择想要的横截面即可，如图 7-13 所示。

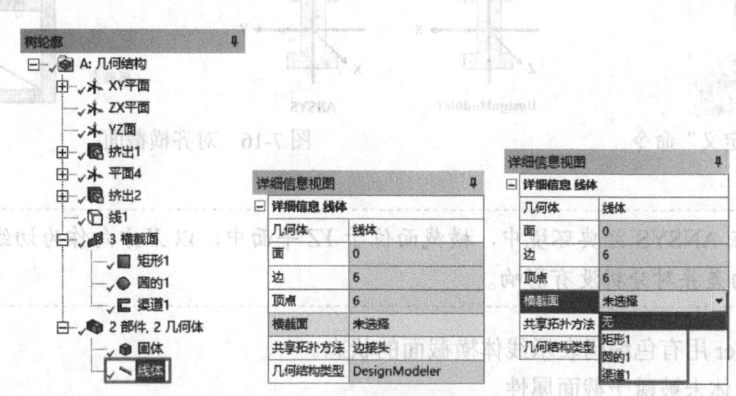

图 7-13　将横截面赋给线体

在 DesignModeler 中，用户可以自定义横截面。在定义时可以不用画出横截面，而只需在详细信息视图中填写截面的属性，如图 7-14 所示。

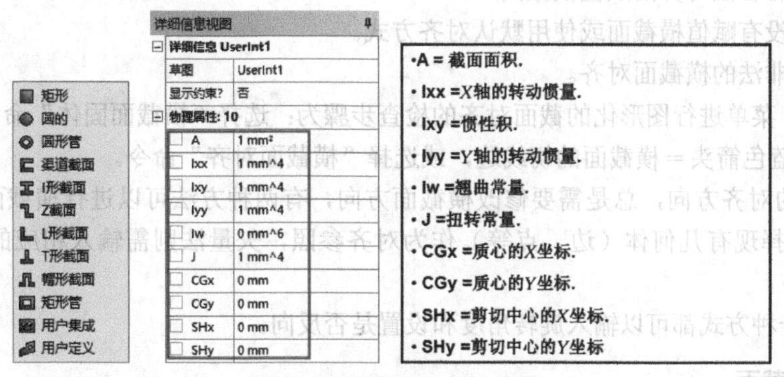

图 7-14　用户自定义横截面

在 DesignModeler 中还可定义用户已定义的横截面。此时可以不用画出横截面，DesignModeler 会基于用户定义的闭合草图来创建截面的属性。

定义用户定义的横截面的步骤为：首先从“概念”菜单中选择“横截面”→“用户定义”命令，如图 7-15 所示，树形目录中会多一个空的横截面草图，单击“草图绘制”标签并绘制所要的草图（必须是闭合的），最后单击工具栏中的“生成”按钮，DesignModeler 会计算出横截面的属性并在详细信息视图中列出，这些属性不能更改。

3. 对齐横截面

在 DesignModeler 中横截面位于 *XY* 平面，如图 7-16 所示。局部坐标系或横截面的 +*Y* 方向默认对齐全局坐标系的 +*Y* 方向，但如果这样做会导致非法的对齐现象，将会使用 +*Z* 方向。

图 7-15 “用户定义”命令

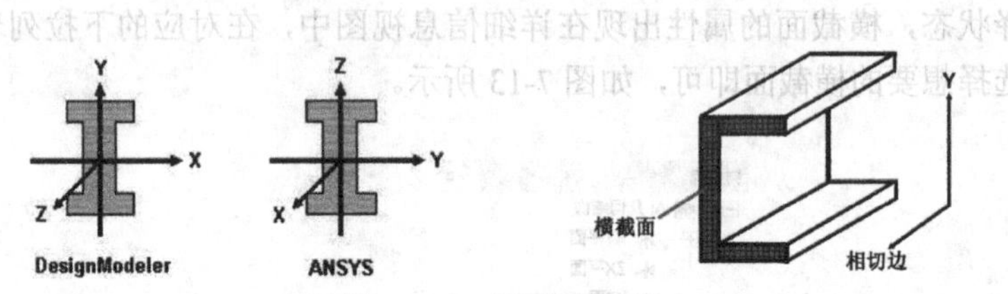

图 7-16 对齐横截面

注意

在 ANSYS 经典环境中，横截面位于 YZ 平面中，以 X 方向作为切线方向，这种方向上的差异对分析没有影响。

DesignModeler 用有色编码表示线体横截面的状态。

- 紫色：线体未被赋予截面属性。
- 黑色：线体被赋予了截面属性且对齐合法。
- 红色：线体被赋予了截面属性但对齐非法。

树形目录中的线体图标有同样的可视化帮助效果，如图 7-17 所示。

- 绿色：有合法对齐的赋值横截面。
- 黄色：没有赋值横截面或使用默认对齐方式。
- 红色：非法的横截面对齐。

用“查看”菜单进行图形化的截面对齐的检查步骤为：选择“横截面固体”命令，其中绿色箭头 = +*Y* 方向，蓝色箭头 = 横截面的切线边，或选择“横截面对齐”命令。

采用默认的对齐方向，总是需要修改横截面方向，有两种方法可以进行横截面对齐（选择法和矢量法）：选择现有几何体（边、点等）作为对齐参照，矢量法则需输入相应的 *X*、*Y*、*Z* 坐标方向。

上述任何一种方式都可以输入旋转角度和设置是否反向。

4. 偏移横截面

将横截面赋给一个线体后，在详细信息视图中可以指定对横截面进行偏移的类型，如图 7-18 所示。

- 质心：横截面中心和线体质心相重合（默认）。
- 剪切中心：横截面剪切中心和线体中心相重合。

注意，虽然质心和剪切中心的图形看起来一样，但分析时使用的是剪切中心。

- 原点：横截面不偏移，与草图中放置的位置相同。
- 用户定义：用户指定横截面在 *X* 方向和 *Y* 方向上的偏移量。

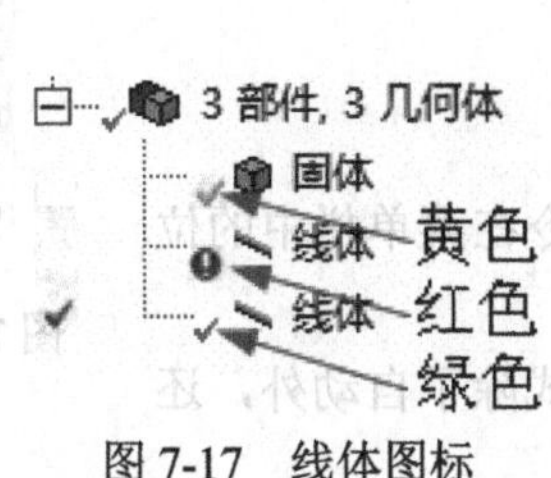

图 7-17　线体图标

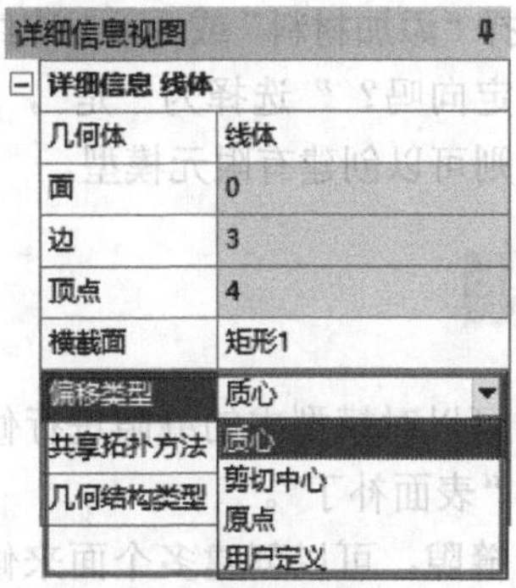

详细信息视图	
详细信息 线体	
几何体	线体
面	0
边	3
顶点	4
横截面	矩形1
偏移类型	质心
共享拓扑方法	质心 剪切中心 原点 用户定义
几何结构类型	

图 7-18　横截面偏移类型

7.3　面操作

在 DesignModeler 中进行分析时，需要建立面。可以通过“边表面”“草图表面”命令来建立面，结果如图 7-19 所示。在修改过程中，可以进行面修补及缝合操作等。

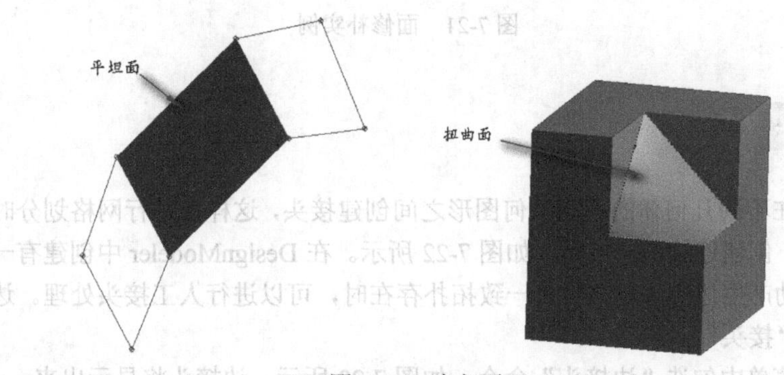

图 7-19　建立面

7.3.1　边表面

“边表面”命令可以用线体的边作为边界创建表面体，此命令的操作路径为“概念”→“边表面”。创建边表面的线体必须是没有交叉的闭合回路，闭合回路应该形成一个可以插入模型的简单表面形状，可以是平面、圆柱面、圆环面、圆锥面、球面和简单扭曲面等。

注意

在使用“边表面”命令从边建立面时，无横截面属性的线体能将表面模型连在一起。在这种情况下，线体仅起到确保表面边界有连续网格的作用。

7.3.2　草图表面

在 DesignModeler 中可以以草图作为边界创建面体（单个或多个草图都是可以的），操作的路径为“概念”→“草图表面”，如图 7-20 所示。基本草图必须是不自相交叉的闭合剖面。在详细信息视图中可以选择“添加材料”或“添加冻结”操作、是否和法线方向相同等。将“以平面法向定向吗？”选择为“是”，表示和平面法线方向一致。另外，输入“厚度”值则可以创建有限元模型。

图 7-20　草图表面

7.3.3　面修补

面修补操作可以对模型中的缝隙进行修补，面修补命令在菜单栏中的位置为“工具”→“表面补丁”。

对于复杂的缝隙，可以创建多个面来修补。修补的模式除了自动外，还有自然修复和补丁修复。图 7-21 所示为面修补实例。

图 7-21　面修补实例

7.3.4　边接头

边接头用于在不同几何体的不同几何图形之间创建接头，这样在进行网格划分时可以将边接头处视为共享拓扑，创建连续的网格体，如图 7-22 所示。在 DesignModeler 中创建有一致边的面或线多体零件时会自动产生边接头。在没有一致拓扑存在时，可以进行人工接头处理。边接头的操作路径为“工具”→“接头”。

在“查看”菜单中勾选“边接头”命令，如图 7-23 所示，边接头将显示出来。

在视图区域中，边接头以蓝色或红色显示，两种颜色代表不同的含义。

- 蓝色：边接头包含在已正确定义的多体零件中。
- 红色：边接头没有分进同一个零件中。

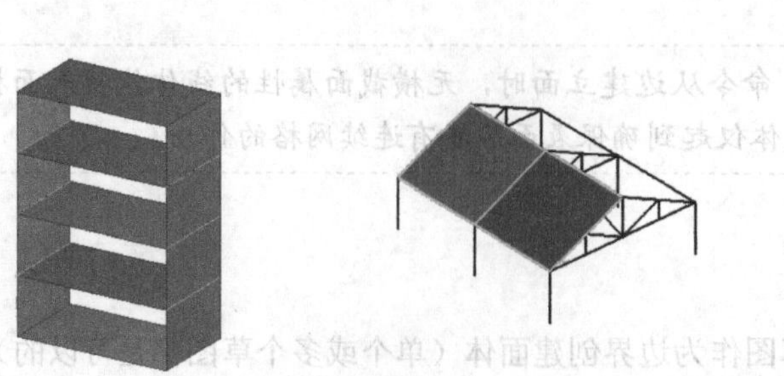
图 7-22　边接头

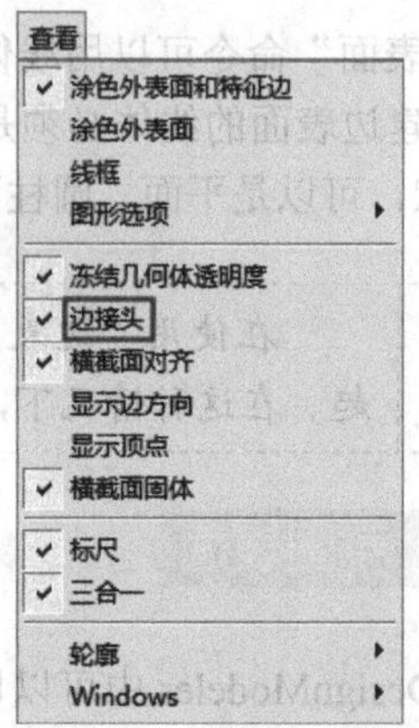

图 7-23　“查看”菜单

7.4 实例——框架结构

下面以实例说明概念建模的步骤。通过本实例，读者可以了解并熟悉进行概念建模的操作。

7.4.1 新建模型

(01)打开 ANSYS Workbench 2021 R1 工作界面，展开左边的组件系统工具箱，将工具箱里的“几何结构”模块直接拖动到项目管理界面中或直接在其上双击，建立一个含有“几何结构”的项目模块，结果如图 7-24 所示。

(02)创建模型。右击“A2 几何结构”栏 2 几何结构 ?，在弹出的快捷菜单中选择“新的 DesignModeler 几何结构 ......”命令，如图 7-25 所示，启动 DesignModeler。

(03)设置单位。选择菜单栏中的“单位”→“毫米”命令，设置模型的单位为毫米。返回 DesignModeler，此时左侧的树形目录默认为建模状态下的树形目录。

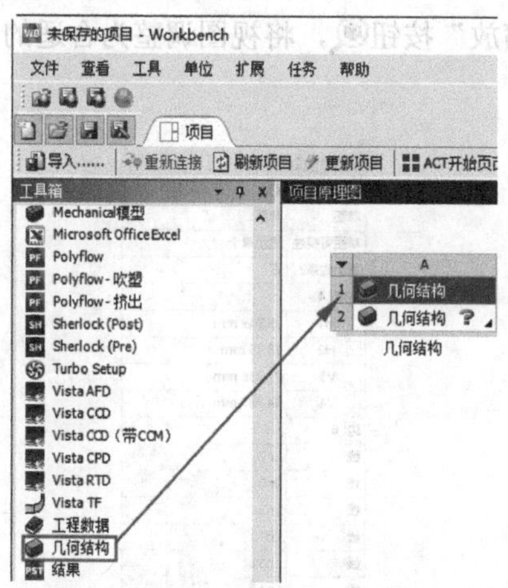

图 7-24 添加“几何结构”模块

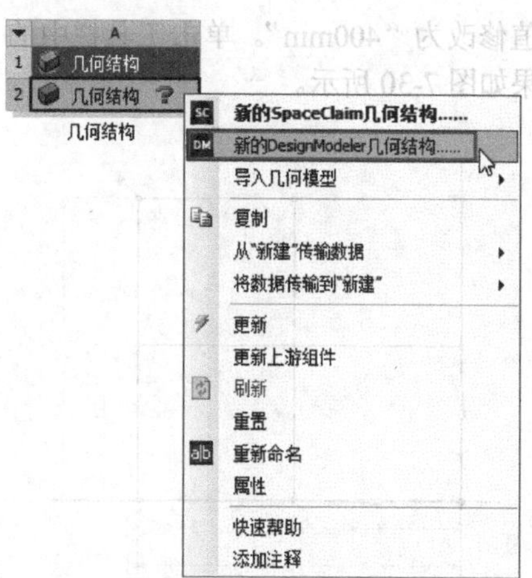

图 7-25 启动 DesignModeler

7.4.2 创建草图

(01)创建工作平面。单击树形目录中的“XY 平面”分支，单击工具栏中的“新草图”按钮，创建一个工作平面，此时树形目录中“XY 平面”分支下会多出一个名为“草图 1”的工作平面。

(02)创建草图。单击树形目录中的“草图 1”分支，单击树形目录下方的“草图绘制”标签，打开草图绘制工具箱窗格。在新建的草图 1 上绘制图形。

(03)切换视图。单击工具栏中的“查看面 / 平面 / 草图”按钮，将视图切换为 *XY* 方向的视图。

(04)绘制矩形。展开草图绘制工具箱，选择“矩形”命令。将鼠标指针移入右边的视图区域。移动鼠标指针到原点附近，直到鼠标指针中出现“P”字符。单击确定矩形的角点，然后移动鼠标指针到右上方并单击，绘制一个矩形，结果如图 7-26 所示。

(05)绘制线段。选择绘图工具箱中的“直线”命令。在视图区域中绘制两条互相垂直的线段，结果如图 7-27 所示。

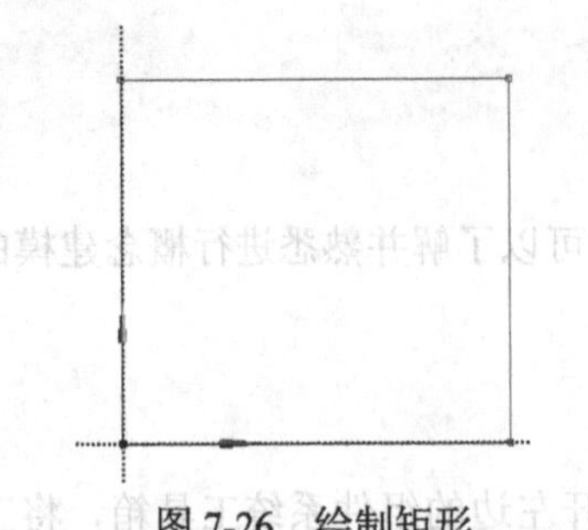

图 7-26 绘制矩形

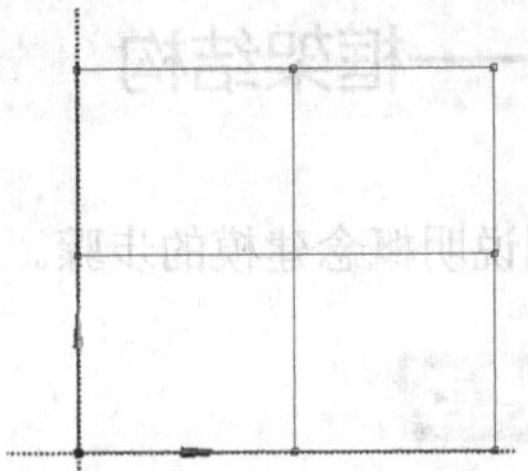

图 7-27 绘制线段

06 添加尺寸标注。展开草图维度工具箱，选择“水平的”命令，分别标注两个水平方向上的尺寸，选择“顶点”命令，分别标注两个垂直方向上的尺寸，然后移动鼠标指针到合适的位置放置尺寸。标注完尺寸的结果如图 7-28 所示。

07 修改尺寸。此时草图虽然已完全约束，但尺寸并没有指定。现在在详细信息视图中修改相关参数来精确定义草图。此时的详细信息视图如图 7-29 所示。将详细信息视图中“H1”的参数值修改为“200mm”、“H2”的参数值修改为“400mm”、“V3”的参数值修改为“200mm”，“V4”的参数值修改为“400mm”。单击工具栏中的“匹配缩放”按钮，将视图调整为合适的大小。绘制的结果如图 7-30 所示。

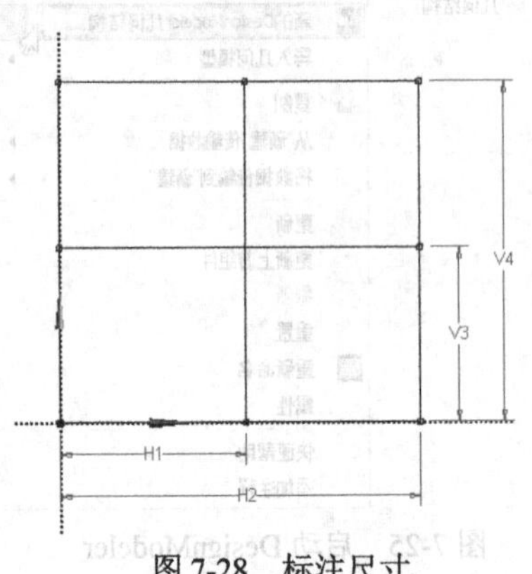

图 7-28 标注尺寸

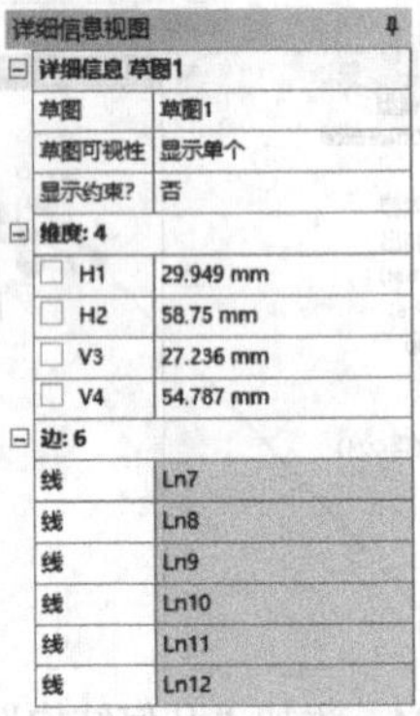

详细信息视图	
详细信息 草图1	
草图	草图1
草图可视性	显示单个
显示约束?	否
维度: 4	
H1	29.949 mm
H2	58.75 mm
V3	27.236 mm
V4	54.787 mm
边: 6	
线	Ln7
线	Ln8
线	Ln9
线	Ln10
线	Ln11
线	Ln12

图 7-29 详细信息视图

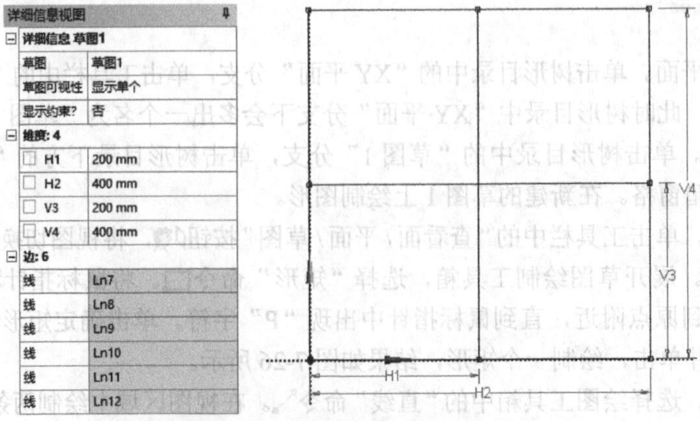

详细信息视图	
详细信息 草图1	
草图	草图1
草图可视性	显示单个
显示约束?	否
维度: 4	
H1	200 mm
H2	400 mm
V3	200 mm
V4	400 mm
边: 6	
线	Ln7
线	Ln8
线	Ln9
线	Ln10
线	Ln11
线	Ln12

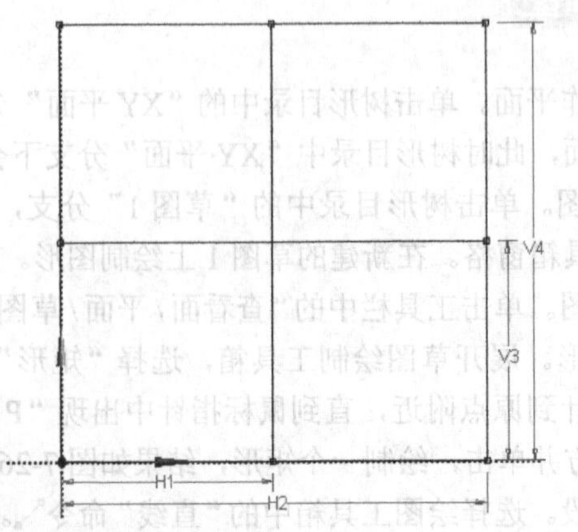

图 7-30 修改尺寸

7.4.3　创建线体

01 创建线体。选择菜单栏中的“概念”→“草图线”命令，如图 7-31 所示，执行从草图创建线体命令。此时详细信息视图的“基对象”栏为激活的状态，单击树形目录中的“草图 1”分支，返回到详细信息视图，单击“应用”按钮 应用 ，完成线体的创建。

02 生成模型。线体创建完成后，单击工具栏中的“生成”按钮，重新生成模型，结果如图 7-32 所示。

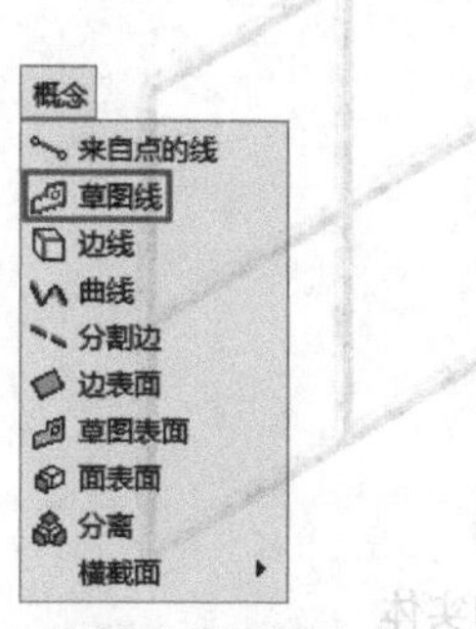

图 7-31　选择“草图线”命令

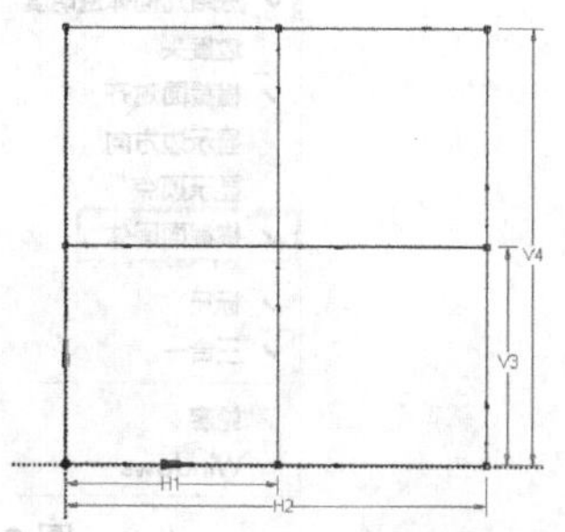

图 7-32　生成的线体模型

7.4.4　创建横截面

01 创建横截面。选择菜单栏中的“概念”→“横截面”→“矩形”命令，如图 7-33 所示。执行此命令后，横截面会连同尺寸一起显示出来，本实例使用默认的尺寸。如果需要修改尺寸，可以在详细信息视图中进行修改。

02 关联线体。选择好横截面后，将其与线体相关联。在树形目录中单击线体，路径为“1 部件，1 几何体”→“线体”，详细信息视图中线体还没有横截面与之相关联，单击“横截面”栏，在下拉列表中选择“矩形 1”选项，如图 7-34 所示。

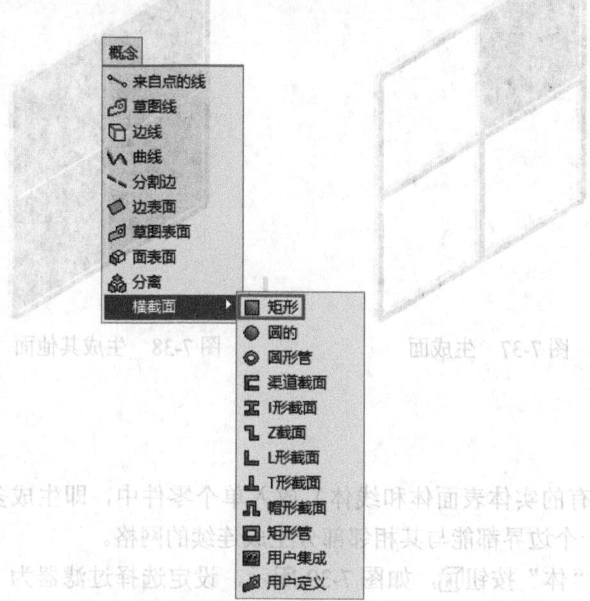

图 7-33　创建横截面的命令

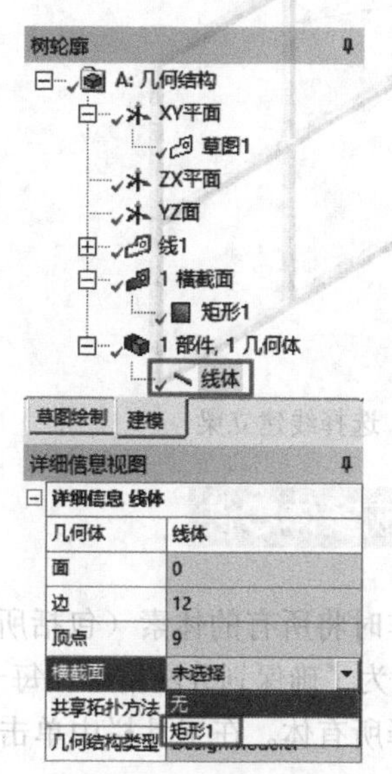

图 7-34　关联横截面

03 显示实体。将横截面赋给线体后，系统默认显示横截面的线体，并没有将带有横截面的梁作为一个实体显示。现在需要将它显示。选择菜单栏中的“查看”→“横截面固体”命令，显示带有梁的实体，如图 7-35 所示。

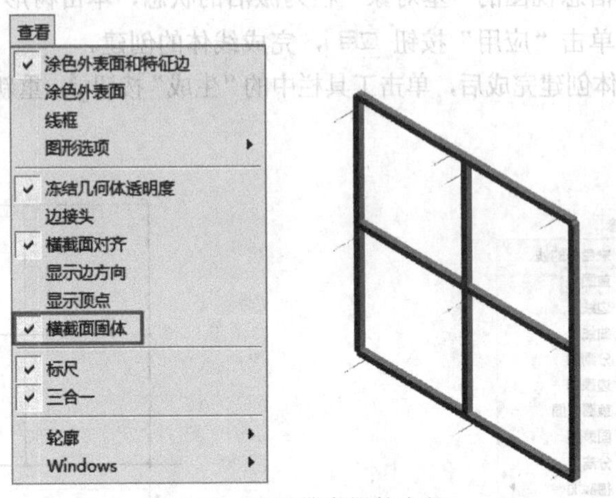

图 7-35　显示带有梁的实体

7.4.5　创建梁之间的面

01 创建梁之间的面，这些面将作为壳单元在有限元仿真中划分网格。选择菜单栏中的“概念”→“边表面”命令，按住 Ctrl 键选择图 7-36 所示的 4 条线。单击详细信息视图中的“边”栏的“应用”按钮 应用 。

02 生成面。单击工具栏中的“生成”按钮，重新生成模型，结果如图 7-37 所示。

03 生成其他面。采用同样的方法生成其余 3 个面，结果如图 7-38 所示。

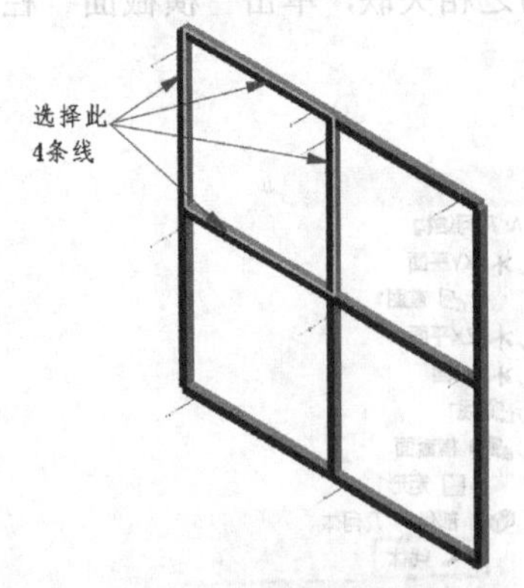

图 7-36　选择线建立梁

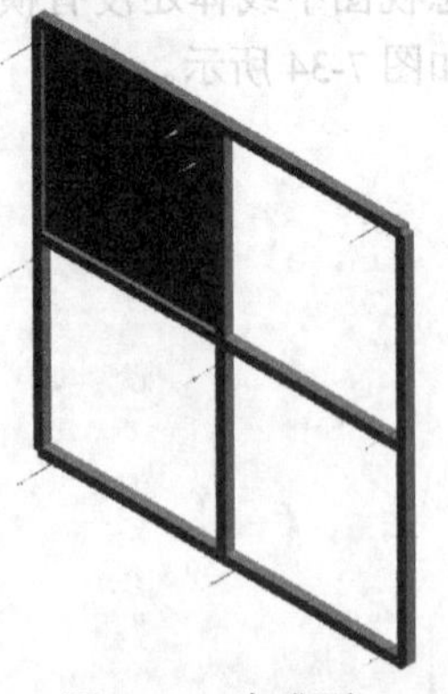

图 7-37　生成面

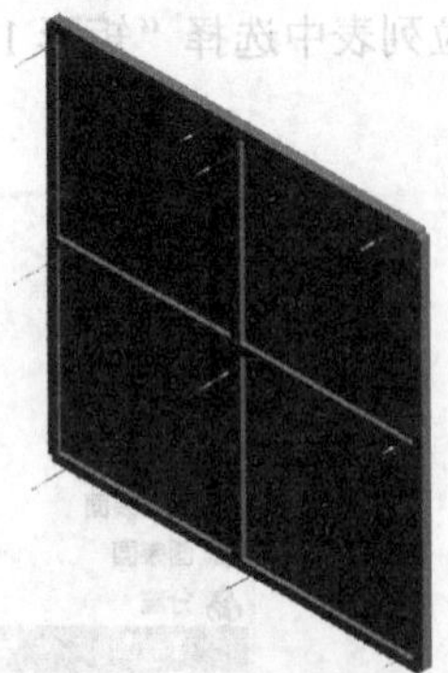

图 7-38　生成其他面

7.4.6　生成多体零件

建模操作时将所有的体素（包括所有的实体表面体和线体）放入单个零件中，即生成多体零件。这样做是为了确保划分网格时，每一个边界都能与其相邻部分生成连续的网格。

01 选择所有体。在工具栏中单击“体”按钮，如图 7-39 所示，设定选择过滤器为“体”。

在视图区域中单击鼠标右键，在弹出的快捷菜单中选择“选择所有”命令，选择所有体。

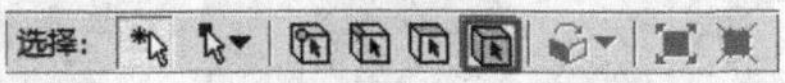

图 7-39 单击“体”按钮

02 生成多体零件。在视图区域中单击鼠标右键，在弹出的快捷菜单中选择“形成新部件”命令，生成多体零件，树形目录中的结果如图 7-40 所示。

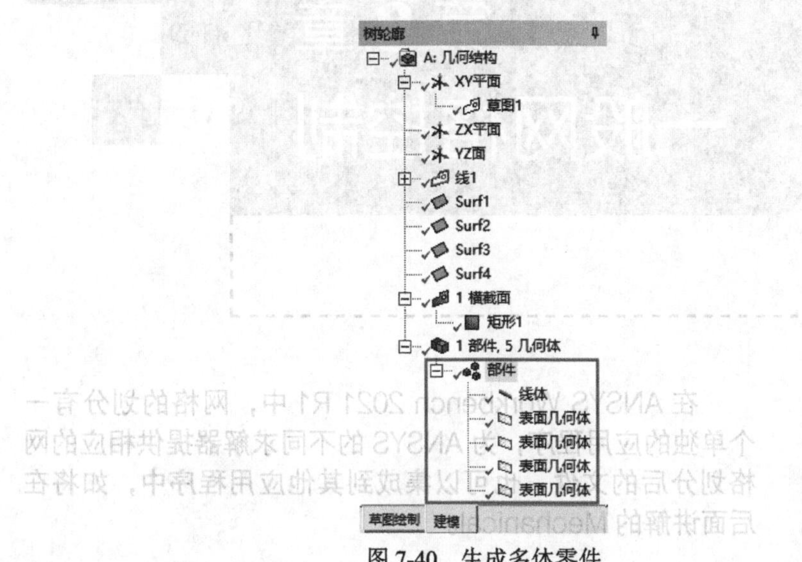

图 7-40 生成多体零件

第 8 章 一般网格控制

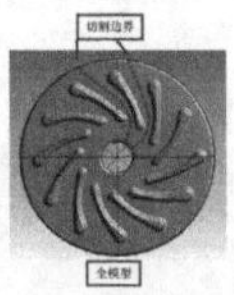

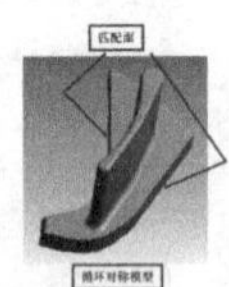

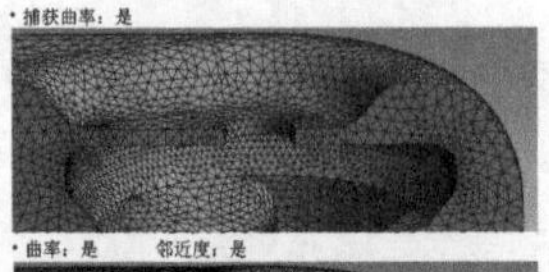

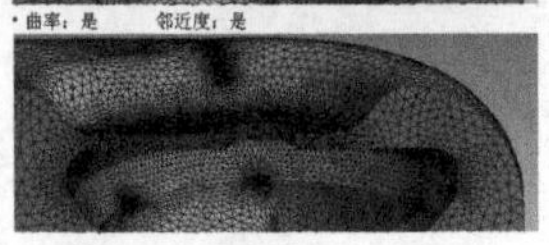

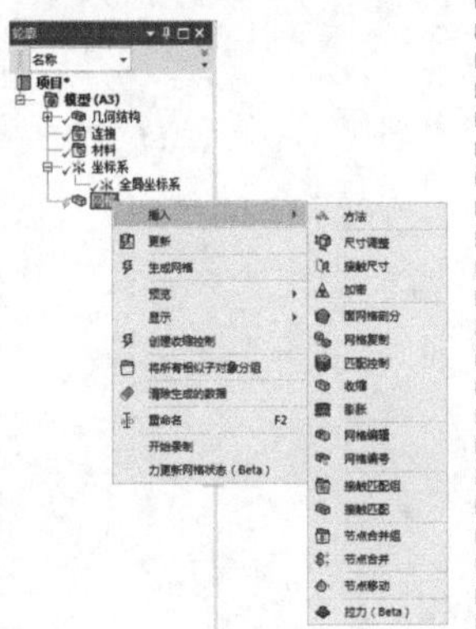

在 ANSYS Workbench 2021 R1 中，网格的划分有一个单独的应用程序，为 ANSYS 的不同求解器提供相应的网格划分后的文件，也可以集成到其他应用程序中，如将在后面讲解的 Mechanical。

学习要点

- 网格划分概述
- 全局网格控制
- 局部网格控制
- 网格工具
- 网格划分方法
- 网格划分实例

8.1　网格划分概述

网格划分基本的功能是利用 ANSYS Workbench 2021 R1 中的“网格”应用程序，将模型划分为有限个单元。网格划分是有限元分析中前处理的重要环节。可以从 ANSYS Workbench 2021 R1 的项目管理界面中的自“网格”项目原理图中进入网格划分界面，也可以通过其他的项目原理图中的“模型”栏进行入网格划分界面。

8.1.1　ANSYS 网格划分应用程序概述

ANSYS Workbench 2021 R1 中“网格”应用程序的作用是提供通用的网格划分工具。这些工具可以在任何分析类型中使用，包括结构动力学分析、显式动力学分析、电磁分析及 CFD 分析。

图 8-1 所示为 3D 网格的基本形状。

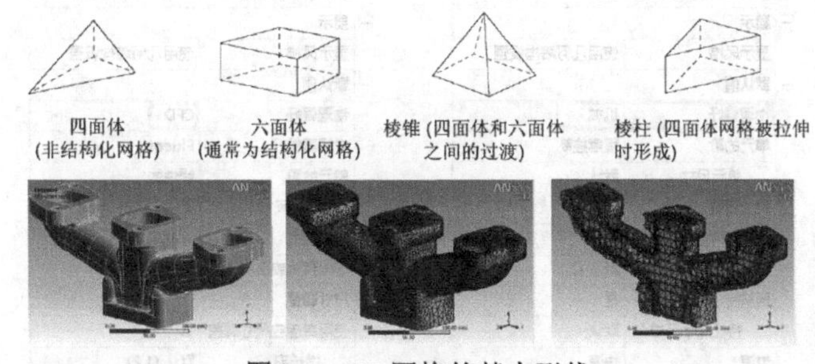

图 8-1　3D 网格的基本形状

8.1.2　网格划分步骤

网格划分的质量会影响后期有限元分析的结果，因此网格划分十分重要，一般按照下列步骤进行划分。

（1）设置目标物理环境（结构、CFD 等），自动生成相关物理环境的网格（如 Fluent、CFX 或 Mechanical）。

（2）设定网格划分方法。

（3）定义网格设置（尺寸、控制和膨胀等）。

（4）使用“命名的选择”命令对所选对象进行命名，方便对象的选择。

（5）预览网格并进行必要调整。

（6）生成网格。

（7）检查网格质量。

（8）准备分析的网格。

8.1.3　分析类型

在 ANSYS Workbench 2021 R1 中，不同分析类型有不同的网格划分要求。在进行结构分析时，使用高阶单元划分较为粗糙的网格；在进行 CFD 分析时，需要平滑过渡的网格进行边界层的转化，另外，不同 CFD 求解器也有不同的要求；在进行显式动力学分析时，需要均匀尺寸的网格。

表 8-1 列出的是可通过设定物理优先选项设置的默认值。

表 8-1　物理优先选项

物理优先选项	自动设置下列各项			
	实体单元中的默认节点	关联中心默认值	平滑度	过渡
力学分析	保留	粗糙	中等	快
CFD 分析	消除	粗糙	中等	慢
电磁分析	保留	中等	中等	快
显式分析	消除	粗糙	高	慢

在 ANSYS Workbench 2021 R1 中，分析类型是通过设置“网格”的详细信息来进行定义的，图 8-2 所示为定义不同物理环境的“网格”的详细信息。

"网格"的详细信息

显示	
显示风格	使用几何结构设置
默认值	
物理偏好	机械
单元的阶	程序控制
单元尺寸	默认
尺寸调整	
使用自适应尺寸调整	是
分辨率	默认 (2)
网格特征清除	是
特征清除尺寸	默认
过渡	快速
跨度角中心	大尺度
初始尺寸种子	装配体
边界框对角线	546.99 mm
平均表面积	25055 mm²
最小边缘长度	31.416 mm

力学分析

"网格"的详细信息

显示	
显示风格	使用几何结构设置
默认值	
物理偏好	CFD
求解器偏好	Fluent
单元的阶	线性的
单元尺寸	默认 (27.35 mm)
导出格式	标准
导出预览表面网格	否
尺寸调整	
使用自适应尺寸调整	否
增长率	默认 (1.2)
最大尺寸	默认 (54.699 mm)
网格特征清除	是
特征清除尺寸	默认 (0.13675 mm)
捕获曲率	是
曲率最小尺寸	默认 (0.2735 mm)

CFD 分析

"网格"的详细信息

显示	
显示风格	使用几何结构设置
默认值	
物理偏好	电磁
单元的阶	二次项
单元尺寸	默认
尺寸调整	
使用自适应尺寸调整	是
分辨率	默认 (4)
网格特征清除	是
特征清除尺寸	默认
过渡	快速
跨度角中心	大尺度
初始尺寸种子	装配体
边界框对角线	546.99 mm
平均表面积	25055 mm²
最小边缘长度	31.416 mm
质量	
膨胀	
高级	
统计	

电磁分析

"网格"的详细信息

显示	
显示风格	使用几何结构设置
默认值	
物理偏好	显式
单元的阶	线性的
单元尺寸	默认
尺寸调整	
使用自适应尺寸调整	是
分辨率	默认 (4)
网格特征清除	是
特征清除尺寸	默认
过渡	缓慢
跨度角中心	大尺度
初始尺寸种子	装配体
边界框对角线	546.99 mm
平均表面积	25055 mm²
最小边缘长度	31.416 mm
质量	
膨胀	
高级	
统计	

显式分析

图 8-2　不同物理环境的“网格”的详细信息

8.2 全局网格控制

选择分析类型后并不等于完成网格控制，而仅是初步完成网格的划分，还可以通过“网格”的详细信息中的其他选项进行进一步设置。

8.2.1 全局单元尺寸

全局单元尺寸是通过“网格”的详细信息中的“单元尺寸”设置的。这个尺寸将应用到所有的边、面和体的划分。“单元尺寸”栏可以采用默认设置，也可以输入其他尺寸值。图 8-3 所示为两种不同的设置。

"网格"的详细信息	
显示	
显示风格	使用几何结构设置
默认值	
物理偏好	CFD
求解器偏好	Fluent
单元的阶	线性的
单元尺寸	默认 (27.35 mm)
导出格式	标准
导出预览表面网格	否
尺寸调整	
使用自适应尺寸调整	否
增长率	默认 (1.2)
最大尺寸	默认 (54.699 mm)
网格特征清除	是
特征清除尺寸	默认 (0.13675 mm)
捕获曲率	是
曲率最小尺寸	默认 (0.2735 mm)
曲率法向角	默认 (18.0°)

"网格"的详细信息	
显示	
显示风格	使用几何结构设置
默认值	
物理偏好	CFD
求解器偏好	Fluent
单元的阶	线性的
单元尺寸	5.0 mm
导出格式	标准
导出预览表面网格	否
尺寸调整	
使用自适应尺寸调整	否
增长率	默认 (1.2)
最大尺寸	默认 (10.0 mm)
网格特征清除	是
特征清除尺寸	默认 (2.5e-002 mm)
捕获曲率	是
曲率最小尺寸	默认 (5.e-002 mm)
曲率法向角	默认 (18.0°)
捕获邻近度	否

图 8-3　全局单元尺寸

8.2.2 全局尺寸调整

网格尺寸的默认值描述了如何计算默认尺寸，以及修改其他尺寸值时这些值会进行相应的变化。“物理偏好”不同，默认设置的内容也不相同。

当“物理偏好”为“机械”“电磁”“显式”时，“使用自适应尺寸调整”默认为“是”。

当“物理偏好”为“非线性机械”或“CFD”时，“捕捉曲率”默认为“是”。

当“物理偏好”为“流体动力学”时，只能设置“单元大小”和“破坏大小”。

当“使用自适应尺寸调整”设置为“是”时，尺寸调整栏可设置的参数包括求解、网格破坏（破坏尺寸）、过渡、跨角中心、种子初始大小、启用垫圈、边界框对角线、平均表面积和最小边缘长度等。

当“使用自适应尺寸调整”设置为“否”时，尺寸调整栏可设置的参数包括增长率、最大尺寸、网格破坏（破坏尺寸）、捕捉曲率（曲率最小尺寸和曲率法向角）、捕捉接近度（接近度最小值、穿过间隙的单元数和接近度大小函数源）、启用垫圈、边界框对角线、平均表面积和最小边缘长度等。

加载模型时，软件会使用模型的物理偏好和特性自动设置默认单元大小。当“使用自适应尺寸调整”设置为“是”时，使用“物理偏好”和“初始大小”来确定单元的大小。其他默认网格大小设置（例如“失效大小”“曲率大小”“近似大小”）是根据单元大小设置的。从 18.2 版开始，ANSYS Workbench 可以依赖动态默认值来根据单元大小调整其他大小。修改单元大小时，其他默认大小会动态更新，从而提供更直接的调整。

在 ANSYS Workbench 2021 R1 中，设置“跨度角中心”来设定基于边的细化的曲度目标，如图 8-4 所示。网格在弯曲区域细分，直到单独单元跨越这个角。设置“跨度角中心”时有以下几种选择。

- 大尺度：60° ～90° 。
- 中等：24° ～75° 。
- 精细：12° ～36° 。

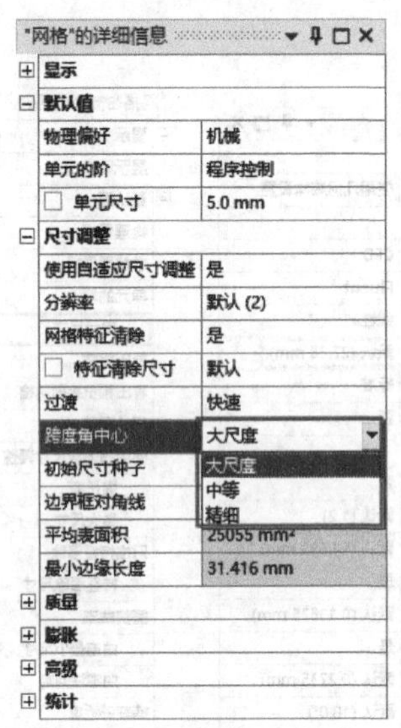

图 8-4　跨度角中心

“跨度角中心”只能在高级尺寸函数关闭时使用，其不同效果如图 8-5 所示。

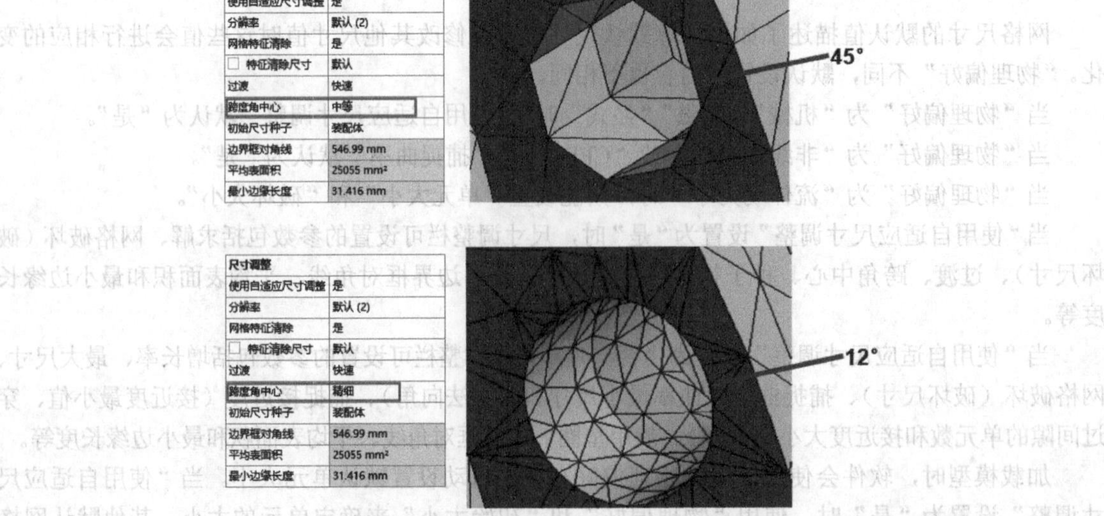

图 8-5　不同“跨度角中心”设置的效果

在“网格”的详细信息中，可以通过设置“初始尺寸种子”来控制每一部件的初始尺寸种子。“初始尺寸种子”共有两个选项，如图 8-6 所示。

- 装配体：基于这个设置，初始尺寸种子会被放入所有装配部件，而不管抑制部件的数量，因为抑制部件的网格不改变。
- 部件：基于这个设置，初始尺寸种子会在网格划分时被放入个别特殊部件，因为抑制部件的网格不改变。

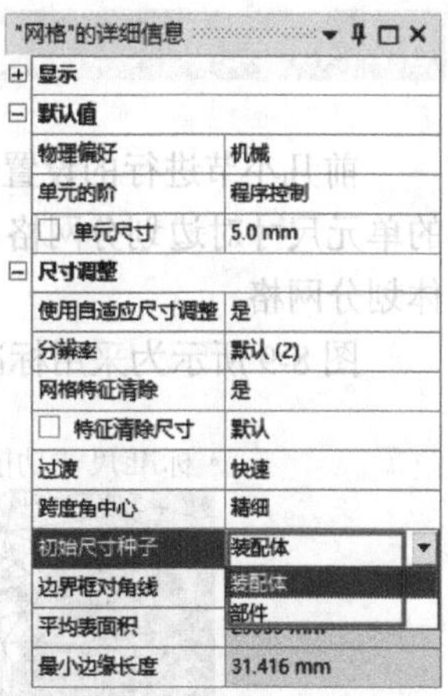

图 8-6　初始尺寸种子

8.2.3　质量

可以在“网格”的详细信息的“平滑”栏中控制网格的平滑效果，如图 8-7 所示；可以在“网格度量标准”栏中查看网格质量标准的信息，如图 8-8 所示。

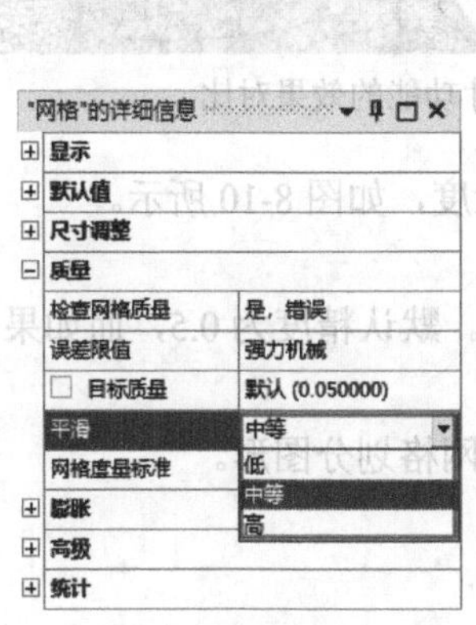

图 8-7　平滑

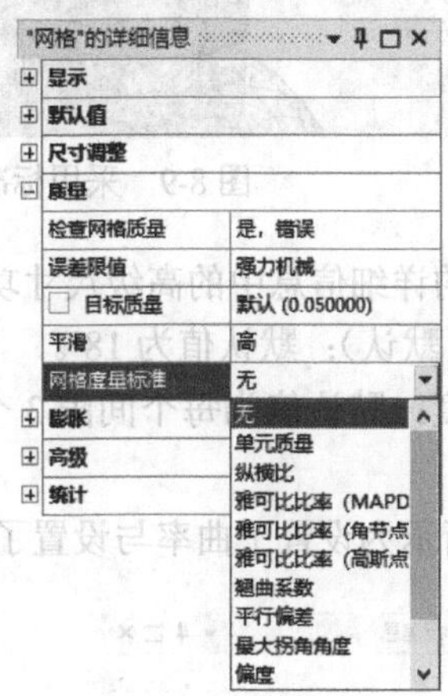

图 8-8　网格度量标准

1. 平滑

平滑网格通过移动周围节点和单元节点来提升网格质量。下列选项和网格划分器开始平滑地控制平滑迭代的次数：

- 低（Mechanical）；
- 中等（CFD、Emag）；
- 高（Explicit）。

2. 网格度量标准

可在“网格度量标准”栏中查看网格质量标准的信息，从而评估网格质量。生成网格后，可以选择查看的网格质量标准的信息包含：单元质量、三角形纵横比或四边形纵横比、雅可比比率（MAPDL、角点节点或高斯点）、翘曲系数、平行偏差、最大拐角角度、偏度、正交质量和特征长度。选择“无”选项将关闭网格度量标准信息的显示。

查看网格质量标准时，其最小值、最大值、平均值和标准偏差值将在详细信息视图中显示并在“几何图形”窗格下显示条形图。模型网格中表示每个元素形状的图形用彩色编码条进行标记，并且可以进行操作，以便用户查看感兴趣的特定网格统计信息。

8.2.4 高级尺寸功能

前几小节进行的设置均是在无高级尺寸功能时进行的设置。在无高级尺寸功能时，根据已定义的单元尺寸对边划分网格，对曲率和邻近度进行细化，对缺陷和收缩控制进行调整，然后通过面和体划分网格。

图 8-9 所示为采用标准尺寸功能和采用高级尺寸功能的效果对比。

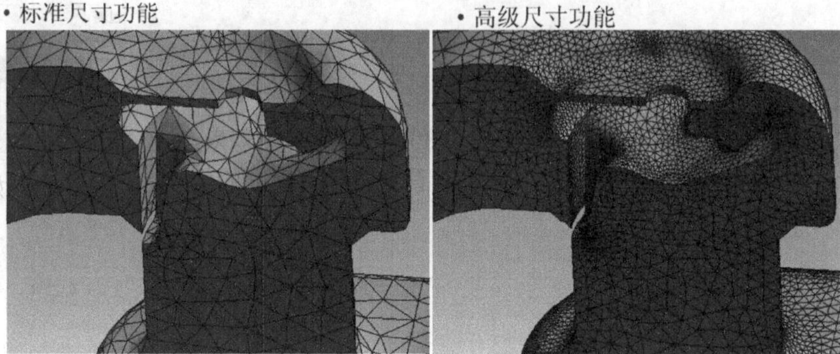

图 8-9　采用标准尺寸功能和高级尺寸功能的效果对比

“网格”的详细信息中的高级尺寸功能包括曲率与邻近度，如图 8-10 所示。

- 曲率（默认）：默认值为 18º。
- 邻近度：默认值为每个间隙 3 个单元（2D 和 3D）。默认精度为 0.5，而如果邻近度不允许就增大到 1。

图 8-11 所示为设置了曲率与设置了曲率和邻近度后的网格划分图形。

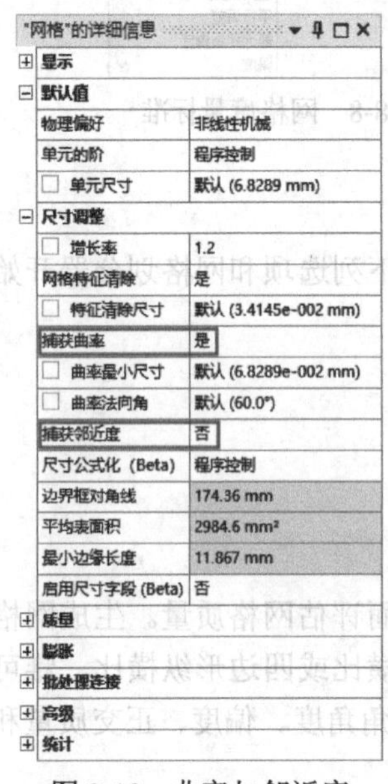

图 8-10　曲率与邻近度

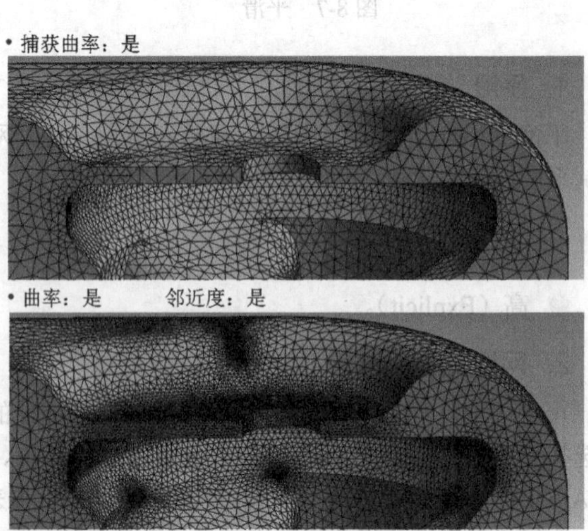

图 8-11　设置了曲率与设置了曲率和邻近度的图形

8.3　局部网格控制

可用到的局部网格控制（可用性取决于使用的网格划分方法）包含尺寸调整、接触尺寸、加密、面网格剖分、匹配控制、收缩和膨胀等。在树形目录中右击“网格”分支，在弹出的快捷菜单中可进行局部网格控制，如图 8-12 所示。

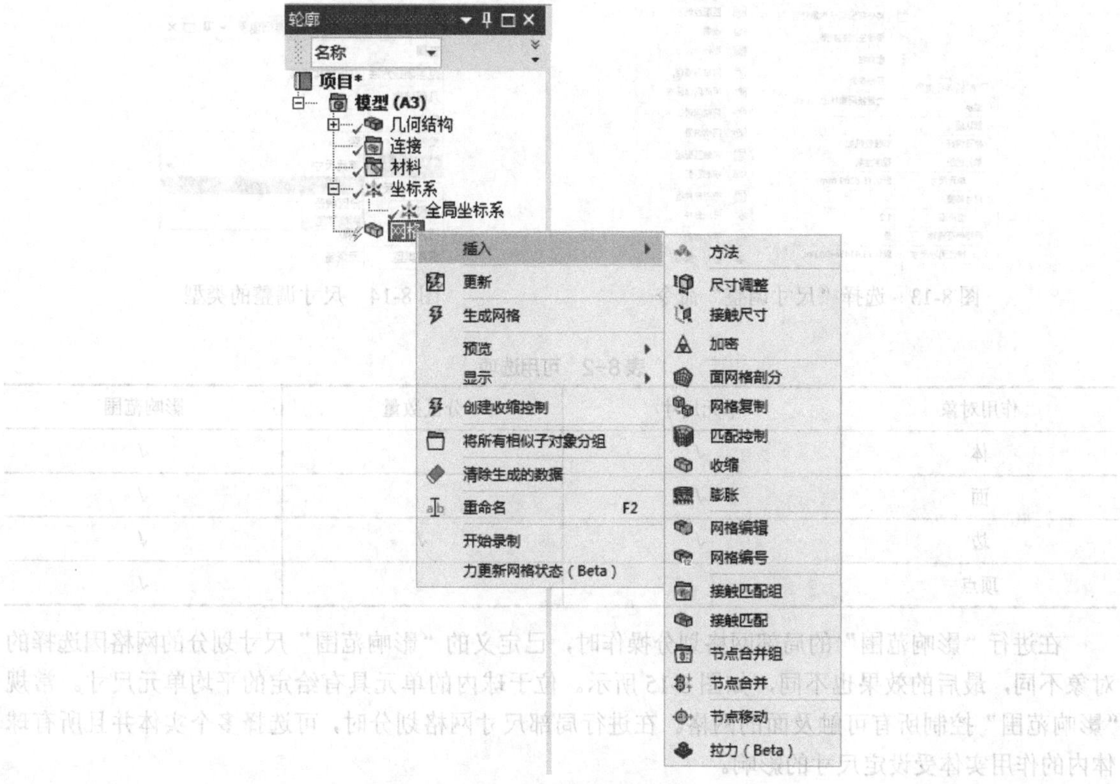

图 8-12　局部网格控制

8.3.1　尺寸调整

可在树形目录中右击“网格”分支，在弹出的快捷菜单中选择“插入”→“尺寸调整”命令定义局部网格的划分，如图 8-13 所示。

在尺寸调整的详细信息中设置要进行划分的线或体，选择需要划分的对象后单击“几何结构”栏中的“应用”按钮 应用 。

尺寸调整的“类型”主要包括 3 个选项，如图 8-14 所示。

- 单元尺寸：定义体、面、边或顶点的平均单元尺寸。
- 分区数量：定义边的单元数。
- 影响范围：通过指定一个球体半径来影响球体半径范围内网格的密度。

以上选项的可用性取决于作用的实体。选择边与选择体后显示的选项不同，表 8-2 所示为选择不同的作用对象后详细信息中的选项。

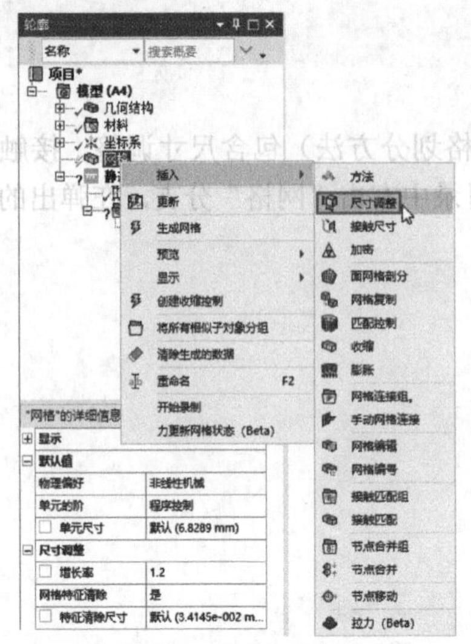

图 8-13　选择“尺寸调整”命令

"边缘尺寸调整" - 尺寸调整的详细信息

范围	
范围限定方法	几何结构选择
几何结构	1 边
定义	
抑制的	否
类型	单元尺寸
单元尺寸	单元尺寸 / 分区数量 / 影响范围
高级	
行为	柔软
偏置类型	无偏差

图 8-14　尺寸调整的类型

表 8-2　可用选项

作用对象	单元尺寸	分区数量	影响范围
体	√		√
面	√		√
边	√	√	√
顶点			√

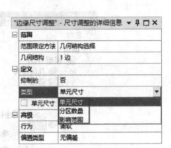

在进行“影响范围”的局部网格划分操作时，已定义的“影响范围”尺寸划分的网格因选择的对象不同，最后的效果也不同，如图 8-15 所示。位于球内的单元具有给定的平均单元尺寸。常规“影响范围”控制所有可触及面的网格。在进行局部尺寸网格划分时，可选择多个实体并且所有球体内的作用实体受设定尺寸的影响。

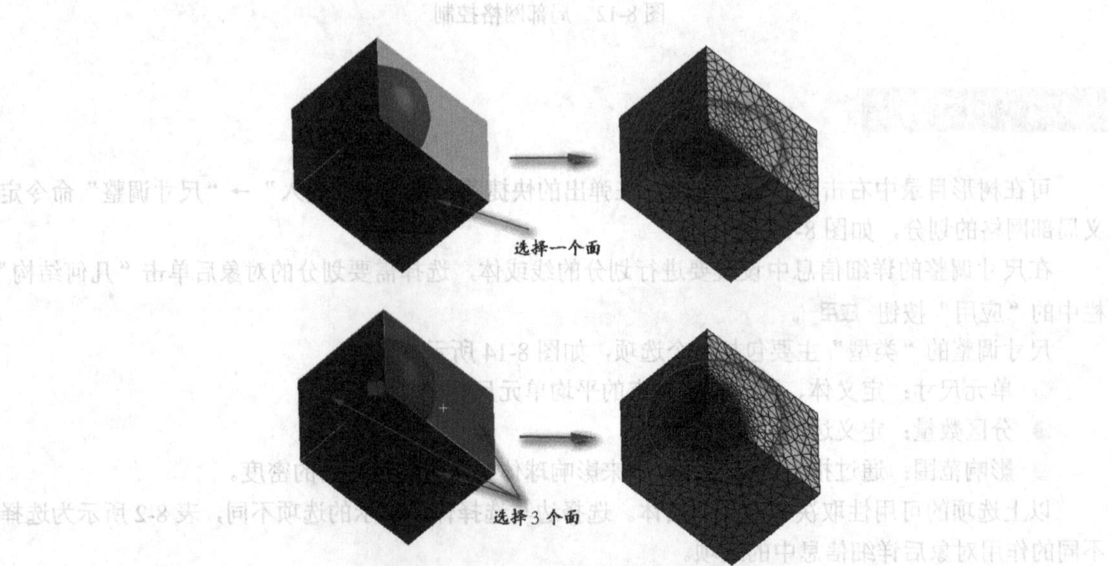

图 8-15　选择不同作用对象后的效果

边尺寸可通过对一个端部、两个端部或中心的偏置把边离散化。图 8-16 所示的源面使用了扫掠网格，源面的两对边定义了边尺寸，偏置边尺寸可以在边附近得到更细化的网格，如图 8-17 所示。

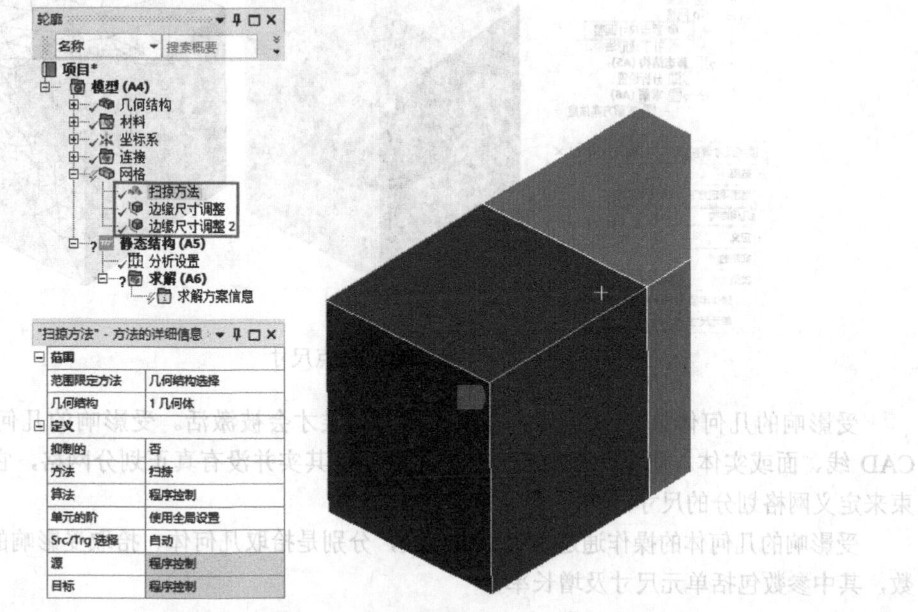

图 8-16　扫掠网格

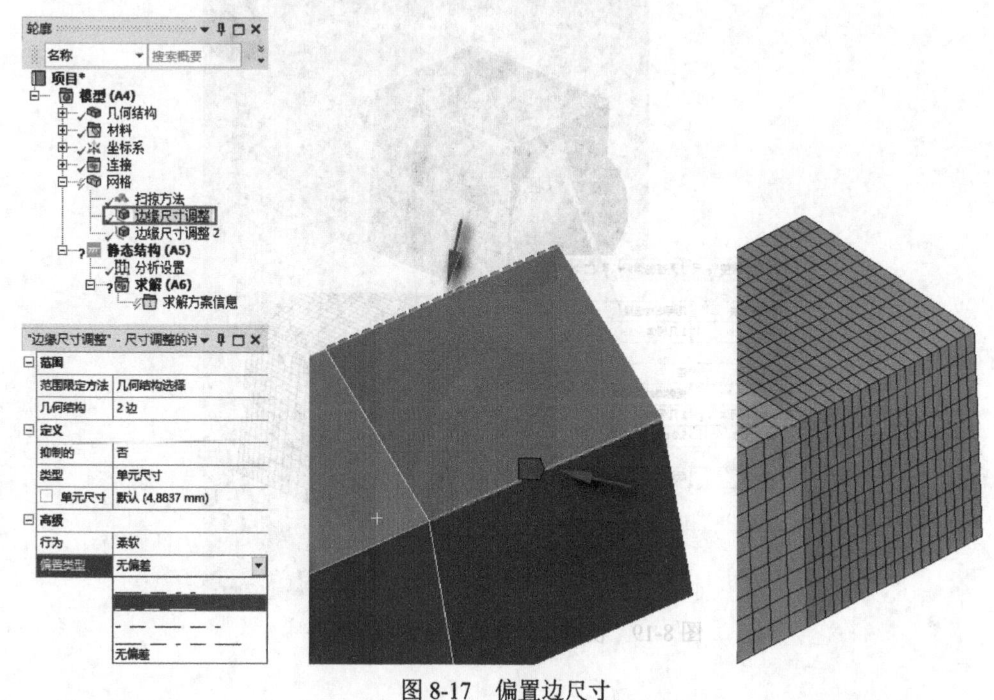

图 8-17　偏置边尺寸

顶点也可以定义尺寸，定义顶点尺寸即将模型的一个顶点定义为影响范围的中心。尺寸将定义在球体内的所有实体上，如图 8-18 所示。

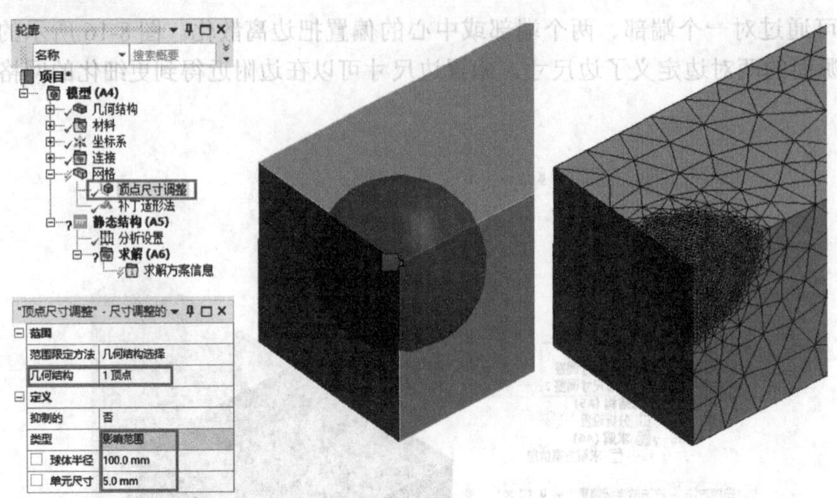

图 8-18　顶点尺寸

受影响的几何体只在高级尺寸功能打开的时候才会被激活。受影响的几何体可以是任何的 CAD 线、面或实体。使用受影响的几何体划分网格其实并没有真正划分网格，它只是作为一个约束来定义网格划分的尺寸，如图 8-19 所示。

受影响的几何体的操作通过 3 部分来定义，分别是拾取几何体、拾取受影响的几何体及指定参数，其中参数包括单元尺寸及增长率。

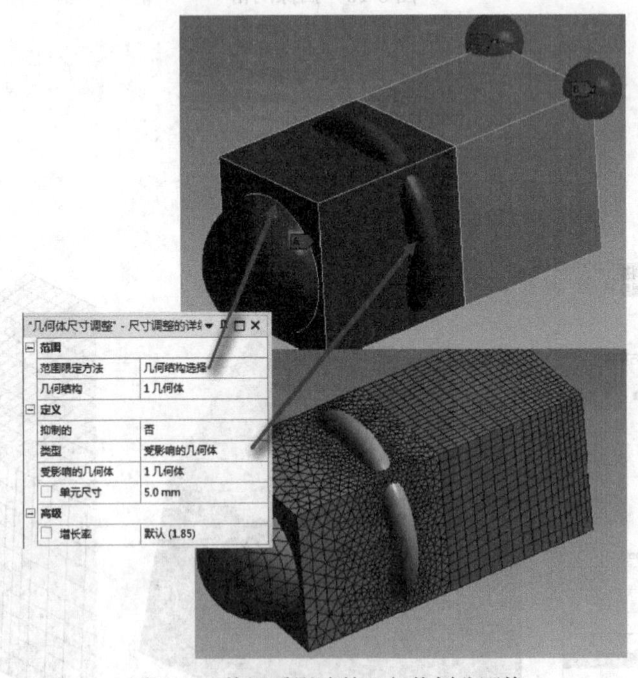

图 8-19　使用受影响的几何体划分网格

8.3.2　接触尺寸

“接触尺寸”命令提供了一种在部件之间的接触面上产生近似尺寸单元的方式（网格的尺寸近

似但不共形），如图 8-20 所示。对于给定接触区域，可定义其单元尺寸和分辨率参数。

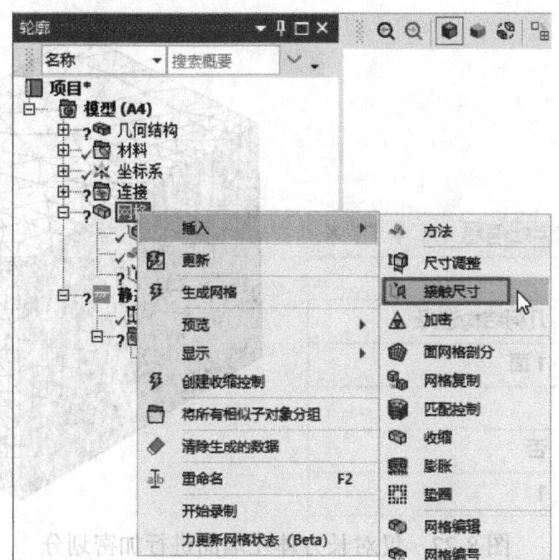

图 8-20 “接触尺寸”命令

8.3.3 加密

单元加密即划分现有网格，图 8-21 所示为在树形目录中右击“网格”分支后，“加密”命令所处的位置。对网格的加密划分对面、边和顶点均有效，但对补丁独立的四面体或 CFX-Mesh 无效。

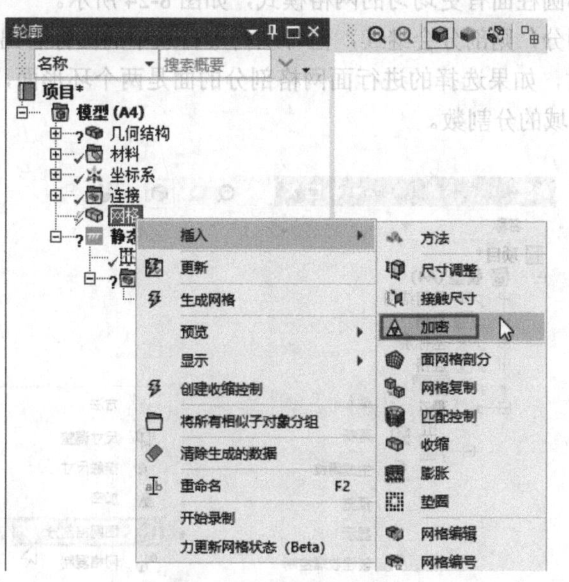

图 8-21 “加密”命令

在进行加密划分时，首先由全局尺寸和局部尺寸控制形成初始网格，然后在指定位置进行单元加密。

加密水平可从 1（最小的）到 3（最大的）。当加密水平为 1 时将初始网格单元的边一分为二。由于不能使用膨胀命令，所以在对 CFD 进行网格划分时不推荐使用加密划分。图 8-22 所示的长方体左端面采用了加密水平为 1 的加密划分，而右端面保留了默认的设置。

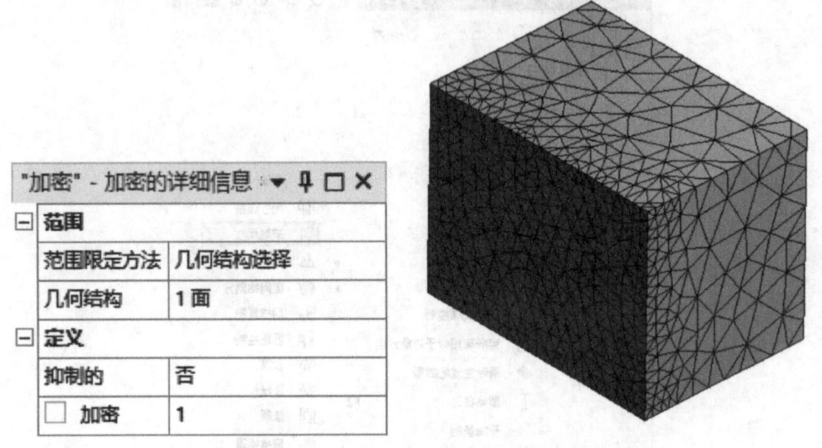

图 8-22　仅对长方体左端面进行加密划分

8.3.4　面网格剖分

在划分局部网格时，执行“面网格剖分”命令可以在面上产生结构网格。

在树形目录中右击“网格”分支，在弹出的快捷菜单中选择“插入”→“面网格剖分”命令，如图 8-23 所示，可以定义局部映射面网格的剖分。

面网格剖分的内部圆柱面有更均匀的网格模式，如图 8-24 所示。

如果面不能映射剖分，则剖分会继续，但可从树形目录中的图标看出该情况。

进行面网格剖分时，如果选择的进行面网格剖分的面是两个环形面，就要激活径向的分割数，扫掠时指定穿过环形区域的分割数。

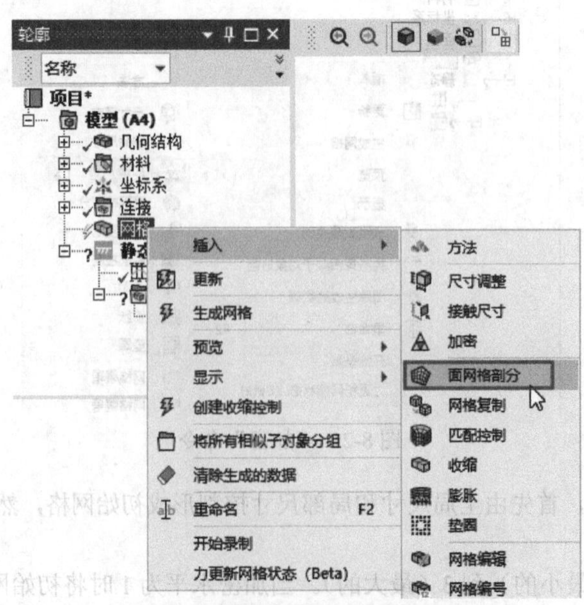

图 8-23　选择“面网格剖分”命令

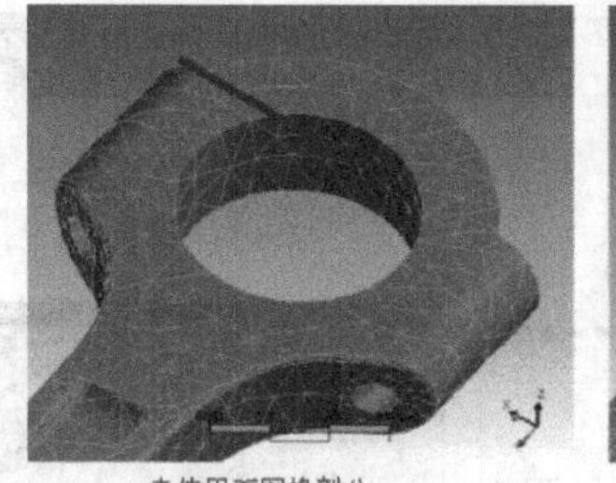

图 8-24　面网格剖分对比

8.3.5　匹配控制

对于一般典型的旋转机械，周期面的匹配控制网格模式便于进行循环对称分析，如图 8-25 所示。

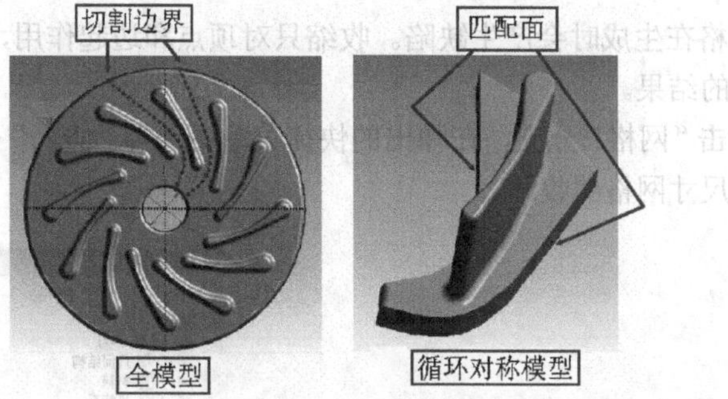

图 8-25　匹配控制

在树形目录中右击“网格”分支，在弹出的快捷菜单中选择“插入”→“匹配控制”命令，如图 8-26 所示，可以定义局部匹配控制网格的划分。

下面是建立匹配控制的过程，如图 8-27 所示。

（1）在“网格”分支下插入“匹配控制”。

（2）识别对称边界的面。

（3）识别坐标系（*Z* 轴是旋转轴）。

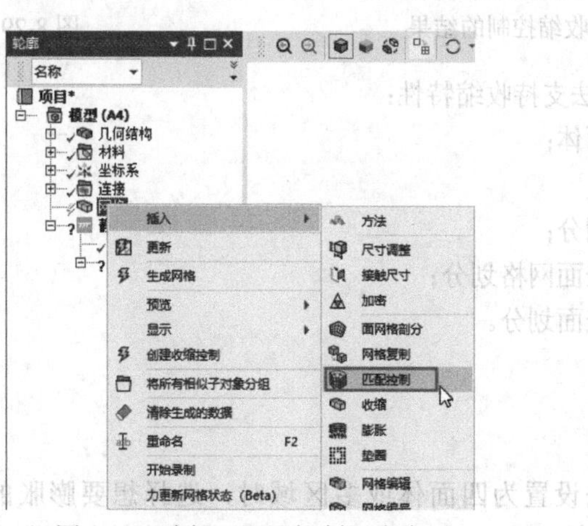

图 8-26　选择“匹配控制”命令

图 8-27　建立匹配控制

8.3.6　收缩

定义了收缩，网格在生成时会产生缺陷。收缩只对顶点和边起作用，面和体不能收缩。图 8-28 所示为运用收缩控制的结果。

在树形目录中右击“网格”分支，在弹出的快捷菜单中选择“插入”→“收缩”命令，如图 8-29 所示，可以定义局部尺寸网格的收缩。

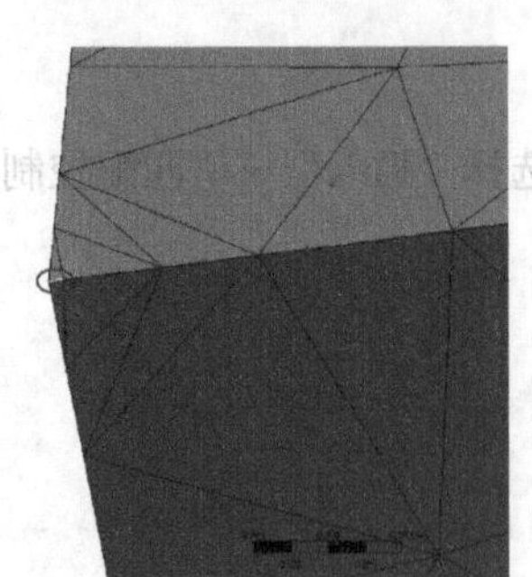

图 8-28　收缩控制的结果

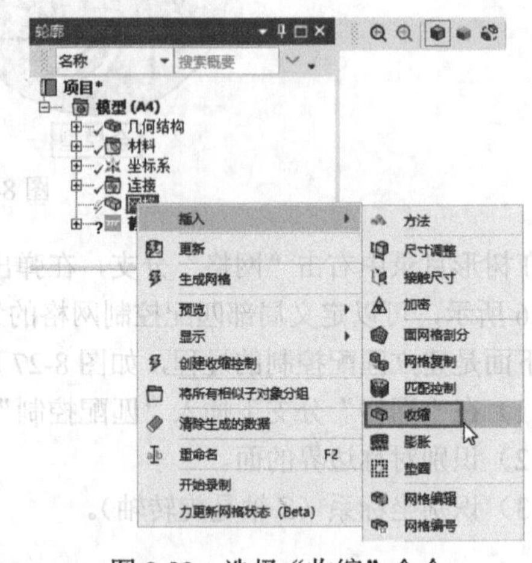

图 8-29　选择“收缩”命令

以下网格划分方法支持收缩特性：

- 补丁适形四面体；
- 薄实体扫掠；
- 六面体主导划分；
- 四边形控制表面网格划分；
- 所有三角形表面划分。

8.3.7　膨胀

当网格划分方法设置为四面体或多区域时，选择想要膨胀的面，膨胀层可作用于一个或多个个体。而对于扫掠网格，选择源面上要膨胀的边来施加膨胀即可。

在树形目录中右击“网格”分支，在弹出的快捷菜单中选择“插入”→“膨胀”命令，如图 8-30 所示，可以定义局部膨胀网格的划分。

下面为添加膨胀后的“网格”的详细信息中的选项。

（1）使用自动膨胀：当所有面无命名选择及共享体间没有内部面的情况下就可以通过“程序化控制”进行自动膨胀。

（2）膨胀选项包括平滑过渡（对 2D 和四面体的划分是默认的）、第一层厚度及总厚度。

（3）膨胀算法：包含前处理、后处理。

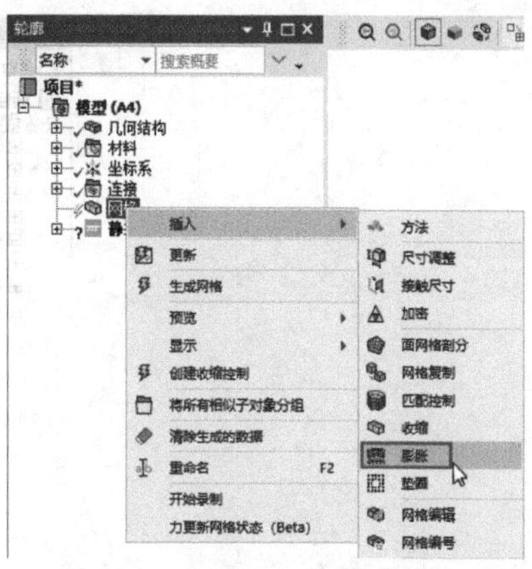

图 8-30　选择“膨胀”命令

8.4　网格工具

对网格进行全局控制和局部控制之后，需要生成网格并进行查看，这需要用到一些网格工具，本节主要讲解生成网格、截面和创建命名选择。

8.4.1　生成网格

生成网格是划分网格不可缺少的步骤。利用“生成网格”命令可以生成完整体网格，对之前进行的网格划分进行最终的运算。“生成网格”命令可以在功能区中执行，也可以在树形目录中通过右键快捷菜单执行，如图 8-31 所示。

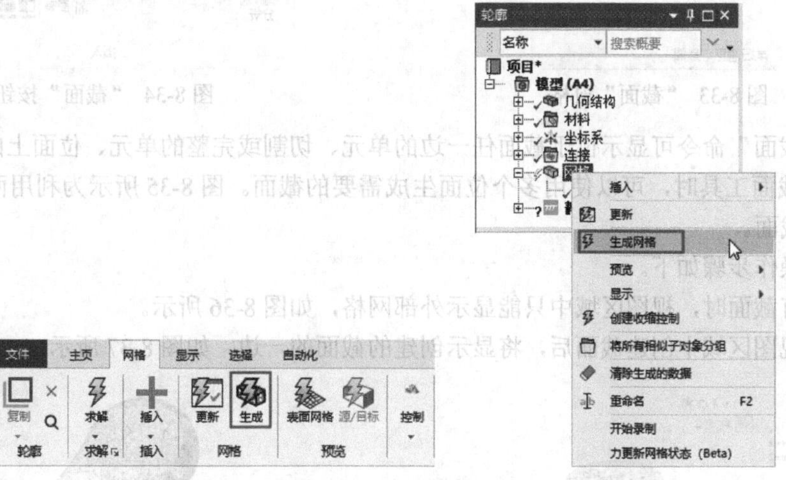

图 8-31　生成网格

在划分网格之前可以使用预览表面网格工具来预览表面网格。图 8-32 所示为“表面网格”命令所在位置。

如果不满足单元质量要求，网格有可能生成失败，此时预览表面网格是十分有用的。看到表面网格后，可以明确需要改进的地方。

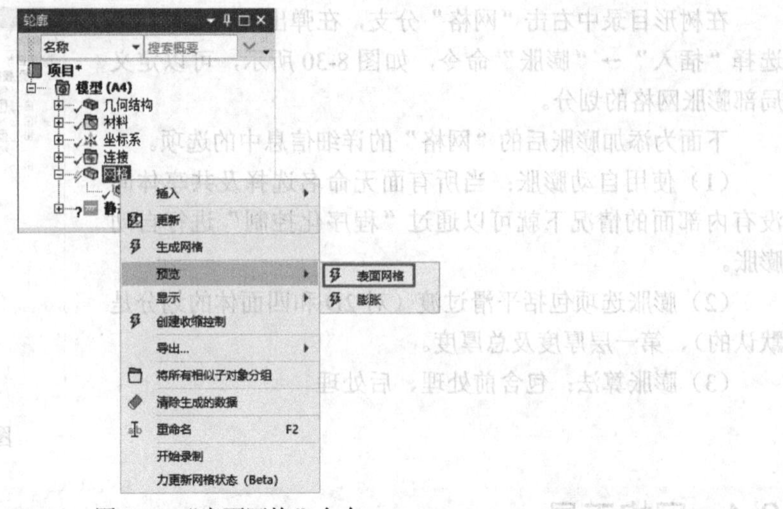

图 8-32 “表面网格”命令

8.4.2 截面

在网格划分程序中，“截面”窗格可显示内部的网格。图 8-33 所示为“截面”窗格，其默认出现在程序界面的左下角。

要执行“截面”命令，也可以利用功能区中的“截面”按钮，如图 8-34 所示。

图 8-33 “截面”窗格　　图 8-34 “截面”按钮

利用“截面”命令可显示位于截面任一边的单元、切割或完整的单元、位面上的单元。

在利用截面工具时，可以使用多个位面生成需要的截面。图 8-35 所示为利用两个位面得到的 120º 剖视的截面。

截面的操作步骤如下。

（1）没有截面时，视图区域中只能显示外部网格，如图 8-36 所示。

（2）在视图区域中创建截面后，将显示创建的截面的一边，如图 8-37 所示。

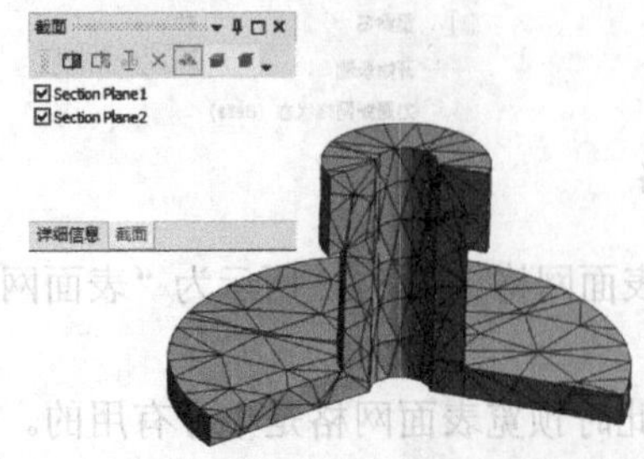

图 8-35 120° 剖视的截面

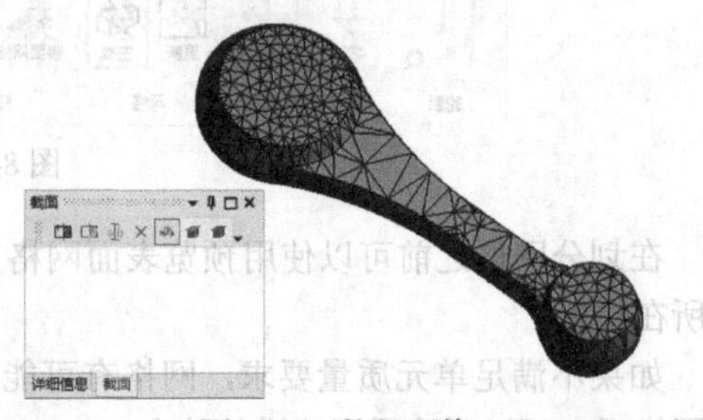

图 8-36 外部网格

（3）单击视图区域中的虚线可以转换显示截面，也可拖动视图区域中的方块控制截面的移动，如图 8-38 所示。

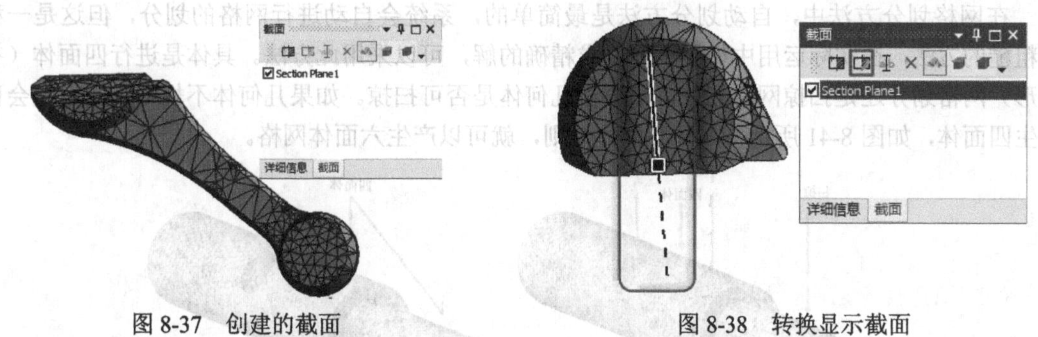

图 8-37　创建的截面　　　　图 8-38　转换显示截面

（4）在“截面”窗格中单击“显示完整单元”按钮，显示完整单元，如图 8-39 所示。

8.4.3　创建命名选择

选择需要创建命名选择的对象，单击鼠标右键，在打开的快捷菜单中选择“创建命名选择”命令，进行命名，如图 8-40 所示。创建命名选择允许用户对顶点、边、面或体创建组。创建命名选择可用来定义网格控制、施加载荷和定义结构分析中的边界等。

创建命名选择将在网格输入 CFX-Pre 或 Fluent 时，以域的形式出现，在定义接触区、边界条件等时可参考，它提供了一种选择组的简单方法。

另外，命名的选项组可从 DesignModeler 和某些 CAD 系统中输入。

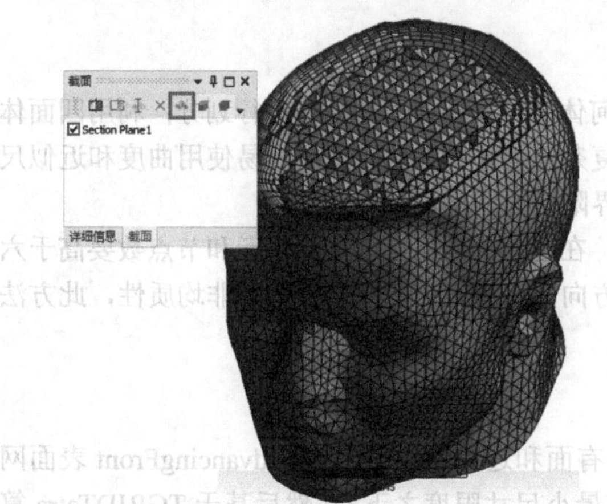

图 8-39　显示完整单元

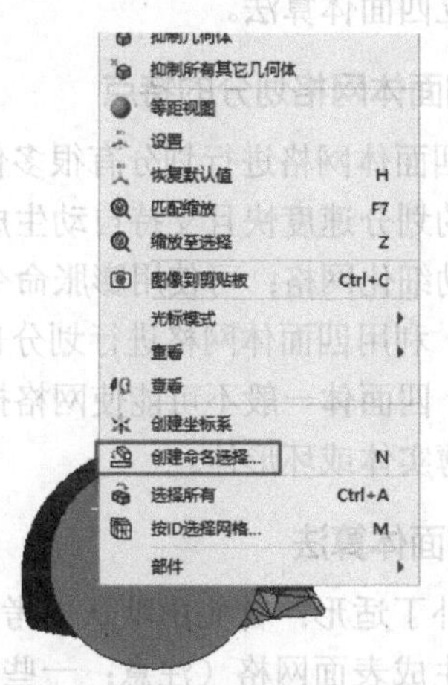

图 8-40　“创建命名选择 ...”命令

8.5　网格划分方法

网格划分方法有多种，如自动划分方法、四面体网格划分方法、扫掠网格划分方法和多区域网格划分方法等。

8.5.1 自动划分方法

在网格划分方法中，自动划分方法是最简单的，系统会自动进行网格的划分，但这是一种比较粗糙的方法，在实际运用中如果不需要求精确的解，可以采用此方法。具体是进行四面体（补丁适形）网格划分还是扫掠网格划分，取决于几何体是否可扫掠。如果几何体不规则，则系统会自动产生四面体，如图 8-41 所示；如果几何体规则，就可以产生六面体网格。

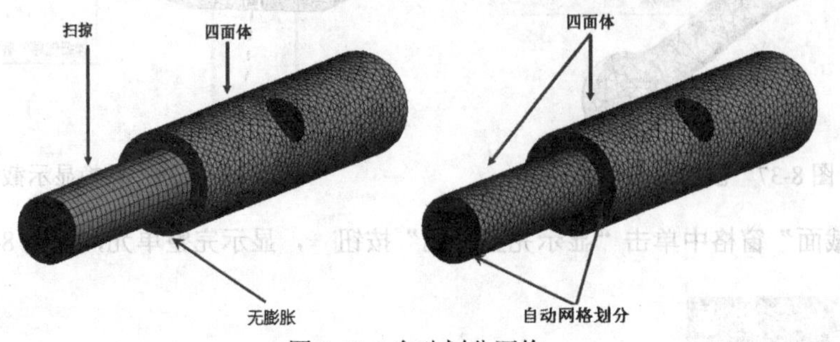

图 8-41 自动划分网格

8.5.2 四面体

四面体网格划分方法是基本的网格划分方法，其特点是可用范围广，并且包含两种算法，分别为补丁适形算法与补丁独立算法。其中补丁适形算法为 Workbench 自带的功能，而补丁独立算法主要依靠 ICEMCFD 软件包完成。下面讲解四面体网格划分的特点、算法及具体的补丁适形四面体和补丁独立四面体算法。

1. 四面体网格划分的特点

利用四面体网格进行划分有很多优点：任意几何体都可以用四面体网格进行划分；利用四面体进行网格的划分速度快且支持自动生成，并适用于复杂几何体；在关键区域容易使用曲度和近似尺寸功能自动细化网格；可使用膨胀命令细化实体边界附近的网格。

当然，利用四面体网格进行划分也有一些缺点：在近似的网格密度下，单元和节点数要高于六面体网格；四面体一般不可能使网格排列在同一个方向，由于几何和单元性能的非均质性，此方法不适用于薄实体或环形体。

2. 四面体算法

（1）补丁适形：首先由默认的考虑几何体的所有面和边的 Delaunay 或 AdvancingFront 表面网格划分器生成表面网格（注意：一些内在缺陷要在最小尺寸限度之下），然后基于 TGRIDTetra 算法由表面网格生成体网格。

（2）补丁独立：生成体网格并映射到表面，从而产生表面网格。如果没有载荷、边界条件或其他作用，面和它们的边界（边和顶点）不必考虑。这个方法对质量差的 CAD 几何体更加友好。补丁独立算法基于 ICEMCFDTetra 算法。

3. 补丁适形四面体

（1）在树形目录中右击网格，插入方法并选择应用此方法的几何体。

（2）将“方法”设置为“四面体”，将“算法”设置为“补丁适形”。

不同部分有不同的方法。多体部件可混合使用补丁适形算法和扫掠方法生成共形网格，如图 8-42 所示。补丁适形算法可以联合 PinchControls 功能使用，有助于移除短边。

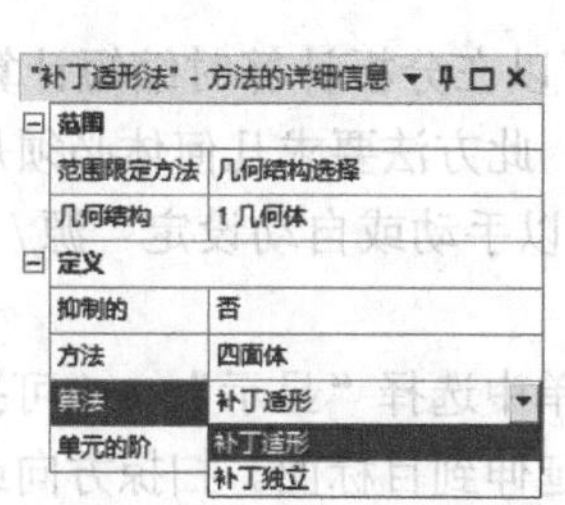

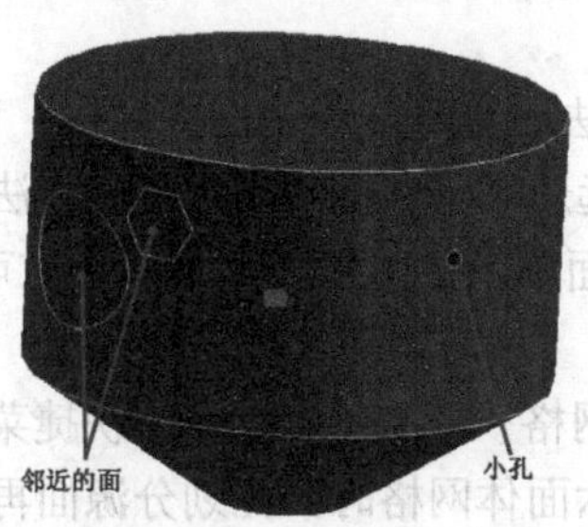

图 8-42　补丁适形

4. 补丁独立四面体

补丁独立四面体的网格划分对 CAD 几何体许多面的修补十分有用，补丁独立四面体如图 8-43 所示。

可以通过使用四面体划分方法来划分网格，然后设置算法为补丁独立。如果没有载荷或命名选择，面和边可不考虑。这里除设置曲率和邻近度外，对所关心的细节部位也有设置，如图 8-44 所示。

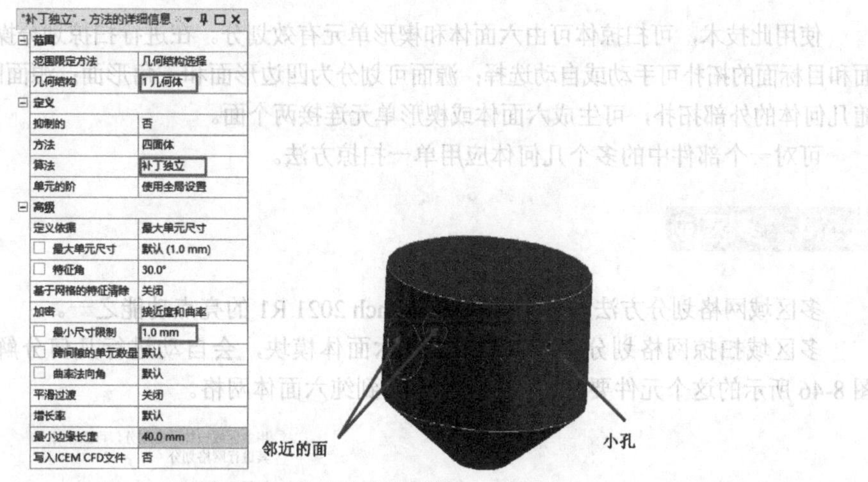

图 8-43　补丁独立四面体

图 8-44　补丁独立四面体的网格划分

8.5.3 扫掠

扫掠网格划分方法一般会生成六面体网格，可以在分析计算时缩短计算的时间，因为它所生成的单元与节点数要远远低于四面体网格划分方法。此方法要求几何体必须是可扫掠的。

膨胀可产生纯六面体网格或棱柱网格，扫掠可以手动或自动设定“源 / 目标”，通常是单个源面对单个目标面。

可以通过右击“网格”分支，在弹出的快捷菜单中选择“显示”→“可扫掠的几何体”命令显示可扫掠体。当创建六面体网格时，先划分源面再延伸到目标面。扫掠方向或路径由侧面定义，源面和目标面间的单元层是由插值法建立并投射到侧面的，如图 8-45 所示。

图 8-45　扫掠

使用此技术，可扫掠体可由六面体和楔形单元有效划分。在进行扫掠划分操作时，体相对侧、源面和目标面的拓扑可手动或自动选择；源面可划分为四边形面和三角形面；源面网格可复制到目标面；随几何体的外部拓扑，可生成六面体或楔形单元连接两个面。

可对一个部件中的多个几何体应用单一扫掠方法。

8.5.4 多区域

多区域网格划分方法为 ANSYS Workbench 2021 R1 的亮点功能之一。

多区域扫掠网格划分基于 ICEMCFD 六面体模块，会自动进行几何分解。如果用扫掠方法，图 8-46 所示的这个元件要被切成 3 个体来得到纯六面体网格。

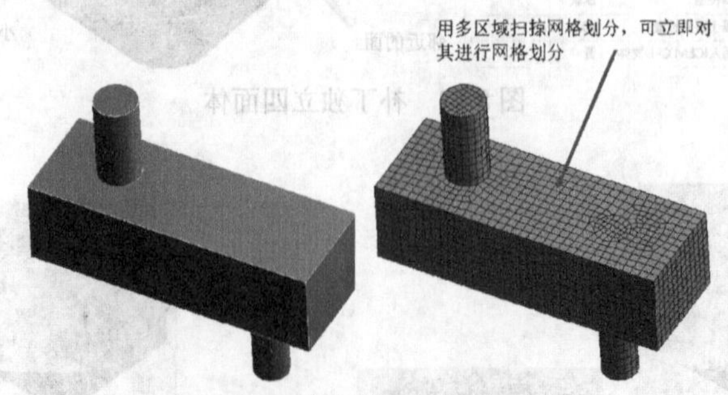

图 8-46　多区域扫掠网格划分

1. 多区域方法

多区域的特征是自动分解几何体，从而避免将一个几何体分裂成可扫掠体，再用扫掠方法得到六面体网格。

例如，图 8-47 中左侧的几何体需要分裂成 3 个体，以扫掠得到六面体网格；用多区域方法可直接生成六面体网格，如图 8-47 右侧所示。

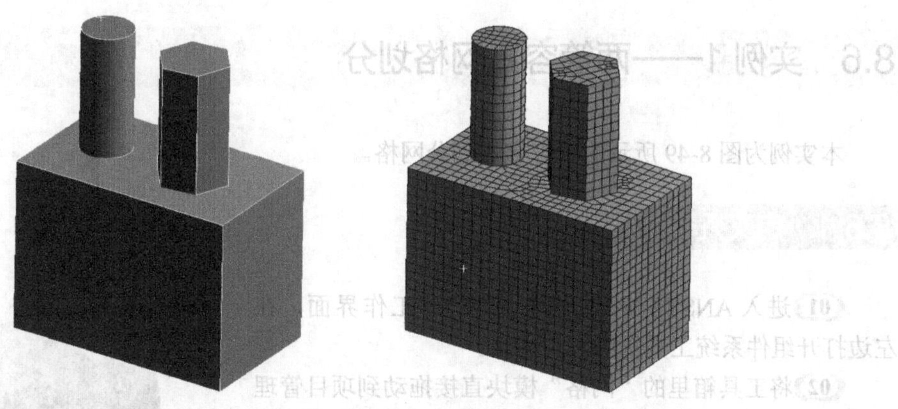

图 8-47　自动分裂并得到六面体网格

2. 多区域方法设置

多区域方法不利用高级尺寸功能（只用补丁适形算法和扫掠方法）。源面的选择不是必需的，但是是有用的，可拒绝或允许自由网格程序块。图 8-48 所示为多区域方法的详细信息。

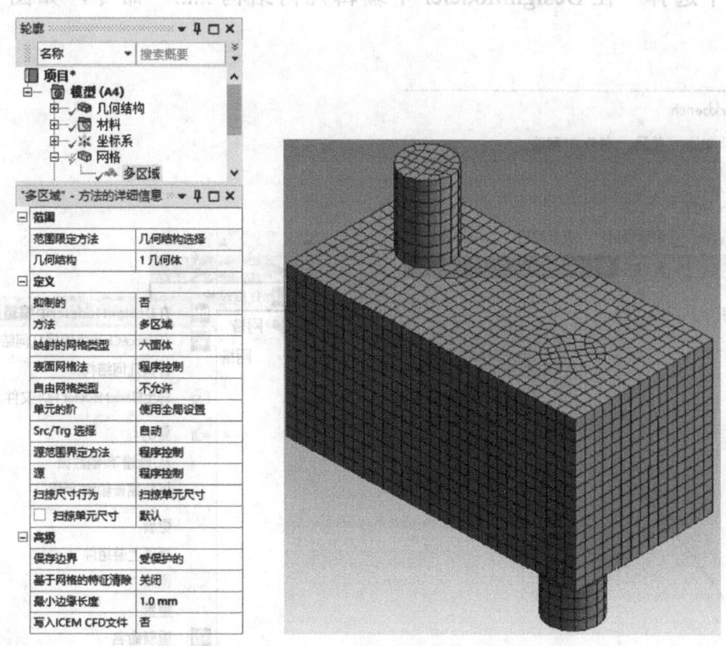

图 8-48　多区域方法的详细信息

3. 多区域方法可以进行的设置

（1）映射的网格类型：可生成的映射网格有“六面体”“六面体 / 棱柱”“棱柱”。

（2）自由网格类型：在“自由网格类型”栏中含有 5 个选项，分别是“不允许”“四面体”“四面体 / 金字塔”“Hexa Dominant（六面体支配）”“六面体内核”。

（3）Src/Trg 选择：包含“自动”及“手动源”两个选项。

（4）高级：可设置“基于网格的特征清除”及“最小边缘长度”。

8.6 实例 1——两管容器网格划分

本实例为图 8-49 所示的两管容器划分网格。

8.6.1 定义几何结构

图 8-49 两管容器

01 进入 ANSYS Workbench 2021 R1 工作界面，在左边打开组件系统工具箱的下拉列表。

02 将工具箱里的“网格”模块直接拖动到项目管理界面中或直接在其上双击，建立一个含有“网格”的项目模块，结果如图 8-50 所示。

03 右击“A2 几何结构”栏 2 几何结构 ?，弹出快捷菜单，选择“导入几何模型”→“浏览”命令，在“打开”对话框中打开随书资源中的“容器 .agdb”。右击“A2 几何结构”栏 2 DM 几何结构 ✓，在弹出的快捷菜单中选择“在 DesignModeler 中编辑几何结构 ......”命令，如图 8-51 所示，启动 DesignModeler。

图 8-50 添加“网格”模块

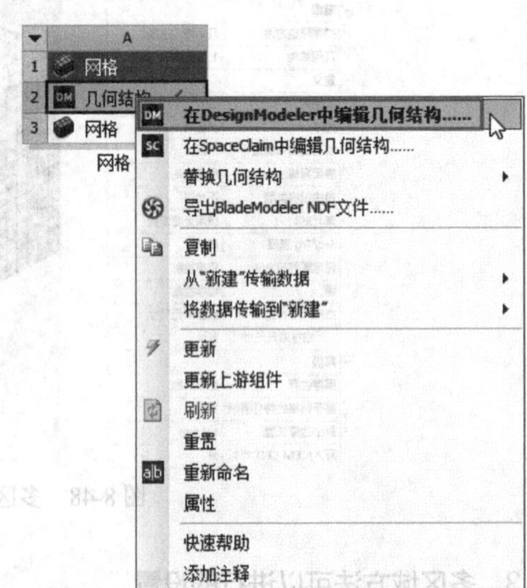

图 8-51 启动 DesignModeler

04 视图区域中如果不显示模型，则需要重新生成模型，此时在图 8-52 所示的树形目录分支旁会有闪电图标指示。单击功能区中的“生成”按钮，重新生成模型。在 Workbench 中第一次打开一个 DesignModeler 数据库后，必须要重新生成导入的模型。

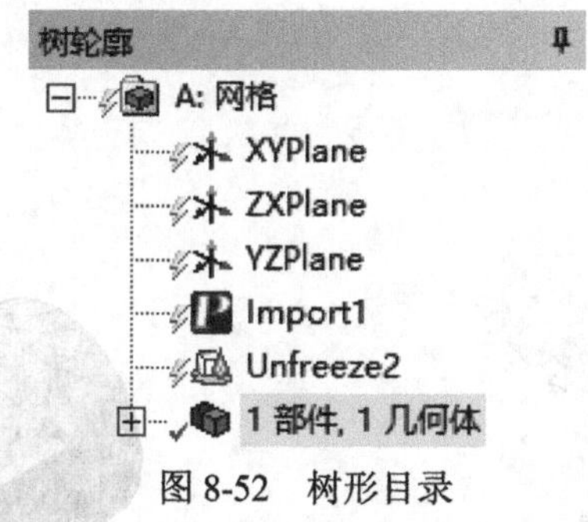

图 8-52　树形目录

8.6.2　初始化网格

01 双击项目管理界面中的“A3 网格”栏 3 网格 ，或在其上单击鼠标右键，在弹出的快捷菜单中选择“编辑”命令，打开网格划分应用程序。

02 在树形目录中单击“网格”分支，并在图 8-53 所示的“网格”的详细信息中将“物理偏好”设为“CFD”。

03 在树形目录中右击“网格”，弹出快捷菜单，选择“插入”→“方法”命令，如图 8-54 所示，在视图区域中选择模型，单击“网格”的详细信息中的“应用”按钮 应用 。

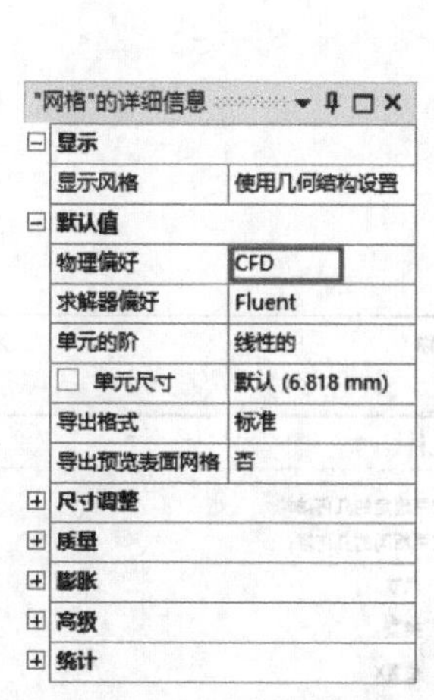

图 8-53　“网格”的详细信息

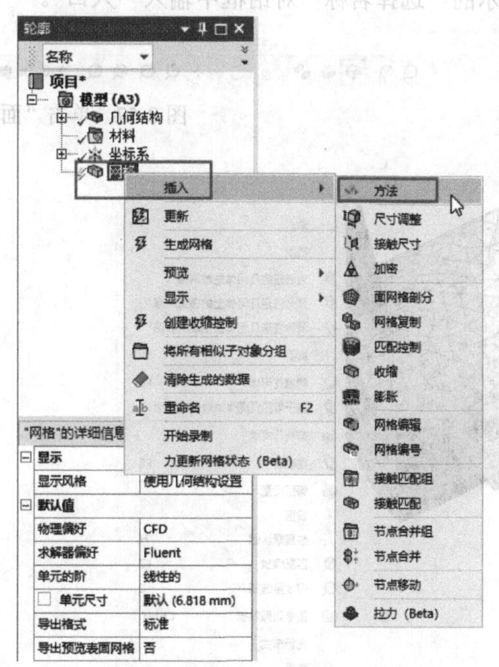

图 8-54　快捷菜单

04 在树形目录中右击“网格”分支，弹出的快捷菜单，选择“生成网格”命令，如图 8-55 所示，进行网格的划分。划分后的网格如图 8-56 所示。

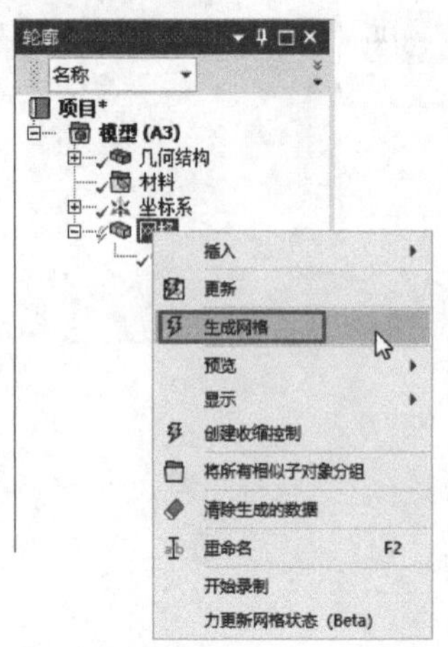

图 8-55　选择“生成网格”命令

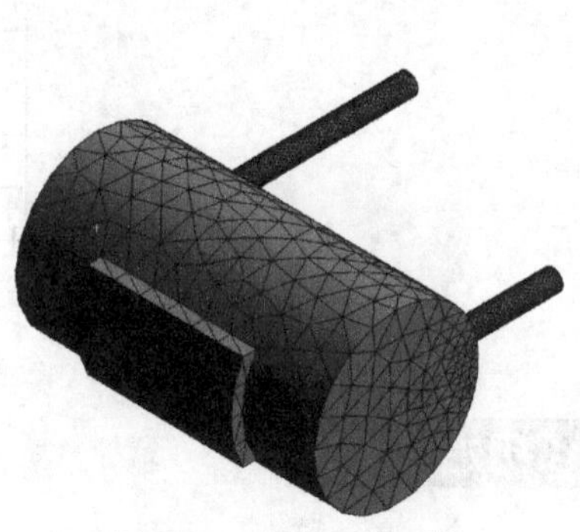

图 8-56　划分后的网格

(05)使用视图操作工具和 3 个坐标轴检查网格的划分情况。

8.6.3　命名选择

(01)单击工具栏中的“面”按钮，如图 8-57 所示，选择图 8-58 所示的管端面。在模型视图中单击鼠标右键并在弹出的快捷菜单中选择“创建命名选择”命令，如图 8-58 所示。在弹出的图 8-59 所示的“选择名称”对话框中输入“入口”。

图 8-57　单击“面”按钮

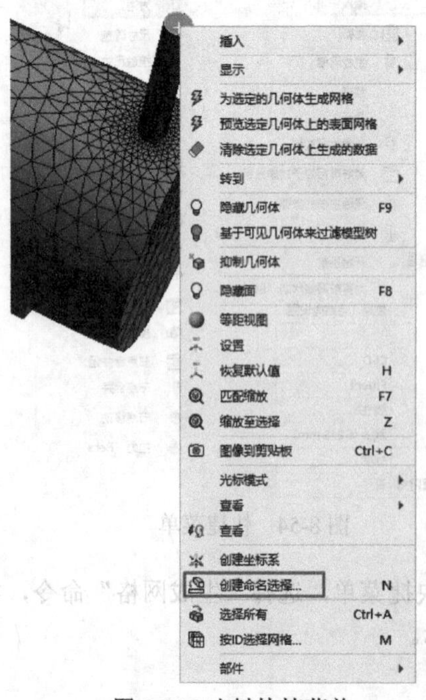

图 8-58　右键快捷菜单

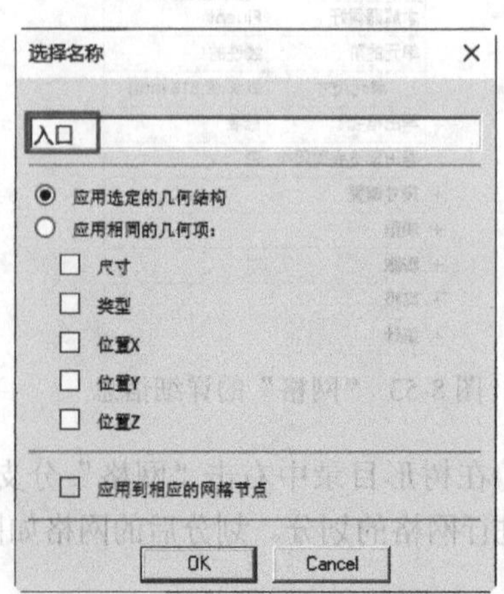

图 8-59　“选择名称”对话框

02 对管的另一端面重复步骤 01 的操作，将名称更改为“出口”。

03 在树形目录中展开“命名选择”分支，刚才创建的命名选择会在树形目录中列出。这里指配的名字将传输到 CFD 求解器，所以适当的流动初始条件可以施加到这些表面。

8.6.4 膨胀

01 在树形目录中单击“网格”分支，并在“网格”的详细信息中展开“膨胀”，如图 8-60 所示。

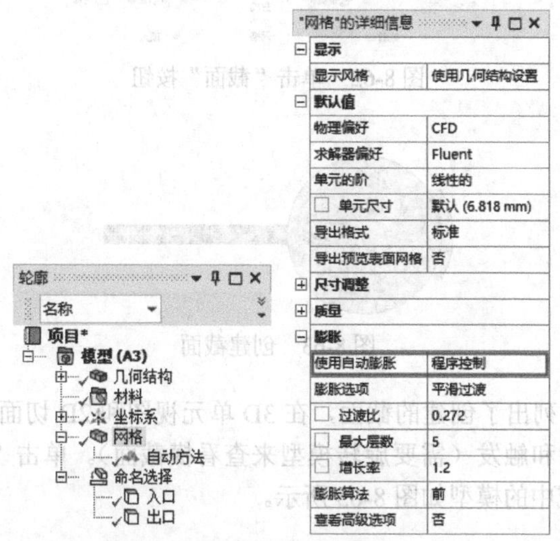

图 8-60　展开“膨胀”

02 在“网格”的详细信息中将“使用自动膨胀”设置为“程序控制”，保留其他的默认设置。

03 在树形目录中右击“网格”并在弹出的快捷菜单中选择“生成网格”命令。膨胀层由所有没指配命名选择的边界形成。膨胀层厚度是表面网格的函数，是自动施加的。此时可以查看容器的进出管，进出管的端面如图 8-61 所示。

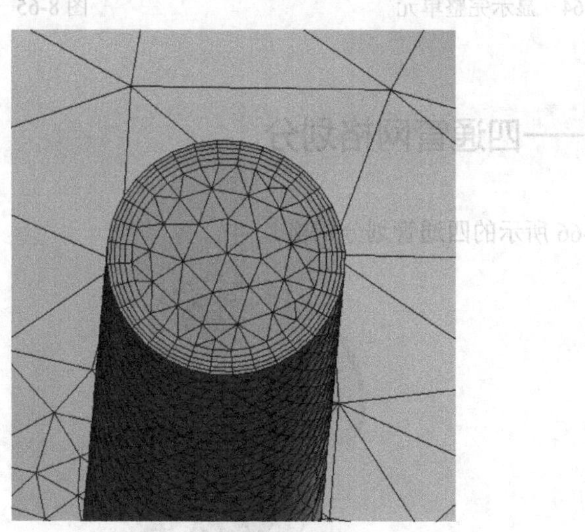

图 8-61　进出管的端面

8.6.5 截面

01 单击视图区域右下角三维坐标系中的 X 轴。

02 单击功能区中图 8-62 所示的“截面”按钮。按住鼠标左键，并沿图 8-63 所示的箭头方向拖动鼠标指针以创建截面。

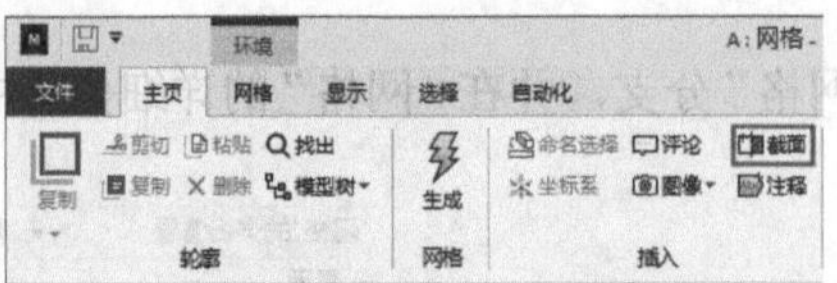

图 8-62 单击“截面”按钮

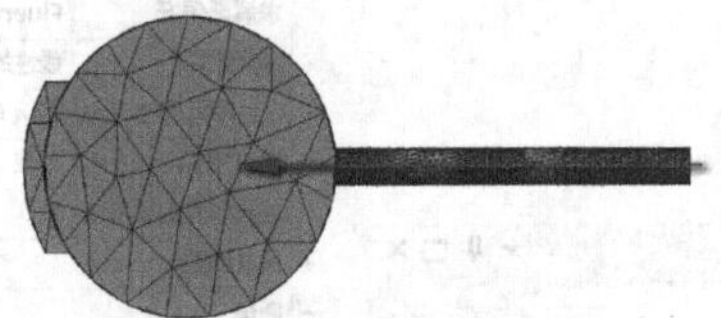

图 8-63 创建截面

03 “截面”窗格中列出了创建的截面，在 3D 单元视图和 2D 切面视图之间使用检验栏，截面可以被单独激活、删除和触发（需要旋转模型来查看横截面）。单击“显示完整单元”按钮，如图 8-64 所示，视图区域中的模型如图 8-65 所示。

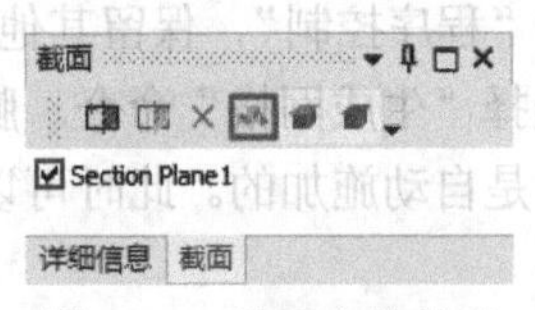

图 8-64 显示完整单元

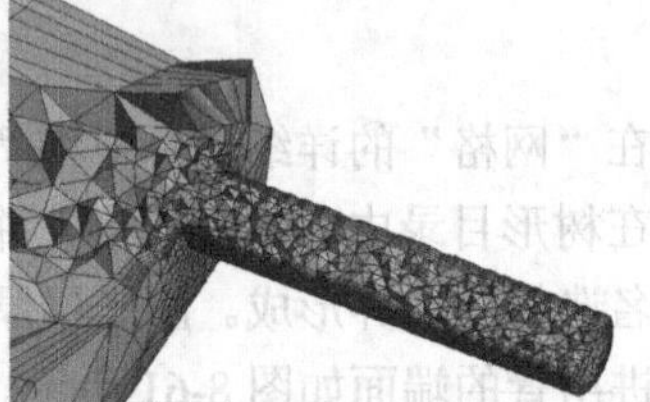

图 8-65 显示完整单元模型

8.7 实例 2——四通管网格划分

本实例为图 8-66 所示的四通管划分网格。

图 8-66 四通管

8.7.1 定义几何结构

(01)进入 ANSYS Workbench 2021 R1 工作界面，在左边打开组件系统工具箱的下拉列表。

(02)将工具箱里的“网格”模块直接拖动到项目管理界面中或直接在其上双击，建立一个含有“网格”的项目模块。

(03)右击“A2 几何结构”栏，弹出快捷菜单，选择“导入几何模型”→“浏览”命令，在“打开”对话框中打开随书资源中的“四通管 .agdb”。双击“A3 网格”栏，或在其上单击鼠标右键并在弹出的快捷菜单中选择“编辑”命令，打开网格划分应用程序。导入的模型如图 8-67 所示。

(04)在树形目录中右击“网格”，弹出快捷菜单，选择“插入”→“方法”命令，设置“几何结构”为四通管几何实体，单击“网格”的详细信息中的“应用”按钮 应用 ，将“方法”设置为“四面体”，将“算法”设置为“补丁适形”，如图 8-68 所示。

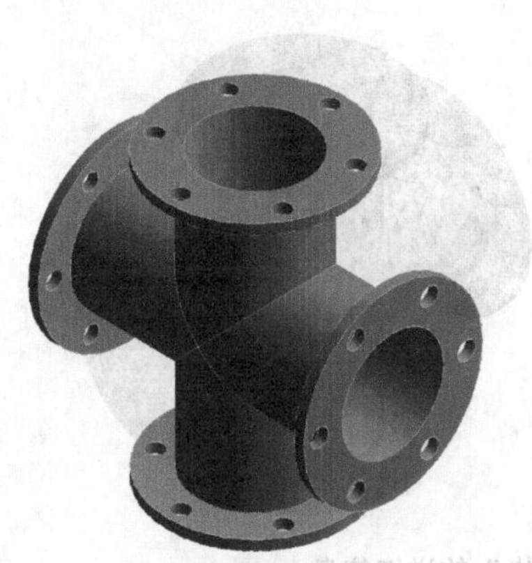

图 8-67 导入的模型

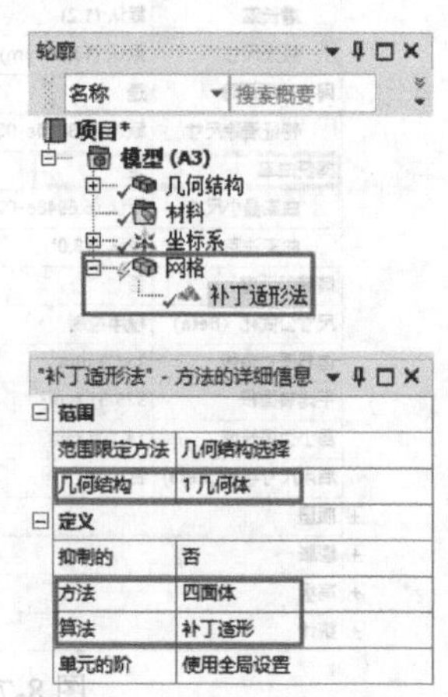

图 8-68 “网格”的详细信息

(05)在树形目录中右击“网格”，弹出快捷菜单，选择“生成网格”命令，如图 8-69 所示，进行网格的划分，如图 8-70 所示。

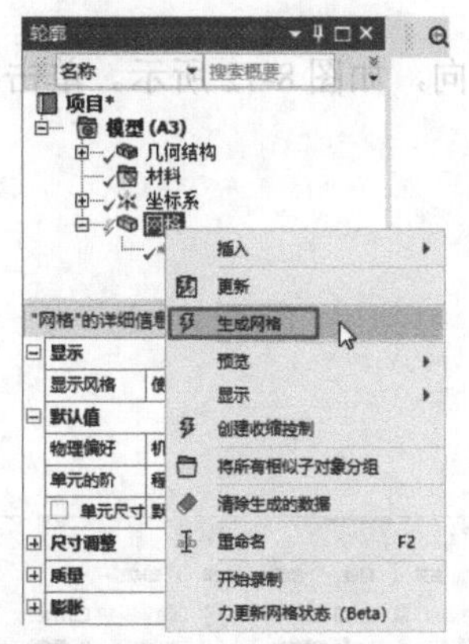

图 8-69 选择“生成网格”命令

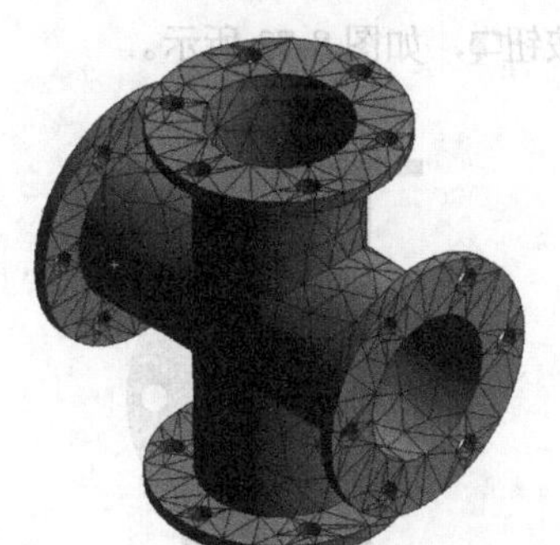

图 8-70 划分的网格

(06)使用视图操作工具和 3 个坐标轴检查网格的划分情况。

8.7.2 CFD 网格

01 在“网格”的详细信息中将“物理偏好”设为“CFD”、“求解器偏好”设为“Fluent”，将“尺寸调整”内的“捕获曲率”设置为“是”，如图 8-71 所示。

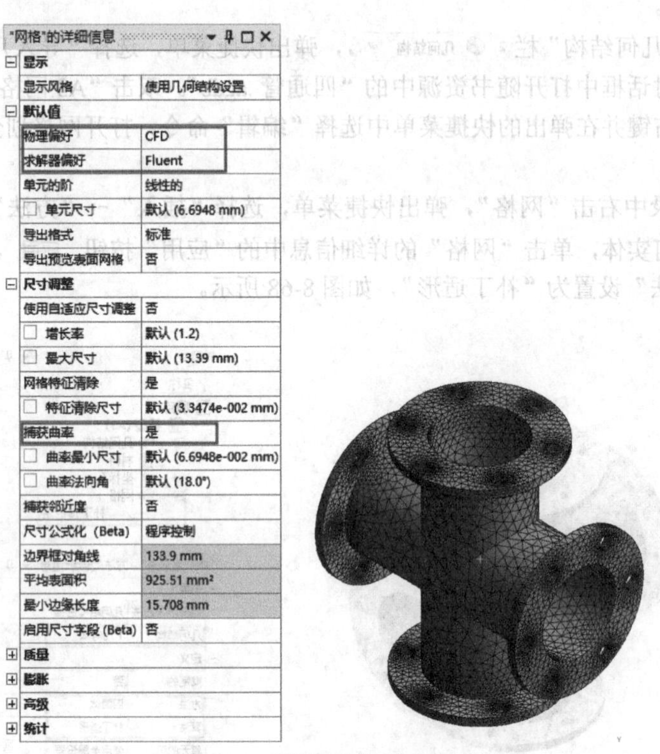

图 8-71 “网格”的详细信息

02 在树形目录中右击“网格”并生成网格，可以看到更加细化的网格和网格中的改进。

8.7.3 截面

01 在视图区域的右下角单击 *X* 轴，确定模型的视图方向，如图 8-72 所示。单击功能区中的“截面”按钮，如图 8-73 所示。

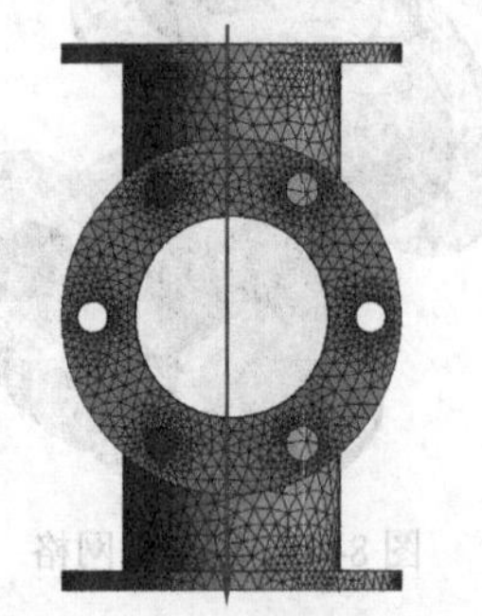
图 8-72 *X* 轴方向的视图

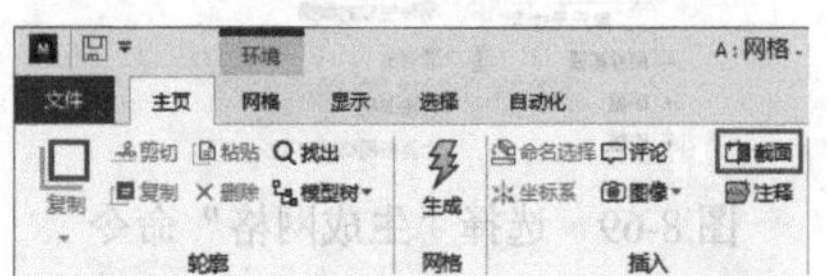

图 8-73 单击“截面”按钮

02 绘制一个截面，用其从中间向下分开模型，如图 8-72 所示。确定模型的视图方向，使其平行于四通管的轴。单击左下角“截面”窗格中的“显示完整单元”按钮，如图 8-74 所示，显示完整单元。注意，这里只有一个单元穿模型较薄区域的厚度方向，截面后的模型如图 8-75 所示。

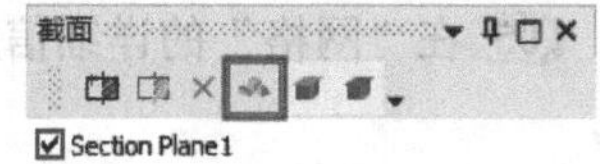

图 8-74　单击“显示完整单元”按钮

03 在“网格”的详细信息中将“尺寸调整”内的“捕获曲率”设置为“是”，将“捕获邻近度”设置为“否”，如图 8-76 所示。这将使网格划分算法能更好地处理邻近部位的网格，网格的划分也更加细致。

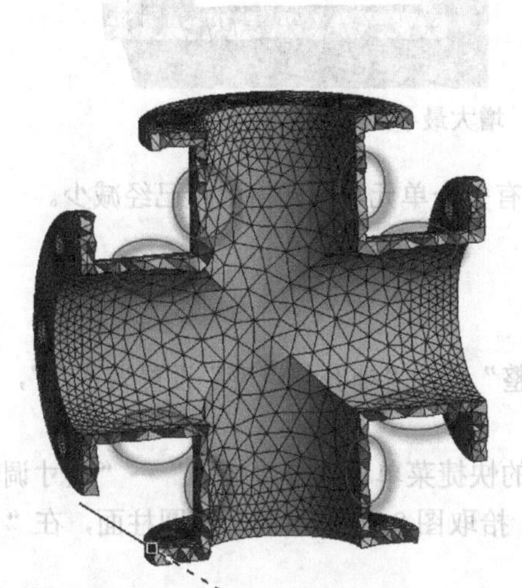

图 8-75　截面后的模型

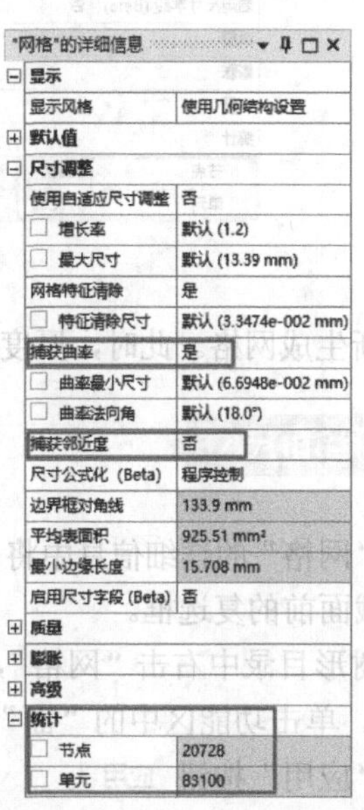

"网格"的详细信息	
显示	
显示风格	使用几何结构设置
默认值	
尺寸调整	
使用自适应尺寸调整	否
增长率	默认 (1.2)
最大尺寸	默认 (13.39 mm)
网格特征清除	是
特征清除尺寸	默认 (3.3474e-002 mm)
捕获曲率	是
曲率最小尺寸	默认 (6.6948e-002 mm)
曲率法向角	默认 (18.0°)
捕获邻近度	否
尺寸公式化 (Beta)	程序控制
边界框对角线	133.9 mm
平均表面积	925.51 mm²
最小边缘长度	15.708 mm
启用尺寸字段 (Beta)	否
质量	
膨胀	
高级	
统计	
节点	20728
单元	83100

图 8-76　“网格”的详细信息

04 保留截面激活时的视图，再次生成网格（这需要一些时间）。注意这里厚度方向有多个单元并且网格数量大大增加。“网格”的详细信息及划分后的网格如图 8-77 所示。

尺寸调整	
使用自适应尺寸调整	否
增长率	默认 (1.2)
最大尺寸	默认 (13.39 mm)
网格特征清除	是
特征清除尺寸	默认 (3.3474e-002 mm)
捕获曲率	是
曲率最小尺寸	默认 (6.6948e-002 mm)
曲率法向角	默认 (18.0°)
捕获邻近度	是
邻近最小尺寸	默认 (6.6948e-002 mm)
跨间隙的单元数量	默认 (3)
邻近尺寸函数源	面和边
尺寸公式化 (Beta)	程序控制
边界框对角线	133.9 mm
平均表面积	925.51 mm²
最小边缘长度	15.708 mm
启用尺寸字段 (Beta)	否
质量	
膨胀	
高级	
统计	
节点	197819
单元	926934

图 8-77　“网格”的详细信息及划分后的网格

05在“网格”的详细信息中设置“邻近最小尺寸”为“1.0mm”，如图 8-78 所示。

邻近最小尺寸	1.0 mm
跨间隙的单元数量	默认 (3)
邻近尺寸函数源	面和边
尺寸公式化 (Beta)	程序控制
边界框对角线	133.9 mm
平均表面积	925.51 mm²
最小边缘长度	15.708 mm
启用尺寸字段 (Beta)	否
质量	
膨胀	
高级	
统计	
节点	85660
单元	370269

图 8-78　增大最小尺寸

06重新生成网格。此时，厚度方向仍然有多个单元，但网格数量已经减少。

8.7.4　使用面尺寸

01在“网格”的详细信息中将“尺寸调整”内的“捕获邻近度”设置为“否”，取消勾选“截面”窗格中截面前的复选框。

02在树形目录中右击“网格”，在弹出的快捷菜单中选择“插入”→“尺寸调整”命令，如图 8-79 所示。单击功能区中的“面”按钮，拾取图 8-80 所示的外部圆柱面，在“网络”的详细信息中单击“应用”按钮 应用 。

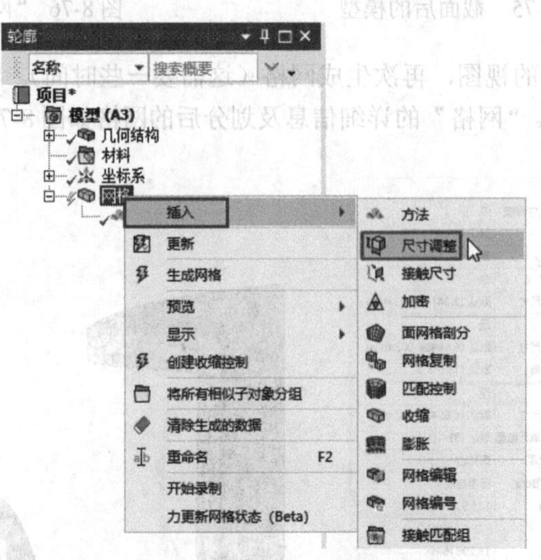

图 8-79　选择“尺寸调整”命令

03设置“单元尺寸”为“1.0mm”，重新生成网格，从图 8-81 中可以看出所选面的网格比邻近面的网格要细。

04重新激活截面，并使视图方向平行于四通管的轴。注意，这里只在面尺寸激活的截面厚度方向有多个单元，如图 8-82 所示。

图 8-80　选择外部圆柱

图 8-81　网格粗细不同

图 8-82　重新激活截面

8.7.5　局部网格划分

01 在树形目录中右击“坐标系”，在弹出的快捷菜单中选择“插入”→“坐标系”命令，插入一个坐标系。在“坐标系”的详细信息中设置“定义依据”为“全局坐标”，在原点 X、原点 Y 和原点 Z 中分别输入“-30mm”“17mm”“0mm”，然后关掉截面，如图 8-83 所示。

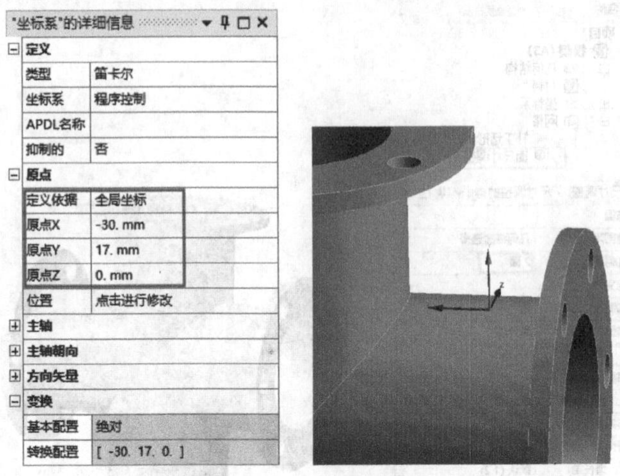

图 8-83　插入坐标系

(02)右击树形目录中的“面尺寸调整”，在弹出的快捷菜单中选择“抑制”命令，如图 8-84 所示，将“面尺寸调整”关闭。

(03)在树形目录中右击“网格”，在弹出的快捷菜单中选择“插入”→“尺寸调整”命令。在视图区域中拾取体，并在“尺寸调整”的详细信息中设置“类型”为“影响范围”。单击“球心”，在下拉列表中选择之前创建的坐标系。

(04)设置“球体半径”为“3.0mm”、“单元尺寸”为“0.5mm”，显示的模型会自动更新，以预览影响范围，如图 8-85 所示。

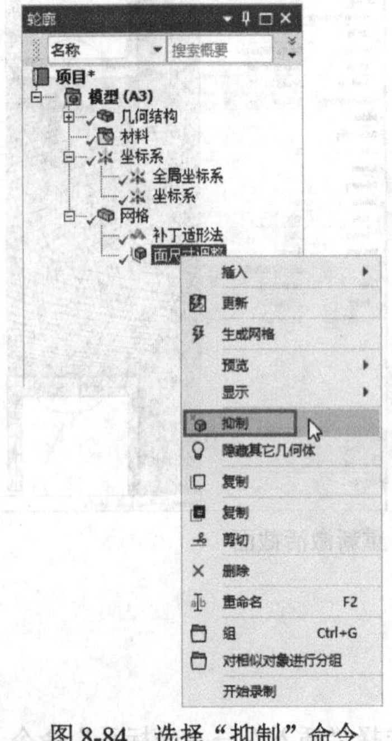

图 8-84　选择“抑制”命令

图 8-85　尺寸调整

05 在截面关闭的情况下重新生成网格，如图 8-86 所示，注意影响范围。

06 激活截面并旋转视图使其平行于轴，如图 8-87 所示。注意，这里只在影响范围附近的截面厚度方向有多个单元。划分结果如图 8-88 所示。

图 8-86　重新生成网格

图 8-87　激活截面

07 激活截面，查看划分结果，如图 8-89 所示。

图 8-88　划分结果

图 8-89　激活截面后的划分结果

第 9 章 Mechanical 简介

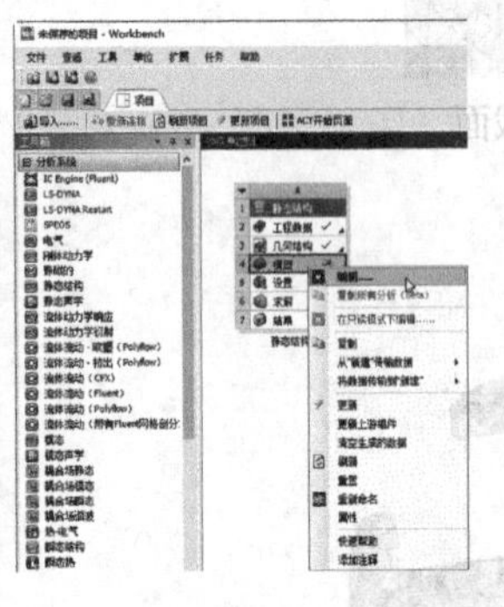

Mechanical 与 DesignModeler 一样都是 ANSYS Workbench 的一个模块。

Mechanical 应用程序可以执行结构分析、热分析和电磁分析。在使用 Mechanical 应用程序的过程中，需要定义模型的环境载荷情况、求解分析的步骤和设置不同的结果形式。Mechanical 应用程序包含 Meshing 应用程序的功能。

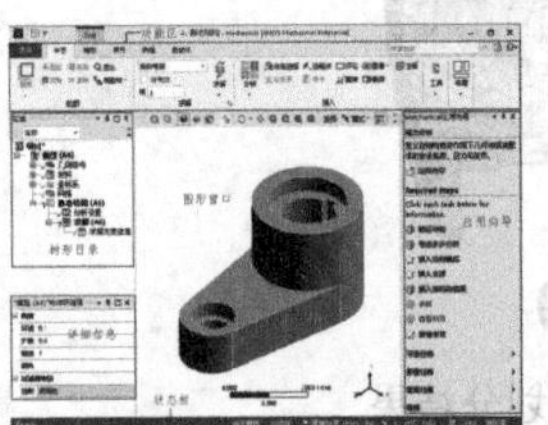

学习要点

- 启动 Mechanical
- Mechanical 图形用户界面
- 基本分析步骤
- Mechanical 分析实例

9.1　启动 Mechanical

Mechanical 是进行结构分析的程序。启动 Mechanical 的步骤与之前介绍的启动 DesignModeler 的类似。可以在项目管理界面中双击对应的栏来进入 Mechanical。但进入 Mechanical 之前是需要有模型的，这个模型可以从其他建模软件中导入，也可以直接使用 DesignModeler 创建，如图 9-1 所示。

图 9-1　在 ANSYS Workbench 2021 R1 中打开 Mechanical

9.2　Mechanical 图形用户界面

标准的 Mechanical 图形用户界面如图 9-2 所示。

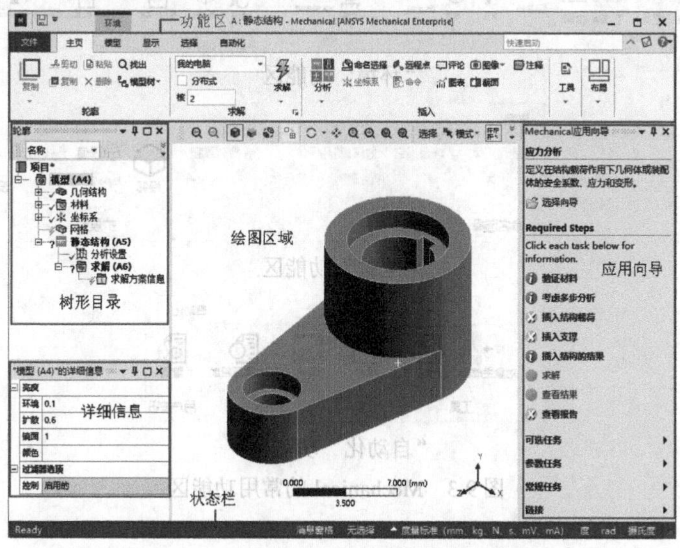

图 9-2　标准的 Mechanical 图形用户界面

9.2.1 Mechanical 功能区

Mechanical 功能区提供了按选项卡组织的易于使用的选项工具栏。将功能相似的命令集合在一起，使用户能更快、更高效地工作。与其他 Windows 程序一样，Mechanical 功能区提供了很多功能。图 9-3 所示为 Mechanical 的几个常用功能区。

功能区按选项卡（主页、环境、显示、选择、自动化等）组织。在每个选项卡中，选项（命令按钮等）或工具按功能组织为组（轮廓、求解等）。这减少了查找特定命令的时间。此外，Mechanical 功能区将根据当前选定的对象显示一个上下文环境选项卡，其中包含特定于选定对象的选项。

“主页”功能区：打开应用程序时，默认情况下会显示“主页”功能区，此功能区包含“轮廓”“求解”“插入”“工具”“布局”面板。“轮廓”面板内不仅包含常规的复制、剪切、删除等命令，还有对模型树的操作命令。“求解”面板内的命令能够指定一些基本的解决方案并进行求解分析。单击“求解”面板右下角的按钮可启动“求解过程设置”对话框，此对话框用来配置求解方案，可以对数据进行复制、剪切和粘贴等操作，还可以改变单位的设置。

“环境”功能区：隐藏功能区，单击树形目录中的“静态结构”分支后才可弹出，包括模型、几何结构、材料、横截面、坐标系、连接、网格、环境、求解方案和结果等。

“显示”功能区：包含常用的视图操作，可以进行显示方式的选择，包括模型的显示方式、是否显示框架等，还可以进行标题栏、窗格等的显示控制。

“选择”功能区：包括命名选择、扩展到、路径等多种选择方式。

“自动化”功能区：包含求解过程设置、选项设置及运行宏等功能，用户可以自行设置。

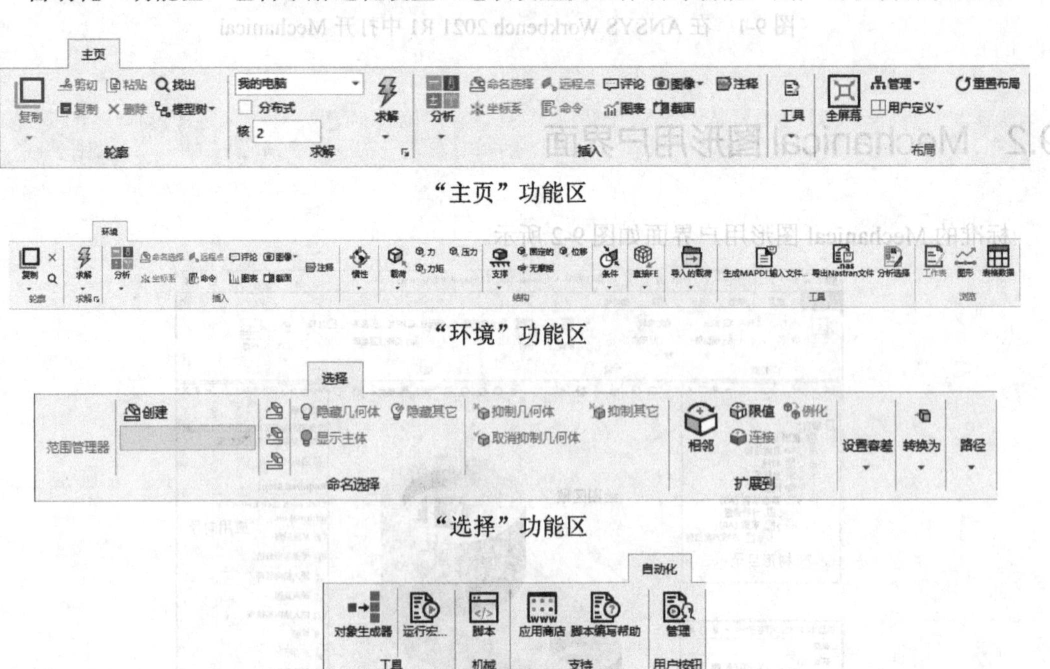

“主页”功能区

“环境”功能区

“选择”功能区

“自动化”功能区

图 9-3 Mechanical 的常用功能区

9.2.2 图形工具栏

图形工具栏为用户提供了命令的快速访问方式，用户可以从中选择所需的命令，如图 9-4 所示。图形工具栏可以定位在 Mechanical 界面的任何地方。将鼠标指针悬停在工具栏按钮上，会出现相应的功能提示。

图 9-4 图形工具栏

可使用“主页”功能区→“布局”面板→“管理”下拉菜单中的“图形工具栏”命令打开和关闭此工具栏。

单击工具栏右上方的▾按钮展开下拉菜单，从中选择“自定义”命令，可添加或删除此工具栏中的选项。

9.2.3 树形目录

树形目录提供了一个进行模型、材料、网格、载荷和求解管理的方法，如图 9-5 所示。

- “模型”分支包含分析所需设置的各种子分支。
- “静态结构”分支包含与载荷和分析有关的边界条件。
- “求解”分支包含结果和求解信息。

在树形目录中，每个分支的图标左下角显示了不同的符号，以表示其状态。图标示例如下。

✓：分支完全定义。

?：项目数据不完全（需要输入完整的数据）。

⚡：需要解决。

!：存在问题。

×：项目抑制（不会被求解）。

✓：全体或部分隐藏。

⚡：项目目前正在评估。

⊖：映射面网格划分失败。

×：部分结构，以便进行网格划分。

⚡：失败的解决方案。

9.2.4 详细信息窗格

详细信息窗格包含数据输入和输出区域，其包含的内容取决于选定的分支。它列出了所选对象的所有属性。另外，在详细信息窗格中，不同的颜色表示不同的含义，如图 9-6 所示。

- 白色区域：表示此栏为输入数据区域，可以对数据进行编辑。
- 灰色区域：用于显示信息，其中的数据是不能被修改的。
- 黄色区域：表示不完整的输入信息。

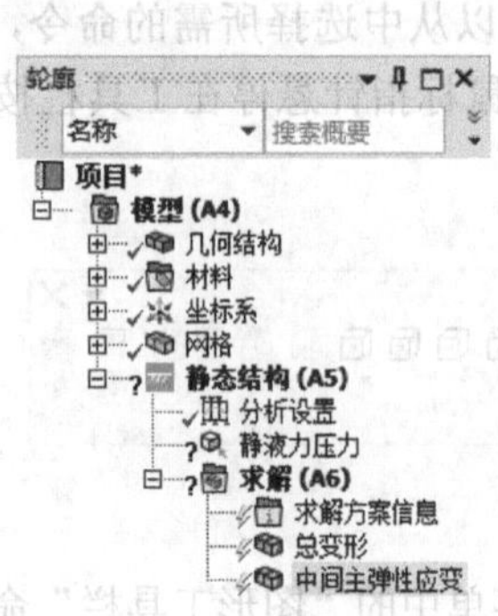

图 9-5　树形目录

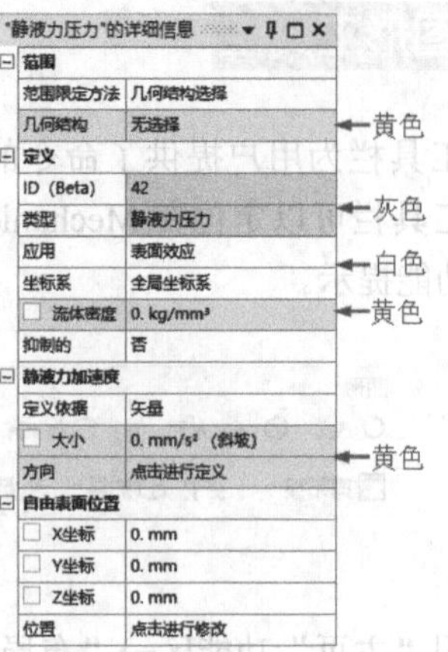

图 9-6　详细信息窗格

9.2.5　视图区域

视图区域显示了几何结构，还会列出工作表（表格）、HTML 报告以及打印预览选项等，如图 9-7 所示。

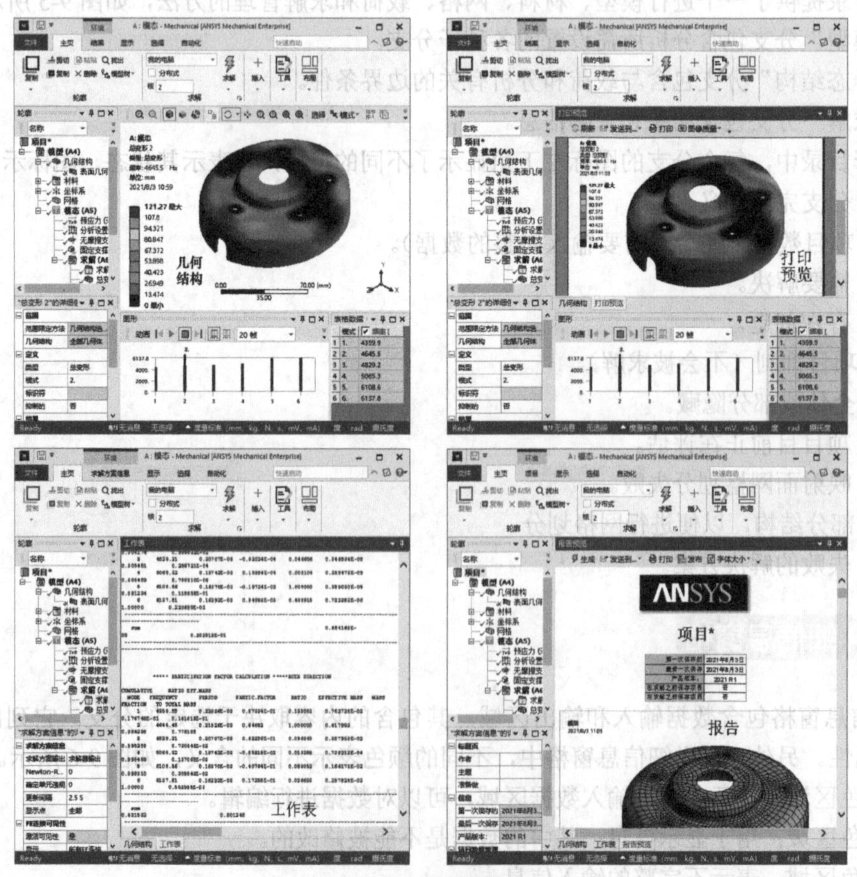

图 9-7　视图区域

9.2.6 应用向导

应用向导是一个可选组件，可提醒用户完成分析所需要的步骤，如图 9-8 所示。应用向导可以通过图 9-9 所示的功能区中的“向导”按钮打开或关闭。

应用向导提供了一个必要的步骤清单和对应的图标符号，下面列举各图标符号的含义。

- ：项目已完成。
- ：一个信息项目。
- ：步骤无法执行。
- ：一个不完整的项目。
- ：项目还没有完成。
- ：项目准备解决或更新。

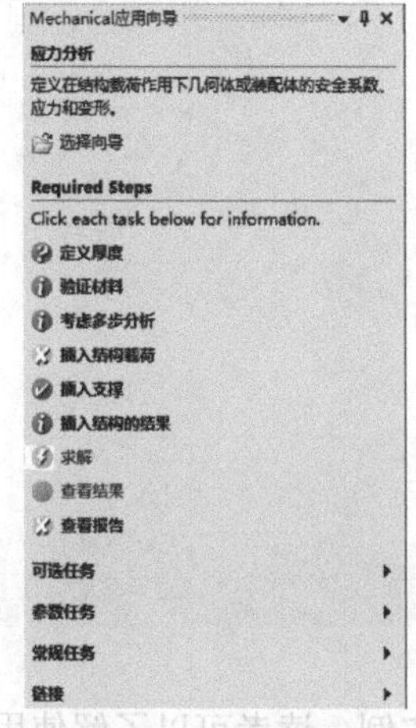

图 9-8 应用向导

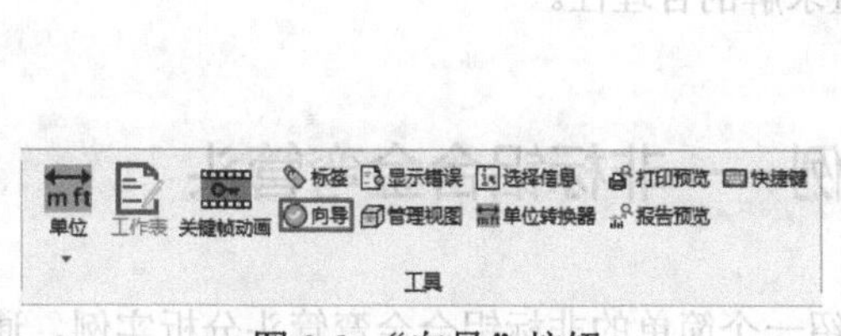

图 9-9 “向导”按钮

应用向导菜单中的命令将根据分析类型的不同而改变。

9.3 基本分析步骤

CAD 模型是理想的物理模型，网格模型是 CAD 模型的数学表达方式，计算求解的精度取决于各种因素。图 9-10 所示为 CAD 模型和有限元网格划分模型。

- 如何很好地用物理模型代替网格模型取决于怎么假设。
- 数值精度是由网格密度决定的。

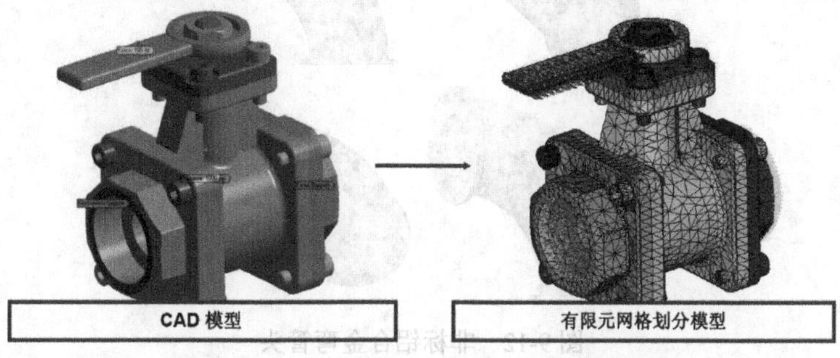

图 9-10 CAD 模型和有限元网格划分模型

在 Mechanical 中，基本分析步骤如图 9-11 所示。

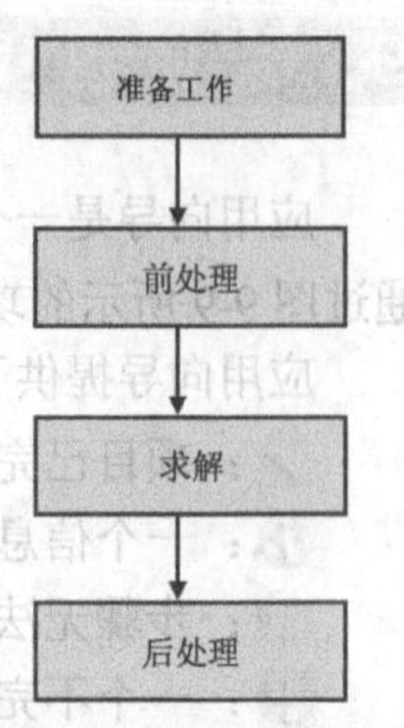

图 9-11　基本分析步骤

1. 准备工作

- 什么类型的分析：静态、模态等。
- 怎么构建模型：部分或整体。
- 什么单元：平面或实体结构。

2. 前处理

- 导入几何模型。
- 定义和分配部件的材料特性。
- 模型的网格划分。
- 施加负载和支撑。
- 添加需要查看的求解结果。

3. 求解

- 进行求解。

4. 后处理

- 检查结果。
- 检查求解的合理性。

9.4　实例——非标铝合金弯管头

下面介绍一个简单的非标铝合金弯管头分析实例。通过此实例，读者可以了解使用 Mechanical 进行分析的基本过程。

9.4.1　问题描述

本例要进行分析的模型是一个非标铝合金弯管头，如图 9-12 所示，假设该部件是在一个内压（5 MPa）下使用，要确定这个部件是否能在指定内压下正常使用。

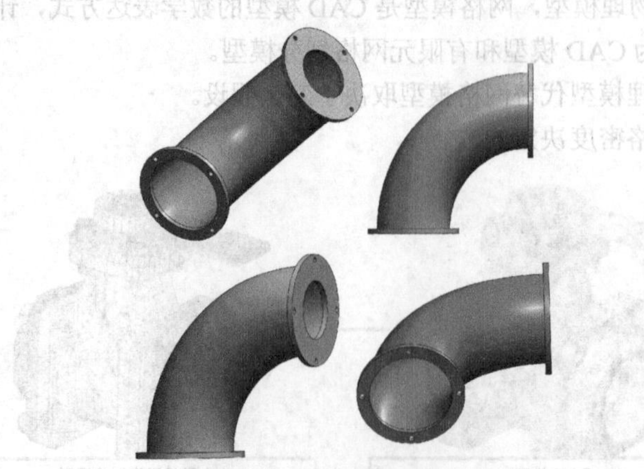
图 9-12　非标铝合金弯管头

9.4.2　项目原理图

(01)打开 ANSYS Workbench 2021 R1，展开左边的分析系统工具箱，将工具箱里的“静态结构”模块直接拖动到项目管理界面中或直接在其上双击，建立一个含有“静态结构”的项目模块，结果如图 9-13 所示。

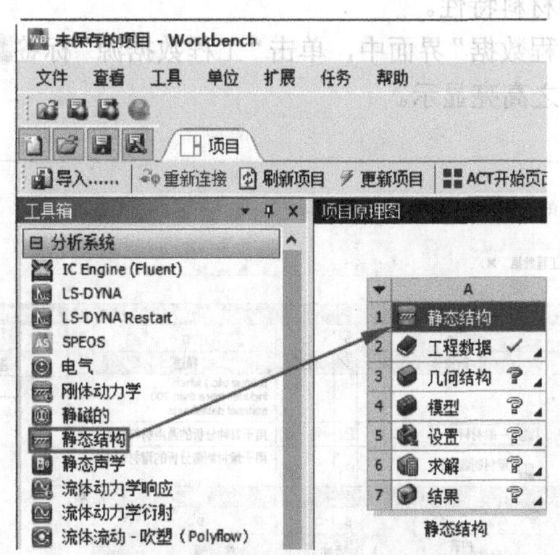

图 9-13　添加“静态结构”模块

(02)右击“A3 几何结构”栏 3 几何结构 ，弹出快捷菜单，选择“导入几何模型”→“浏览”命令，在“打开”对话框中打开随书资源中的“弯头 .x_t”。

(03)双击“A4 模型”栏 4 模型 ，启动 Mechanical 应用程序，结果如图 9-14 所示。

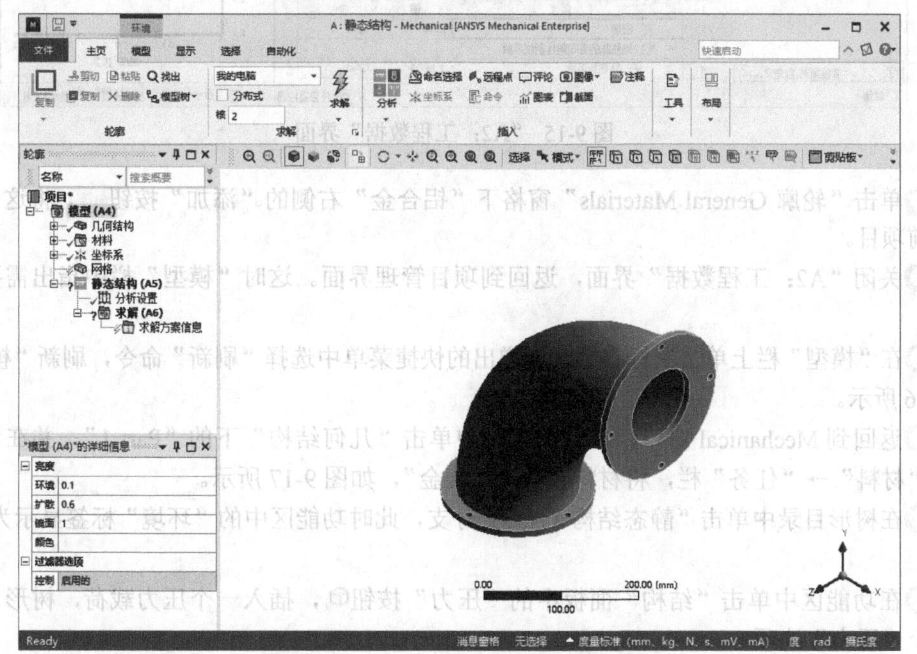

图 9-14 启动 Mechanical 应用程序

9.4.3 前处理

01在功能区中选择“主页”→“工具”→“单位”→“度量标准（mm, kg, N, s, mV, mA)”，设置单位为毫米。

02为部件选择一个合适的材料，返回到项目管理界面并双击“A2 工程数据”栏 2 工程数据 ✓，得到它的材料特性。

03在打开的“A2：工程数据”界面中，单击“工程数据源”标签 工程数据源，如图9-15所示，单击其中的“一般材料”使之高亮显示。

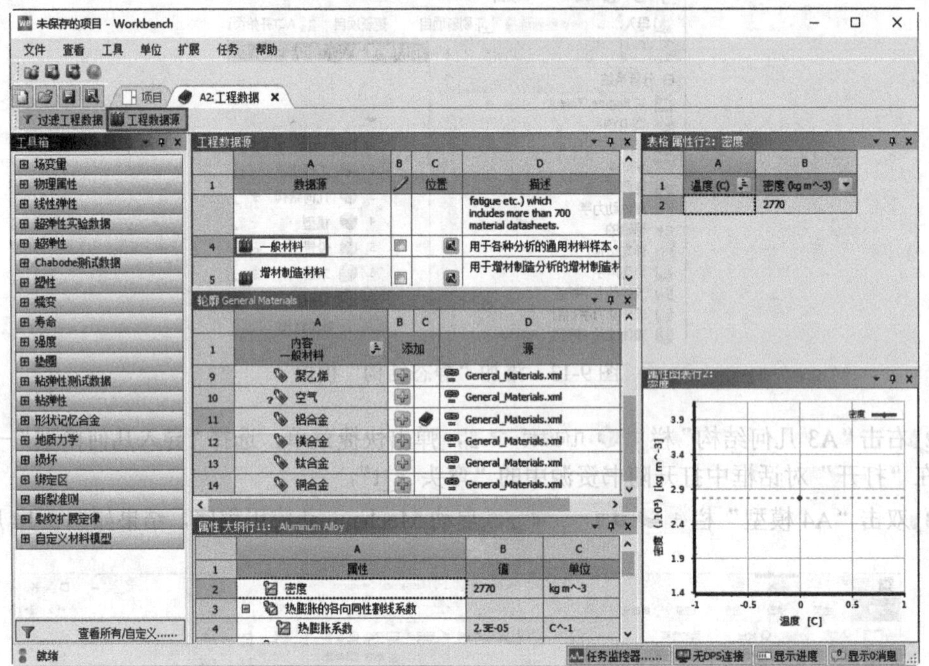

图 9-15 “A2：工程数据”界面

04单击“轮廓 General Materials”窗格下“铝合金”右侧的“添加”按钮，将这个材料添加到当前项目。

05关闭“A2：工程数据”界面，返回到项目管理界面。这时“模型”栏中指出需要进行一次刷新。

06在“模型”栏上单击鼠标右键，在弹出的快捷菜单中选择“刷新”命令，刷新“模型”栏，如图 9-16 所示。

07返回到 Mechanical 窗口，在树形目录中单击“几何结构”下的“Part 1”，并在详细信息中选择“材料”→“任务”栏，将材料改为“铝合金”，如图 9-17 所示。

08在树形目录中单击“静态结构（A5)”分支，此时功能区中的“环境”标签显示为“环境”功能区。

09在功能区中单击“结构”面板中的“压力”按钮，插入一个压力载荷，树形目录中将出现一个“压力”选项。

10施加载荷到部件上，选择部件的 4 个内表面，单击详细信息中的“应用”按钮 应用，在“大小”栏中输入“5MPa（斜坡)”，如图 9-18 所示。

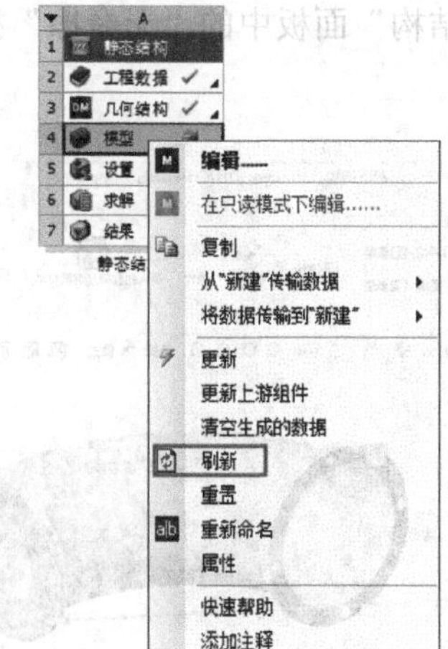

图 9-16 刷新“模型”栏

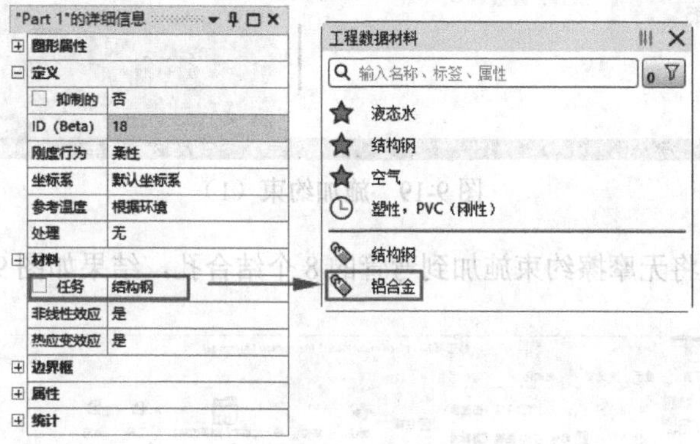

图 9-17 改变材料

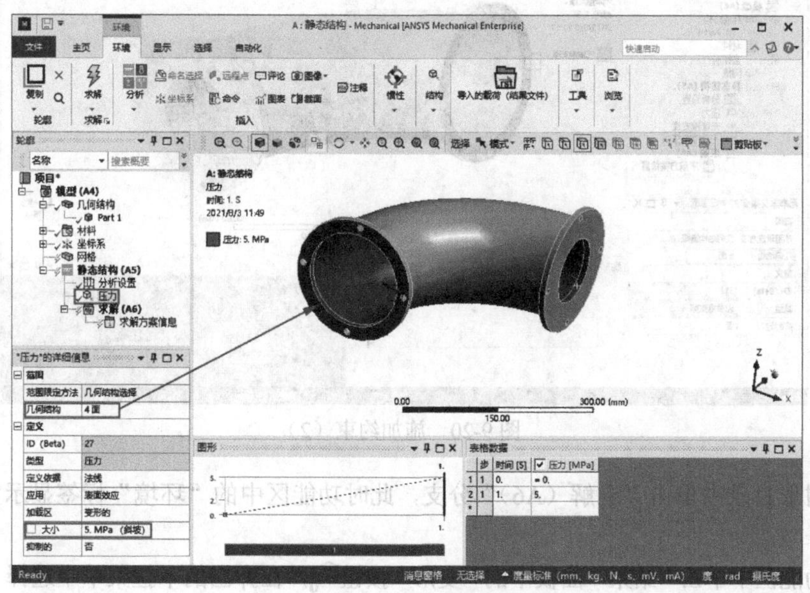

图 9-18 施加载荷

⑪单击“环境”功能区→“结构”面板中的“无摩擦”按钮，将约束施加到部件两端的表面，结果如图 9-19 所示。

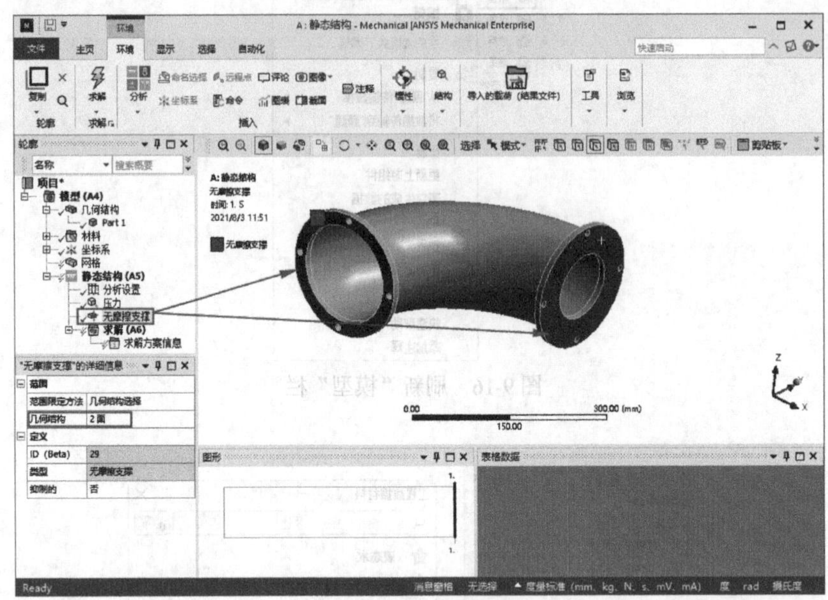

图 9-19　施加约束（1）

⑫用相同的方法将无摩擦约束施加到弯管的 8 个结合孔，结果如图 9-20 所示。

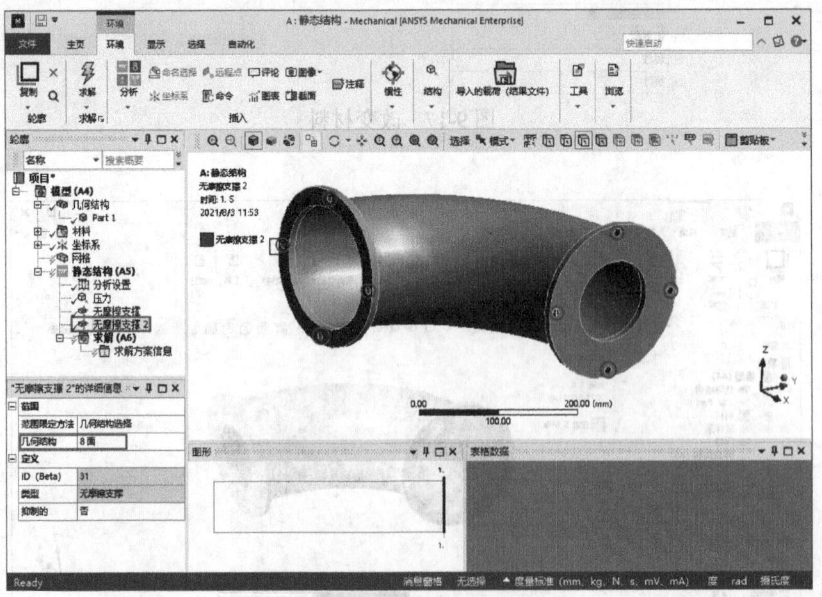

图 9-20　施加约束（2）

⑬在树形目录中单击“求解（A6）”分支，此时功能区中的“环境”标签显示为“求解”功能区。

⑭在功能区中单击“结果”面板中的“变形”按钮，在弹出的下拉菜单中选择“总计”命令。树形目录中的“求解（A6）”分支下将出现一个“总变形”分支。采用同样的方式插入“应力”→“等

效（Von-Mises）”和“工具箱”→“应力工具”两个结果，添加完成后的分支结果如图 9-21 所示。

9.4.4 求解

单击“主页”功能区→“求解”面板中的“求解”按钮，如图 9-22 所示，进行求解。

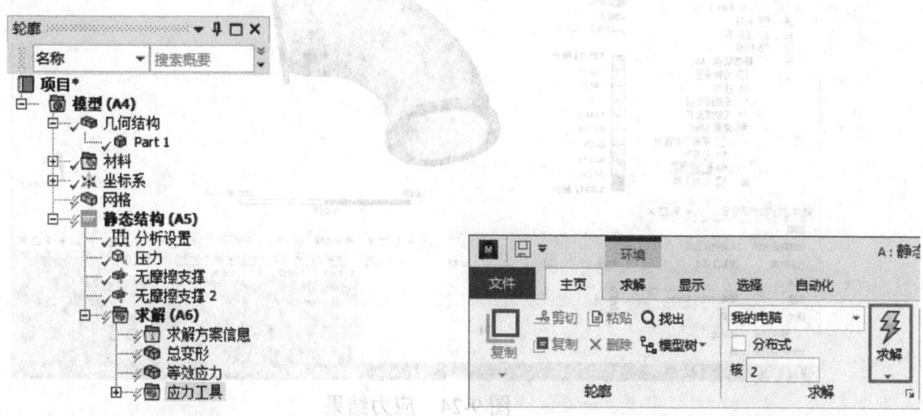

图 9-21　添加结果　　　　图 9-22　单击“求解”按钮

9.4.5 结果

01 求解完成后，在树形目录中的“求解（A6）”分支中查看结果。

02 绘制模型的变形图。“静态结构”分析通常会显示模型的真实变形结果。常使用显示工具检查变形的一般特性（方向和大小）可以避免建模步骤出现明显错误。图 9-23 所示为总变形结果，图 9-24 所示为应力结果。

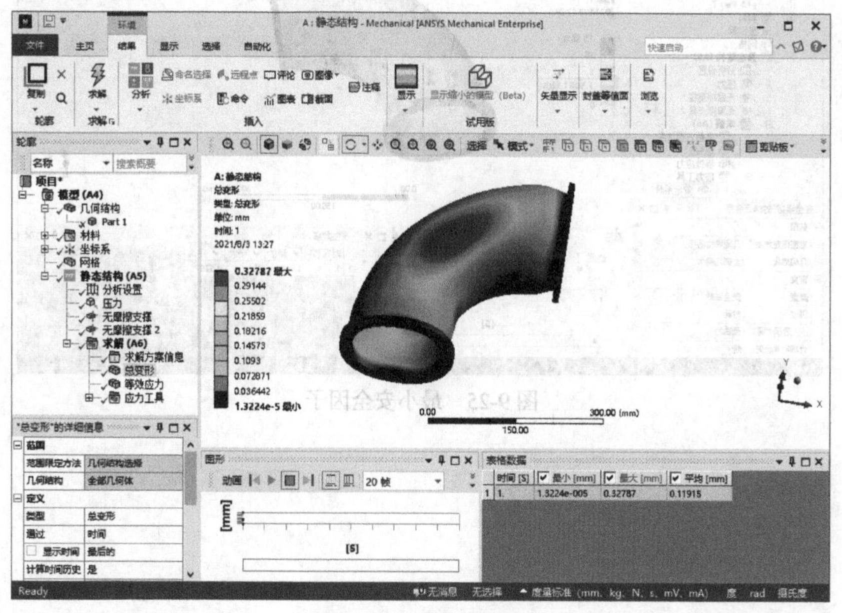

图 9-23　总变形结果

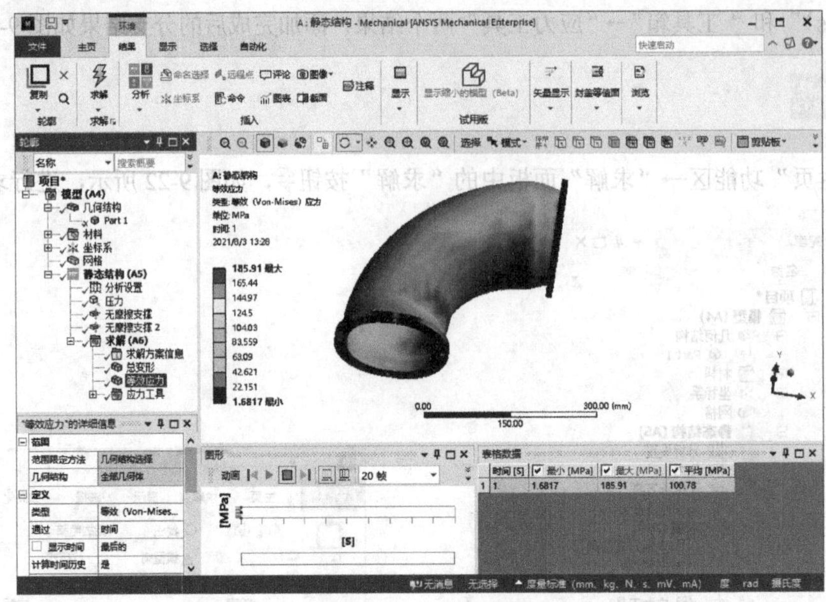

图 9-24　应力结果

(03)查看应力结果后，展开“应力工具”并绘制安全系数图。注意，所选失效准则给出的最小安全因子约为 1.5，大于 1，如图 9-25 所示。

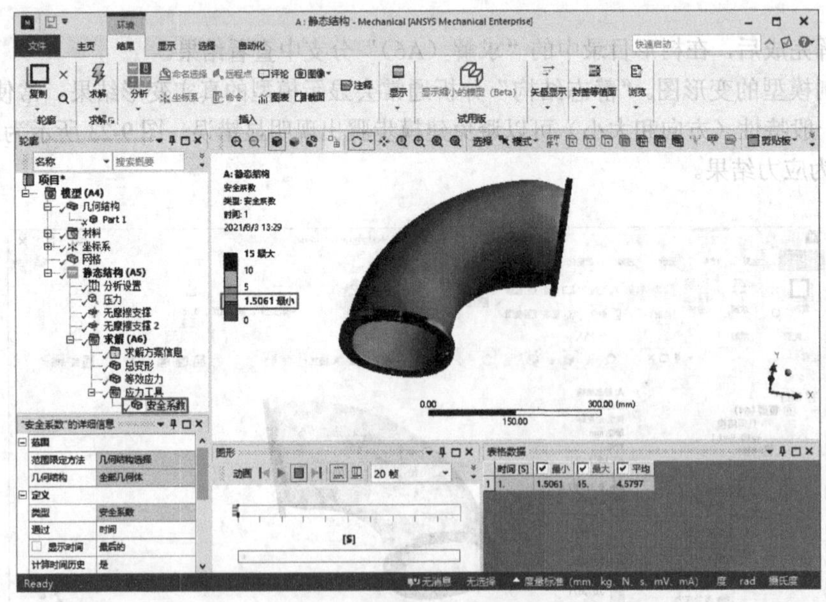

图 9-25　最小安全因子

第 2 篇

专题实例篇

本篇依托不同的实例对各种专题分析的具体步骤和参数设置方法进行讲解，主要包括静力结构分析、模态分析、响应谱分析、谐响应分析、随机振动分析、线性屈曲分析、结构非线性分析、热分析、优化分析等。

本篇涉及的范围广，一方面通过实例加深读者对 ANSYS Workbench 2021 R1 分析功能的理解，另一方面向读者讲授 ANSYS Workbench 2021 R1 的系统思想。

■ 第 10 章　静力结构分析

■ 第 11 章　模态分析

■ 第 12 章　响应谱分析

■ 第 13 章　谐响应分析

■ 第 14 章　随机振动分析

■ 第 15 章　线性屈曲分析

■ 第 16 章　结构非线性分析

■ 第 17 章　热分析

■ 第 18 章　优化设计

第 10 章 静力结构分析

在使用 ANSYS Workbench 2021 R1 进行有限元分析时，静力结构分析是有限元分析中最基础、最基本的内容，所以本章是后续章节的基础。

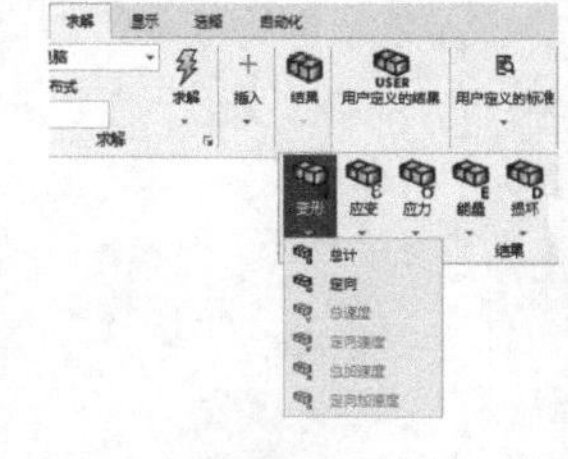

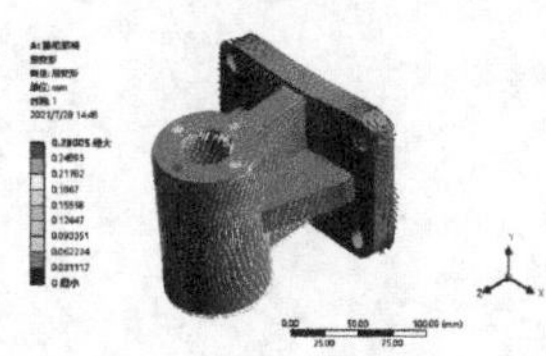

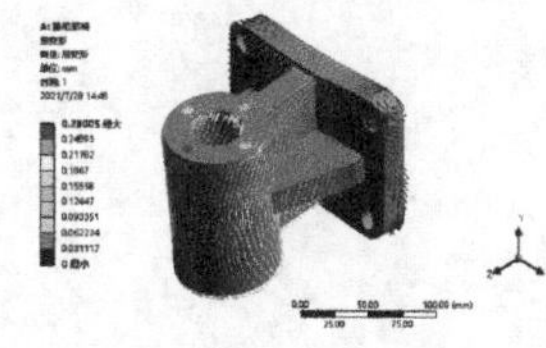

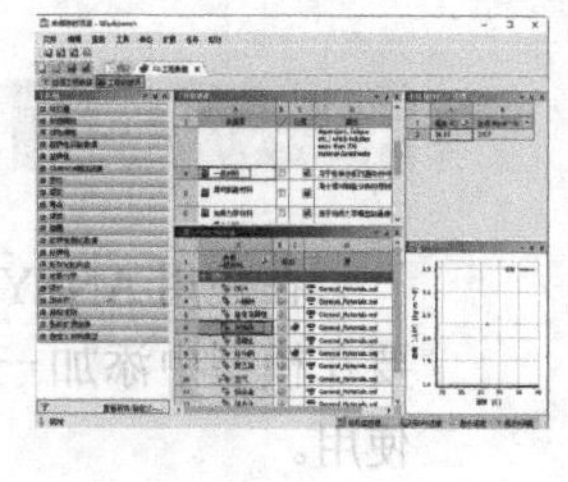

学习要点

- 几何模型
- 分析设置
- 载荷和约束
- 求解模型
- 后处理
- 静力结构分析实例

10.1 几何模型

对于一个线性静态结构分析，位移 $\{x\}$ 由下面的矩阵方程解出：

$$[\boldsymbol{K}]\{x\}=\{F\}$$

式中，$[\boldsymbol{K}]$ 是一个常量矩阵，它建立的假设条件为：假设是线弹性材料行为，使用小变形理论，可能包含一些非线性边界条件。$\{F\}$ 是静态加在模型上的不考虑随时间变化的力，不包含惯性影响（质量、阻尼）。

在结构分析中，ANSYS Workbench 2021 R1 可以模拟各种类型的模型，包括实体、壳体、梁和点。但对于壳实体，一定要在“表面几何体”的详细信息中指定厚度值。图 10-1 所示为“表面几何体”的详细信息。

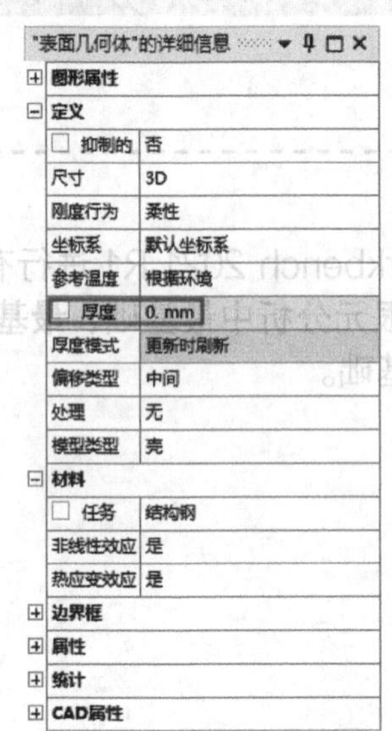

图 10-1 “表面几何体”的详细信息

10.1.1 质点

在使用 ANSYS Workbench 2021 R1 进行有限元分析时，有些模型没有给出明确的质量，这需要在模型中添加一个质点来模拟结构中没有明确质量的模型体，这里需要注意质点只能和面一起使用。

质点的位置可以通过在用户自定义坐标系中指定坐标值或通过选择顶点 / 边 / 面来确定。图 10-2 所示为“几何结构”功能区。

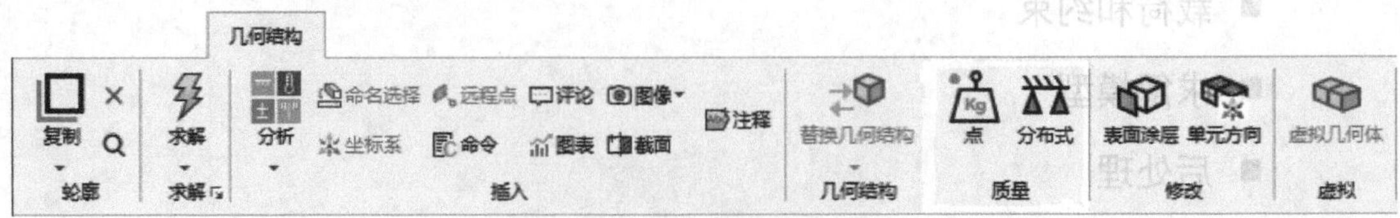

图 10-2 “几何结构”功能区

在 ANSYS Workbench 2021 R1 中，质点只受加速度、重力加速度和角加速度的影响。图 10-3 所示为“点质量”的详细信息。质量是与选择的面联系在一起的，并假设它们之间没有刚度，不存在转动惯性。

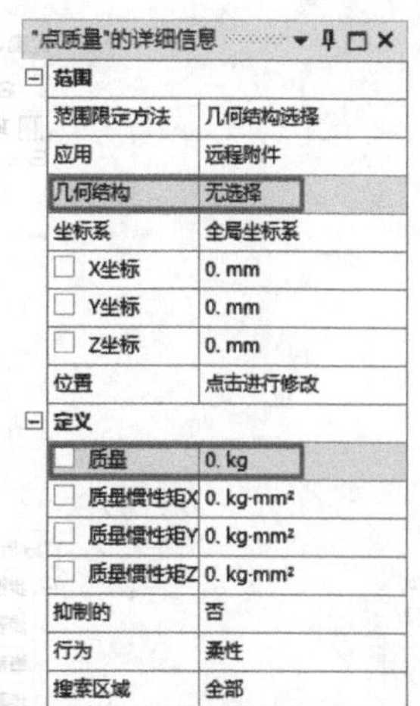

图 10-3　“点质量”的详细信息

10.1.2　材料特性

在线性静态结构分析中需要给出弹性模量和泊松比，另外还需要注意以下几点。

- 所有的材料属性参数是在工程数据中输入的。
- 当要分析的项目存在惯性时，需要给出材料密度。
- 当施加了一个均匀的温度载荷时，需要给出热膨胀系数。
- 在均匀温度载荷条件下，不需要指定导热系数。
- 想得到应力结果，需要给出应力极限。
- 进行疲劳分析时需要定义疲劳属性，在许可协议中需要添加疲劳分析模块。

10.2　分析设置

单击树形目录中“静态结构（A5）”下的“分析设置”分支，左下角会弹出“分析设置”的详细信息，如图 10-4 所示。其中提供了一般的求解过程控制。

1. 步控制

步控制分为人工时间步控制和自动时间步控制，可以在“步控制”中指定分析步数和每步的终止时间。静态分析里的时间是一种跟踪机制。

2. 求解器控制

求解器控制中包含两种求解方式（默认由程序控制）。

- 直接求解：ANSYS 中采用稀疏矩阵法。
- 迭代求解：ANSYS 中采用预处理共轭梯度法（Preconditioned Conjugate Gradient，PGC）。

3. 分析数据管理

- 求解器文件目录：给出了相关分析文件的保存路径。
- 进一步分析：指定求解过程中是否要进行后续分析。如果在项目原理图里指定了耦合分析，将自动设置该选项。
- 废除求解器文件目录：求解过程中的临时文件夹。
- 保存 MAPDL db：设置是否保存 ANSYS db 分析文件。
- 删除不需要的文件：在 Mechanical APDL 中，可以选择保存所有文件以备后续使用。
- 求解器单元：主动系统或手动。
- 求解器单元系统：如果以上设置是手动的，那当 Mechanical APDL 共享数据的时候，就可以选择 8 个求解单位系统中的一个来保证一致性（在用户操作界面中不影响结果和载荷的显示）。

图 10-4 “分析设置”的详细信息

10.3 载荷和约束

载荷和约束是以所选单元的自由度的形式定义的。ANSYS Workbench 2021 R1 中的 Mechanical 有 4 种类型的结构载荷，分别是惯性载荷、结构载荷、结构约束和热载荷。这里介绍前 3 种，第 4 种热载荷将在后面介绍。

实体的自由度是在 X、Y 和 Z 轴方向上的平移量（壳体还得加上旋转自由度，即绕 X、Y 和 Z 轴的转动)，如图 10-5 所示。

不考虑实际的名称，约束也是以自由度的形式定义的，如图 10-6 所示。在块体的 Z 面上施加一个光滑约束，表示块体在 Z 轴方向上不再是自由的（其他方向是自由的）。

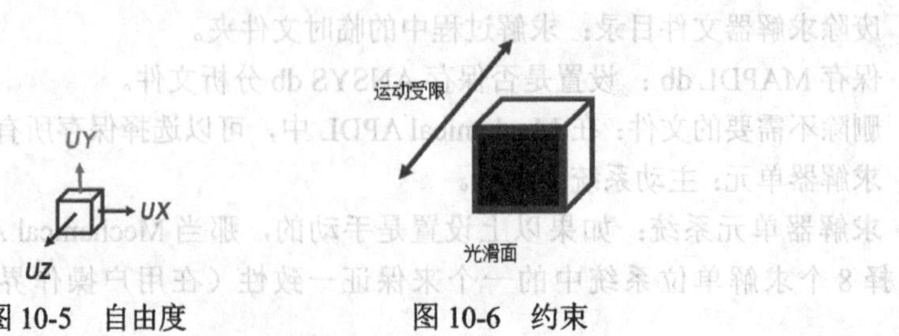

图 10-5 自由度　　　　图 10-6 约束

- 惯性载荷：也可以称为加速度和重力加速度载荷。这些载荷需施加在整个模型上，对惯性进行计算时需要输入模型的密度，并且这些载荷专指施加在定义好的质点上的力。
- 结构载荷：也称为集中力和压力载荷，是指施加在系统部件上的力或力矩。
- 结构约束：防止结构在某一特定区域上移动的约束。
- 热载荷：会产生一个温度场，使模型发生热膨胀或热传导。

10.3.1　加速度

在进行分析时需要设置重力加速度，在程序内部，加速度是通过惯性力施加到结构上的，而惯性力的方向和所施加的加速度方向相反。

1. 加速度

- 施加在整个模型上，单位是长度比上时间的平方。
- 加速度可以定义为分量或矢量的形式。
- 物体运动方向为加速度的反方向。

2. 标准地球重力

- 系统根据所选的单位制确定其值。
- 标准地球重力的方向定义为整体坐标系或局部坐标系中一个坐标轴的方向。
- 物体运动方向与标准地球重力的方向相同。

3. 旋转速度

- 整个模型以给定的速率绕轴转动。
- 以分量或矢量的形式定义。
- 输入单位既可以是弧度每秒（默认选项），也可以是度每秒。

10.3.2　集中力

集中力和压力是作用于模型上的载荷，力载荷可以施加在结构的外部、边缘或表面等位置，而压力载荷只能施加在表面，而且方向通常与表面的法向方向一致。

1. 压力

- 以与面正交的方向施加在面上。
- 指向面内为正，反之为负。
- 单位是单位面积的力。

2. 集中力

- 可以施加在点、边或面上。
- 它将均匀地分布在所有实体上，单位是 mass×length/time^2。
- 可以以矢量或分量的形式定义集中力。

3. 静液压力

- 在面（实体或壳体）上施加一个线性变化的力，模拟结构上的流体载荷。
- 流体可能处于结构内部或外部，另外还需指定加速度的大小和方向、流体密度、代表流体自由面的坐标系。对于壳体，其提供了顶面 / 底面选项。

4. 轴承载荷

- 使用投影面的方法将力的分量按照投影面积分布在压缩边上。不允许存在轴向分量，每个圆柱面上只能使用一个轴承载荷。在施加该载荷时，若圆柱面是分裂的，则一定要选中它的两个半圆柱面。
- 轴承载荷可以以矢量或分量的形式定义。

5. 力矩载荷

- 对于实体，力矩载荷只能施加在面上。
- 如果选择了多个面，力矩载荷则均匀分布在多个面上。
- 可以根据右手法则以矢量或分量的形式定义力矩载荷。
- 对于面，力矩载荷可以施加在点、边或面上。
- 力矩的单位是力乘以距离。

6. 远程力

- 给实体的面或边施加一个远离的载荷。
- 用户指定载荷的原点（附着于几何体上或用坐标指定）。
- 可以以矢量或分量的形式定义。
- 给面施加一个等效力或等效力矩。

7. 螺栓预紧力

- 给圆柱形截面施加预紧力以模拟螺栓连接：预紧力（集中力）、调整量（长度）。
- 需要给物体指定一个局部坐标系统（在 Z 轴方向上的预紧力）。
- 自动生成两个载荷步求解。
  - LS1：施加了预紧力、边界条件和接触条件。
  - LS2：预紧力部分的相对运动是固定的，并施加了一个外部载荷。
- 对于顺序加载，还有其他额外选项。

8. 线压力载荷

- 只能用于三维模拟，通过载荷密度形式给一个边施加一个分布载荷。
- 单位是单位长度上的载荷。
- 可按以下方式定义。
  - 幅值和向量。
  - 幅值和分量方向（总体或者局部坐标系）。
  - 幅值和切向。

10.3.3 约束

了解载荷后，本小节对 Mechanical 常见的约束进行介绍。

1. 固定约束

- 限制点、边或面的所有自由度。

• 实体：限制 X、Y 和 Z 轴方向上的移动。
• 面体和线体：限制 X、Y 和 Z 轴方向上的移动和绕各轴的转动。

2. 位移约束

- 在点、边或面上施加已知位移。
- 允许给出 X、Y 和 Z 轴方向上的平动位移（在用户自定义坐标系下）。
- “0”表示该方向是受限的，而空白表示该方向自由。

3. 弹性支撑

- 允许在面 / 边界上模拟弹簧行为。
- 基础的刚度为使对象产生单位法向偏移所需要的压力。

4. 无摩擦约束

- 在面上施加法向约束（固定）。
- 对实体而言，可用于模拟对称边界约束。

5. 圆柱形支撑约束

- 为轴向、径向或切向约束提供单独控制。
- 施加在圆柱面上。

6. 仅压缩支撑约束

- 只能在正常压缩方向上施加约束。
- 可以模拟圆柱面上受销钉、螺栓等的作用。
- 需要进行迭代（非线性）求解。

7. 简单支撑约束

- 可以施加在梁或壳体的边缘或者顶点上。
- 限制平移，但是所有旋转都是自由的。

8. 固定主几何体

- 可以施加在壳或梁的表面、边缘或者顶点上。
- 约束旋转，但是不限制平移。

10.4 求解模型

在 ANSYS Workbench 2021 R1 中，Mechanical 具有两个求解器，分别为直接求解器和迭代求解器。通常求解器是程序自动选取的，也可以预先选择使用哪一个（在“文件”→“选项”→“分析设置和求解”命令下进行设置）。

当分析的各项条件都设置完成后，单击标准工具箱里的“Solve”按钮求解模型。

- 默认情况下用两个处理器进行求解。
- 在“主页”功能区中单击“求解”面板中的“求解流程设置”按钮，设置使用的处理器个数，如图 10-7 所示。

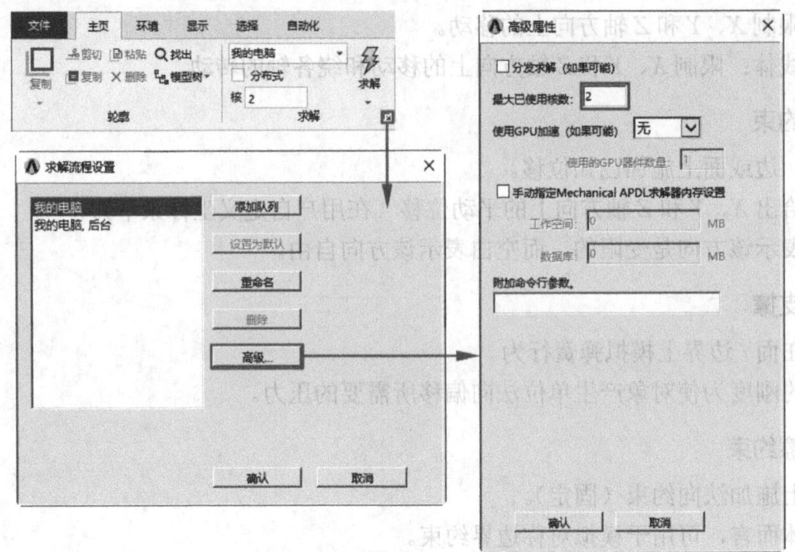

图 10-7　设置处理器个数

10.5　后处理

在 Mechanical 的后处理中，可以得到多种不同的结果：各个方向变形及总变形、应力应变分量、主应力应变、接触输出以及反作用力等。

在 Mechanical 中，结果通常是在计算前指定的，但是它们也可以在计算完成后指定。如果要求解一个模型后再指定结果，可以单击“求解”按钮，然后检索结果。

所有的结果云图和矢量图均可在模型中显示，而且利用“结果”功能区可以改变结果的显示比例等，如图 10-8 所示。

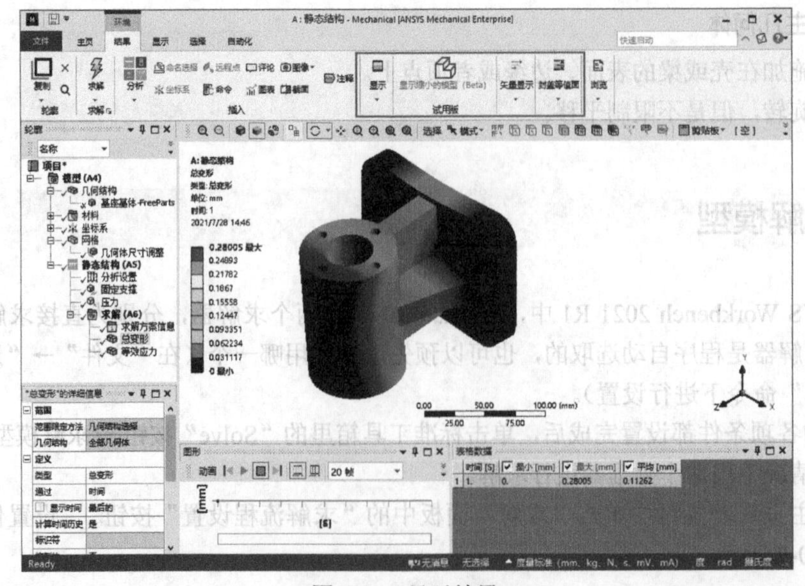

图 10-8　显示结果

1. 模型的变形

“变形”下拉列表如图 10-9 所示。

图 10-9 “变形”下拉列表

整体变形是一个标量：$U_{total}=\sqrt{U_x^2+U_y^2+U_z^2}$。在“矢量显示”面板里可以指定变形的 X、Y 和 Z 轴的分量，显示在整体或局部坐标系中。最后可以得到变形的矢量图，如图 10-10 所示。

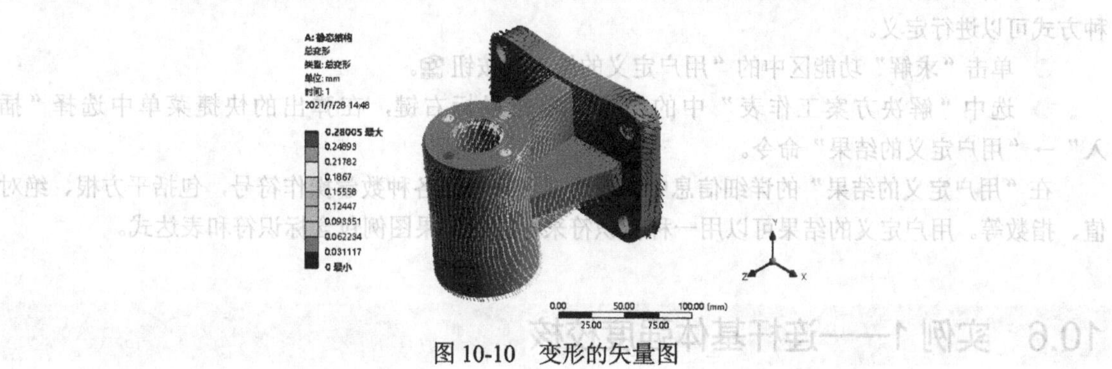

图 10-10 变形的矢量图

2. 应力和应变

“应力”和“应变”下拉菜单如图 10-11 所示。

图 10-11 “应力”和“应变”下拉菜单

在显示应力和应变前，需要注意：应力和弹性应变有 6 个分量（X、Y、Z、XY、YZ、XZ），而热应变有 3 个分量（X、Y、Z）。对应力和应变而言，它们的分量可以在“方向”里指定，而热应变的分量在“热”中指定。

主应力关系：s1>s2>s3。

强度定义为 s1−s2、s2−s3 和 s3−s1 中绝对值最大的那个。

使用应力工具时需要设定安全系数（根据应用的失效理论来设定）。

- 柔性理论：包括最大等效应力和最大切应力。
- 脆性理论：包括 Mohr-Coulomb 应力和最大拉伸应力。

使用每个安全因子的应力工具，都可以绘制出安全边界和应力比。

3. 接触结果

单击“求解”下的“接触工具”可以得到接触结果。

为“接触工具”选择接触域有两种方法。

- 工作表视图（详细信息）：从表单中选择接触域，包括接触面、目标面和同时选择两者。
- 几何体：在绘图区域中选择接触域。

4. 用户自定义结果

除了标准结果，用户还可以插入自定义结果，可以包括数学表达式和多个结果的组合。有两种方式可以进行定义。

- 单击“求解”功能区中的“用户定义的结果”按钮。
- 选中“解决方案工作表”中的结果后单击鼠标右键，在弹出的快捷菜单中选择“插入”→“用户定义的结果”命令。

在“用户定义的结果”的详细信息中，表达式允许使用各种数学操作符号，包括平方根、绝对值、指数等。用户定义的结果可以用一种标识符来标注，结果图例包含标识符和表达式。

10.6 实例 1——连杆基体强度校核

连杆基体为一个承载构件，在校核计算时需要进行连杆基体的垂直弯曲刚度试验、垂直弯曲静强度试验、垂直弯曲疲劳试验。连杆基体如图 10-12 所示。

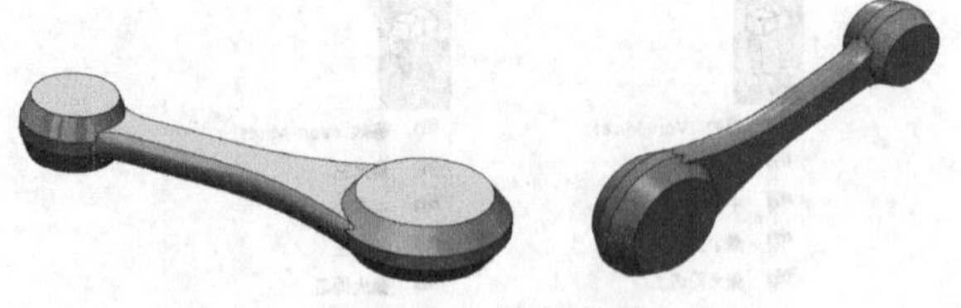

图 10-12　连杆基体

10.6.1 问题描述

连杆基体垂直弯曲刚度试验评估指标为满载时杆最大变形量不超过 1.5mm。垂直弯曲静强度试验合格指标为 $K>6$。

$$K=\frac{P_n}{p}$$

式中，K 为垂直弯曲破坏后备系数，P_n 为垂直弯曲破坏载荷，p 为满载轴荷。

10.6.2 项目原理图

01 打开 ANSYS Workbench 2021 R1，展开左边的分析系统工具箱，将工具箱里的“静态结构”模块直接拖动到项目管理界面中或直接在其上双击，建立一个含有“静态结构”的项目模块，结果如图 10-13 所示。

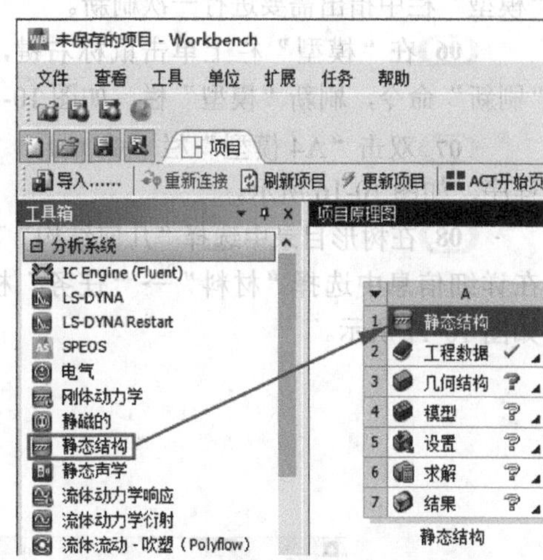

图 10-13 添加“静态结构”模块

02 右击“A3 几何结构”栏 3 几何结构，弹出快捷菜单，选择“导入几何模型”→“浏览”命令，在“打开”对话框中打开随书资源中的“连杆基体 .igs”。

10.6.3 前处理

01 设置单位系统。选择“单位”→“度量标准(kg, mm, s, ℃ , mA, N, mV)”命令，设置单位为毫米。

02 为部件选择一个合适的材料。双击“A2 工程数据”栏 2 工程数据，得到它的材料特性。

03 在打开的“A2：工程数据”界面中，单击“工程数据源”标签 工程数据源，如图 10-14 所示，单击其中的“一般材料”使之高亮显示。

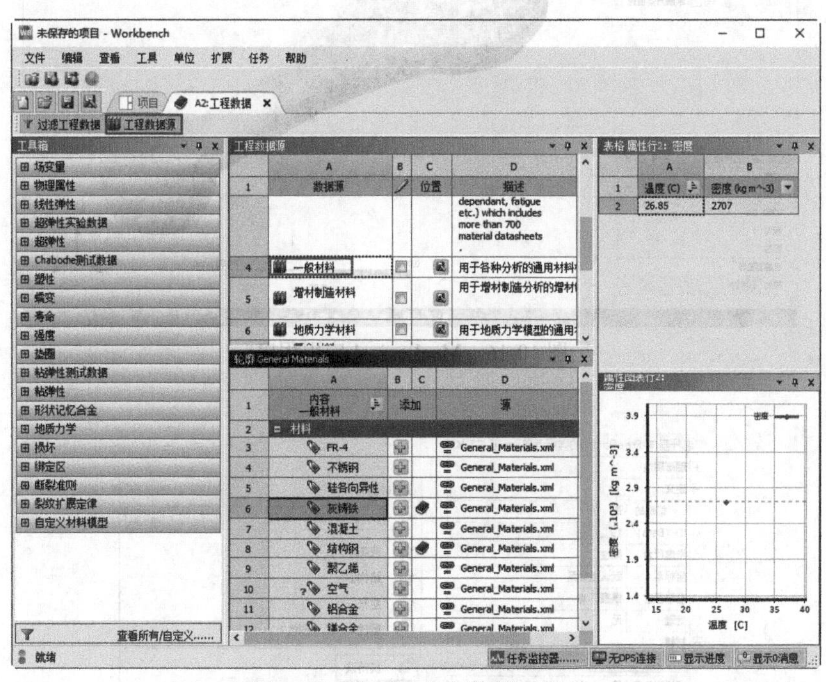

图 10-14 “A2：工程数据”界面

04 单击“轮廓 General Materials”窗格中的“灰铸铁”右侧的“添加”按钮，将这个材料添加到当前项目。

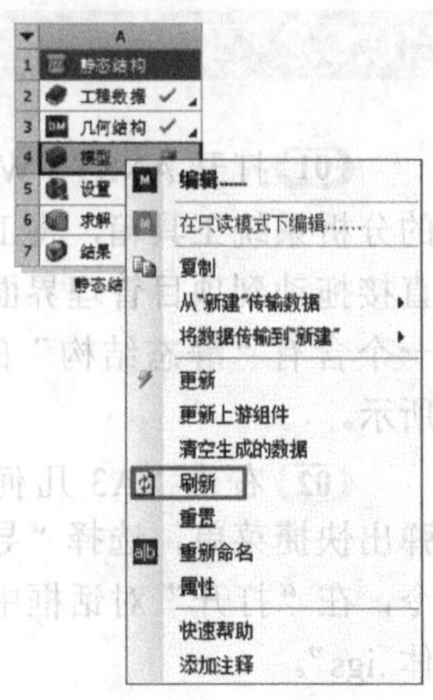

图 10-15　刷新“模型”栏

05关闭“A2：工程数据”界面，返回到项目管理界面中。这时“模型”栏中指出需要进行一次刷新。

06在“模型”栏上单击鼠标右键，在弹出的快捷菜单中选择“刷新”命令，刷新“模型”栏，如图 10-15 所示。

07双击“A4 模型”栏 4 模型，启动 Mechanical 应用程序，如图 10-16 所示。

08在树形目录中选择“几何结构”下的“连杆基体 -FreeParts”，在详细信息中选择“材料”→“任务”栏，将材料改为“灰铸铁”，如图 10-17 所示。

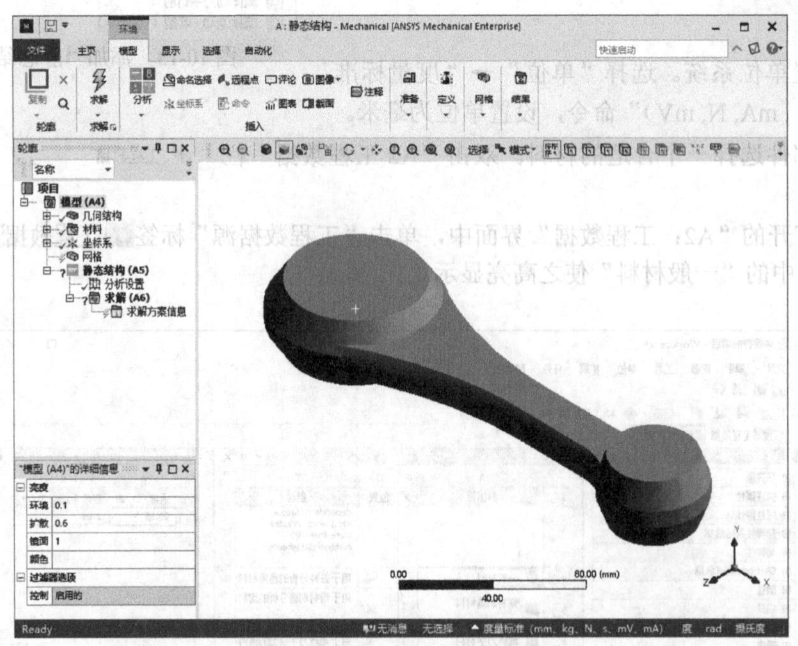

图 10-16　Mechanical 应用程序

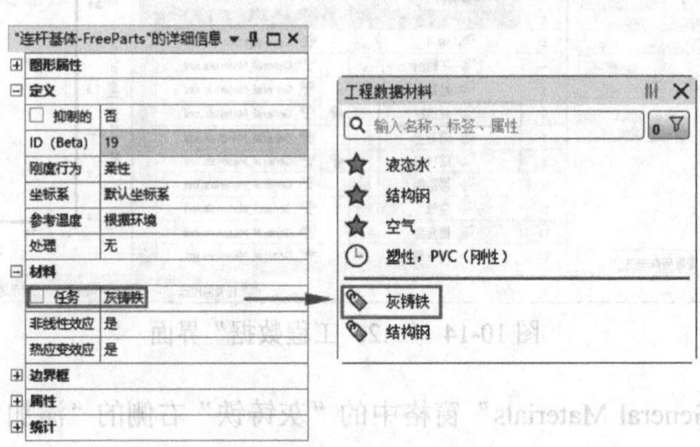

图 10-17　改变材料

09 网格划分。在树形目录中右击“网格”分支，在弹出的快捷菜单中选择“插入”→“尺寸调整”命令，如图 10-18 所示。

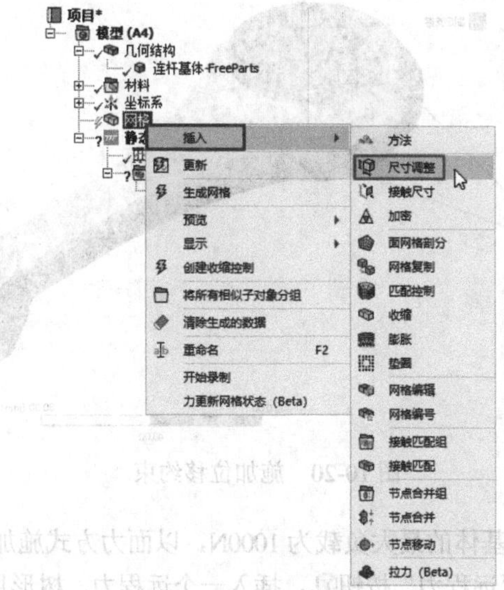

图 10-18　网格划分

10 指定尺寸。在“几何体尺寸调整”的详细信息中，选择整个连杆基体实体，并指定“单元尺寸”为“10.0mm”，如图 10-19 所示。

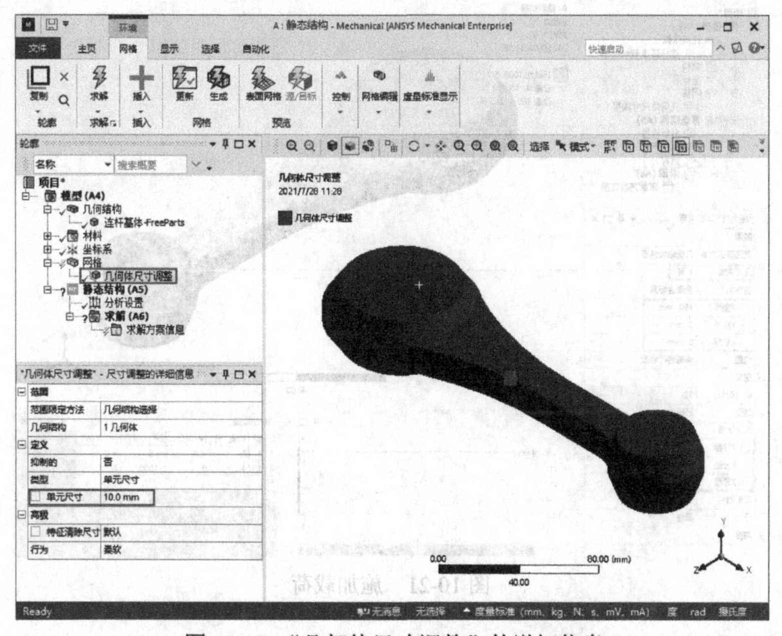

图 10-19　“几何体尺寸调整”的详细信息

11 施加位移约束。在树形目录中单击“静态结构（A5）”分支，此时功能区中的“环境”标签显示为“环境”功能区。在功能区中单击“结构”面板中的“固定的”按钮，按住 Ctrl 键拾取大圆面两端的表面，单击详细信息中的“应用”按钮 应用 ，结果如图 10-20 所示。

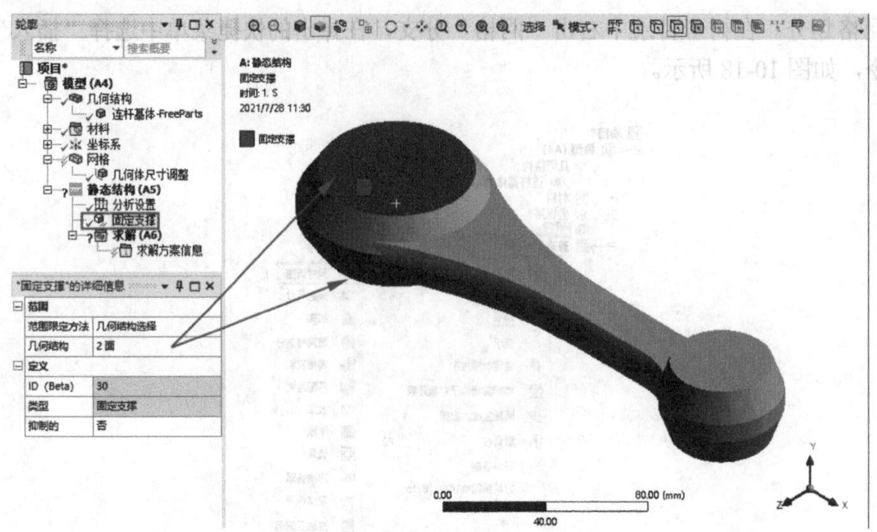

图 10-20　施加位移约束

⑫施加载荷约束。连杆基体的最大负载为 1000N，以面力方式施加在小端面的中间位置。在功能区中单击“结构”面板中的“远程力”按钮，插入一个远程力，树形目录中将出现一个“远程力”。

⑬选择参考受力面，并指定受力点的坐标位置，设置“X 坐标”为“180mm”，“Y 坐标”为“0mm”，“Z 坐标”为“0mm”，“定义依据”为“分量”，其他设置如图 10-21 所示。

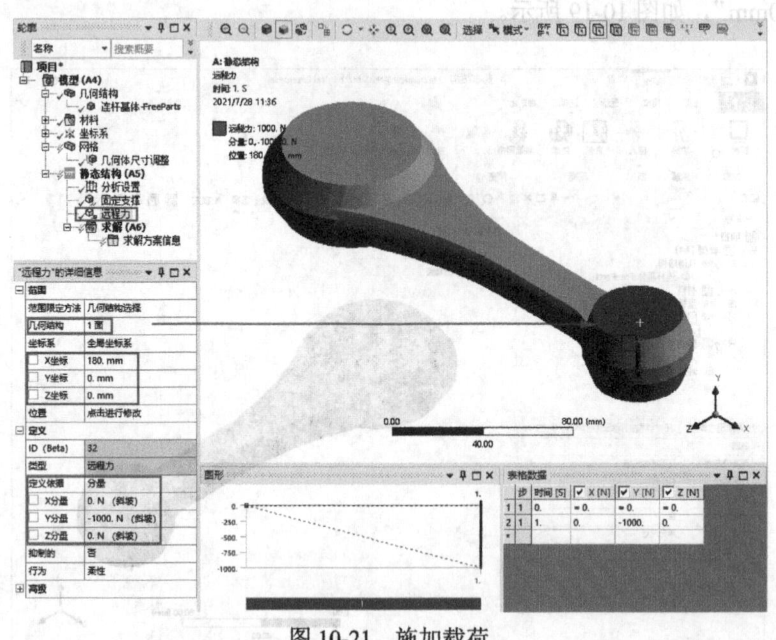

图 10-21　施加载荷

⑭添加结构结果。在树形目录中单击“求解（A6）”分支，此时功能区中的“环境”标签显示为“求解”功能区。

⑮在功能区中单击“结果”面板中的“变形”按钮，在弹出的下拉菜单中选择“总计”命令，添加位移结果显示。用同样的方式插入“应力”→“等效（Von-Mises）”，添加完成后的分支结果如图 10-22 所示。

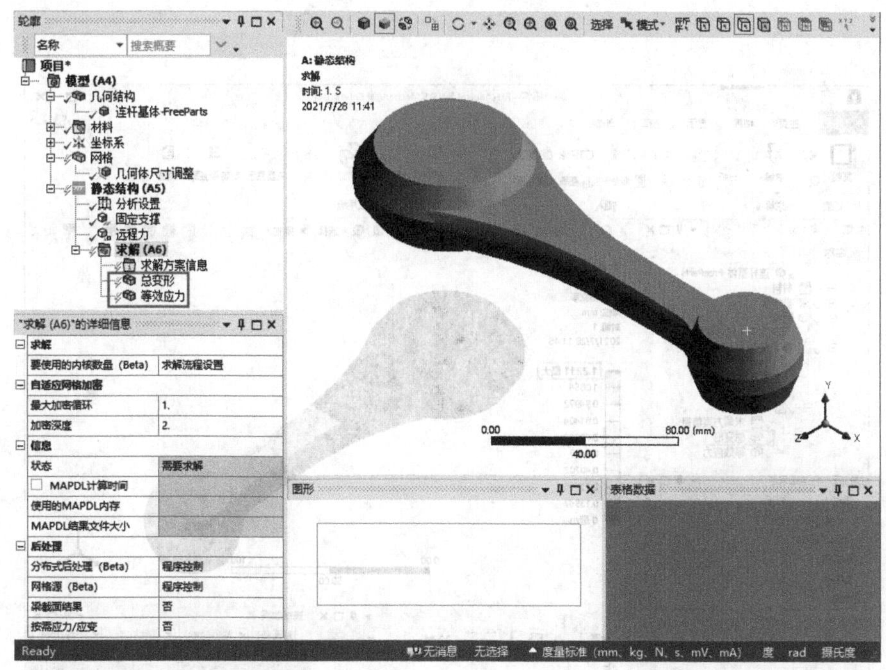
图 10-22　添加结果

10.6.4　求解

单击“主页”功能区→“求解”面板中的“求解”按钮，如图 10-23 所示，进行求解。

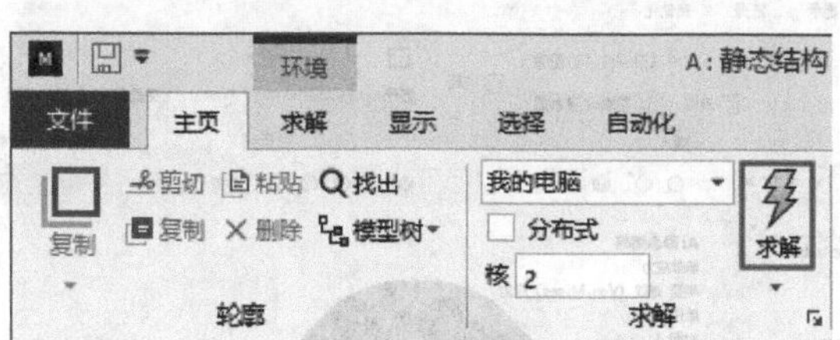

图 10-23　单击“求解”按钮

10.6.5　结果

01 通过计算，连杆基体在满载工况下，总位移云图如图 10-24 所示。根据连杆基体垂直弯曲刚度试验评估指标为满载轴荷时的要求，对比分析结果可知，最大变形量约为 1.22mm，小于设定的 1.5mm 的指标。

02 模型的等效应力云图如图 10-25 所示。在连杆基座各点应力计算结果中，应力较大区域为连杆基座的柄部，最大应力值为 94.769MPa。

03 连杆基体垂直弯曲失效载荷，可以用连杆基体应力值达到材料的屈服极限对应的载荷来代替。根据材料的屈服极限为 610MPa 和试验评价指标垂直弯曲失效后备系数 $K > 6$ 的要求，计算结果是合格的。

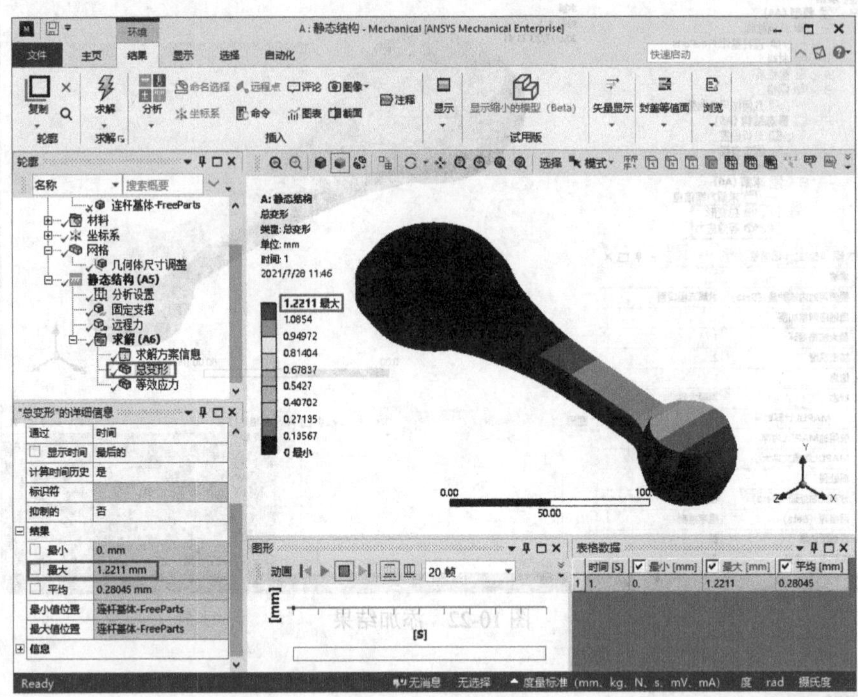

图 10-24　总位移云图

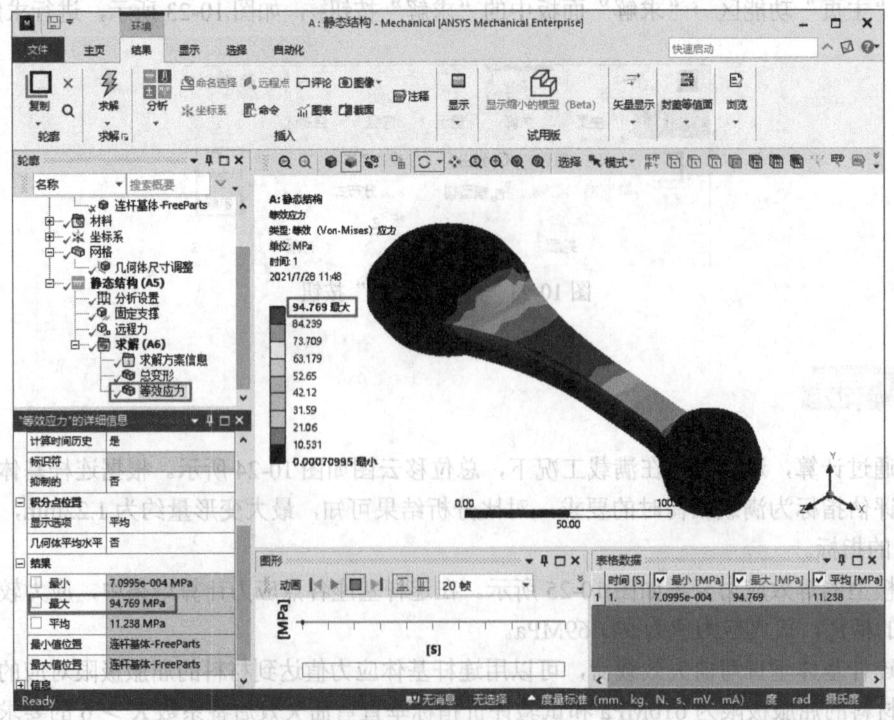

图 10-25　等效应力云图

10.7　实例 2——联轴器变形和应力校核

本节通过对图 10-26 所示的联轴器进行应力分析来介绍 ANSYS 三维问题的分析过程。通过此实例，读者可以了解使用 Mechanical 进行 ANSYS 分析的基本过程。

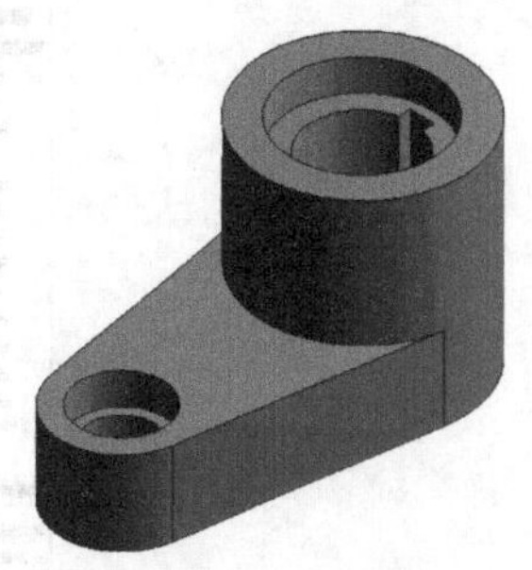

图 10-26　联轴器

10.7.1　问题描述

本实例考查联轴器在工作时发生的变形和产生的应力。联轴器在底面的四周边界不能发生上下运动，即不能发生沿轴向的位移；在底面的两个圆周上不能发生任何方向的运动。小轴孔的孔面上分布 10MPa 的压强，大轴孔的孔台上分布 10MPa 的压强，在大轴孔键槽的一侧受到 30MPa 的压强。

10.7.2　项目原理图

01 打开 ANSYS Workbench 2021 R1，展开左边的分析系统工具箱，将工具箱里的“静态结构”模块直接拖动到项目管理界面中或直接在其上双击，建立一个含有“静态结构”的项目模块，结果如图 10-27 所示。

02 导入模型。右击“A3 几何结构”栏，弹出快捷菜单，如图 10-28 所示，选择“新的 DesignModeler 几何结构 ......”命令，建立联轴器模型，创建的模型如图 10-29 所示。（或者导入随书资源中的联轴器 .agdb 文件。）

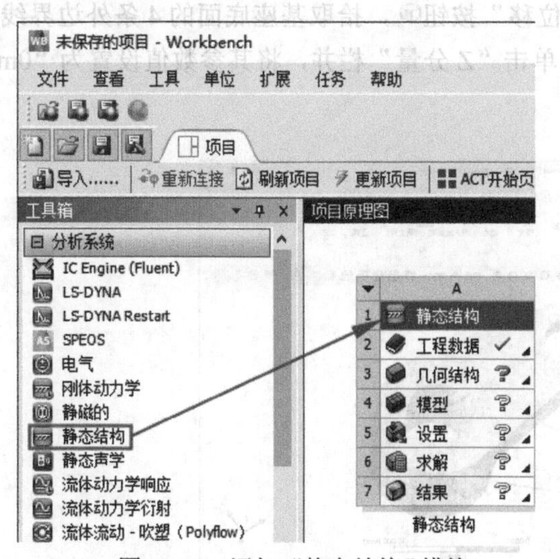

图 10-27　添加“静态结构”模块

图 10-28　快捷菜单

03 设置单位系统。选择“单位”→“度量标准（kg, mm, s, ℃, mA, N, mV)”命令，设置单位为毫米。

04 双击“A4 模型”栏，启动 Mechanical 应用程序。

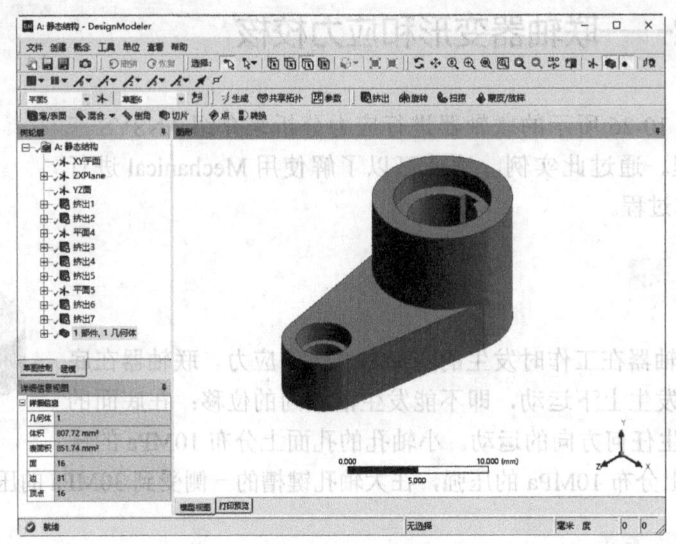

图 10-29 联轴器模型

10.7.3 前处理

01 设置单位系统。在功能区中选择“主页”→“工具”→“单位”→“度量标准（mm, kg, N, s, mV, mA）”，设置单位为毫米。

02 插入载荷。在树形目录中单击“静态结构（A5）”分支，此时功能区中的“环境”标签显示为“环境”功能区。

03 在功能区中单击“结构”面板中的“位移”按钮，拾取基座底面的 4 条外边界线，单击“位移”详细信息中的“应用”按钮 应用 ，单击“Z 分量”栏并，将其参数值设置为“0mm”，其余设置保持默认，如图 10-30 所示。

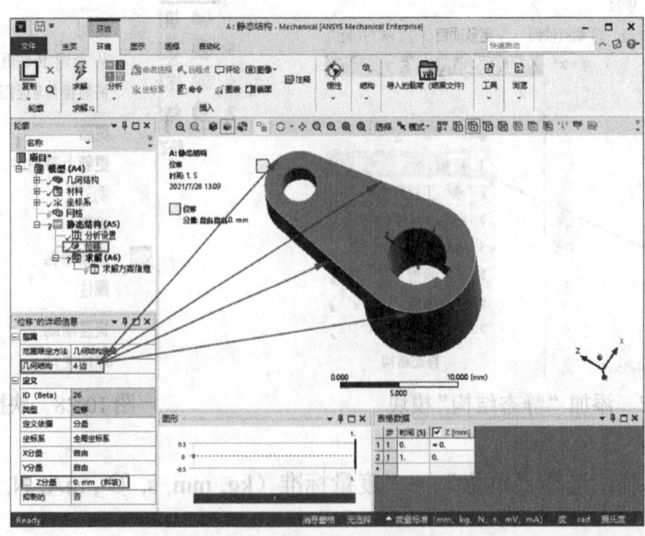

图 10-30 基座底面位移约束（1）

04 在功能区中单击“结构”面板中的“固定的”按钮，拾取基座底面的两条圆周线，单击“固定支撑”的详细信息中的“应用”按钮 应用 ，如图10-31所示。

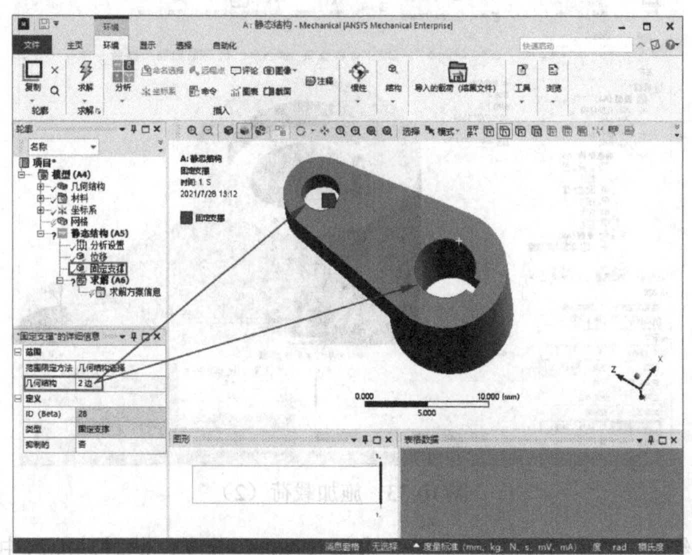

图10-31 基座底面位移约束（2）

05 在功能区中单击“结构”面板中的“压力”按钮，插入一个压力载荷，树形目录中将出现一个“压力”选项。选择大轴孔的孔台，单击“压力”的详细信息中的“应用”按钮 应用 ，在“大小”栏中输入“10MPa（斜坡）”，如图10-32所示。用同样的方式选择小轴孔的内圆周面和小轴孔的圆台，添加10MPa的压力。

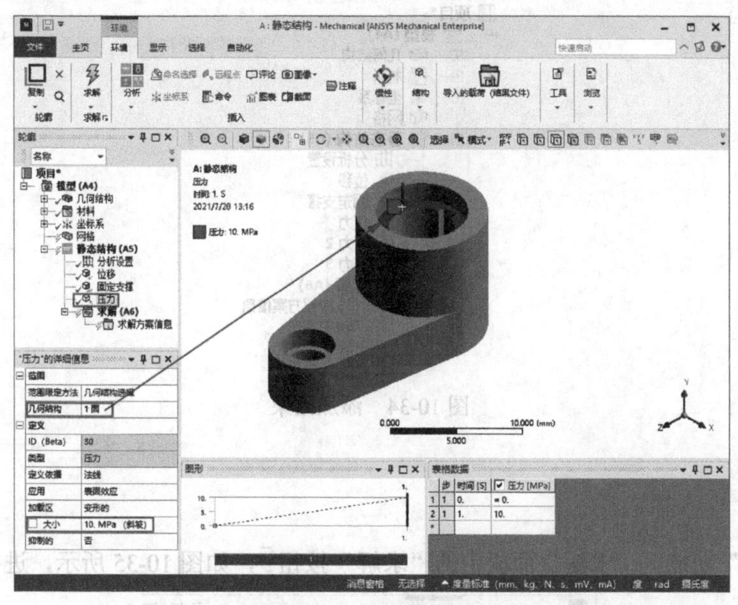

图10-32 施加载荷（1）

06 在功能区中单击“结构”面板中的“压力”按钮，插入一个压力载荷，树形目录中将出现一个“压力”选项。选择键槽的一侧，单击“压力”的详细信息中的“应用”按钮 应用 ，在“大小”栏中输入“30MPa（斜坡）”，如图10-33所示。

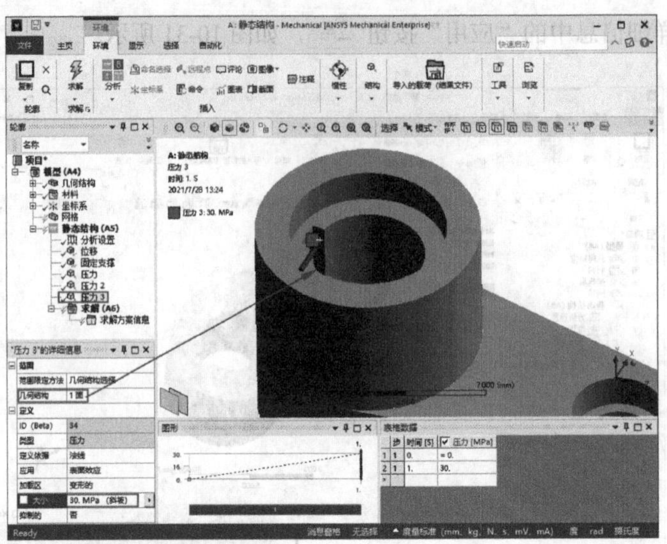
图 10-33　施加载荷（2）

07 添加结构结果。在树形目录中单击“求解（A6）”分支，此时功能区中的“环境”标签显示为“求解”功能区。

08 在功能区中单击“结果”面板中的“变形”按钮，在弹出的下拉菜单中选择“总计”命令。在树形目录中的“求解（A6）”分支下将出现一个“总变形”选项。用同样的方式插入“应力”→“等效（Von-Mises）”和“工具箱”→“应力工具”，添加完成后的分支结果如图 10-34 所示。

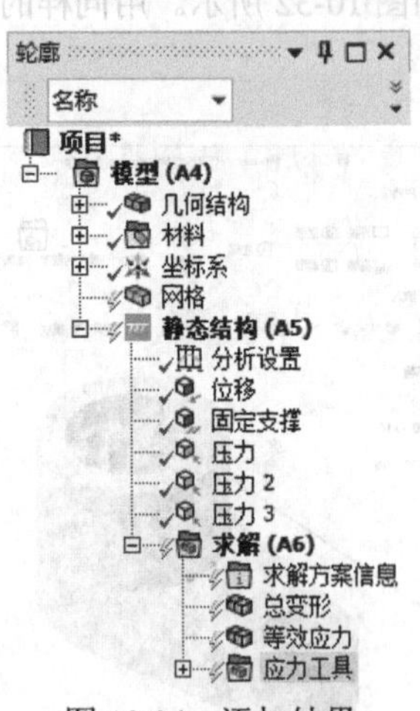

图 10-34　添加结果

10.7.4　求解

单击“主页”功能区“求解”面板中的“求解”按钮，如图 10-35 所示，进行求解。

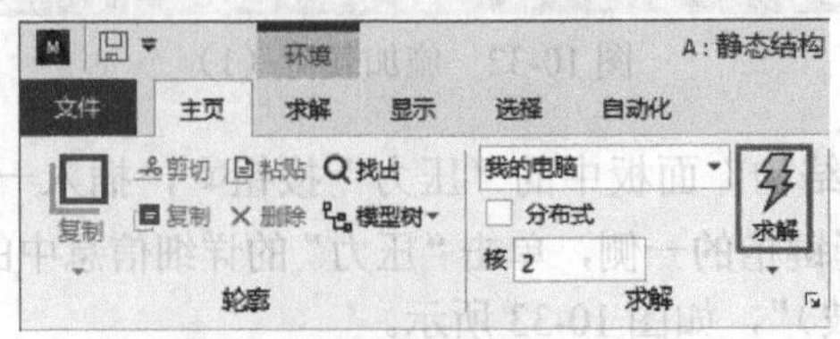

图 10-35　单击“求解”按钮

10.7.5 结果

01 求解完成后，在树形目录中的“求解（A6）”分支中查看结果。

02 绘制模型的变形图。“静态结构”分析通常会显示模型的真实变形结果。常使用显示工具检查变形的一般特性（方向和大小）可以避免建模步骤中的明显错误。图 10-36 所示为总变形结果，图 10-37 所示为应力结果。

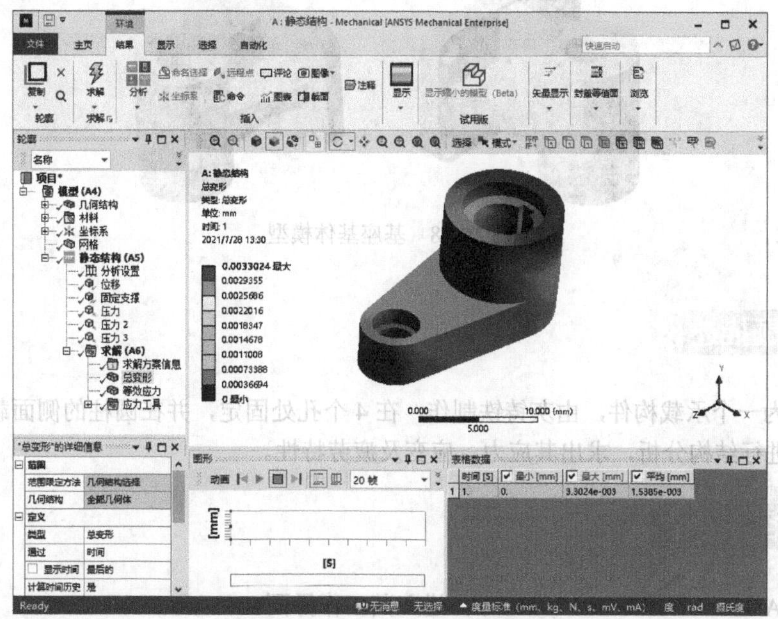

图 10-36 总变形结果

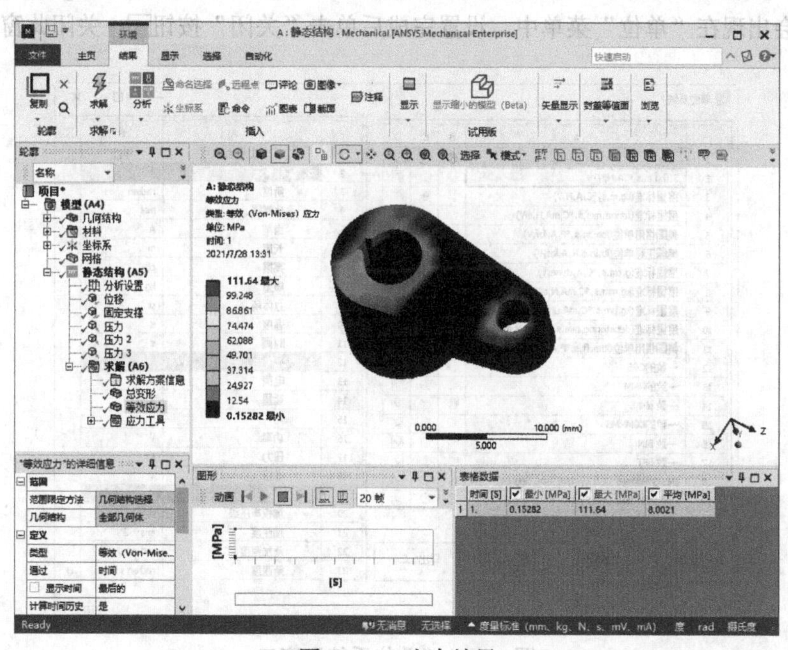

图 10-37 应力结果

10.8 实例 3——基座基体强度校核

本节将对基座基体进行结构分析，模型已经创建完成，在进行分析前直接导入即可。基座基体模型如图 10-38 所示。

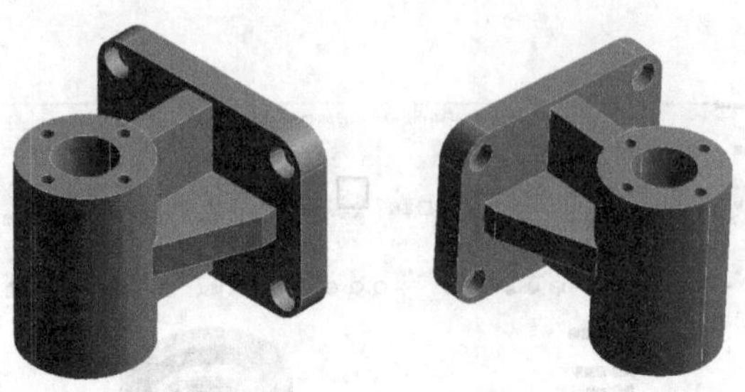

图 10-38 基座基体模型

10.8.1 问题描述

基座基体为一个承载构件，由灰铸铁制作，在 4 个孔处固定，并在圆柱的侧面载有 5MPa 的压强。下面对其进行结构分析，求出其应力、应变及疲劳特性。

10.8.2 项目原理图

01 启动 ANSYS Workbench 2021 R1，进入其工作界面。

02 在 ANSYS Workbench 2021 R1 工作界面中选择“单位”→“单位系统”命令，打开“单位系统”窗口，如图 10-39 所示。取消勾选 D8 栏中的复选框，“度量标准（kg, mm, s, ℃ , mA, N, mV）”命令将会出现在“单位”菜单中。设置完成后单击“关闭”按钮☒，关闭此窗口。

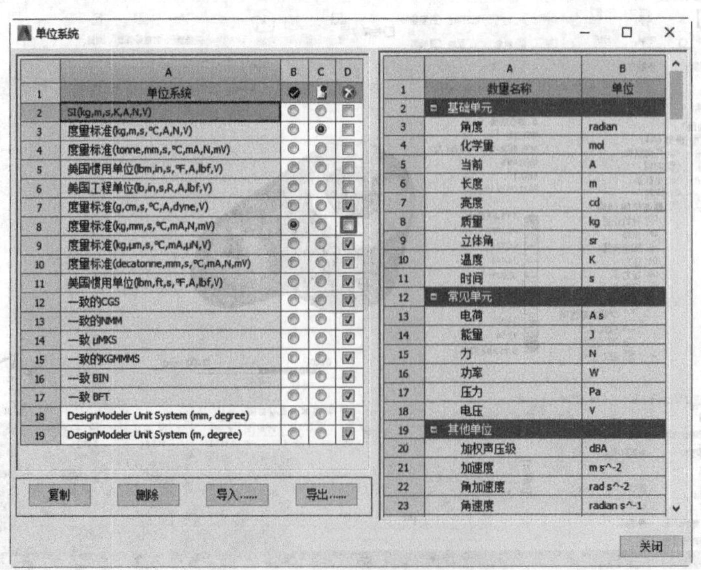

图 10-39 “单位系统”窗口

03 选择“单位”→“度量标准（kg. mm, s, ℃ , mA, N, mV）”命令，设置模型的单位，如图 10-40 所示。

04 在 ANSYS Workbench 2021 R1 工作界面中，展开左边的分析系统工具箱，将工具箱里的“静态结构”模块直接拖动到项目管理界面中或直接在其上双击，建立一个含有“静态结构”的项目模块，结果如图 10-41 所示。

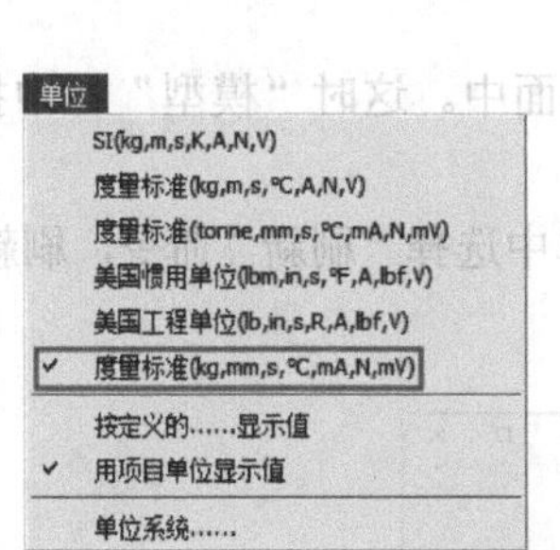

图 10-40　设置模型的单位

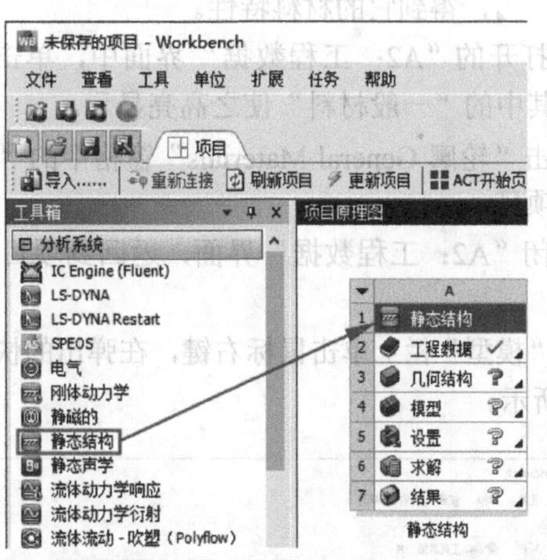

图 10-41　添加“静态结构”模块

05 导入模型。右击“A3 几何结构”栏，弹出快捷菜单，选择快捷菜单中的“导入几何模型”→“浏览”命令，打开“打开”对话框，打开随书资源中的“基座基体 .igs”。

06 双击“A4 模型”栏，启动 Mechanical 应用程序，如图 10-42 所示。

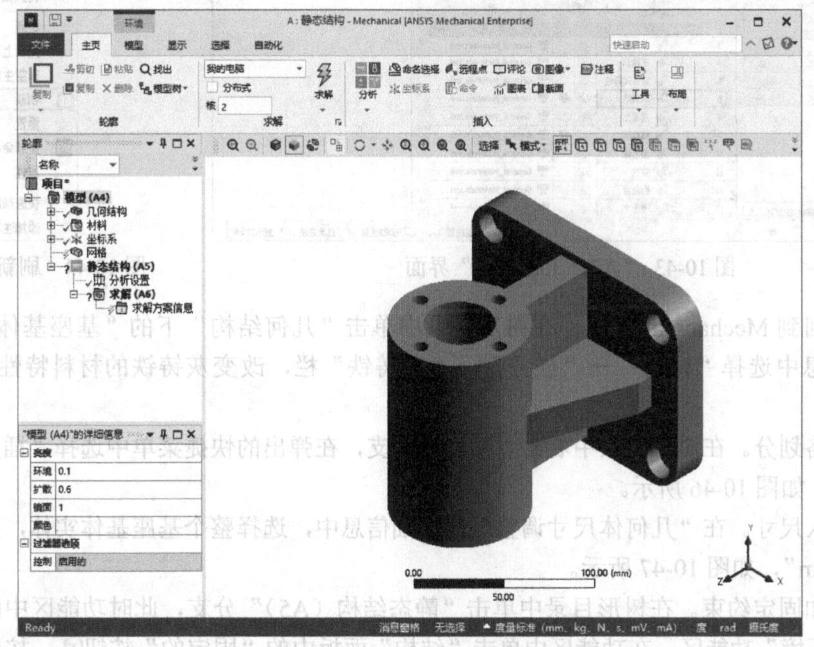

图 10-42　启动 Mechanical 应用程序

10.8.3 前处理

01 设置单位系统。在功能区中选择“主页”→“工具”→“单位”→“度量标准（mm, kg, N, s, mV, mA）”，设置单位为毫米。

02 为部件选择一个合适的材料。返回到项目管理界面并双击“A2 工程数据”栏 2 工程数据 ✓，得到它的材料特性。

03 在打开的“A2：工程数据”界面中，单击“工程数据源”标签 工程数据源，如图 10-43 所示，单击其中的“一般材料”使之高亮显示。

04 单击“轮廓 General Materials”窗格中的“灰铸铁”右侧的“添加”按钮，将这个材料添加到当前项目。

05 关闭“A2：工程数据”界面，返回到项目管理界面中。这时“模型”栏中指出需要进行一次刷新。

06 在“模型”栏上单击鼠标右键，在弹出的快捷菜单中选择“刷新”命令，刷新“模型”栏，如图 10-44 所示。

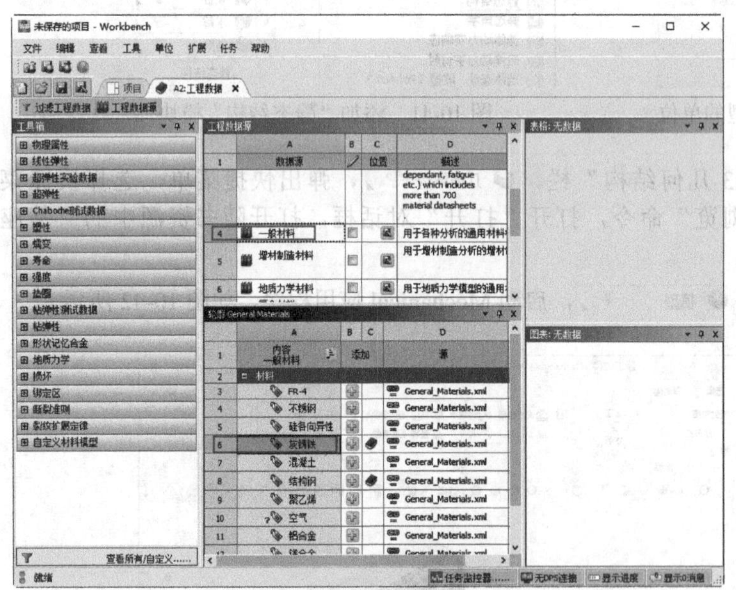

图 10-43 “A2：工程数据”界面

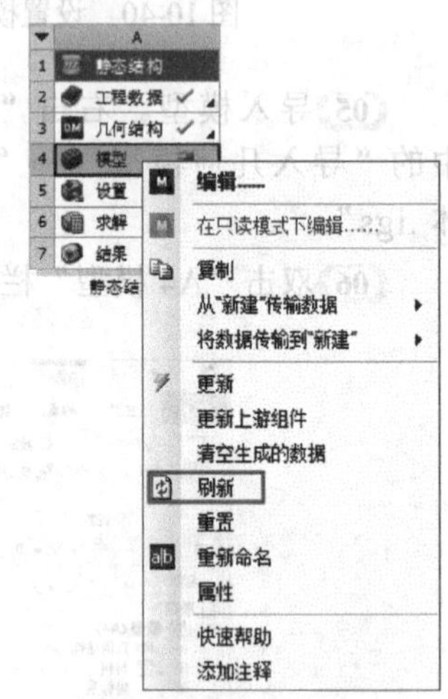

图 10-44 刷新“模型”栏

07 返回到 Mechanical 窗口，在树形目录中单击“几何结构”下的“基座基体 -FreeParts”，并在详细信息中选择“材料”→“任务”→“灰铸铁”栏，改变灰铸铁的材料特性，如图 10-45 所示。

08 网格划分。在树形目录中右击“网格”分支，在弹出的快捷菜单中选择“插入”→“尺寸调整”命令，如图 10-46 所示。

09 输入尺寸。在“几何体尺寸调整”的详细信息中，选择整个基座基体实体，并指定网格尺寸为“10.0mm”，如图 10-47 所示。

10 施加固定约束。在树形目录中单击“静态结构（A5）”分支，此时功能区中的“环境”标签显示为“环境”功能区。在功能区中单击“结构”面板中的“固定的”按钮，按住 Ctrl 键将位移约束施加到底座上的 4 个内圆面，单击左下角“固定支撑”的详细信息中的“应用”按钮 应用，结果如图 10-48 所示。

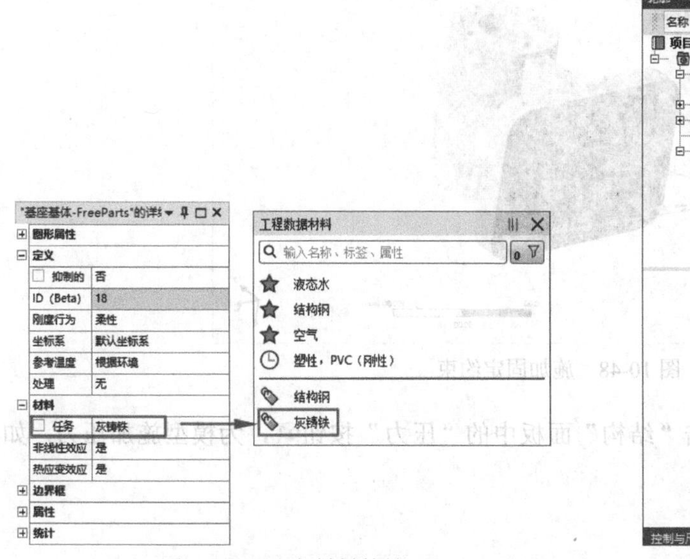

图 10-45　改变材料特性

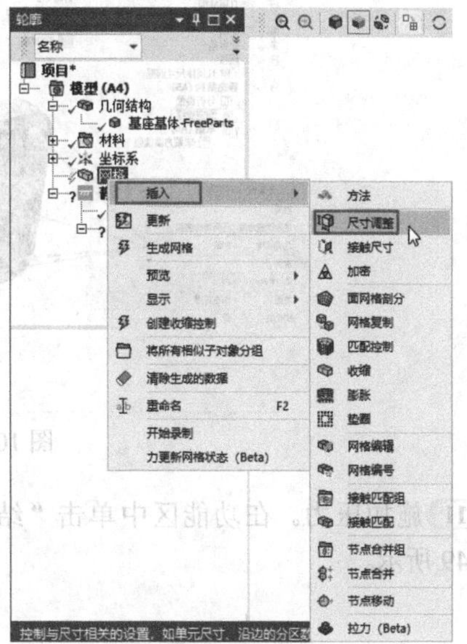

图 10-46　网格划分

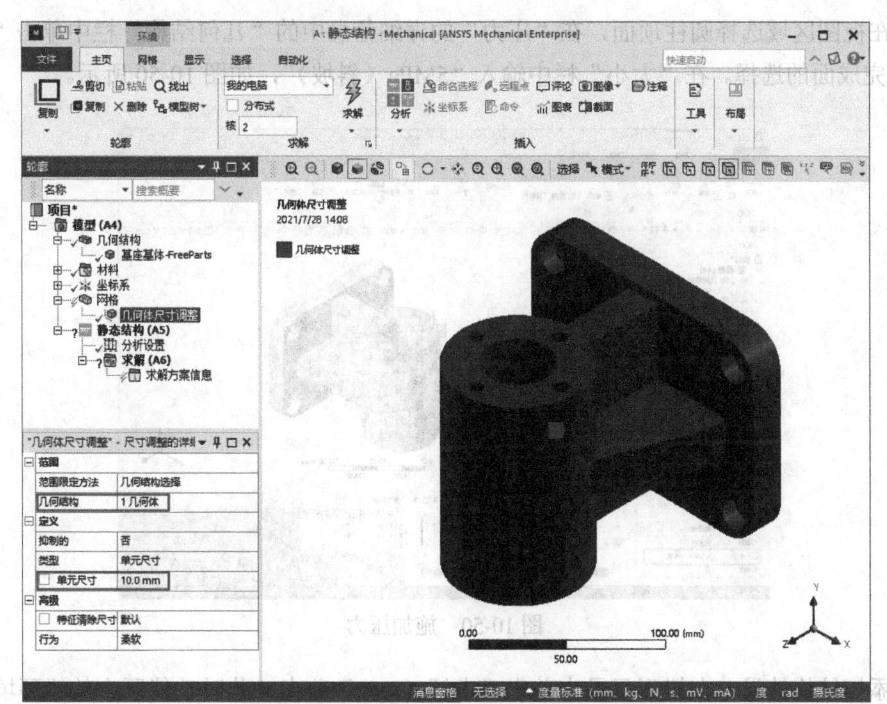

图 10-47　“几何体尺寸调整”的详细信息

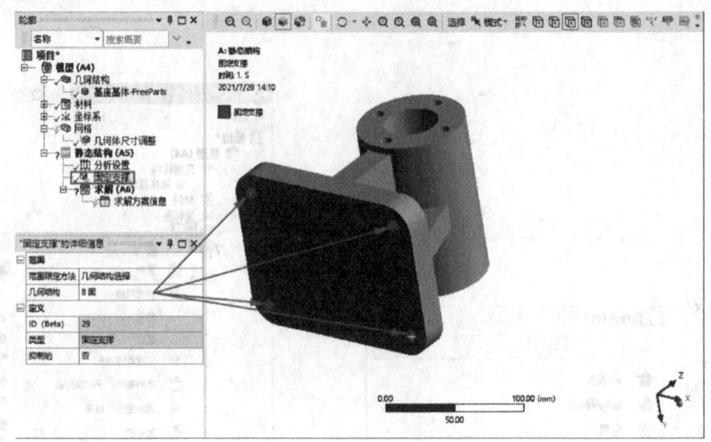

图 10-48　施加固定约束

⑪施加压力。在功能区中单击“结构”面板中的“压力”按钮，为模型施加压力，如图 10-49 所示。

图 10-49　“压力”按钮

⑫在视图区域选择圆柱顶面，在“压力”的详细信息中的“几何结构”栏中单击“应用”按钮 应用 ，完成面的选择。在“大小”栏中输入“5MPa（斜坡）”，如图 10-50 所示。

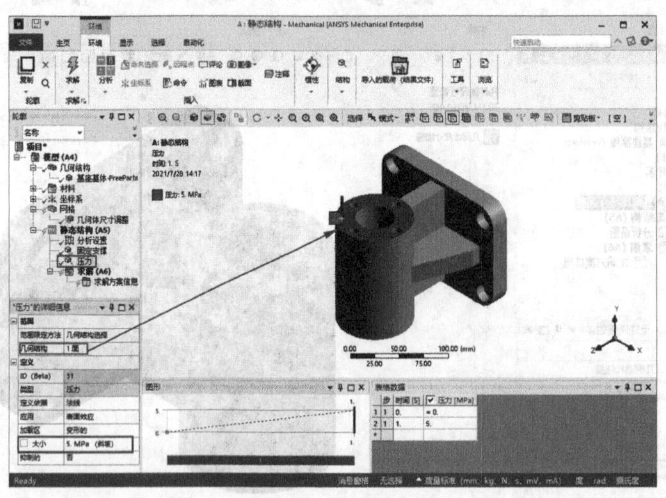

图 10-50　施加压力

⑬添加结构结果。在树形目录中单击“求解（A6）”分支，此时功能区中的“环境”标签显示为“求解”功能区。

⑭在功能区中单击“结果”面板中的“变形”按钮，在弹出的下拉菜单中选择“总计”命令，添加位移结果显示。树形目录中的“求解（A6）”栏内将出现一个“总变形”分支。用同样的方式插入“应力”→“等效（Von-Mises）”，添加完成后的结果如图 10-51 所示。

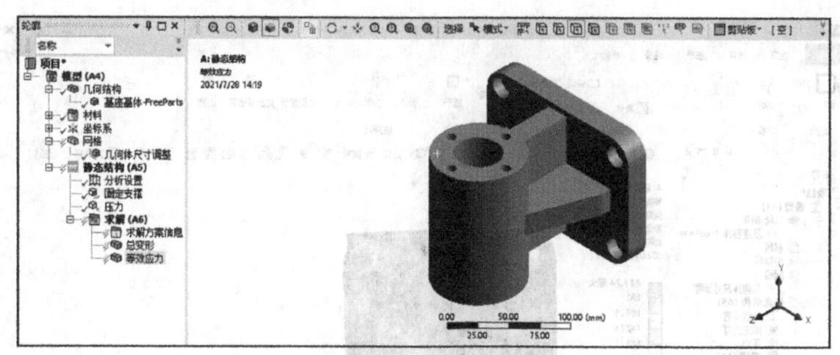
图 10-51　添加结果

10.8.4　求解

单击“主页”功能区→“求解”面板中的“求解”按钮，如图 10-52 所示，进行求解。

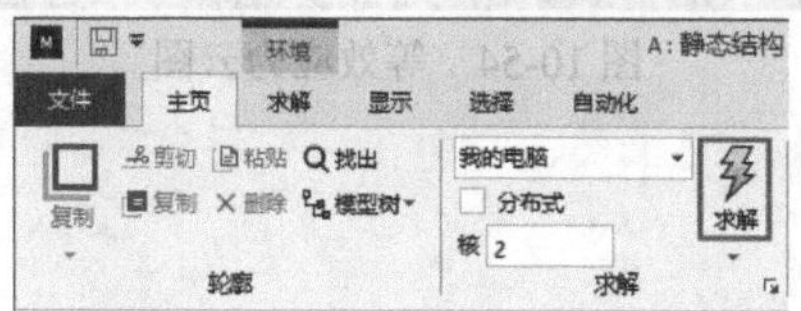

图 10-52　单击“求解”按钮

10.8.5　结果

01 单击树形目录中的“求解（A6）”下的“总变形”分支，通过计算，基座基体在满载工况下的总位移云图如图 10-53 所示。

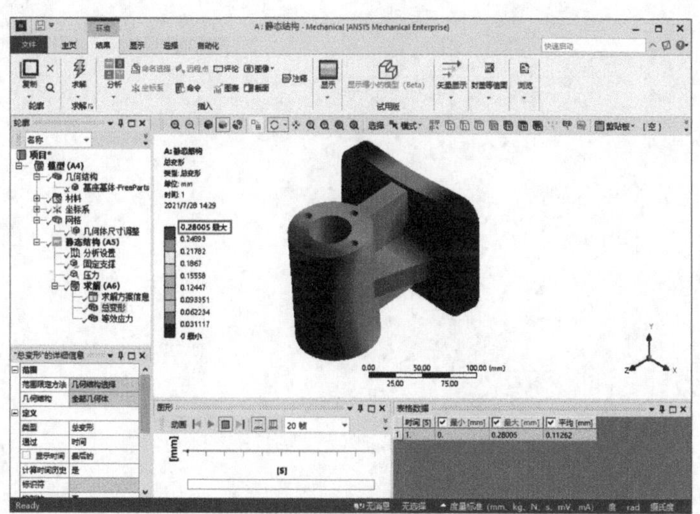
图 10-53　总位移云图

02 单击树形目录中的“求解（A6）”下的“等效应力”分支，此时在视图区域中会出现图 10-54 所示的等效应力云图。

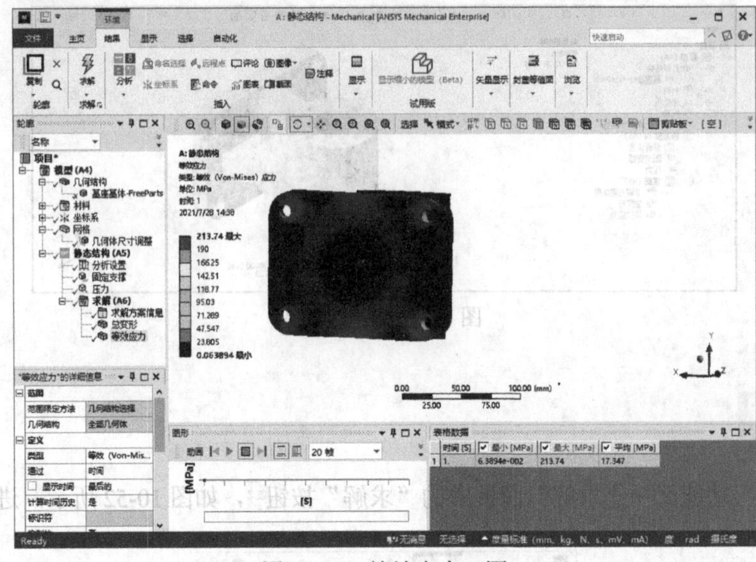

图 10-54　等效应力云图

第 11 章 模态分析

模态分析用来确定结构的震动特性，可以确定自然频率、振型和振型参与系数。模态分析是所有动力学分析类型中最基础的内容。

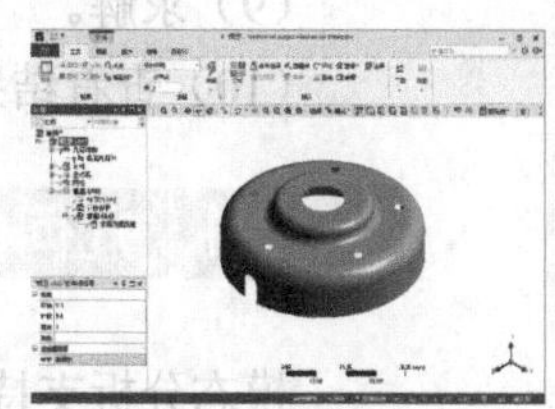

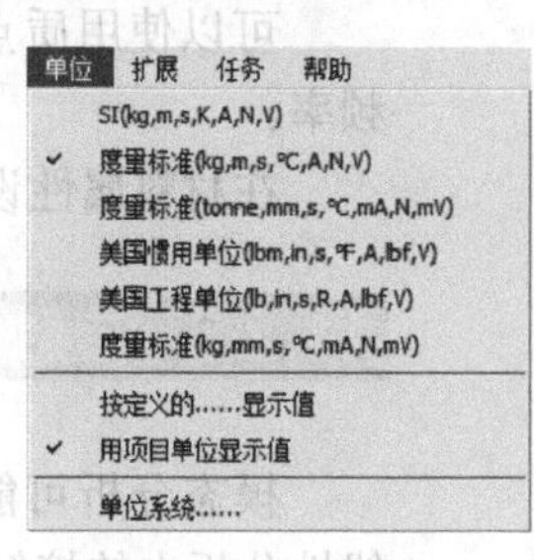

学习要点

- 模态分析方法
- 模态分析步骤
- 模态分析实例

11.1 模态分析方法

求解通用运动方程主要有两种方法，即模态叠加法和直接积分法。其中，模态叠加法是确定结构的固有频率和模态，然后乘以正则化坐标，再加起来计算位节点的位移解。这种方法可以用于瞬态和谐响应分析。直接积分法是直接求解运动方程。对于谐响应分析，由于载荷与响应都假设是谐函数，所以运动方程式里的频率函数不是以时间函数的形式来写出并求解的。

对于模态分析，振动频率 ω_i 和模态 ϕ_i 是根据下面的方程计算出的：

$$([\boldsymbol{K}] - \omega_i^2 [\boldsymbol{K}]) \{\phi_i\}=0$$

11.2 模态分析步骤

模态分析与线性静态分析的过程非常相似，因此，此处不对所有的步骤做详细介绍。进行模态分析的步骤如下。

（1）附加几何模型。

（2）设置材料属性。

（3）定义接触区域（如果有的话）。

（4）定义网格控制（可选择）。

（5）定义分析类型。

（6）加支撑（如果有的话）。

（7）求解频率测试结果。

（8）设置频率测试选项。

（9）求解。

（10）查看结果。

11.2.1 几何体和质点

模态分析支持各种几何体，包括实体、表面体和线体。

可以使用质点：质点在模态分析中只有质量，没有硬度，质点的存在会降低结构自由振动的频率。

在材料属性设置中，弹性模量、泊松比和密度的值是必须要有的。

11.2.2 接触区域

模态分析可能存在接触。由于模态分析是纯粹的线性分析，所以其采用的接触类型不同于非线性分析中的接触类型。

模态分析中的接触包括粗糙接触和摩擦接触，将在内部表现为绑定或不分离；如果有间隙存在，非线性接触行为将是自由无约束的。

绑定和不分离的接触情形取决于搜索区域的大小。

11.2.3 分析类型

在进行分析时，从 ANSYS Workbench 2021 R1 的分析系统工具箱中选择“模态”模块来指定模型分析的类型，如图 11-1 所示。

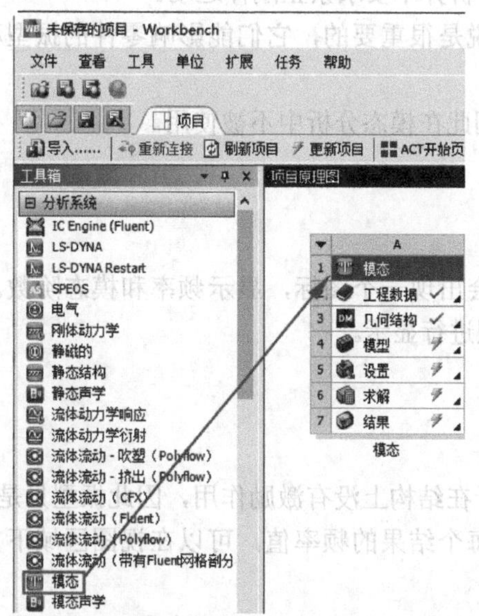

图 11-1 “模态”模块

“分析设置”的详细信息如图 11-2 所示。

最大模态阶数：1~200（默认的是 6）。

限制搜索范围：默认的是 0~1e+8Hz。

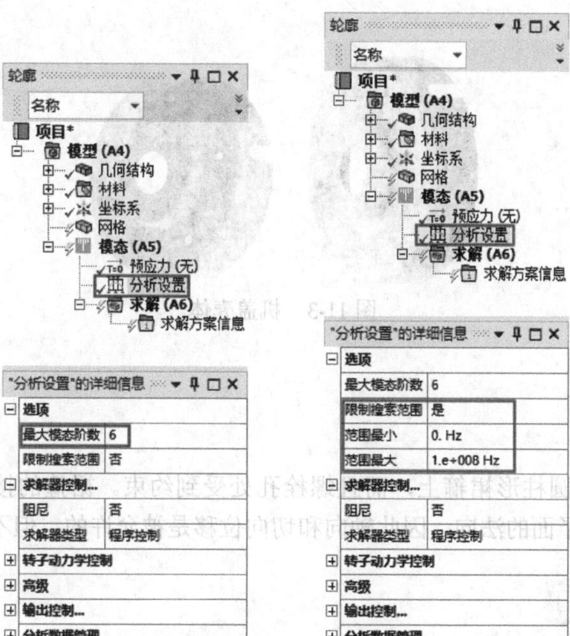

图 11-2 “分析设置”的详细信息

11.2.4　载荷和约束

在进行模态分析时，结构和热载荷无法在模态中存在。

约束：假如没有约束或者只存在部分约束，刚体模态将被检测。这些模态将处于 0Hz 附近。与静态结构分析不同，模态分析并不要求禁止刚体运动。

边界条件对模态分析来说是很重要的，它们能影响零件的振型和固有频率，因此需要仔细考虑模型是如何被约束的。

压缩约束是非线性的，因此在模态分析中不被使用。

11.2.5　求解

求解结束后，求解分支会出现一个图标，显示频率和模态阶数。用户可以从图表或者图形中选择需要的振型或者全部振型进行显示。

11.2.6　检查结果

在进行模态分析时，由于在结构上没有激励作用，因此振型只是与自由振动相关的相对值。

在详细信息里可以看到每个结果的频率值，可以在视图区域下方的时间标签的动画工具栏中查看振型。

11.3　实例 1——机盖壳体强度校核

机盖壳体为一个由 18 钢制造的电动机盖。它被固定在一个工作频率为 1000Hz 的设备上。机盖壳体如图 11-3 所示。

图 11-3　机盖壳体

11.3.1　问题描述

盖子被嵌套在一个圆柱形裙箍上，而且螺栓孔处受到约束。裙箍的接触区域使用无摩擦约束模拟。无摩擦约束限制了面的法向，因此轴向和切向位移是被允许的，但不允许出现径向位移。

11.3.2　项目原理图

01 进入 ANSYS Workbench 2021 R1 工作界面，展开左边的分析系统工具箱，将工具箱里的

“模态”模块直接拖动到项目管理界面中或直接在其上双击，建立一个含有“模态”的项目模块，结果如图 11-4 所示。

02 设置项目单位。选择“单位”→“度量标准（kg, m, s, ℃, A, N, V）”命令，然后选择“用项目单位显示值”命令，如图 11-5 所示。

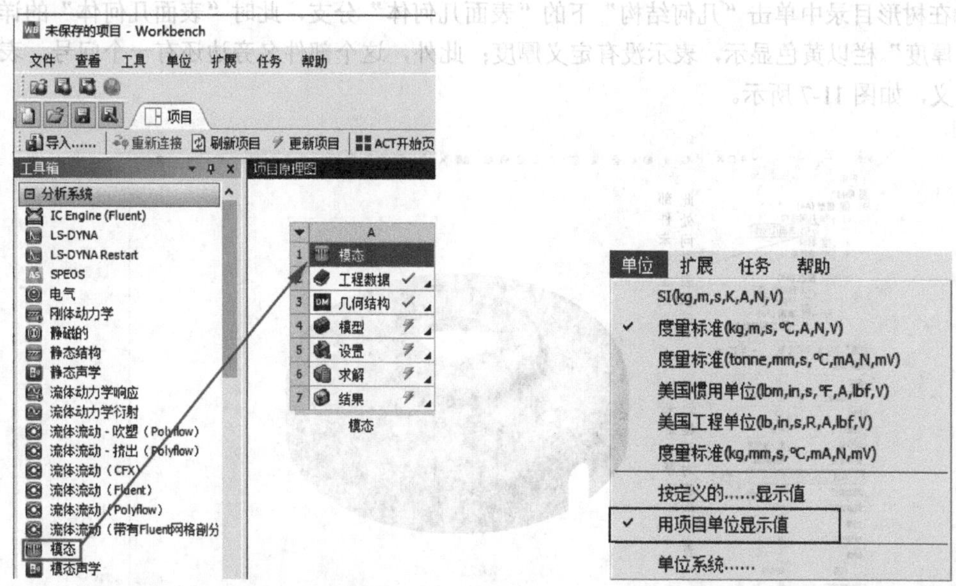

图 11-4　添加“模态”模块　　　　图 11-5　设置项目单位

03 导入模型。右击“A3 几何结构”栏 3 几何结构 ?，弹出快捷菜单，选择“导入几何模型”→“浏览”命令，打开“打开”对话框，打开随书资源中的“机盖 .agdb”。

04 双击“A4 模型”栏 4 模型，启动 Mechanical 应用程序，如图 11-6 所示。

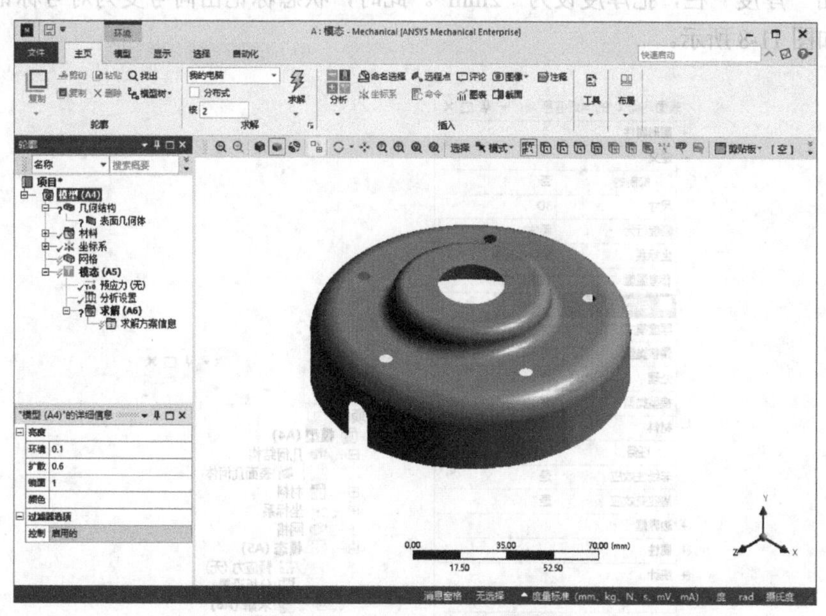

图 11-6　Mechanical 应用程序

11.3.3 前处理

01 设置单位系统。在功能区中选择“主页”→“工具”→“单位”→“度量标准（mm, kg, N, s, mV, mA）”，设置单位为毫米。

02 在树形目录中单击“几何结构”下的“表面几何体”分支，此时“表面几何体”的详细信息中的“厚度”栏以黄色显示，表示没有定义厚度；此外，这个部件名旁边还有一个问号，表示没有完全定义，如图 11-7 所示。

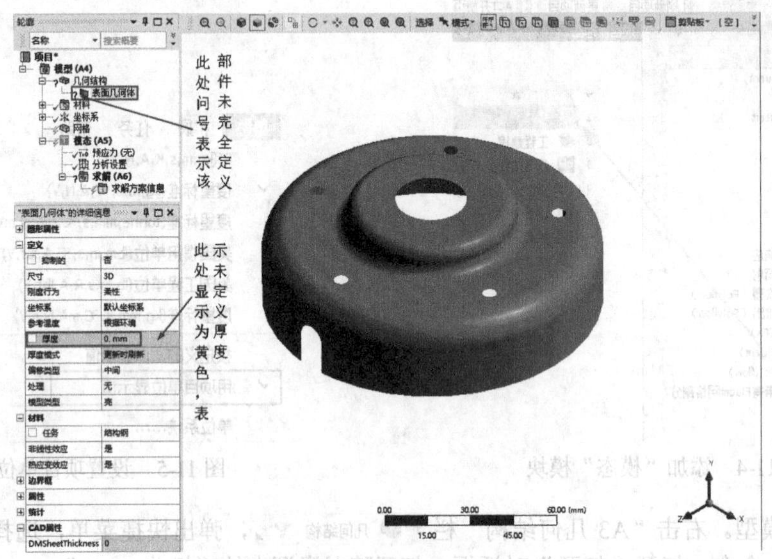

图 11-7 壳体模型

03 单击“厚度”栏，把厚度设为“2mm”。此时，状态标记由问号变为对号标记，表示已经完全定义，如图 11-8 所示。

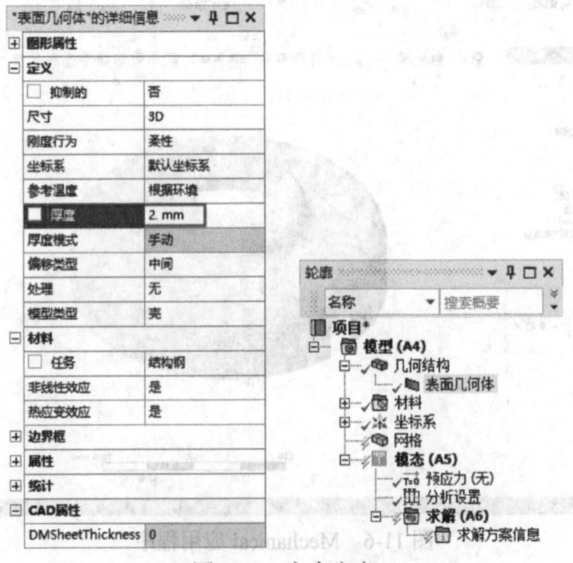

图 11-8 完全定义

04 施加无摩擦约束。在树形目录中单击“模态（A5）”分支，此时功能区中的“环境”标签显示为“环境”功能区。在功能区中单击“结构”面板中的“无摩擦”按钮，单击图形工具栏中的“面”按钮，选择图 11-9 所示的裙箍，施加无摩擦约束。

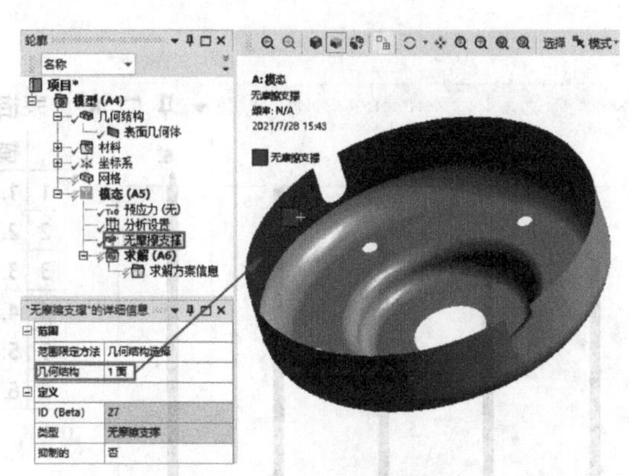

图 11-9　施加无摩擦约束

05 施加固定约束。在图形工具栏中单击“边”按钮，选择 5 个孔洞的边，单击鼠标右键，在弹出的快捷菜单中选择“插入”→“固定支撑”命令，施加固定约束，如图 11-10 所示。

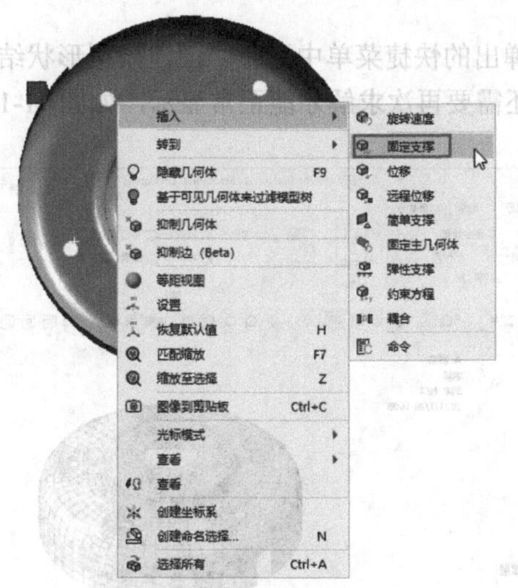

图 11-10　施加固定约束

11.3.4　求解

单击“主页”功能区→“求解”面板中的“求解”按钮，如图 11-11 所示，进行求解。

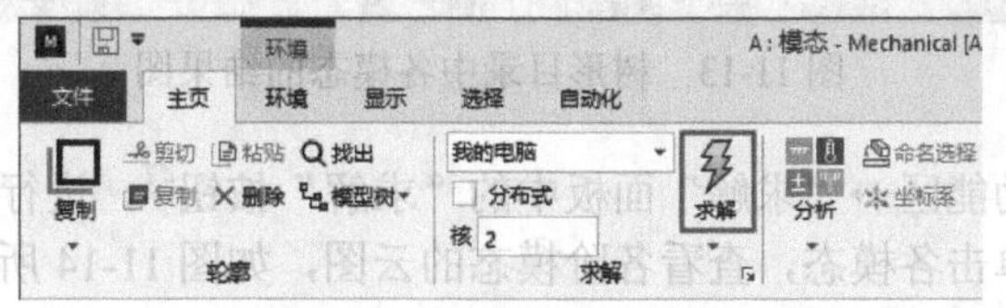

图 11-11　单击“求解”按钮

11.3.5 结果

(01)单击树形目录中的“求解（A6）”分支，此时绘图区域的下方会出现“图形”和“表格数据”窗格，如图 11-12 所示。

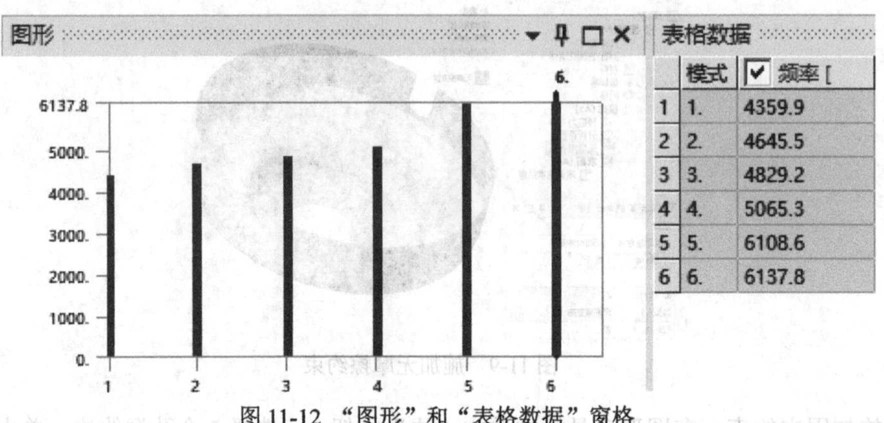

	模式	频率 [
1	1.	4359.9
2	2.	4645.5
3	3.	4829.2
4	4.	5065.3
5	5.	6108.6
6	6.	6137.8

图 11-12 “图形”和“表格数据”窗格

(02)在图形上单击鼠标右键，在弹出的快捷菜单中选择“选择所有”命令，选择所有的模态。

(03)单击鼠标右键，在弹出的快捷菜单中选择“创建模型形状结果”命令，此时树形目录中会显示各模态的结果图，只是还需要再次求解才能正常显示，如图 11-13 所示。

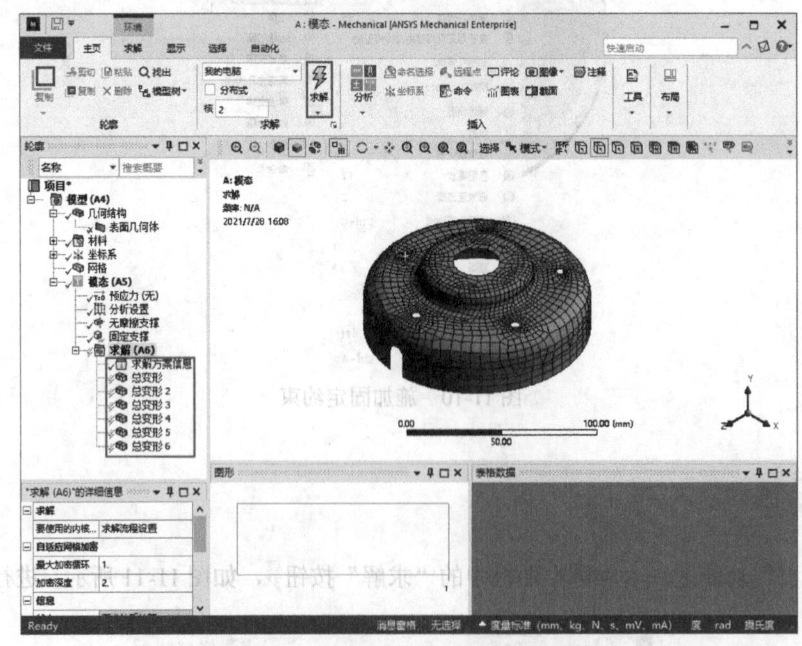

图 11-13 树形目录中各模态的结果图

(04)单击“主页”功能区→“求解”面板中的“求解”按钮⚡，进行求解。

(05)在树形目录中单击各模态，查看各阶模态的云图，如图 11-14 所示。

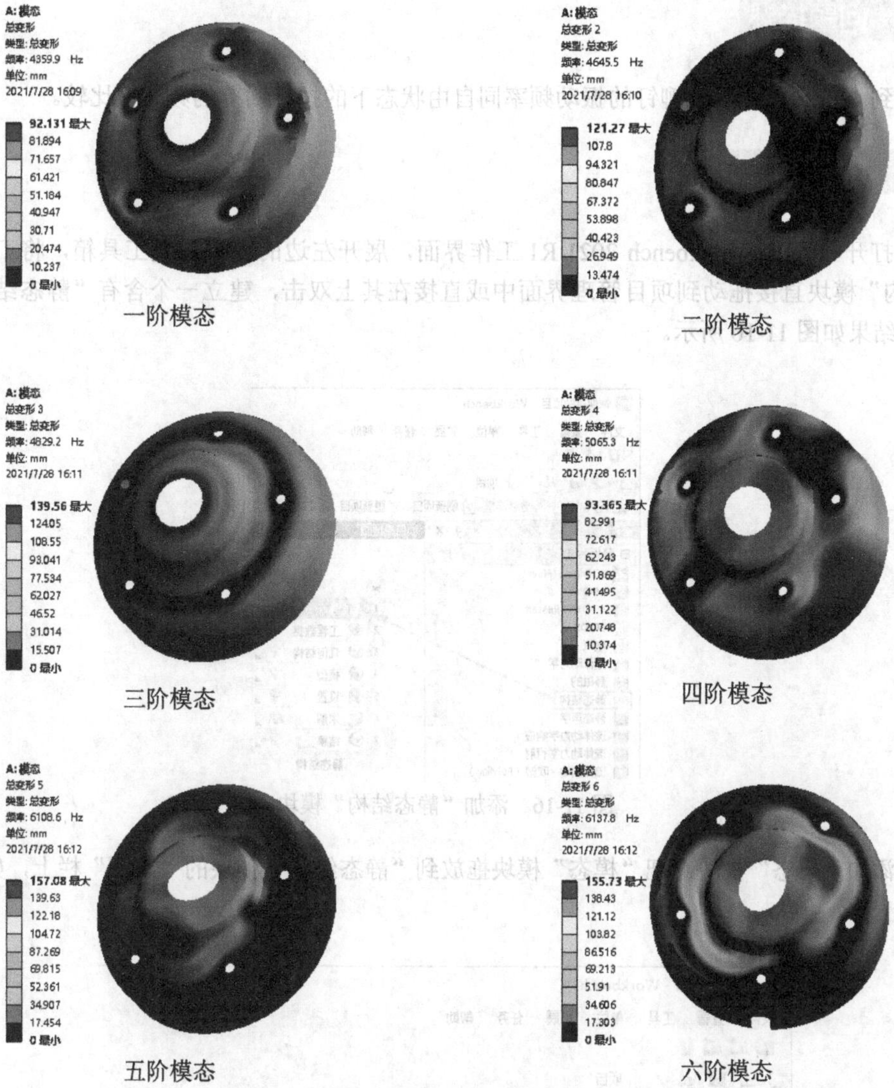

一阶模态 二阶模态

三阶模态 四阶模态

五阶模态 六阶模态

图 11-14 各阶模态的云图

11.4 实例 2——长铆钉预应力

长铆钉在工作中不可避免地会产生振动，在这里进行的分析为模拟在有预应力和无预应力两种状态下长铆钉的模态响应。长铆钉如图 11-15 所示。

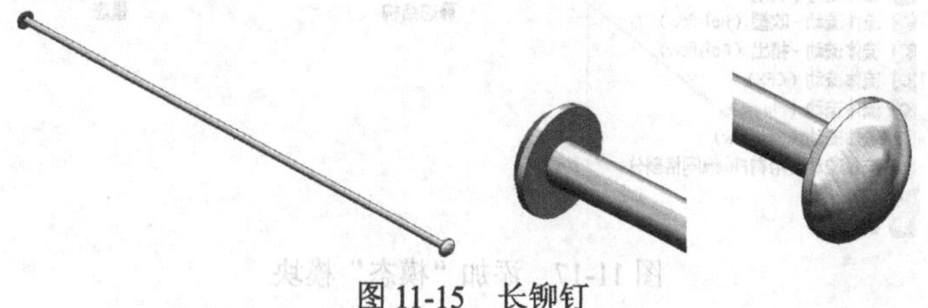

图 11-15 长铆钉

11.4.1 问题描述

将受到 4000N 拉力的长铆钉的振动频率同自由状态下的拉杆固有的频率做比较。

11.4.2 项目原理图

01 打开 ANSYS Workbench 2021 R1 工作界面，展开左边的分析系统工具箱，将工具箱里的“静态结构”模块直接拖动到项目管理界面中或直接在其上双击，建立一个含有“静态结构”的项目模块，结果如图 11-16 所示。

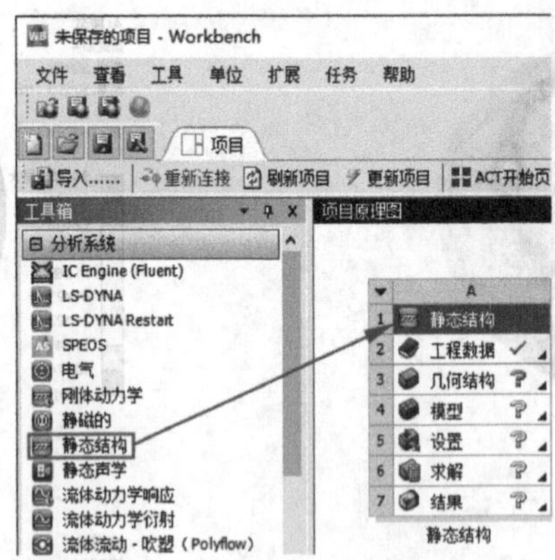

图 11-16 添加“静态结构”模块

02 添加“模态”模块。把“模态”模块拖放到“静态结构”模块的“求解”栏上，如图 11-17 所示。

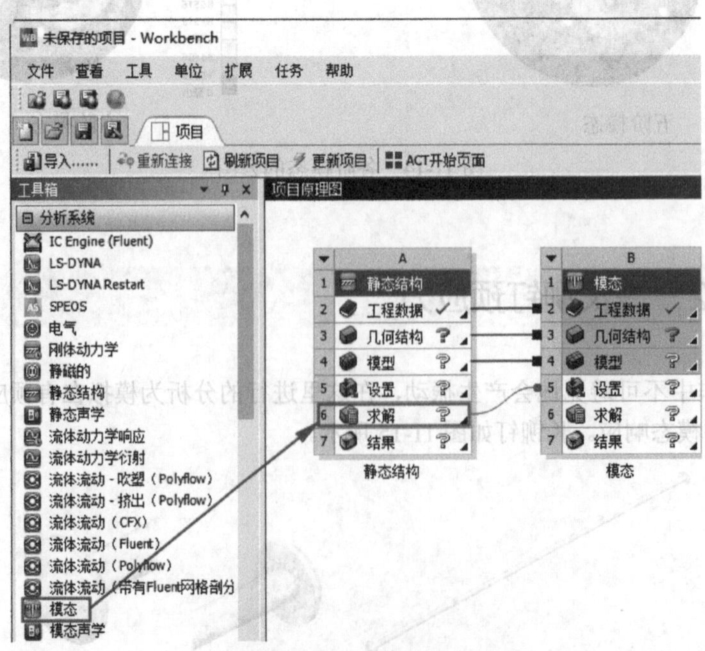

图 11-17 添加“模态”模块

03 设置项目单位。选择“单位”→“度量标准（kg, m, s, ℃ , A, N, V）”命令，然后选择“用项目单位显示值”命令，如图 11-18 所示。

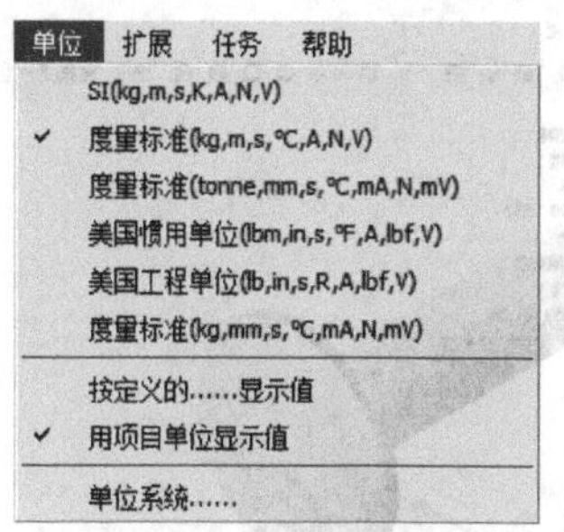

图 11-18　设置项目单位

04 导入模型。右击“A3 几何结构”栏，弹出快捷菜单，选择“导入几何模型”→“浏览”命令，打开“打开”对话框，打开随书资源中的“长铆钉 . x_t”。

05 双击“A4 模型”栏，启动 Mechanical 应用程序，如图 11-19 所示。

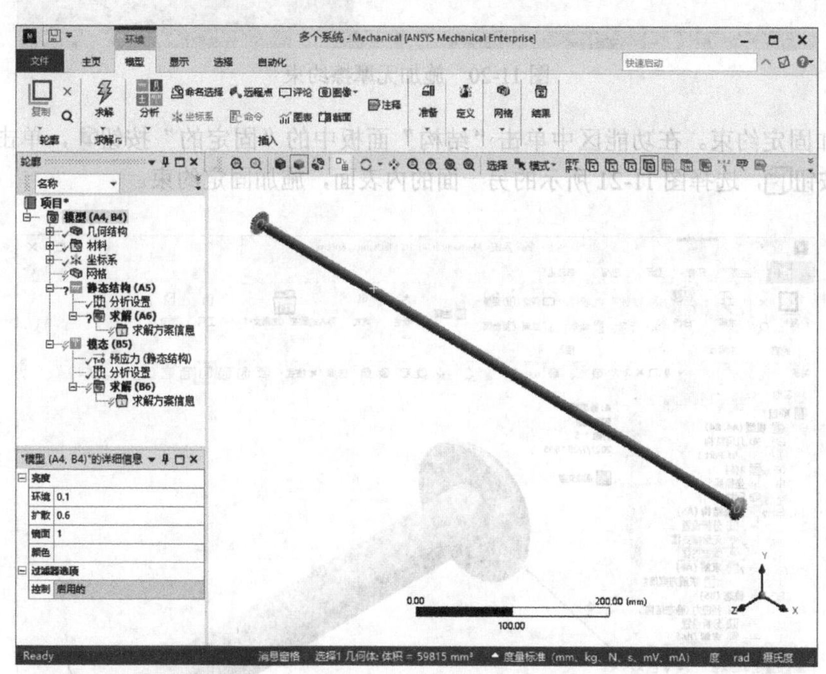

图 11-19　Mechanical 应用程序

11.4.3 前处理

01 设置单位系统。在功能区中选择“主页”→“工具”→“单位”→“度量标准（mm, kg, N, s, mV, mA）”，设置单位为毫米。

02 施加无摩擦约束。在树形目录中单击“静态结构（A5）”分支，此时功能区中的“环境”标签显示为“环境”功能区。在功能区中单击“结构”面板中的“无摩擦”按钮 无摩擦。单击图形工具栏中的“面”按钮，选择图 11-20 所示的圆环，施加无摩擦约束。

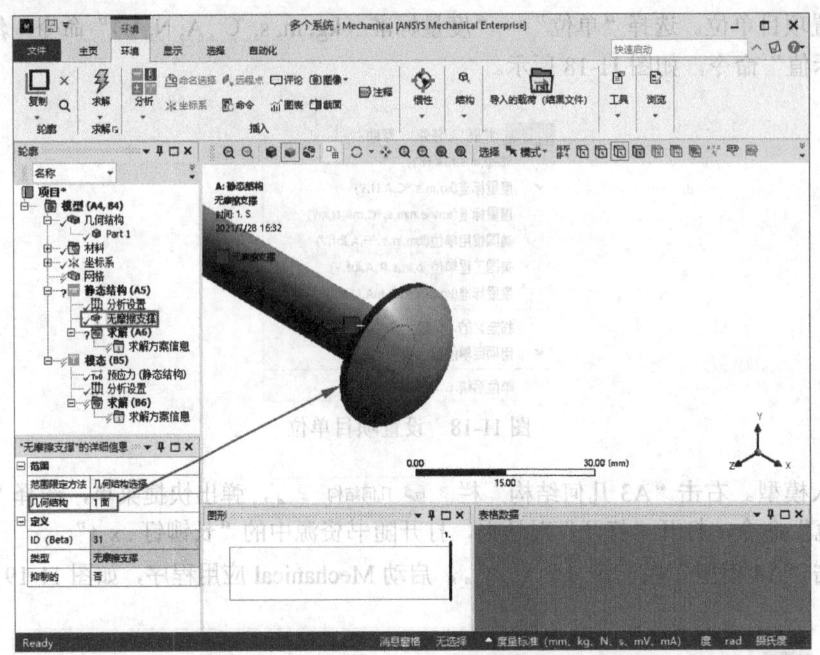

图 11-20　施加无摩擦约束

03 施加固定约束。在功能区中单击“结构”面板中的“固定的”按钮，单击图形工具栏中的“面”按钮，选择图 11-21 所示的另一面的内表面，施加固定约束。

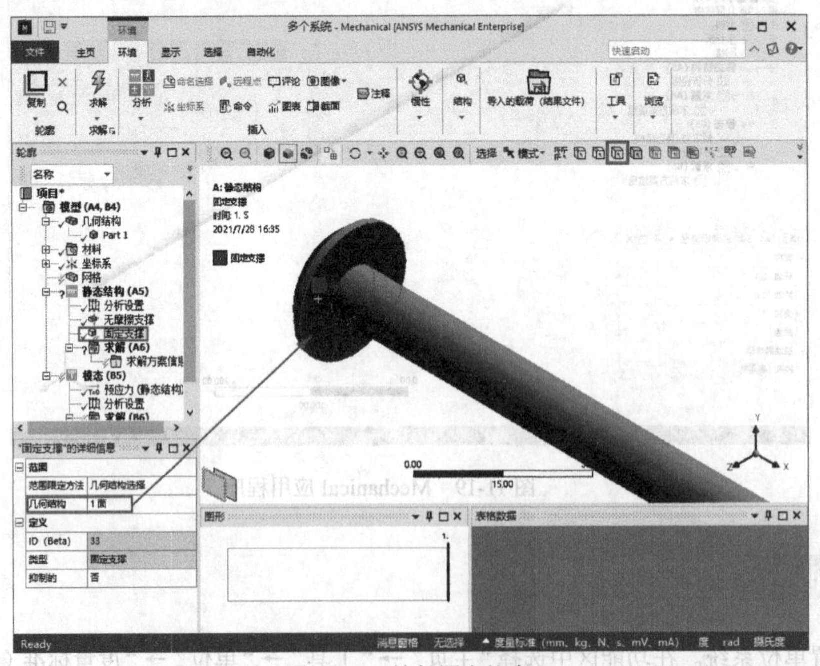

图 11-21　施加固定约束

04 施加力。选择施加无摩擦约束一端的内表面，单击鼠标右键，在弹出的快捷菜单中选择“插入”→“力”命令。将“力”的详细信息中的“定义依据”设置为“分量”，将“X 分量”改为“4000N（斜坡）”，如图 11-22 所示。

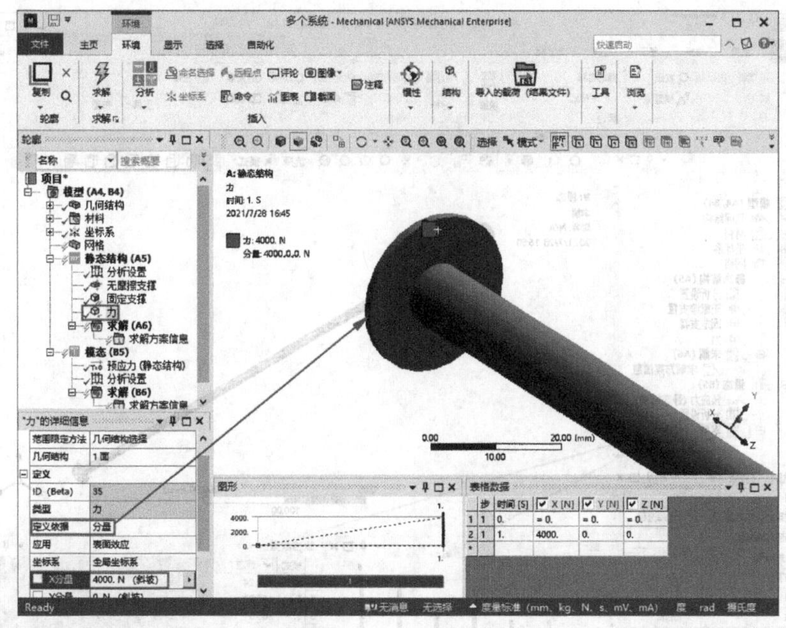

图 11-22 施加力

11.4.4 求解

选中“模态”（B5）中的“求解（B6）”，单击“主页”功能区→“求解”面板中的“求解”按钮⚡，如图 11-23 所示，进行求解。

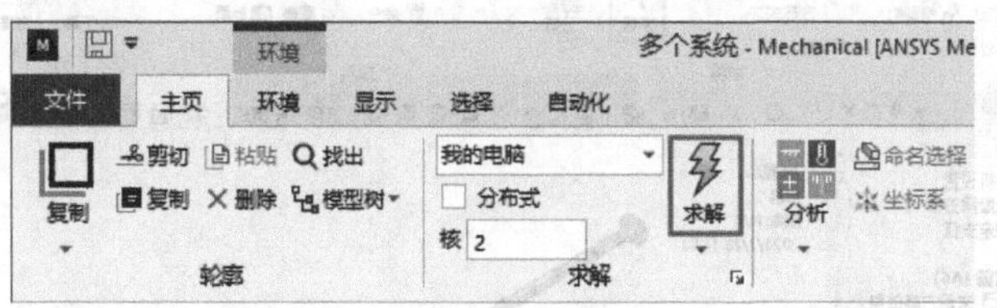

图 11-23 单击“求解”按钮

11.4.5 结果

(01)单击树形目录中的“求解（B6）”分支，此时视图区域的下方会出现“图形”和“表格数据”窗格，如图 11-24 所示。

(02)在图形上单击鼠标右键，在弹出的快捷菜单中选择“选择所有”命令，选择所有的模态。

(03)单击鼠标右键，在弹出的快捷菜单中选择“创建模型形状结果”命令，此时树形目录中会显示各模态的结果图，只是还需要再次求解才能正常显示，如图 11-25 所示。

(04)单击“主页”功能区→“求解”面板中的“求解”按钮⚡，进行求解。

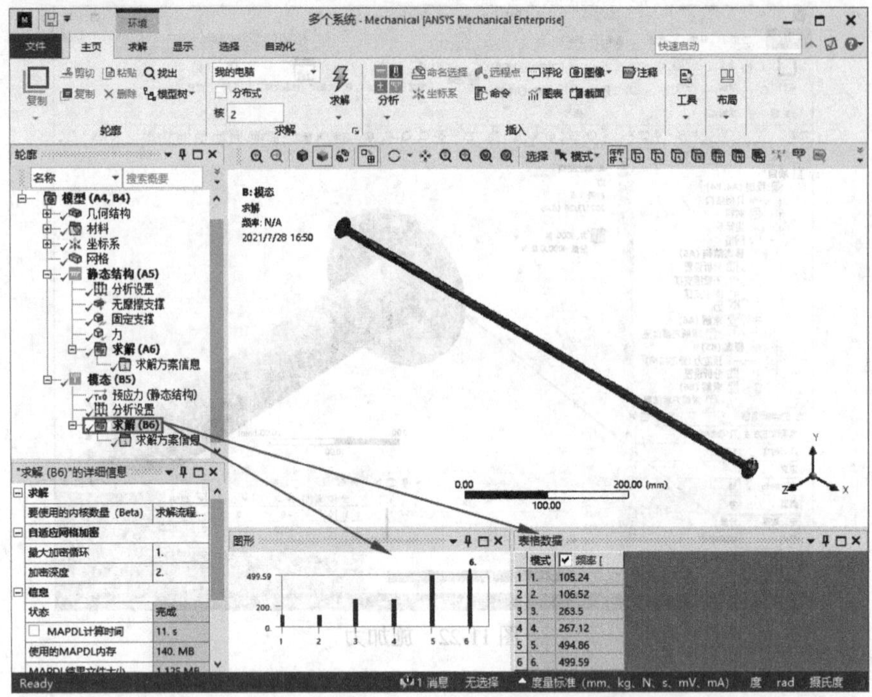

图 11-24 “图形”和“表格数据”窗格

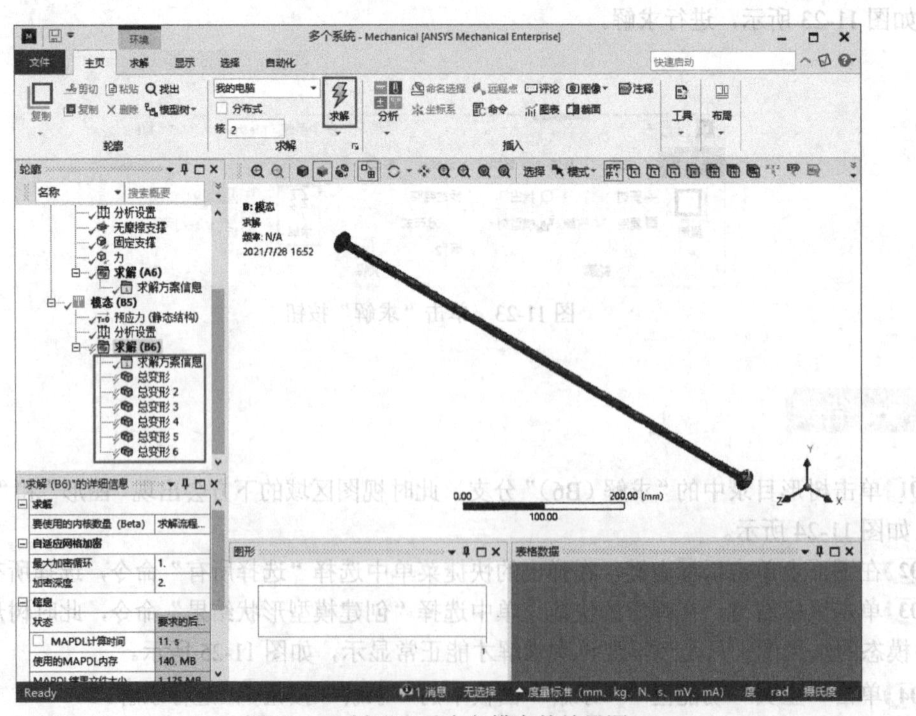

图 11-25 树形目录中各模态的结果图

05 在树形目录中单击各模态，查看各阶模态的云图，如图 11-26 所示。

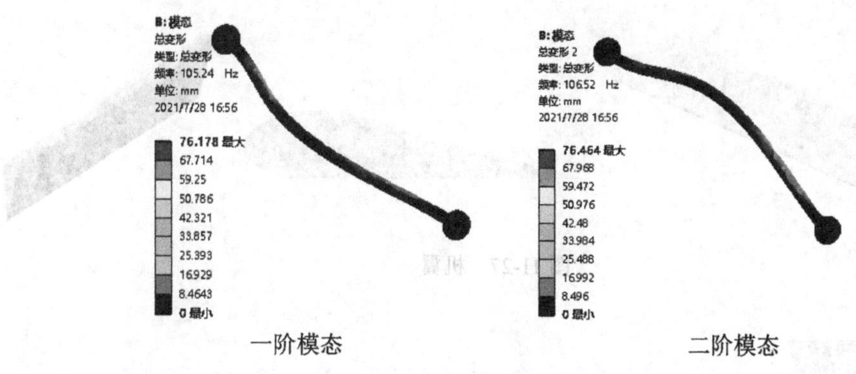

一阶模态　　二阶模态

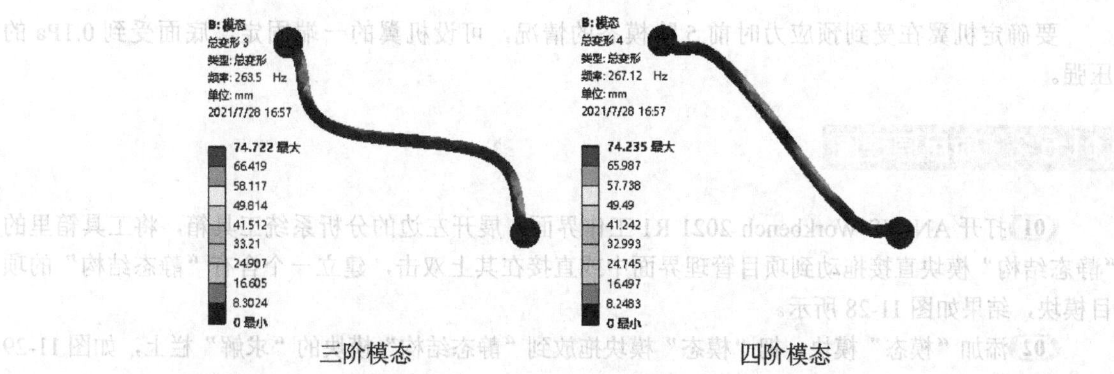

三阶模态　　四阶模态

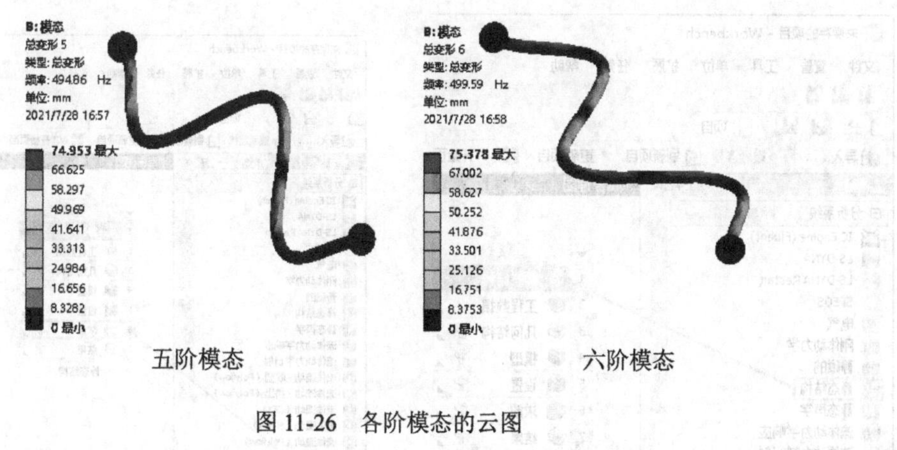

五阶模态　　六阶模态

图 11-26　各阶模态的云图

11.5　实例 3——机翼

机翼的材料一般为钛合金，一端固定，受到空气阻力的作用。本节进行机翼的模态分析。机翼如图 11-27 所示。

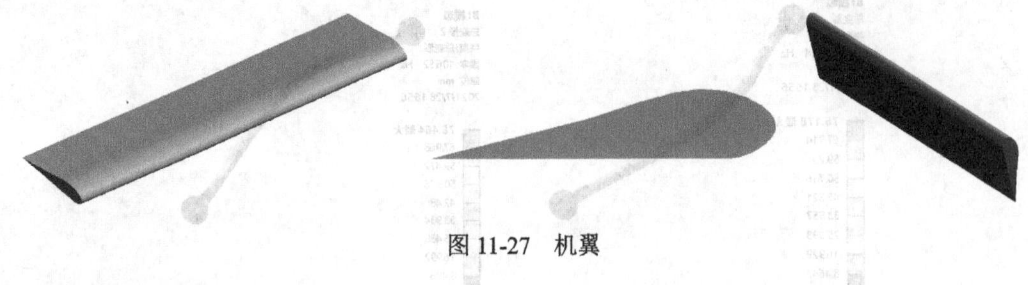

图 11-27　机翼

11.5.1　问题描述

要确定机翼在受到预应力时前 5 阶模态的情况，可设机翼的一端固定，底面受到 0.1Pa 的压强。

11.5.2　项目原理图

01 打开 ANSYS Workbench 2021 R1 工作界面，展开左边的分析系统工具箱，将工具箱里的“静态结构”模块直接拖动到项目管理界面中或直接在其上双击，建立一个含有“静态结构”的项目模块，结果如图 11-28 所示。

02 添加“模态”模块。把“模态”模块拖放到“静态结构”模块的“求解”栏上，如图 11-29 所示。

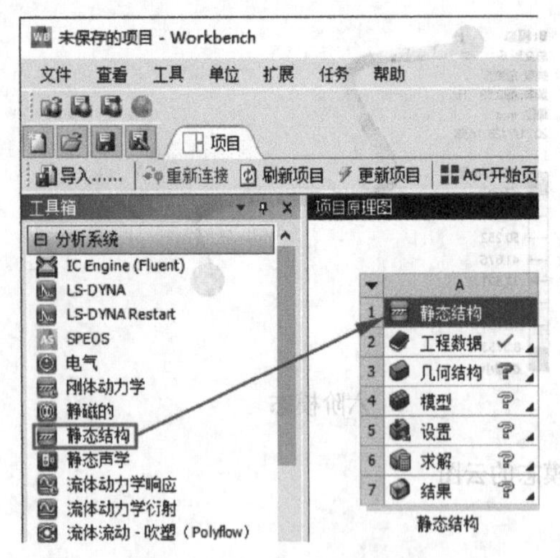

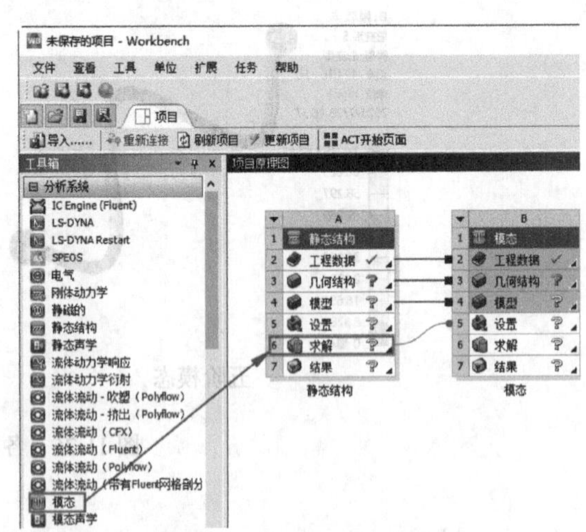

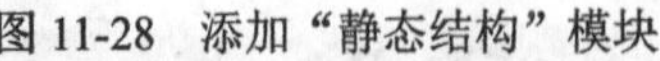

图 11-28　添加“静态结构”模块　　　　图 11-29　添加“模态”模块

03 设置项目单位。选择“单位”→“度量标准（kg, m, s, ℃, A, N, V）”命令，选择“用项目单位显示值”命令，如图 11-30 所示。

04 导入模型。右击“A3 几何结构”栏 3 几何结构 ？，弹出快捷菜单，选择“导入几何模型”→“浏览”命令，打开“打开”对话框，打开随书资源中的“机翼 .iges”。

05 双击“A4 模型”栏 4 模型，启动 Mechanical 应用程序，如图 11-31 所示。

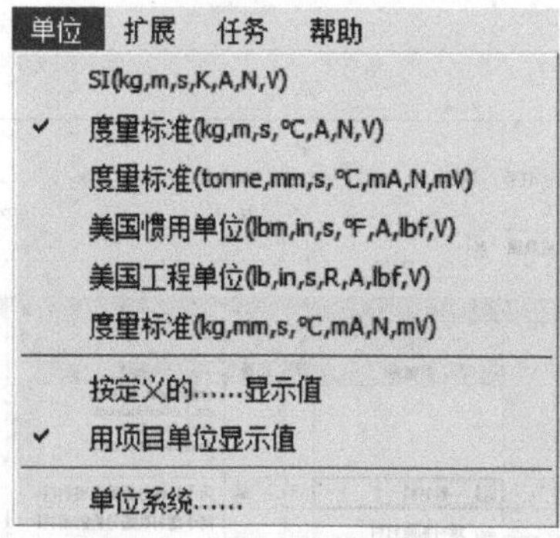

图 11-30　设置项目单位

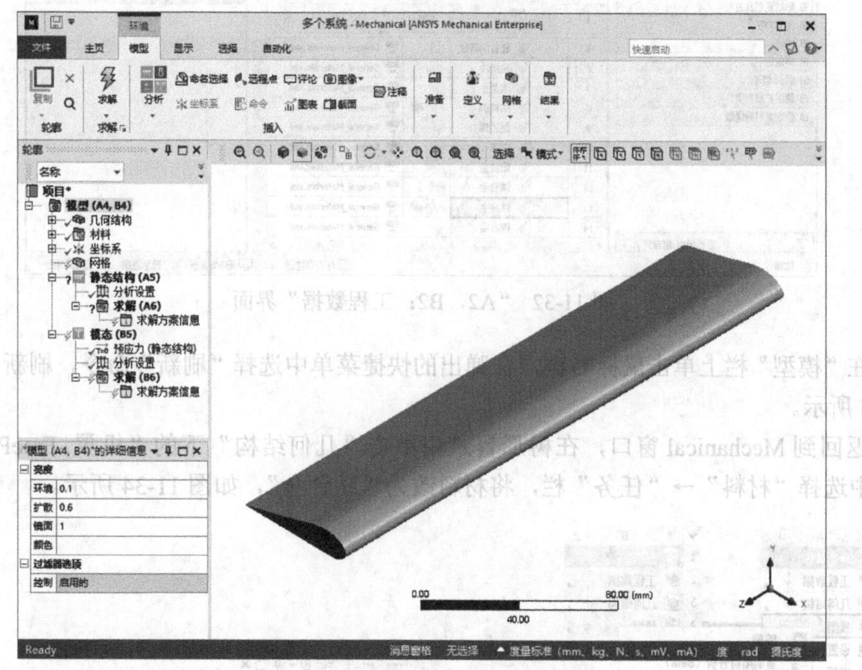

图 11-31　Mechanical 应用程序

11.5.3　前处理

01 设置单位系统。在功能区中选择“主页”→“工具”→“单位”→“度量标准（mm, kg, N, s, mV, mA）”命令，设置单位为毫米。

02 为部件选择一个合适的材料。返回到项目管理界面并双击“A2 工程数据”栏 2 工程数据 ✓ ，得到它的材料特性。

03 在打开的“A2，B2：工程数据”界面中，单击工具栏中的“工程数据源”标签 工程数据源，如图 11-32 所示，单击其中的“一般材料”使其高亮显示。

04 单击“轮廓 General Materials”窗格中的“钛合金”右侧的“添加”按钮，将材料添加到当前项目。

05 关闭“A2，B2: 工程数据”界面，返回到项目管理界面。这时“模型”栏中指出需要进行一次刷新。

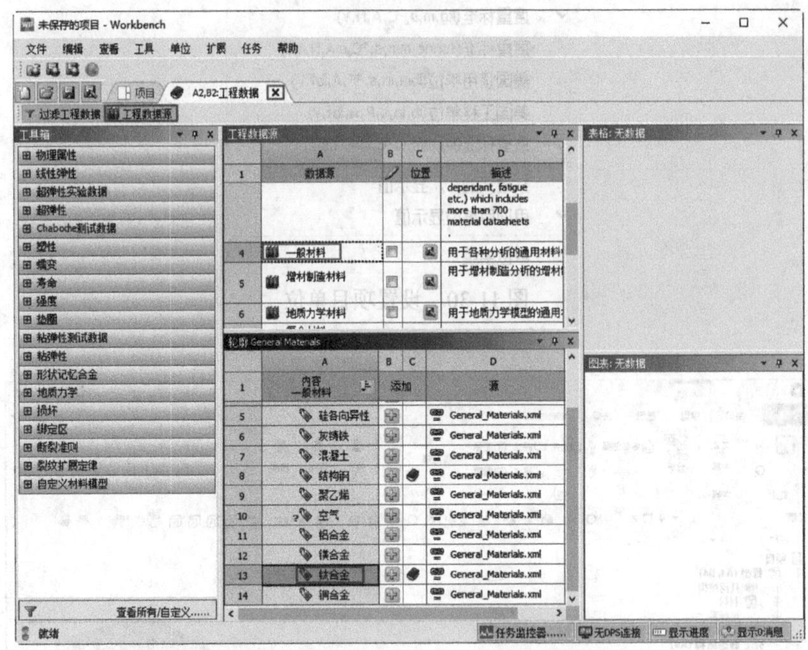

图 11-32 “A2，B2：工程数据”界面

06在“模型”栏上单击鼠标右键，在弹出的快捷菜单中选择“刷新”命令，刷新“模型”栏，如图 11-33 所示。

07返回到 Mechanical 窗口，在树形目录中单击“几何结构”下的“机翼 -FreeParts”，并在详细信息中选择“材料”→“任务”栏，将材料改为“钛合金”，如图 11-34 所示。

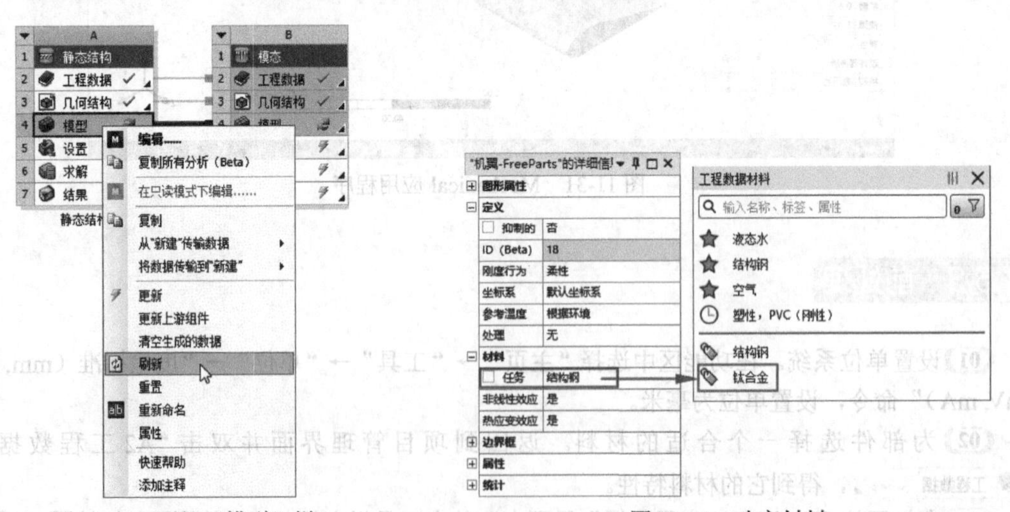

图 11-33 刷新“模型”栏　　图 11-34 改变材料

08施加固定约束。在树形目录中单击“静态结构（A5）”分支，此时功能区中的“环境”标签显示为“环境”功能区。在功能区中单击“结构”面板中的“固定的”按钮，单击图形工具栏中的“面”按钮，选择图 11-35 所示的机翼的一个端面，施加固定约束。

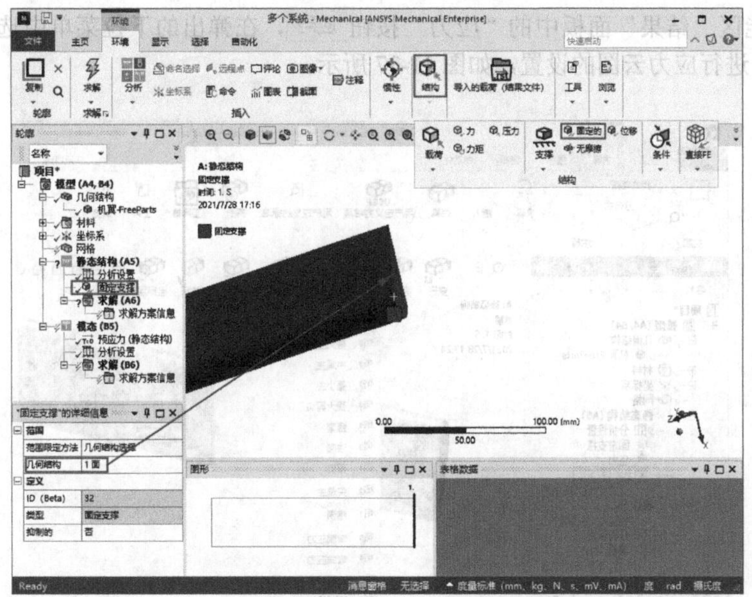
图 11-35 施加固定约束

09 施加压力。选择机翼模型的底面，单击鼠标右键，在弹出的快捷菜单中选择“插入”→“压力”命令，定义模型受到的压力；在详细信息中将“大小”设置为“0.1MPa（斜坡）”，如图 11-36 所示。

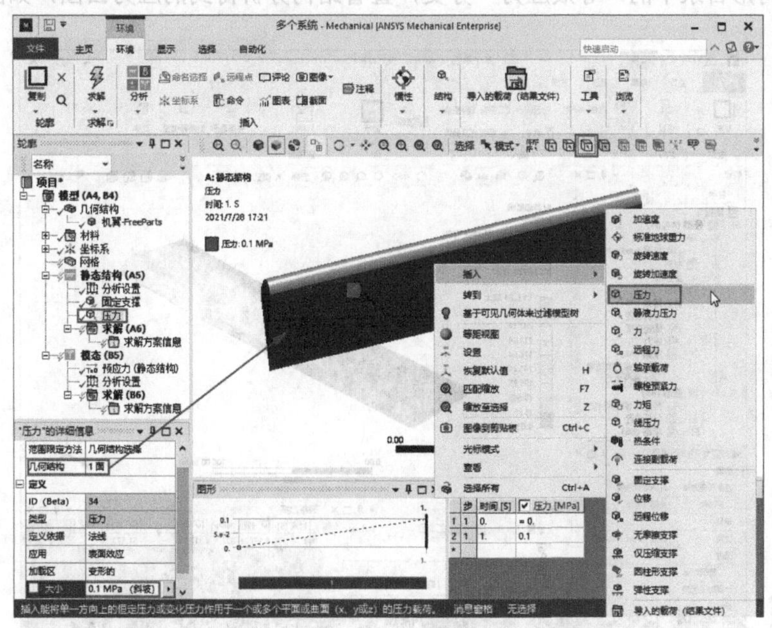
图 11-36 施加压力

11.5.4 求解

01 单击树形目录中的“求解（A6）”分支，此时功能区中的“环境”标签显示为“求解”功能区。单击功能区“结果”面板中的“应力”按钮 应用 ，在弹出的下拉菜单中选择“等效（Von-Mises）”命令，进行应力云图的设置，如图 11-37 所示。

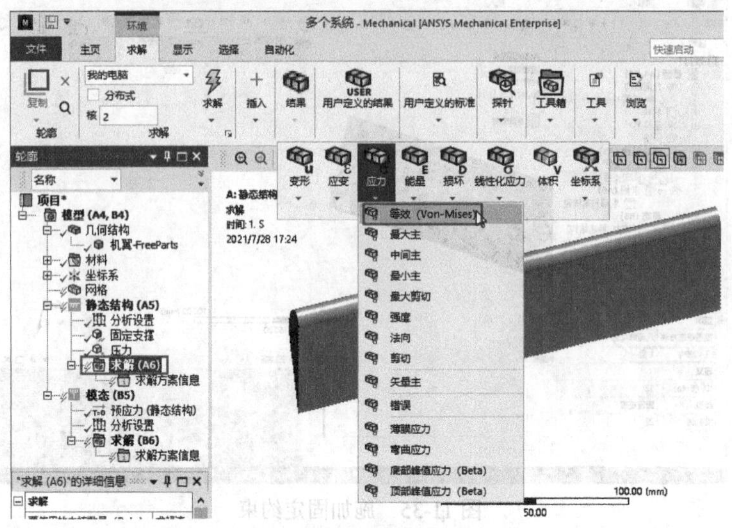

图 11-37　设置应力云图

02 单击树形目录中的“求解（A6）”分支，单击“主页”功能区→“求解”面板中的“求解”按钮，进行求解。

03 单击树形目录中的“等效应力”分支，查看结构分析得到的应力云图，如图 11-38 所示。

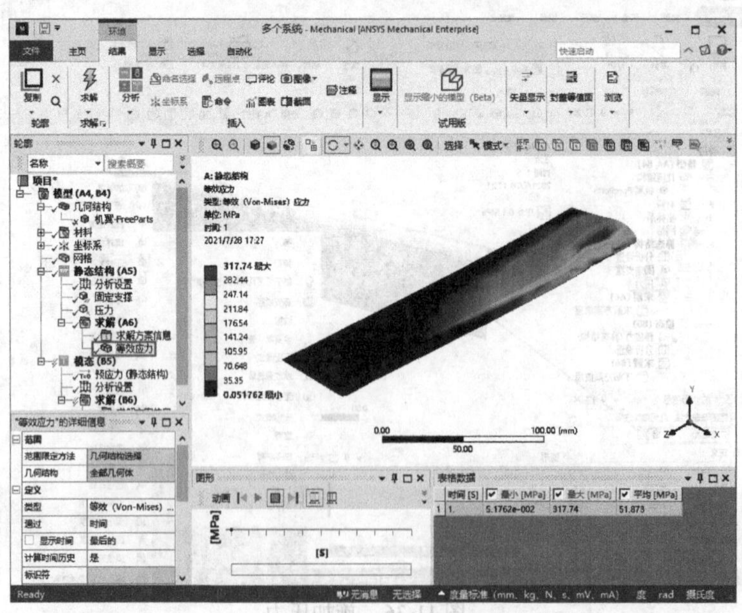

图 11-38　应力云图

11.5.5　结果

01 单击树形目录中的“模态（B5）”下的“分析设置”分支，此时在左下角会弹出“分析设置”

的详细信息，在“最大模态阶数”栏中将默认的“6”改为“5”，将“应力”和“应变”栏的参数均改为“是”，如图 11-39 所示。

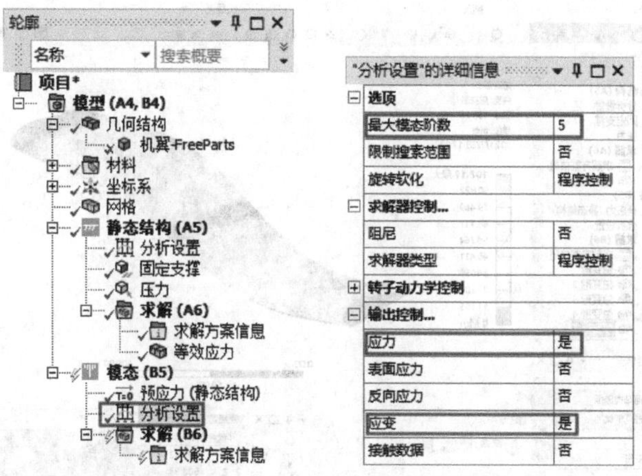

图 11-39 “分析设置”的详细信息

02 单击树形目录中的“求解（B6）”分支，单击“主页”功能区→“求解”面板中的“求解”按钮，进行求解。

03 单击树形目录中的“求解（B6）”分支，此时视图区域的下方会出现“图形”和“表格数据”窗格，如图 11-40 所示。

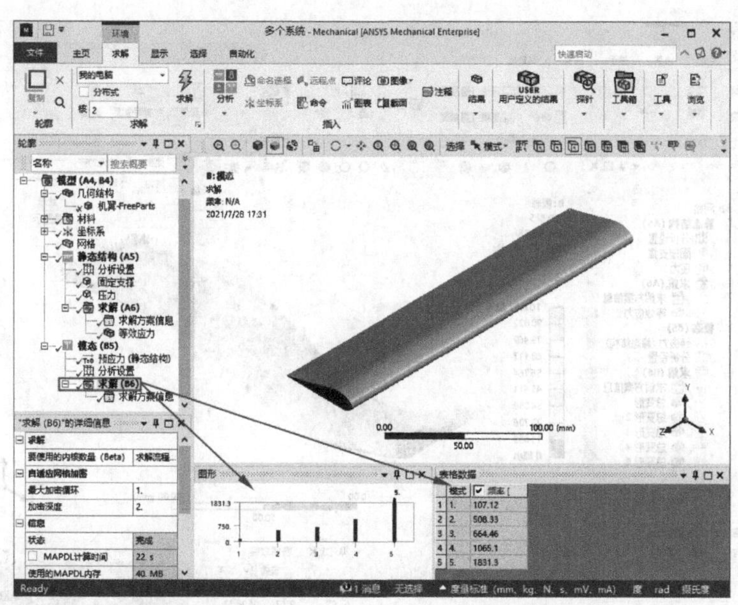

图 11-40 “图形”和“表格数据”窗格

04 在图形上单击鼠标右键，在弹出的快捷菜单中选择“选择所有”命令，选择所有的模态。

05 单击鼠标右键，在弹出的快捷菜单中选择“创建模型形状结果”命令，此时树形目录中会显示各模态的结果图，只是还需要再次求解才能正常显示。

06 单击“主页”功能区→“求解”面板中的“求解”按钮，进行求解。

07 在树形目录中单击第 5 个模态，查看 5 阶模态的云图，如图 11-41 所示。

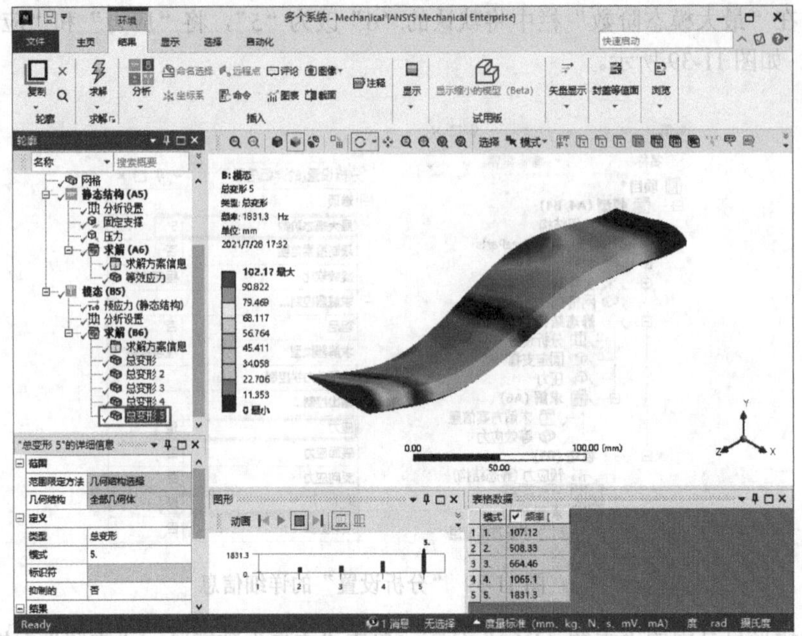

图 11-41 5 阶模态云图

08 展开功能区中的“矢量显示”面板，以矢量图的形式显示 5 阶模态。在“矢量显示”面板中可以通过拖动滑块来调节矢量轴的显示长度，如图 11-42 所示。

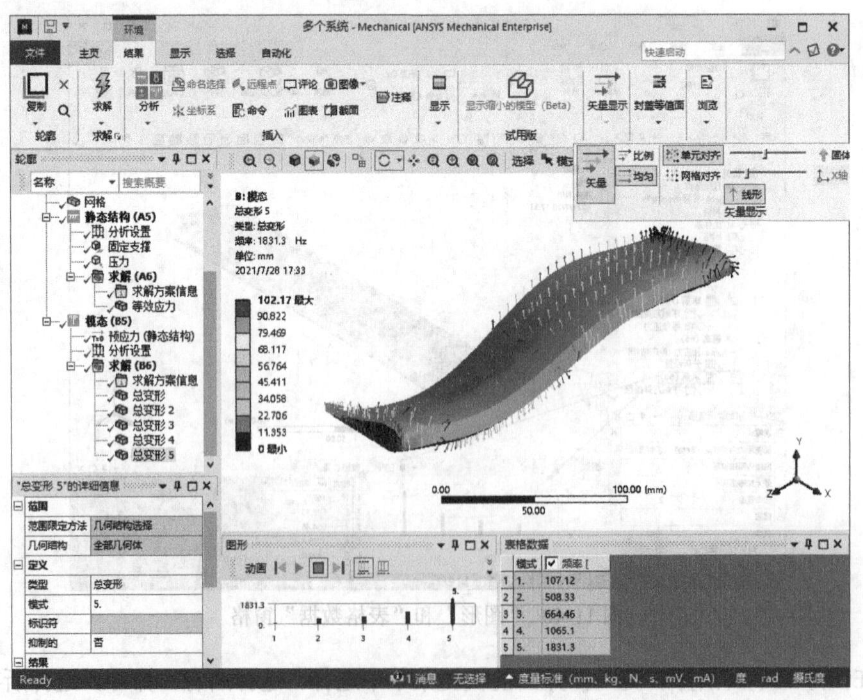

图 11-42 矢量图

第 12 章 响应谱分析

响应谱分析（Response-Spectrum Analysis）分析的是当结构受到瞬间载荷作用时产生的最大响应，是快速进行接近瞬态分析的一种替代解决方案。响应谱分析的类型有两种，即单点响应谱分析与多点响应谱分析。

单位 扩展 任务 帮助
SI(kg,m,s,K,A,N,V)
度量标准(kg,m,s,°C,A,N,V)
度量标准(tonne,mm,s,°C,mA,N,mV)
美国惯用单位(lbm,in,s,°F,A,lbf,V)
美国工程单位(lb,in,s,R,A,lbf,V)
度量标准(kg,mm,s,°C,mA,N,mV)
按定义的……显示值
用项目单位显示值
单位系统……

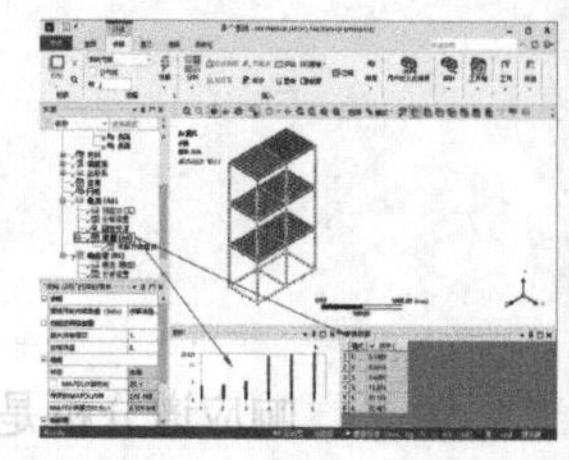

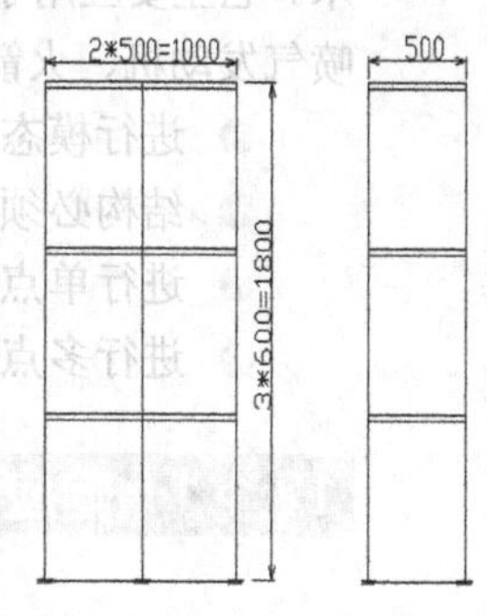

学习要点

- 响应谱分析简介
- 响应谱分析实例

12.1 响应谱分析简介

响应谱分析是模态分析的扩展，是计算结构在瞬态激励下峰值响应的近似算法，因此可以替代瞬态分析。瞬态分析可以得到结构响应随时间的变化，分析结果精确，但需要花费较长的时间，同时计算对硬件的要求较高，而响应谱分析能够快速计算出结构的峰值响应。响应谱分析的类型有两种，具体如下。

1. 单点响应谱分析

在单点响应谱分析（Single-point Response Spectrum，SPRS）中，只可以给节点指定一种谱曲线（或者一族谱曲线），如在支撑处指定一种谱曲线，如图 12-1（a）所示。

2. 多点响应谱分析

在多点响应谱分析（Multi-point Response Spectrum，MPRS）中，可以在不同的节点处指定不同的谱曲线，如图 12-1（b）所示。

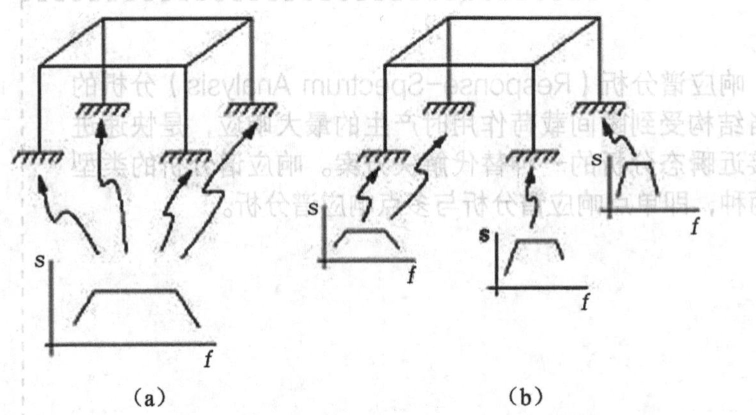

图 12-1 响应谱分析示意图（s 表示谱值，f 表示频率）

响应谱分析是一种将模态分析的结构与一个已知的谱联系起来计算模型的位移和应力的分析技术。它主要应用于时间历程分析，以便确定结构对随机载荷或随时间变化载荷（如地震、海洋波浪、喷气发动机、火箭发动机振动等）的动力响应情况。在进行响应谱分析之前必须要了解以下内容。

- 进行模态分析后才能进行响应谱分析。
- 结构必须是线性、具有连续刚度和质量的结构。
- 进行单点响应谱分析时，结构受一个已知方向和频率的频谱所激励。
- 进行多点响应谱分析时，结构可以被多个（最多 20 个）不同位置的频谱所激励。

12.1.1 响应谱分析步骤

进行响应谱分析的步骤如下。

（1）进行模态分析。

（2）确定响应谱分析项。

（3）加载载荷及边界条件。

（4）计算求解。

（5）进行后处理，查看结果。

12.1.2　在 ANSYS Workbench 2021 R1 中进行响应谱分析

在 ANSYS Workbench 2021 R1 中，首先要在左边的分析系统工具箱内选中“模态”模块并双击，以建立模态分析。接下来选中“响应谱”模块，并将其直接拖至“模态”模块的“A6 求解”栏上，创建响应谱分析项目，如图 12-2 所示。

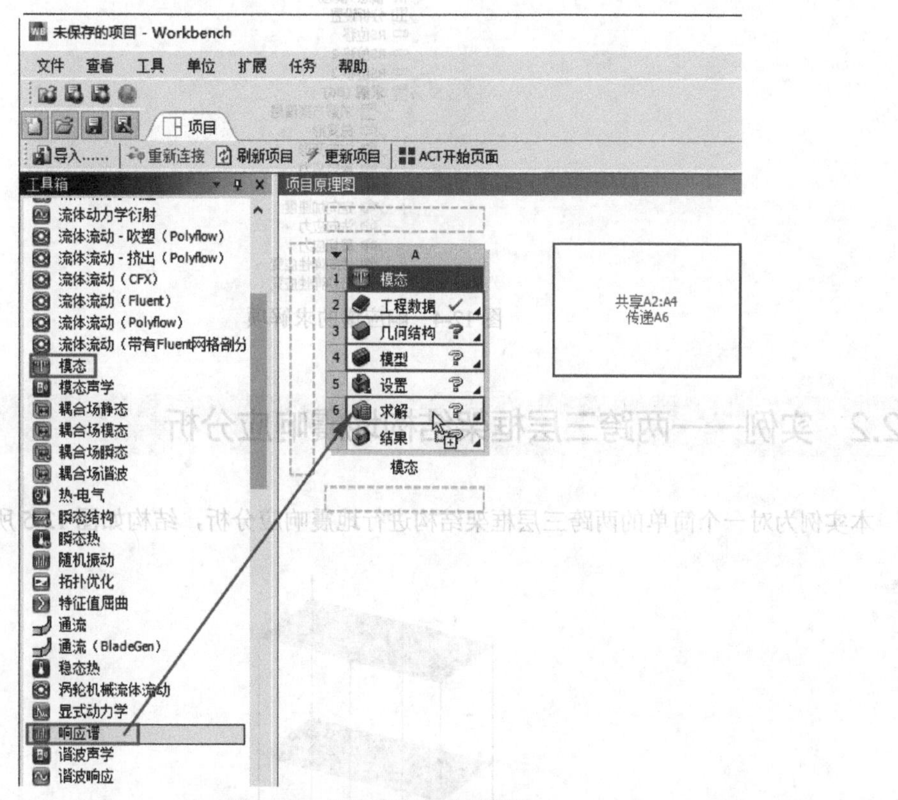

图 12-2　创建响应谱分析项目

在响应谱分析项目中，可进行建立或导入几何模型、设置材料特性、划分网格等操作。但要注意，在进行响应谱分析时，加载位移约束值必须为 0。当模态计算结束后，用户一般要查看一下前几阶的固有频率值和振型，再进行响应谱分析的设置，即载荷和边界条件的设置。载荷可以是加速度、速度或位移，如图 12-3 所示。

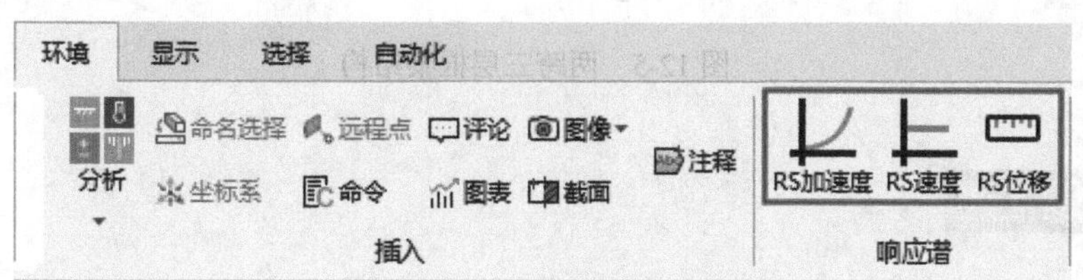

图 12-3　响应谱的载荷类型

计算结束后，在响应谱分析的后处理中可以得到方向位移、速度、加速度、应力（正应力）、切应力、等效应力和应变的数值，如图 12-4 所示。

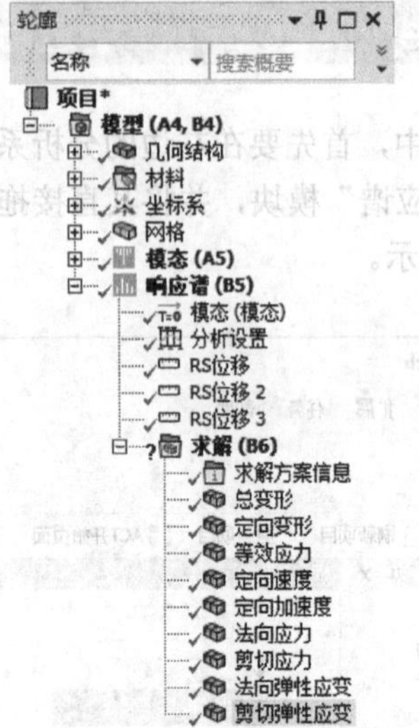

图 12-4　响应谱的求解项

12.2　实例——两跨三层框架结构地震响应分析

本实例为对一个简单的两跨三层框架结构进行地震响应分析，结构如图 12-5 所示。

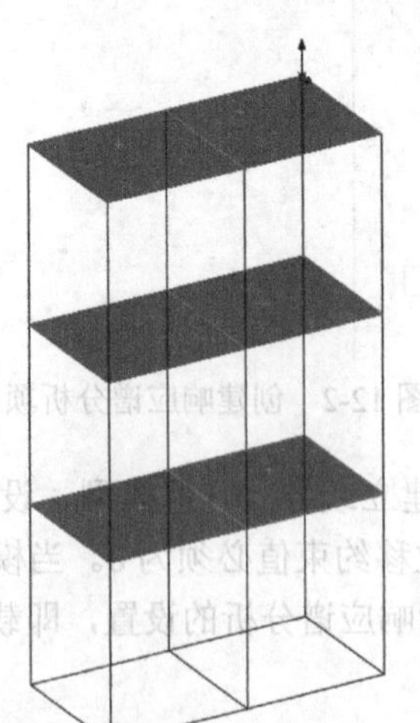

图 12-5　两跨三层框架结构

12.2.1　问题描述

计算在 *X*、*Y*、*Z* 方向的地震位移响应谱的作用下，某两跨三层框架结构的响应情况，两跨三层框架结构的立面图和侧面图如图 12-6 所示。

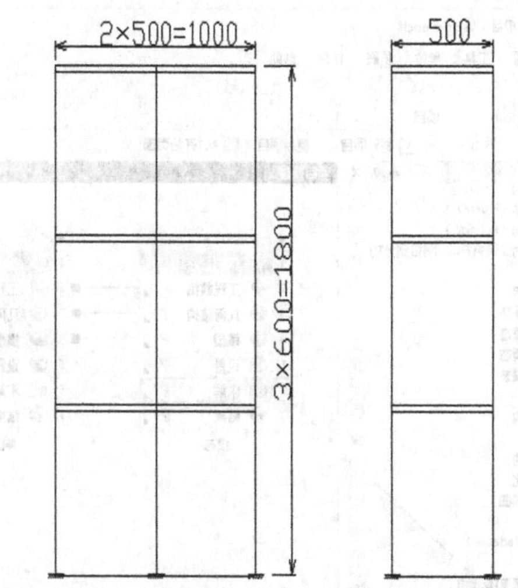

图 12-6 两跨三层框架结构的立面图和侧面图

12.2.2 项目原理图

01 启动 ANSYS Workbench 2021 R1，进入其工作界面。

02 选择“单位”→“度量标准（kg, m, s, ℃, A, N, V）”命令，设置模型的单位，如图 12-7 所示。

03 展开左边的分析系统工具箱，将工具箱里的“模态”模块直接拖动到项目管理界面中或直接在其上双击，建立一个含有“模态”的项目模块（需要先求解，查看系统的固有频率和模态），结果如图 12-8 所示。

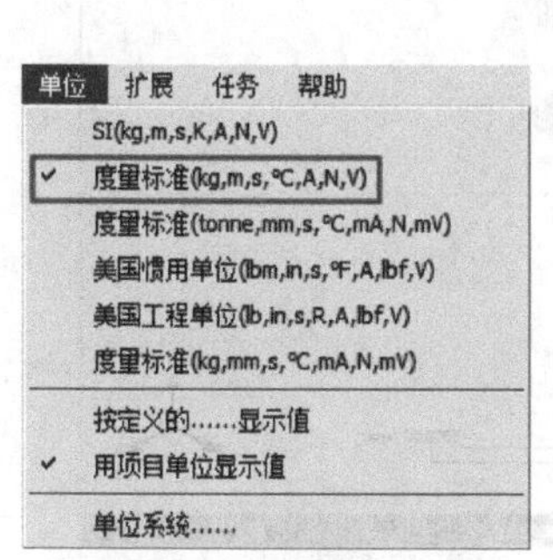

图 12-7 设置模型单位

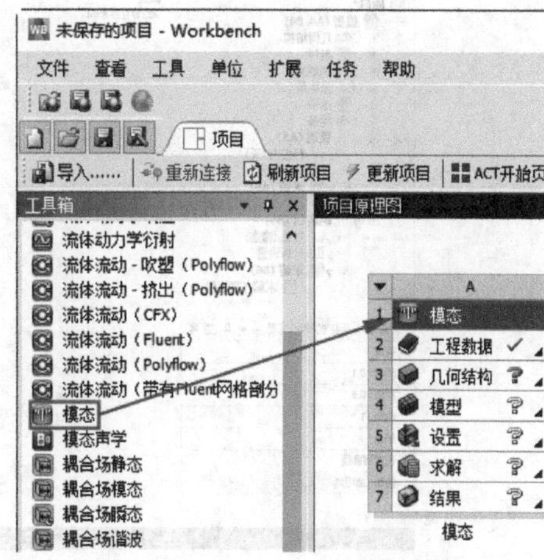

图 12-8 添加“模态”模块

04 添加“响应谱”模块。把“响应谱”模块拖放到“模态”模块的“求解”栏上，将“响应谱”模块中的工程数据、几何结构、模型单元与“模态”模块中的单元共享，如图 12-9 所示。

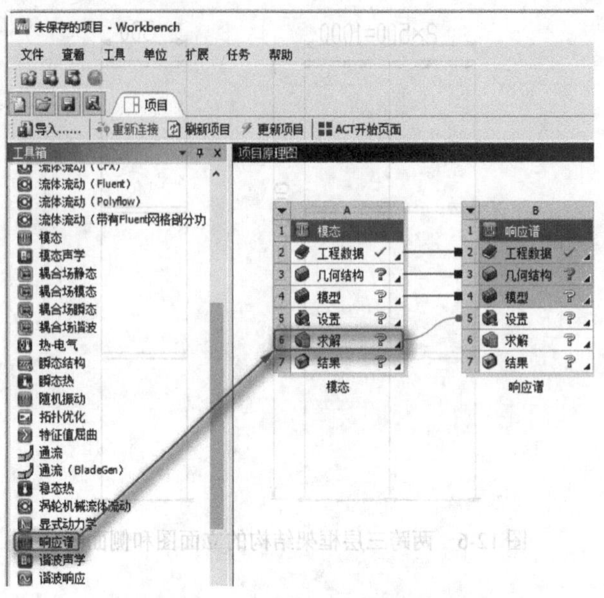

图 12-9　添加“响应谱”模块

05 导入模型。右击“A3 几何结构”栏 3 几何结构，弹出快捷菜单，选择“导入几何模型”→“浏览”命令，打开“打开”对话框，打开随书资源中的“框架 .agdb”。

06 双击“A4 模型”栏 4 模型，启动 Mechanical 应用程序，如图 12-10 所示。

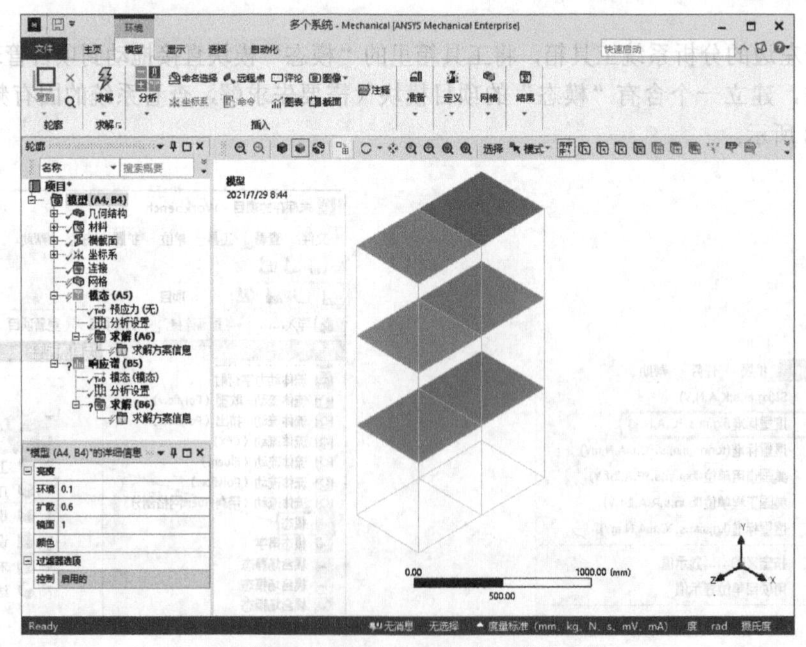

图 12-10　Mechanical 应用程序

12.2.3　前处理

01 设置单位系统。在功能区中选择“主页”→“工具”→“单位”→“度量标准（mm, kg, N,

s, mV, mA）”，设置单位为毫米。

02 确认材料。在树形目录中选择“几何结构”下的所有“表面”分支，在左下角的详细信息中查看“任务”栏，确定其值为“结构钢”，如图 12-11 所示。

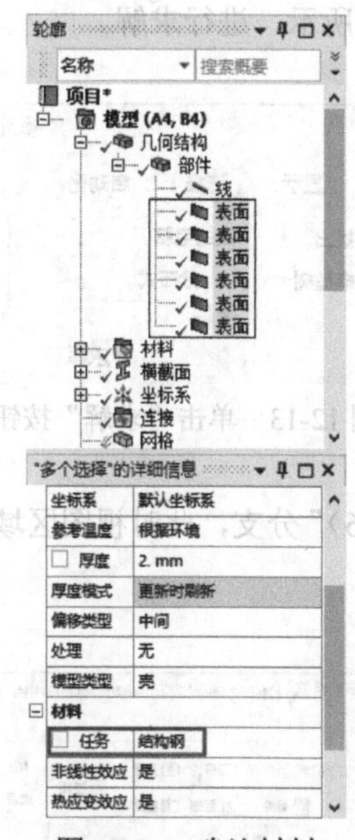

图 12-11　确认材料

03 施加固定约束。在树形目录中单击“模态（A5）”分支，此时功能区中的“环境”标签显示为“环境”功能区。在功能区中单击“结构”面板中的“固定的”按钮，单击图形工具栏中的“顶点”按钮，选择图 12-12 所示的底部的 6 个点，对其施加固定约束。

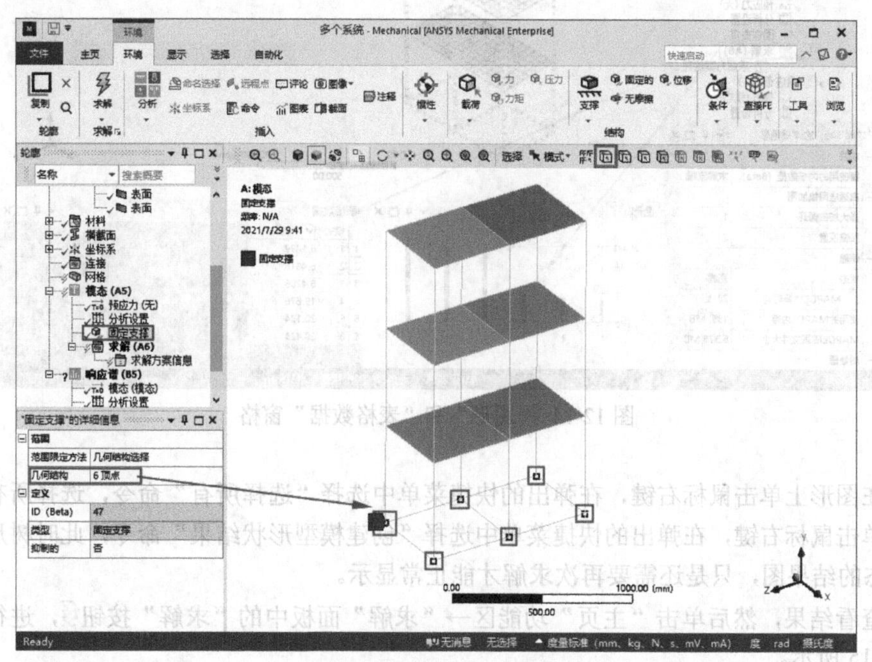

图 12-12　施加固定约束

12.2.4 模态分析求解

01 在树形目录中单击“模态（A5）”中的“求解（A6）”分支，单击“主页”功能区→“求解”面板中的“求解”按钮，如图 12-13 所示，进行求解。

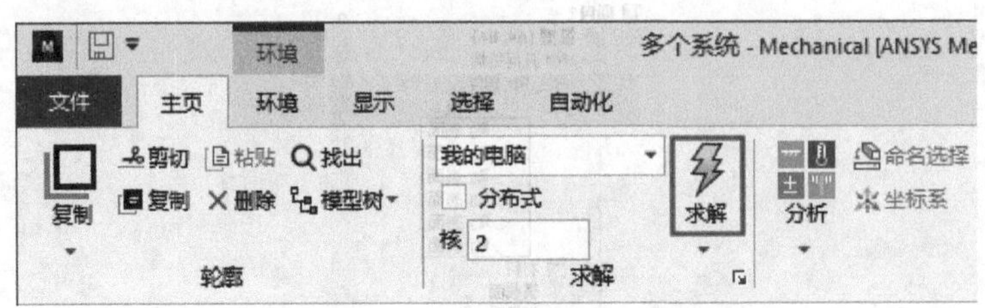

图 12-13 单击“求解”按钮

02 单击树形目录中的“求解（A6）”分支，此时视图区域的下方会出现“图形”和“表格数据”窗格，如图 12-14 所示。

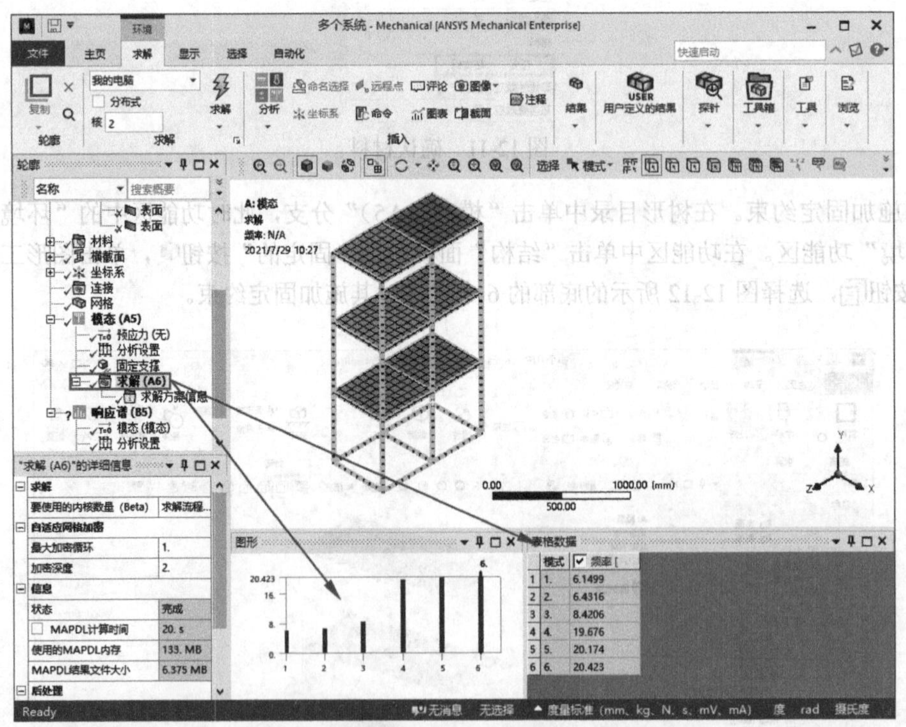

图 12-14 “图形”和“表格数据”窗格

03 在图形上单击鼠标右键，在弹出的快捷菜单中选择“选择所有”命令，选择所有的模态。

04 单击鼠标右键，在弹出的快捷菜单中选择“创建模型形状结果”命令，此时树形目录中会显示各模态的结果图，只是还需要再次求解才能正常显示。

05 查看结果，然后单击“主页”功能区→“求解”面板中的“求解”按钮，进行求解，结果如图 12-15 所示。

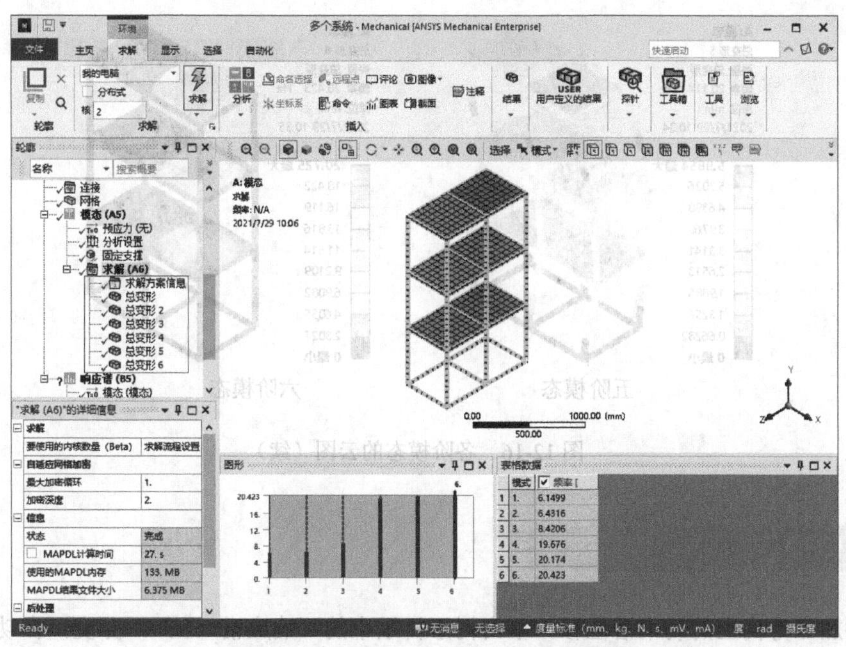

图 12-15　树形目录中各模态的结果图

06 在树形目录中单击各模态，查看各阶模态的云图，如图 12-16 所示。

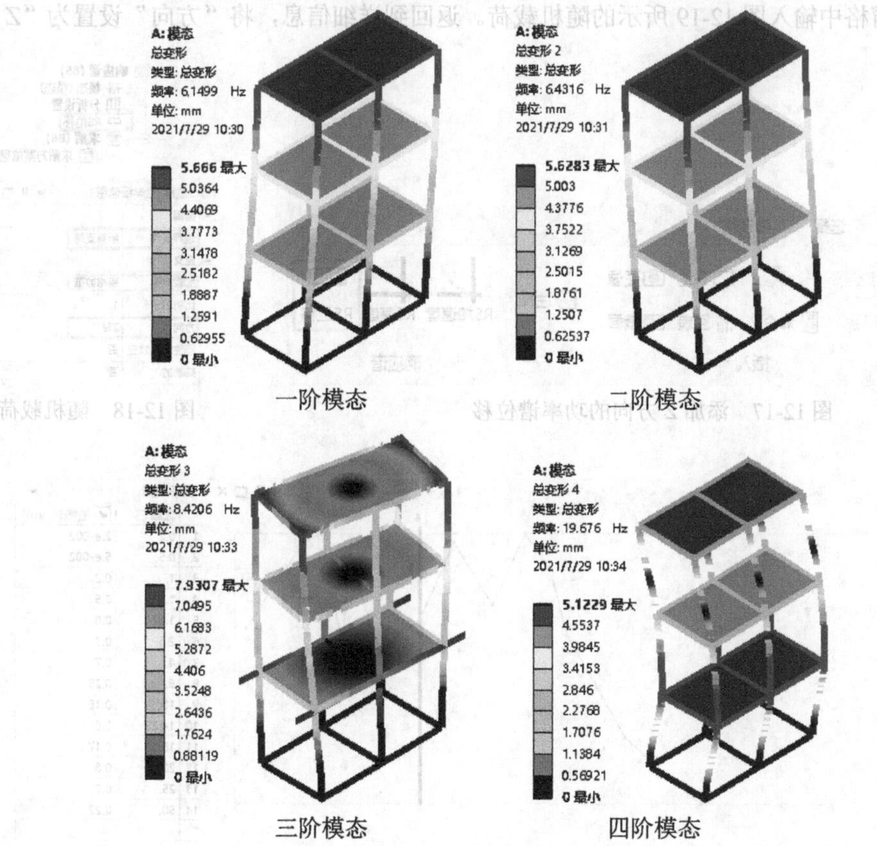

图 12-16　各阶模态的云图

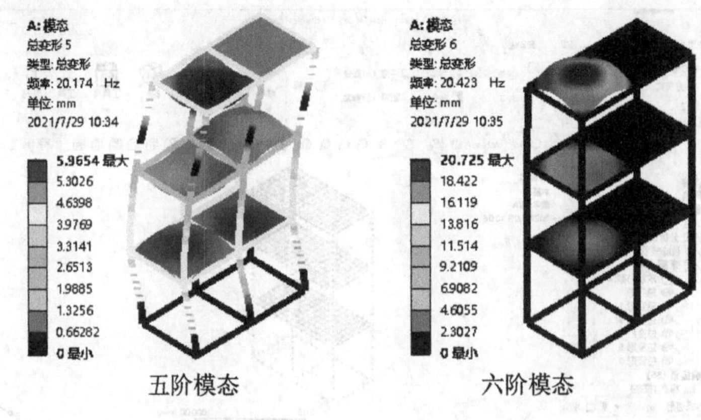

图 12-16　各阶模态的云图（续）

12.2.5　响应谱分析设置并求解

01 添加 Z 方向上的功率谱位移。单击树形目录中的“响应谱（B5）”分支，在功能区中单击“响应谱”面板中的“RS 位移”按钮，为模型添加 Z 方向的功率谱位移，如图 12-17 所示。

02 定义属性。在树形目录中单击新添加的“RS 位移”分支，在详细信息中，将“边界条件”设置为“所有支持”，在“加载数据”栏中选择“表格数据”，如图 12-18 所示，在视图区域下方的“表格数据”窗格中输入图 12-19 所示的随机载荷。返回到详细信息，将“方向”设置为“Z 轴”。

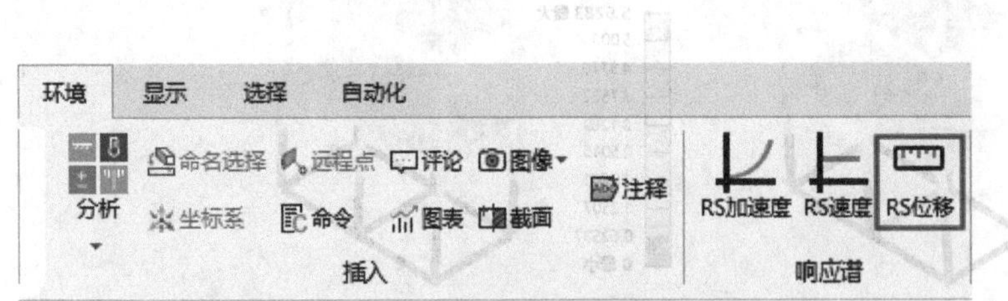

图 12-17　添加 Z 方向的功率谱位移

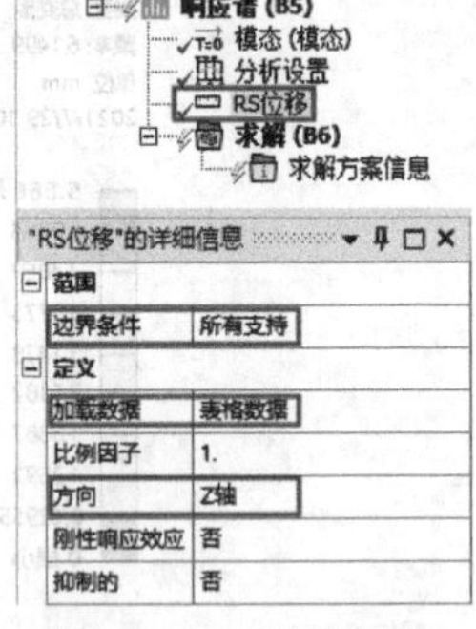

图 12-18　随机载荷

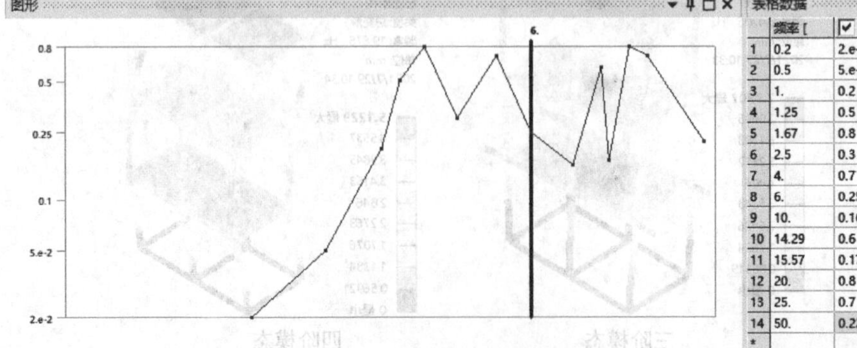

表格数据

	频率 [	位移 [(mm)]
1	0.2	2.e-002
2	0.5	5.e-002
3	1.	0.2
4	1.25	0.5
5	1.67	0.8
6	2.5	0.3
7	4.	0.7
8	6.	0.25
9	10.	0.16
10	14.29	0.6
11	15.57	0.17
12	20.	0.8
13	25.	0.7
14	50.	0.22
*		

图 12-19　随机载荷

03 单击左侧树形目录中的“求解（B6）”分支，此时功能区中的“环境”标签显示为“求解方案”功能区。

04 添加 X 轴方向上的位移求解项。在功能区中单击“结果”面板中的“变形”按钮，在弹出的下拉菜单中选择“定向”命令，此时树形目录中会出现“定向变形”分支，在详细信息中设置“方向”为“X 轴”，如图 12-20 所示。

05 采用同样的方式，分别添加 Y 轴方向、Z 轴方向上的位移求解项。

06 添加等效应力求解项。单击“结果”面板中的“应力”按钮，在弹出的下拉菜单中选择“等效（Von-Mises）”命令，此时树形目录中会出现“等效应力”分支，详细信息保持默认设置，如图 12-21 所示。

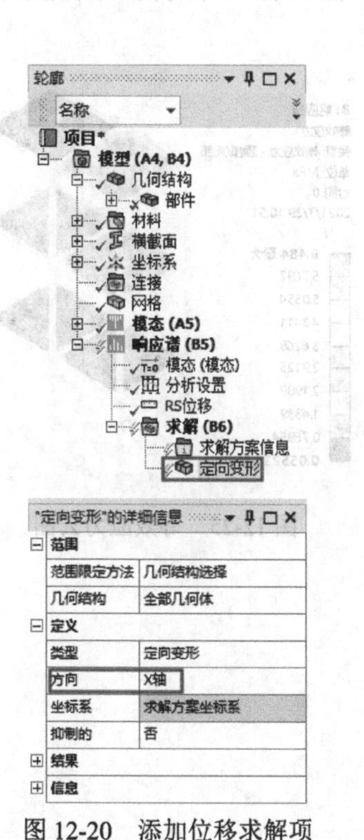

图 12-20　添加位移求解项

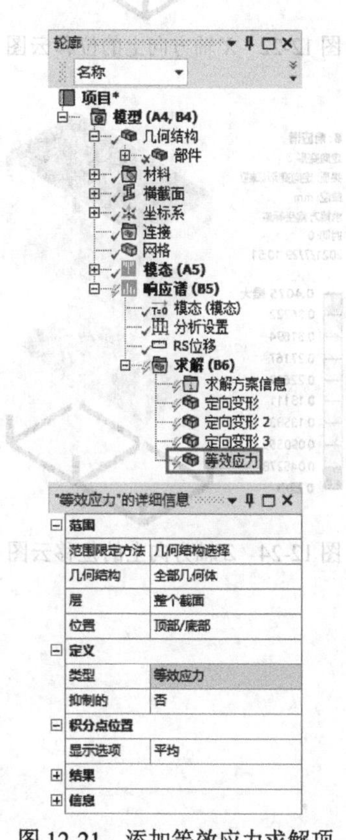

图 12-21　添加等效应力求解项

07 在树形目录中的“求解（B6）”分支上单击鼠标右键，在弹出的快捷菜单中选择“求解”命令，此时会弹出求解进度条，表示正在求解，当求解完毕时，进度条会自动消失。

12.2.6　查看分析结果

01 求解完成后，单击树形目录中的“求解（B6）”中的“定向变形”分支，可以查看 X 轴方向上的位移云图，如图 12-22 所示。

02 采用同样的方式，选择“定向变形 2”分支、“定向变形 3”分支查看 Y 轴方向、Z 轴方向上的位移云图，如图 12-23 和图 12-24 所示。

03 单击树形目录“求解（B6）”中的“等效应力”分支，可以查看等效应力云图，如图 12-25 所示。

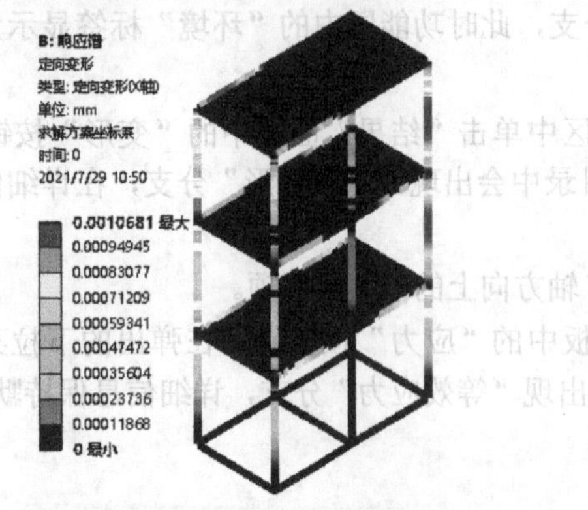

图 12-22 *X* 轴方向上的位移云图

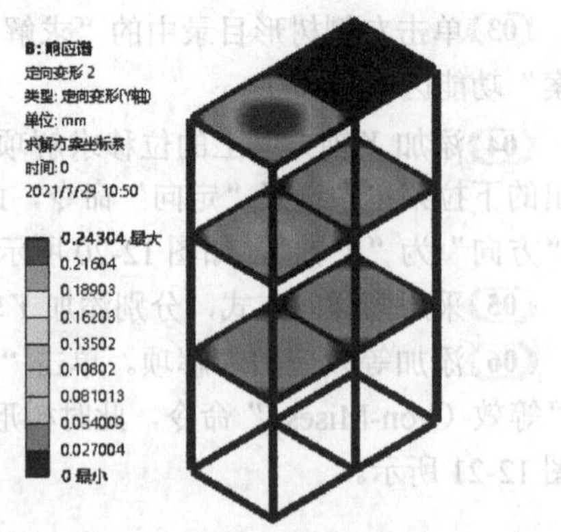

图 12-23 *Y* 轴方向上的位移云图

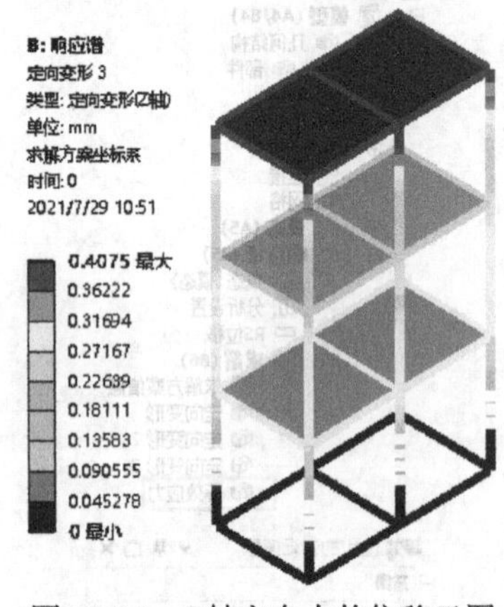

图 12-24 *Z* 轴方向上的位移云图

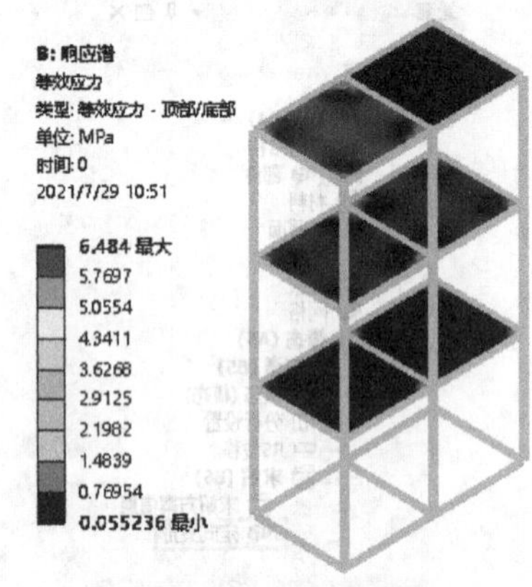

图 12-25 等效应力云图

第 13 章 谐响应分析

谐响应分析（Harmonic Analysis）用于确定线性结构在承受随已知按正弦（简谐）规律变化的载荷时的稳态响应。

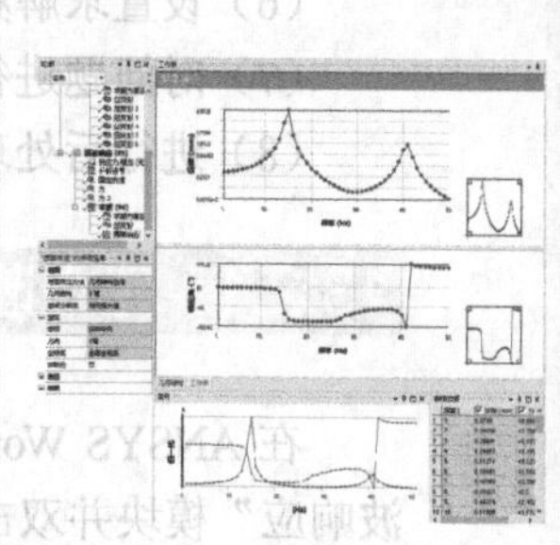

学习要点

- 谐响应分析简介
- 谐响应分析步骤
- 谐响应分析实例

13.1 谐响应分析简介

谐响应分析的基础是模态分析，在模态分析出固有频率后，就可以对某一频率段进行谐响应分析，主要用来确定线性结构在承受持续变化的周期载荷时的周期性响应。

分析的目的是计算出结构在几种频率下的响应，并得到一些与响应值对应的频率曲线，这样就可以预测结构的持续动力学特征，从而验证其设计能否成功地克服共振、疲劳及其他受迫振动引起的有害问题。输入载荷可以是已知幅值和频率的力、压力和位移；输出值可以是节点位移，也可以是导出的值，如应力、应变等。

谐响应分析可以计算结构的稳态受迫振动，在谐响应分析中不考虑发生在激励开始时的瞬态振动。

13.2 谐响应分析步骤

进行谐响应分析的步骤如下。

（1）建立有限元模型，设置材料属性。

（2）定义接触的区域。

（3）定义网格控制（可选择）。

（4）施加载荷和边界条件。

（5）定义分析类型。

（6）设置求解频率选项。

（7）对问题进行求解。

（8）进行后处理，查看结果。

13.2.1 建立谐响应分析

在 ANSYS Workbench 2021 R1 中建立谐响应分析只需要在左边的分析系统工具箱中选中“谐波响应”模块并双击或直接将其拖动到项目管理界面中即可，如图 13-1 所示。

模型设置完成、自项目管理界面进入 Mechanical 后，只要单击树形目录中的“分析设置”分支就能进行分析设置了，“分析设置”的详细信息如图 13-2 所示。

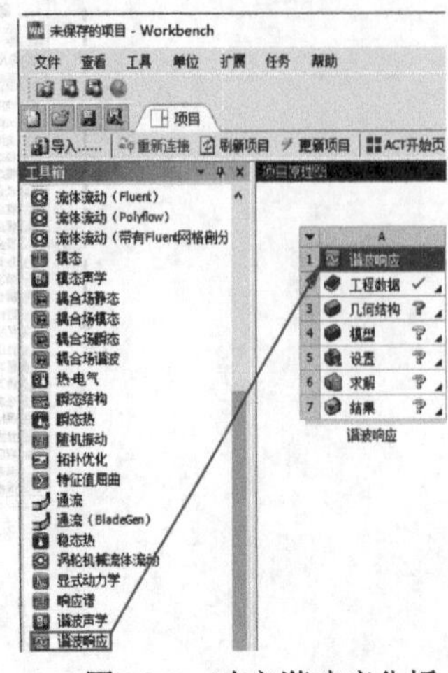

图 13-1　建立谐响应分析

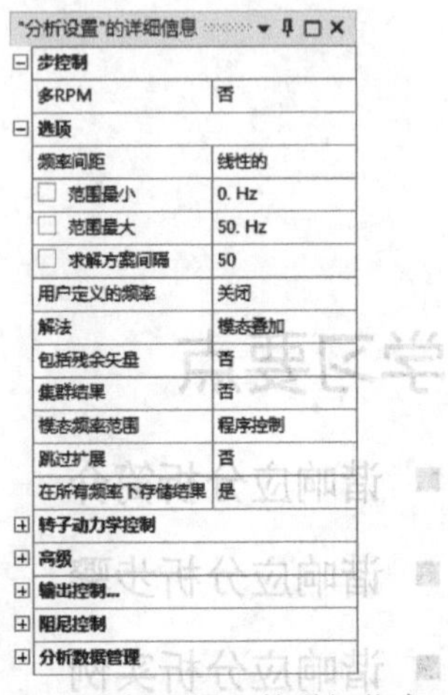

图 13-2　“分析设置”的详细信息

13.2.2　加载谐响应载荷

在谐响应分析中，输入载荷可以是已知幅值和频率的力、压力和位移，所有的结构载荷均有相同的激励频率，Mechanical 中支持的载荷见表 13-1。

表 13-1　Mechanical 中支持的载荷

载荷类型	相位输入	求解方法
加速度载荷	不支持	完全法和模态叠加法
压力载荷	支持	完全法和模态叠加法
力载荷	支持	完全法和模态叠加法
轴承载荷	不支持	完全法和模态叠加法
力矩载荷	不支持	完全法和模态叠加法
位移载荷	支持	完全法

Mechanical 中不支持的载荷有标准地球重力、热载荷、旋转速度载荷和螺栓预紧力载荷。

用户在加载载荷时要确定载荷的幅值、相位移及频率。图 13-3 所示就是加载的一个力的幅值、相位角等信息。

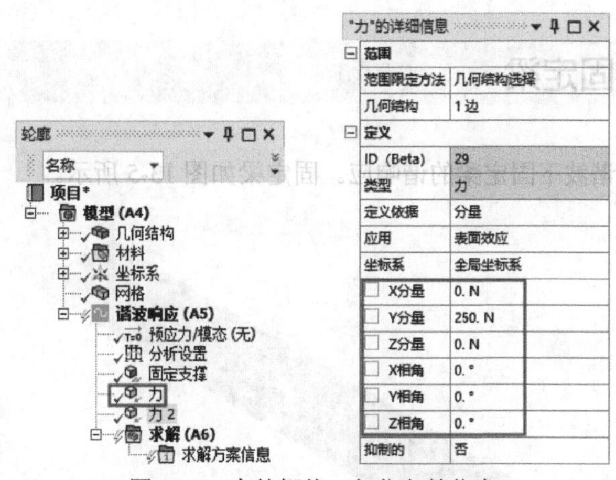

图 13-3　力的幅值、相位角等信息

频率载荷代表的频率范围为 0 ～ 100Hz，间隙为 10Hz，即在 0Hz、10Hz、20Hz、30Hz、……、90Hz、100Hz 处计算相应的值。

13.2.3　求解方法

求解谐响应分析运动方程的方法分为完全法及模态叠加法两种。完全法是一种非常简单的方法，使用完全结构矩阵，允许存在非对称矩阵（如声学）；模态叠加法是从模态分析中叠加模态振型，这是 ANSYS Workbench 2021 R1 默认的方法，在所有的求解方法中，它的求解速度是最快的。

13.2.4　查看结果

在后处理中，可以查看应力、应变、位移和加速度的频率图，图 13-4 所示就是一个典型的位移频率响应图。

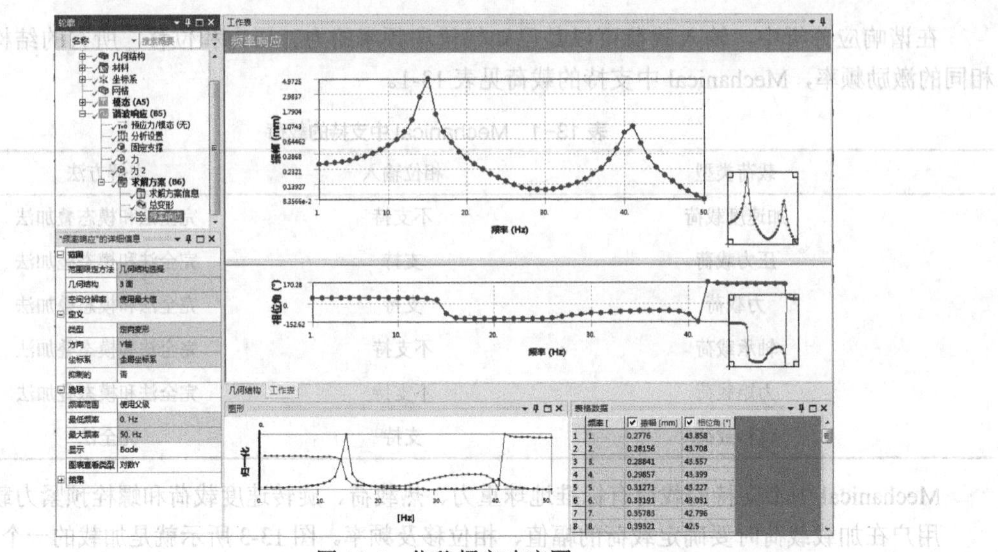

图 13-4　位移频率响应图

13.3　实例——固定梁

本实例分析在两个谐波下固定梁的谐响应。固定梁如图 13-5 所示。

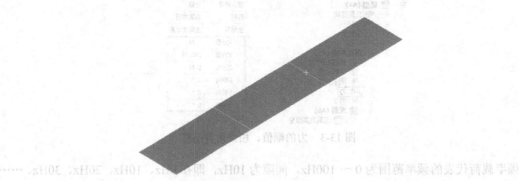

图 13-5　固定梁

13.3.1　问题描述

在本实例中，通过添加力载荷来代表机器旋转产生的力，作用点位于梁长度的$\frac{1}{3}$处，机器旋转的速率为 300r/min 到 1800r/min。梁的材料为结构钢、尺寸为 3 m×0.5 m×0.025 m。

13.3.2　项目原理图

(01)启动 ANSYS Workbench 2021 R1，进入其工作界面。

02在 ANSYS Workbench 2021 R1 工作界面中选择“单位”→“单位系统”命令，打开“单位系统”窗口，如图 13-6 所示。取消勾选 D8 栏中的复选框，“度量标准（kg, mm, s, ℃, mA, N, mV）”命令将会出现在“单位”菜单中。设置完成后单击“关闭”按钮×，关闭此窗口。

单位系统

	A	B	C	D
1	单位系统			
2	SI(kg,m,s,K,A,N,V)			
3	度量标准(kg,m,s,°C,A,N,V)			
4	度量标准(tonne,mm,s,°C,mA,N,mV)			
5	美国惯用单位(lbm,in,s,°F,A,lbf,V)			
6	美国工程单位(lb,in,s,R,A,lbf,V)			
7	度量标准(g,cm,s,°C,A,dyne,V)			
8	度量标准(kg,mm,s,°C,mA,N,mV)			
9	度量标准(kg,μm,s,°C,mA,μN,V)			
10	度量标准(decatonne,mm,s,°C,mA,N,mV)			
11	美国惯用单位(lbm,ft,s,°F,A,lbf,V)			
12	一致的CGS			
13	一致的NMM			
14	一致 μMKS			
15	一致的KGMMMS			
16	一致 BIN			
17	一致 BFT			
18	DesignModeler Unit System (mm, degree)			
19	DesignModeler Unit System (m, degree)			
20	DesignModeler Unit System (um, degree)			

复制　删除　导入......　导出......

	A	B
1	数量名称	单位
2	基础单元	
3	角度	radian
4	化学量	mol
5	当前	A
6	长度	m
7	亮度	cd
8	质量	kg
9	立体角	sr
10	温度	K
11	时间	s
12	常见单元	
13	电荷	A s
14	能量	J
15	力	N
16	功率	W
17	压力	Pa
18	电压	V
19	其他单位	
20	加权声压级	dBA
21	加速度	m s^-2
22	角加速度	rad s^-2
23	角速度	radian s^-1

关闭

图 13-6　“单位系统”窗口

03选择“单位”→“度量标准（kg, mm, s, ℃, mA, N, mV）”命令，设置模型的单位，如图 13-7 所示。

04展开左边的分析系统工具箱，将工具箱里的“模态”模块直接拖动到项目管理界面中或直接在其上双击，建立一个含有“模态”的项目模块（需要先求解，查看系统的固有频率和模态），结果如图 13-8 所示。

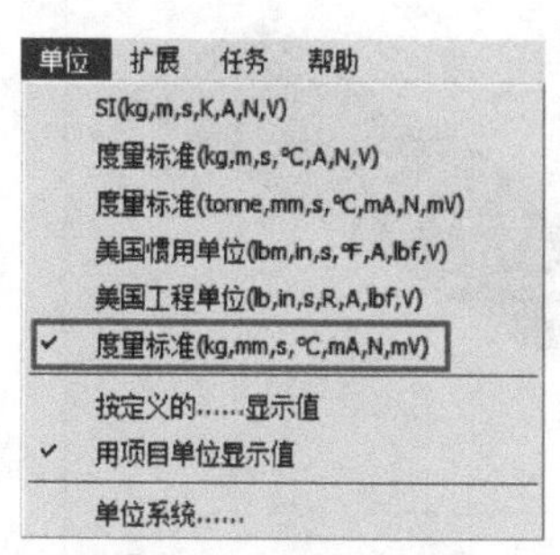

图 13-7　设置模型单位

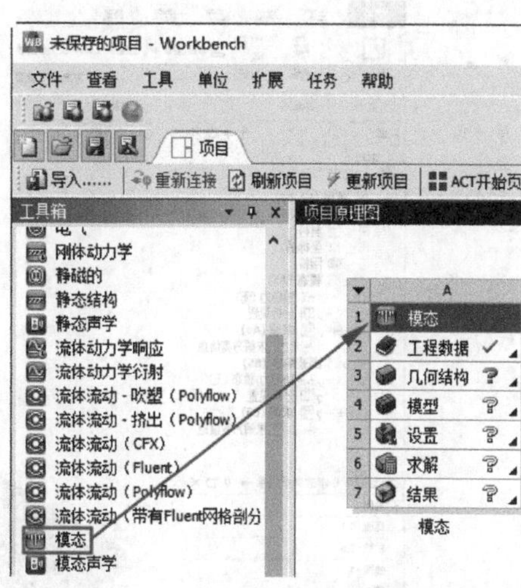

图 13-8　添加“模态”模块

05添加“谐波响应”模块。把“谐波响应”模块拖放到“模态”模块的“模型”栏上，将“谐波响应”模块中的工程数据、几何结构、模型单元与“模态”模块中的单元共享，如图 13-9 所示。

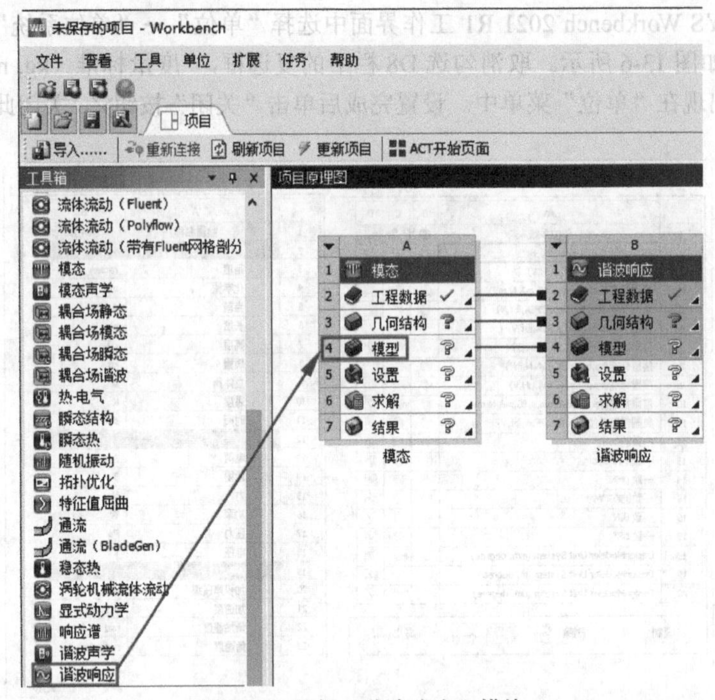

图 13-9　添加“谐波响应”模块

06 导入模型。右击“A3 几何结构”栏 3 几何结构 ?，弹出快捷菜单，选择“导入几何模型”→“浏览”命令，打开“打开”对话框，打开随书资源中的“固定梁 .agdb”。

07 双击“A4 模型”栏 4 模型，启动 Mechanical 应用程序，如图 13-10 所示。

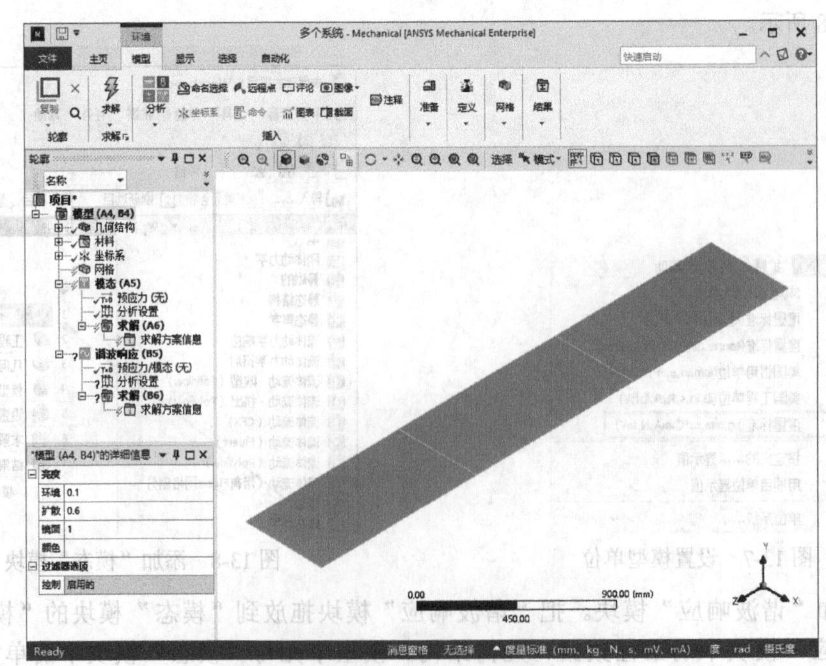

图 13-10　Mechanical 应用程序

13.3.3 前处理

01 设置单位系统。在功能区中选择“主页”→“工具”→“单位”→“度量标准（mm, kg, N, s, mV, mA）”，设置单位为毫米。

02 确认材料。在树形目录中单击“几何结构”下的“表面几何体”分支，在左下角的“表面几何体”的详细信息中查看“任务”栏，确定其值为“结构钢”，如图 13-11 所示。

03 施加固定约束。在树形目录中单击“模态（A5）”分支，此时功能区中的“环境”标签显示为“环境”功能区。在功能区中单击“结构”面板中的“固定的”按钮，单击图形工具栏中的“线”按钮，选择图 13-12 所示的两条边线，施加固定约束。

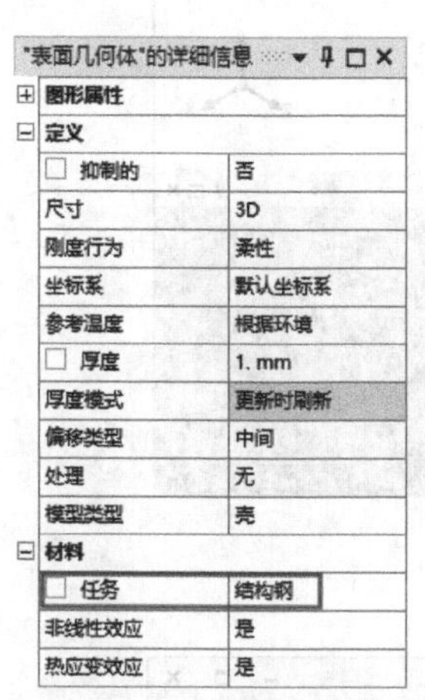

图 13-11 确认材料

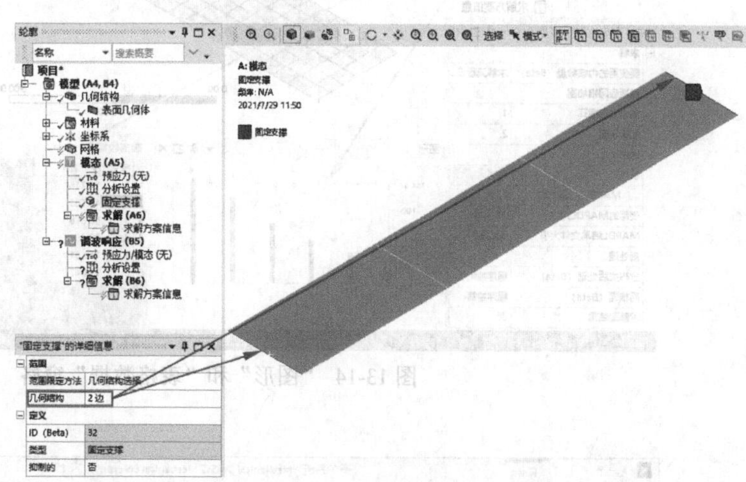

图 13-12 施加固定约束

13.3.4 模态分析求解

01 在树形目录中单击“求解（A6）”分支，单击“主页”功能区→“求解”面板中的“求解”按钮，如图 13-13 所示，进行求解。

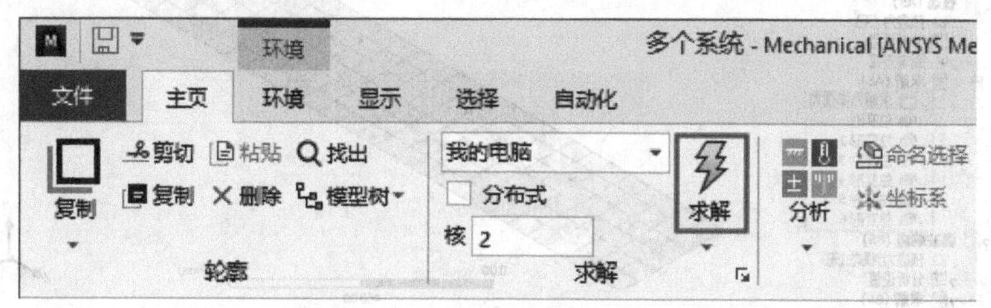

图 13-13 单击“求解”按钮

02 单击树形目录中的“求解（A6）”分支，此时视图区域的下方会出现“图形”和“表格数据”窗格，如图 13-14 所示。

03 在图形上单击鼠标右键，在弹出的快捷菜单中选择“选择所有”命令，选择所有的模态。

04 单击鼠标右键，在弹出的快捷菜单中选择“创建模型形状结果”命令，此时树形目录中会显示各模态的结果图，只是还需要再次求解才能正常显示，如图 13-15 所示。

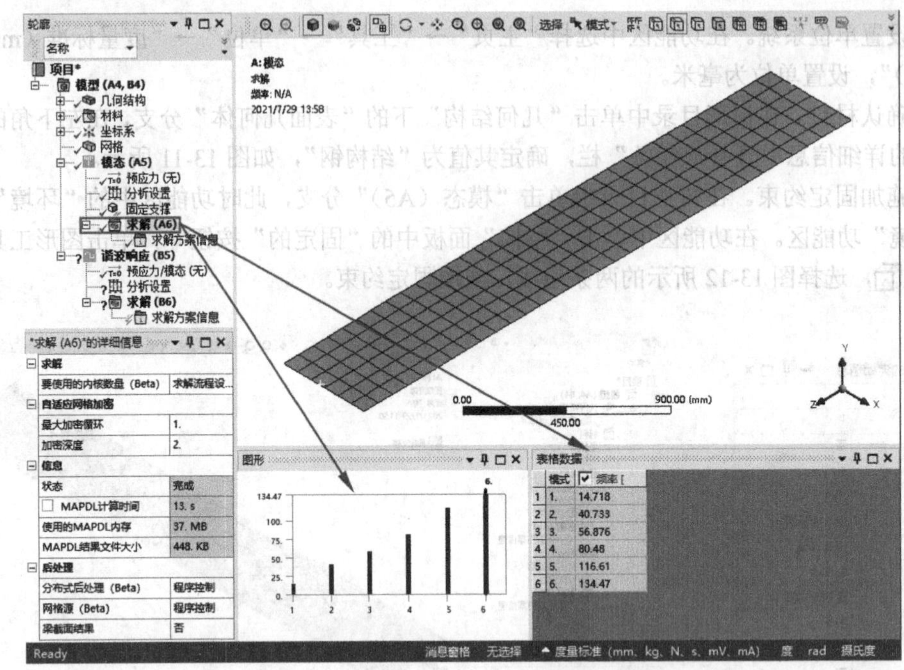

图 13-14 “图形”和“表格数据”窗格

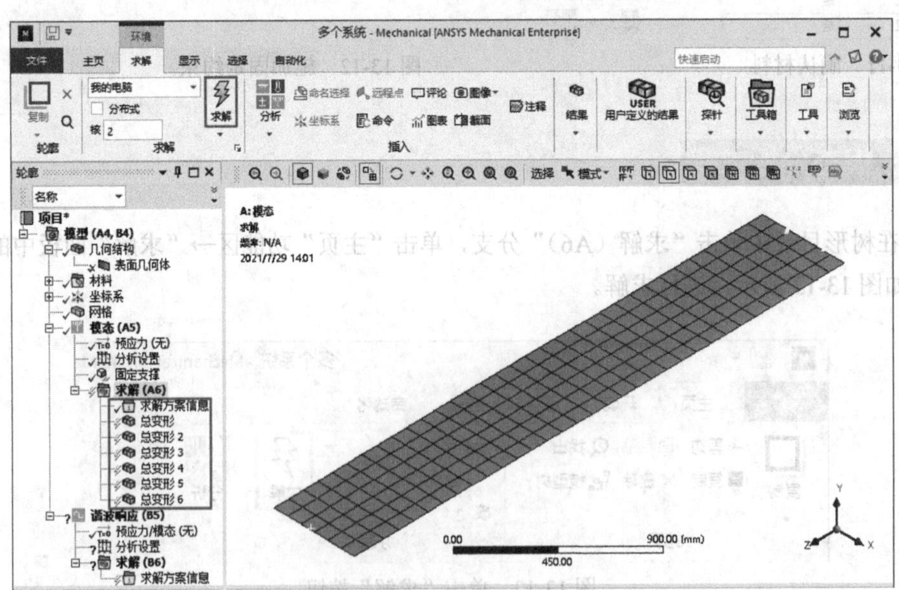

图 13-15 树形目录中各模态的结果图

05 单击“主页”功能区→“求解”面板中的“求解”按钮，进行求解。

06 在树形目录中单击各模态，查看各阶模态的云图，如图 13-16 所示。

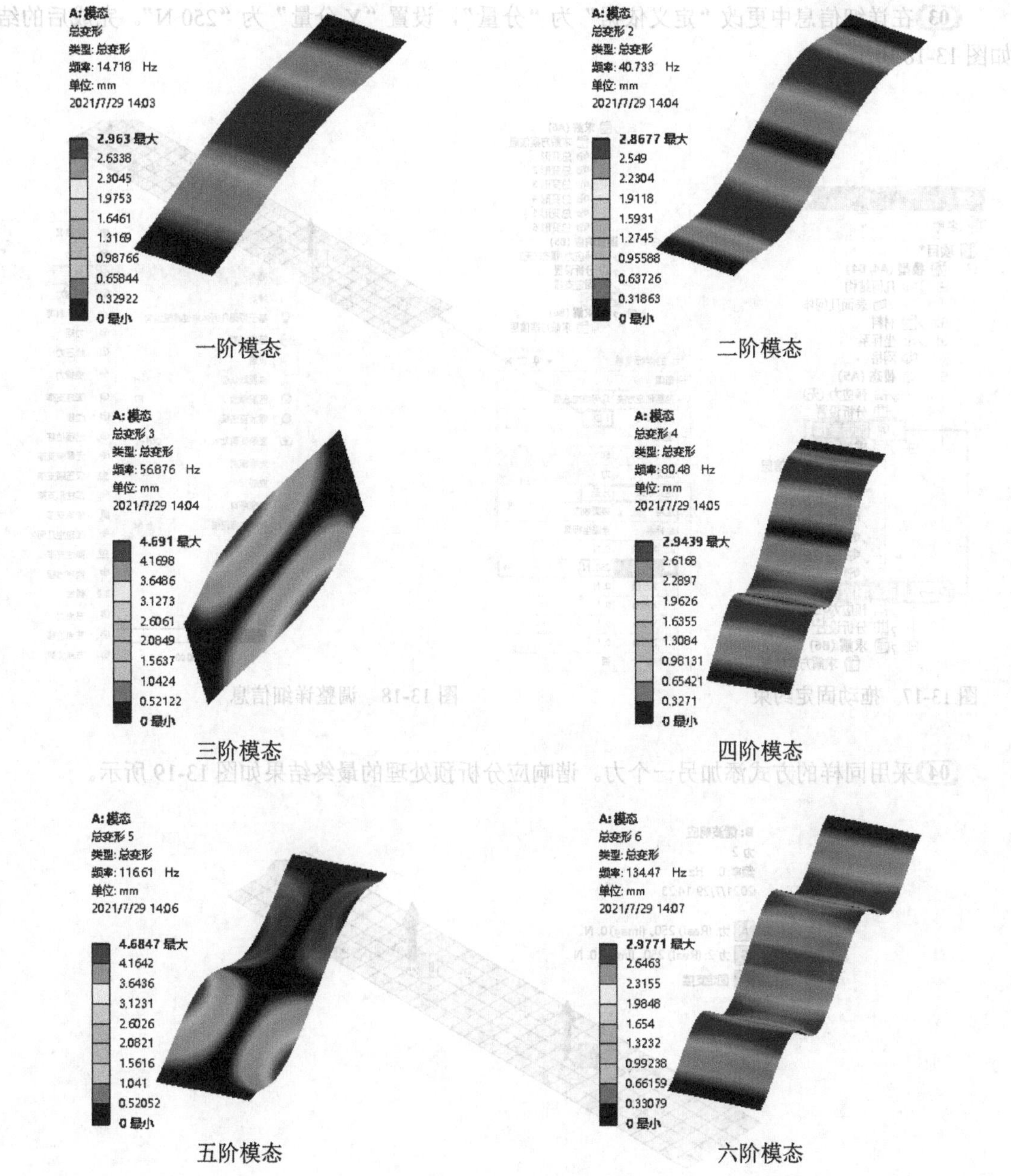

图 13-16 各阶模态的云图

13.3.5 谐响应分析预处理

01 在树形目录中单击“模态（A5）”中的“固定支撑”分支，并拖动它到“谐波响应（B5）”分支中，如图 13-17 所示。

02 在“谐波响应（B5）”分支中添加力。模型的面上已经添加了两个边印记，单击图形工具栏中的“边”按钮后，选择其中的一个边印记，单击鼠标右键，在弹出的快捷菜单中选择“插入”→“力”命令。

03 在详细信息中更改"定义依据"为"分量"，设置"Y 分量"为"250 N"。完成后的结果如图 13-18 所示。

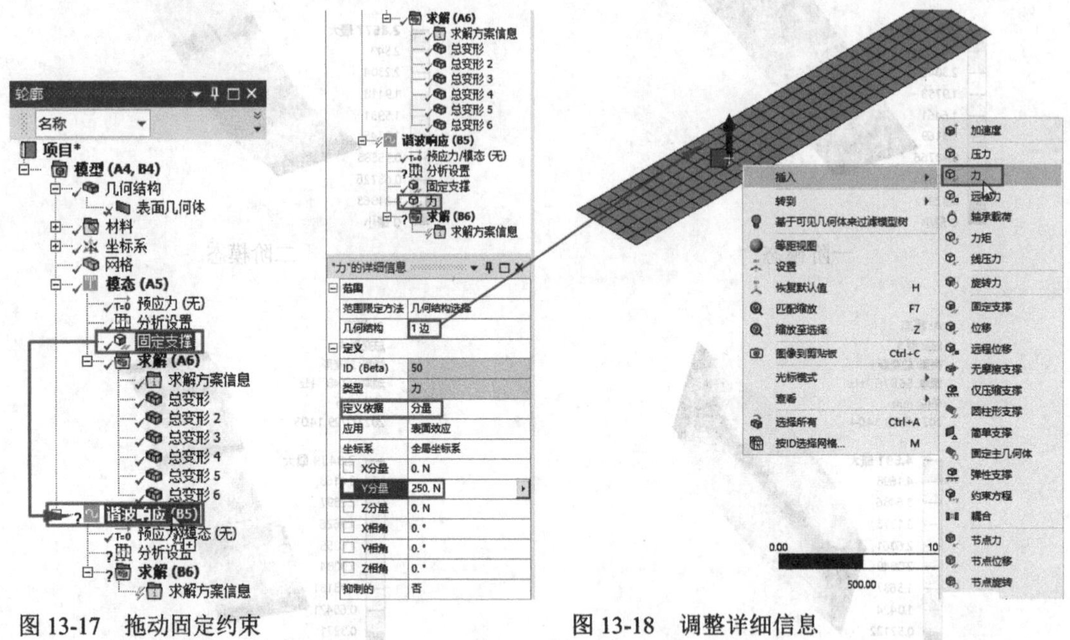

图 13-17　拖动固定约束　　　　图 13-18　调整详细信息

04 采用同样的方式添加另一个力。谐响应分析预处理的最终结果如图 13-19 所示。

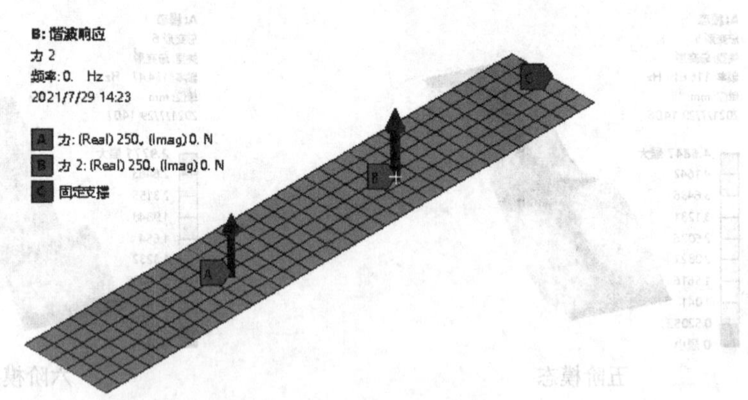

图 13-19　谐响应分析预处理的结果

13.3.6　谐响应分析设置并求解

01 设置谐响应分析。在树形目录中单击"谐波响应（B5）"下的"分析设置"分支，在下方的"分析设置"的详细信息中更改"范围最大"为"50 Hz"、"求解方案间隔"为"50"，展开"阻尼控制"栏，更改"阻尼比率"为"2.e-002"，如图 13-20 所示。

02 谐响应分析求解。单击"求解（B6）"分支，单击"主页"功能区"求解"面板中的"求解"按钮，进行谐响应分析的求解。

"分析设置"的详细信息	
⊟ 步控制	
多RPM	否
⊟ 选项	
频率间距	线性的
范围最小	0. Hz
范围最大	50. Hz
求解方案间隔	50
用户定义的频率	关闭
解法	模态叠加
包括残余矢量	否
集群结果	否
模态频率范围	程序控制
跳过扩展	否
在所有频率下存储结果	是
⊞ 转子动力学控制	
⊞ 高级	
⊞ 输出控制...	
⊟ 阻尼控制	
来自模态的等效阻尼比率	否
阻尼由......进行定义	阻尼比率
阻尼比率	2.e-002
刚度系数按照以下方式进行定义	直接输入
刚度系数	0.
质量系数	0.
⊞ 分析数据管理	

图 13-20　设置谐响应分析

13.3.7　谐响应分析后处理

(01)求解频率变形响应。单击树形目录中的“求解（B6）”分支，此时功能区中的“环境”标签显示为“求解”功能区。在功能区中单击“图表”面板中的“频率响应”按钮，在弹出的下拉菜单中选择“变形”命令，如图 13-21 所示。此时在树形目录中会出现“频率响应”分支。

(02)单击图形工具栏中的“面”按钮，在视图区域中选择 3 个面，在“频率响应”的详细信息中单击“应用”按钮应用，更改“空间分辨率”为“使用最大值”，更改“方向”为“Y 轴”，如图 13-22 所示。

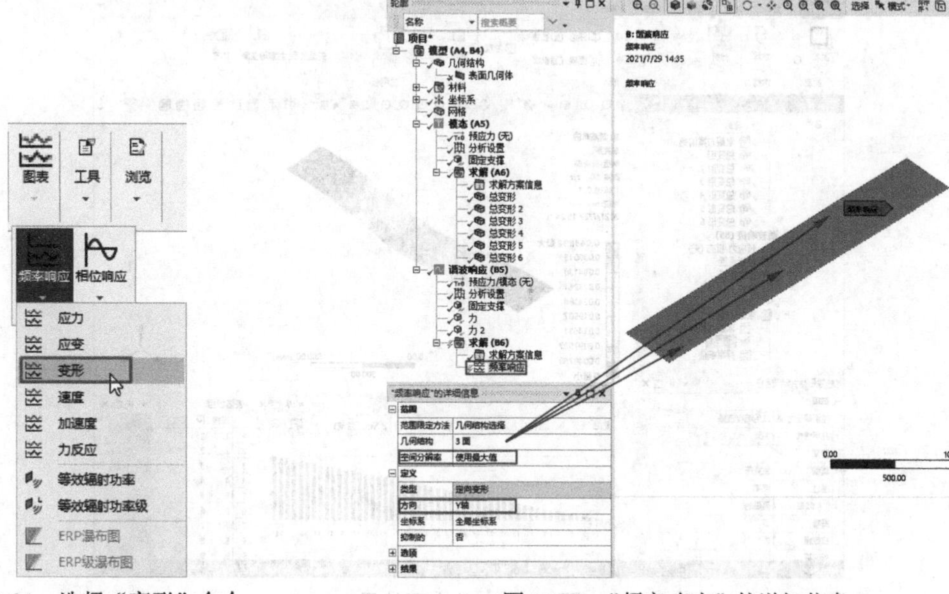

图 13-21　选择“变形”命令　　　　图 13-22　“频率响应”的详细信息

(03)在功能区中单击“结果”面板中的“变形”按钮，在弹出的下拉菜单中选择“总计”命令。树形目录中的“求解方案（B6）”分支下将出现一个“总变形”分支。

(04)后处理求解。单击树形目录中的“求解（B6）”分支，单击“主页”功能区→“求解”面板中的“求解”按钮，进行后处理求解。频率变形响应结果如图 13-23 所示，总变形结果如图 13-24 所示。

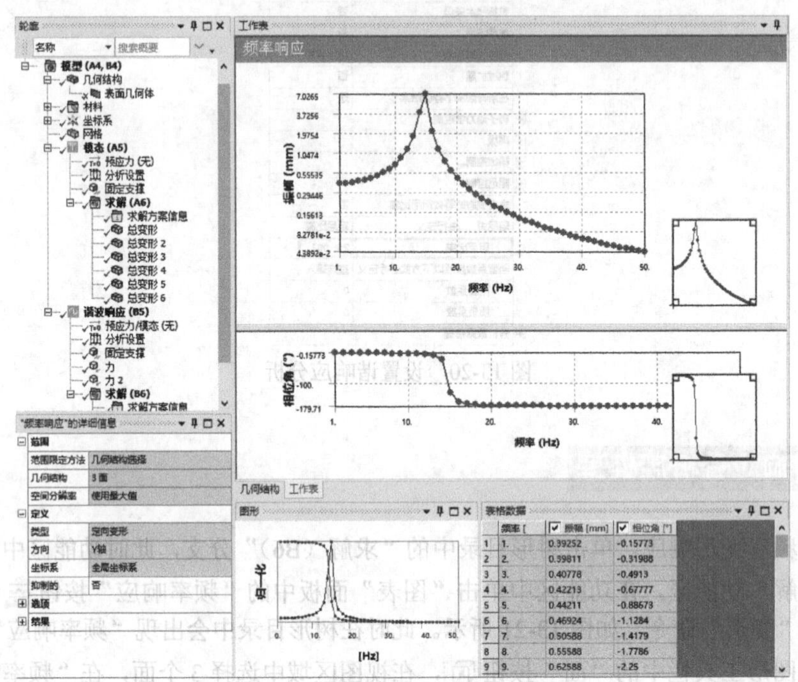

图 13-23　频率变形响应结果

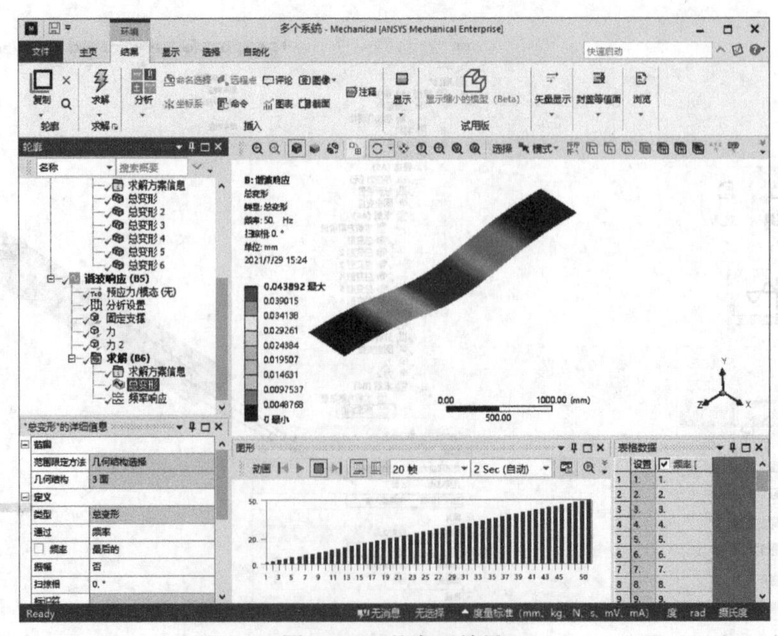

图 13-24　总变形结果

05 更改相位角。单击树形目录中“谐波响应（B5）”的“力 2”分支，更改“力 2”的详细信息中“Y 相角”为“90°”，如图 13-25 所示。

06 查看结果。单击“主页”功能区→“求解”面板中的“求解”按钮⚡，进行求解，结果如图 13-26 所示。

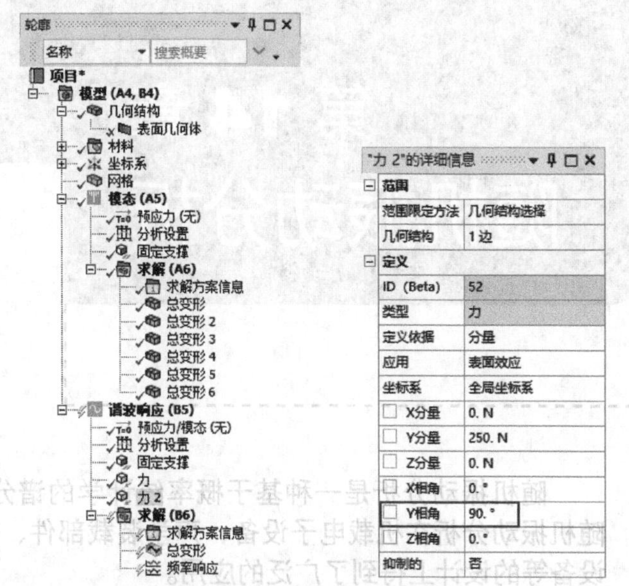

图 13-25 “力 2”的详细信息

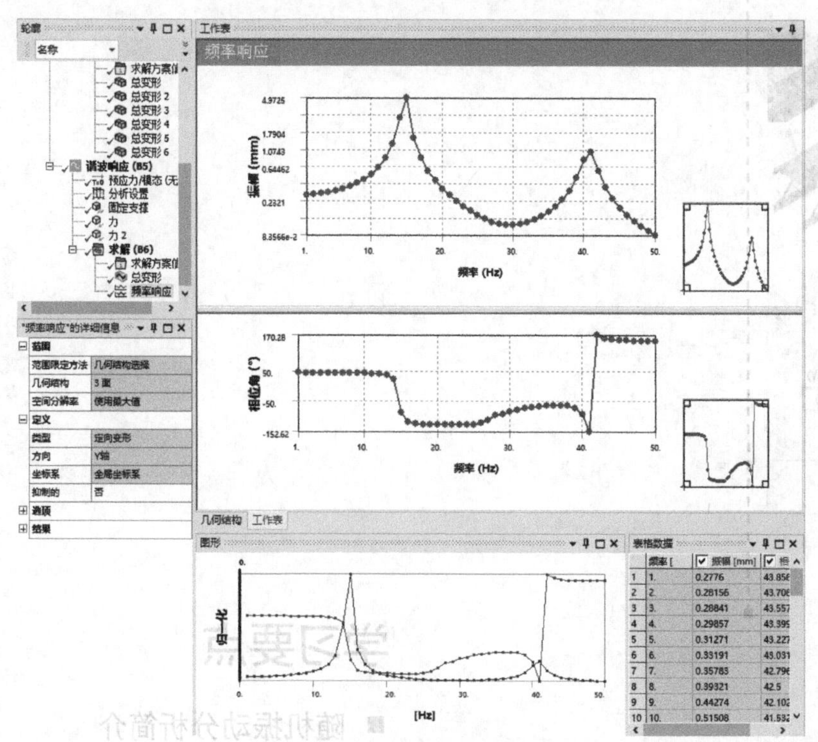

图 13-26 更改相位角后的结果

第 14 章 随机振动分析

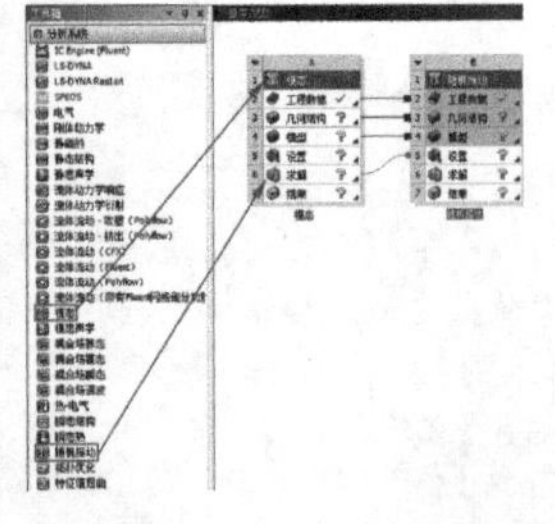

随机振动分析是一种基于概率统计学的谱分析技术。目前，随机振动分析在机载电子设备、声学装载部件、抖动的光学对准设备等的设计上得到了广泛的应用。

学习要点

- 随机振动分析简介
- 随机振动分析实例

14.1 随机振动分析简介

随机振动分析也称为功率谱密度分析，是一种基于概率统计学理论的谱分析技术。现实中有很多情况下的载荷是不确定的，如火箭每次发射会产生不同时间历程的振动载荷，汽车在路上行驶时每次的振动载荷也会有所不同，由于时间历程的不确定性，这种情况不能选用瞬态分析进行模拟计算，于是从概率统计学角度出发，将时间历程的统计样本转变为功率谱密度函数（Power Spectral Density，PSD）——随机载荷时间历程的统计响应，在功率谱密度函数的基础上进行随机振动分析，得到相应的概率统计值。

在 ANSYS Workbench 2021 R1 中进行随机振动分析需要输入的有：

- 从模态分析中得到的固有频率和振型；
- 作用于节点上的单点或多点 PSD 的激励。

输出的是作用于节点上的 PSD 的响应。

14.1.1 随机振动分析步骤

进行随机振动分析的步骤如下。

（1）进行模态分析。

（2）确定随机振动分析项。

（3）加载载荷及边界条件。

（4）计算求解。

（5）进行后处理并查看结果。

14.1.2 在 ANSYS Workbench 2021 R1 中进行随机振动分析

在 ANSYS Workbench 2021 R1 中，首先要在左边的分析系统工具箱中选中“模态”模块并双击，建立模态分析。接下来选中工具箱中的“随机振动”模块，并将其直接拖至“模态”模块的 A4 栏中，创建随机振动分析项目，如图 14-1 所示。

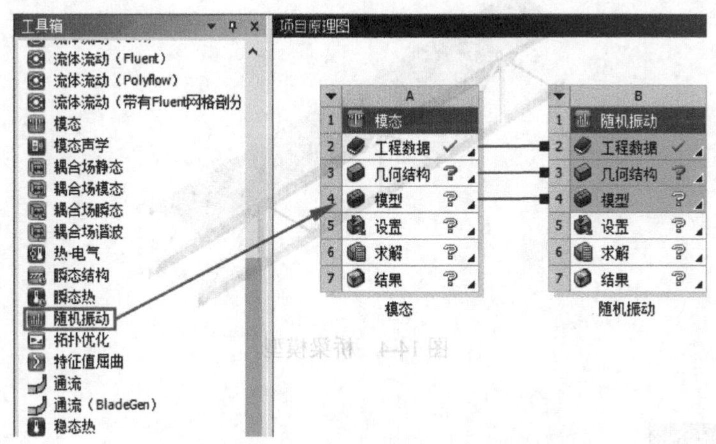

图 14-1 创建随机振动分析项目

在随机振动分析项目中，可进行建立或导入几何模型、设置材料特性、划分网格等操作。但要注意，在进行随机振动分析时，加载位移约束值必须为 0。当模态计算结束后，用户一般要查看前几阶的固有频率值和振型，再进行随机振动分析的设置，即载荷和边界条件的设置。这里的载荷为 PSD，如图 14-2 所示。

随机振动计算结束后，在随机振动分析的后处理中可以得到在 PSD 激励作用下的 PSD 位移、定向变形以及等效应力等，如图 14-3 所示。

图 14-2　建立随机振动载荷

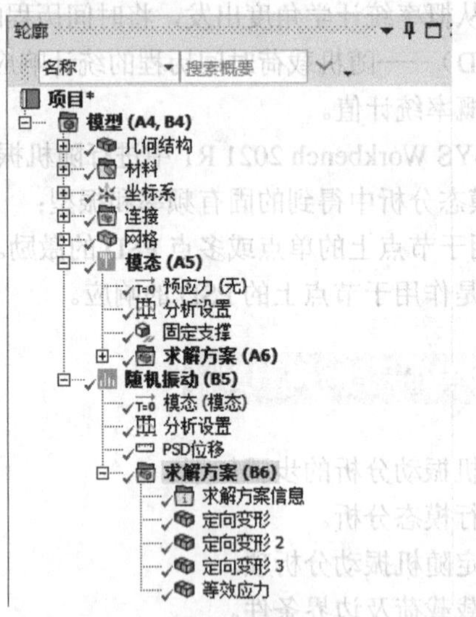

图 14-3　随机振动的求解项

14.2　实例——桥梁模型随机振动分析

本实例对一个桥梁结构进行随机振动分析，帮助读者掌握随机振动分析的基本过程。本实例所使用的模型在进行分析时直接导入即可，桥梁模型如图 14-4 所示。

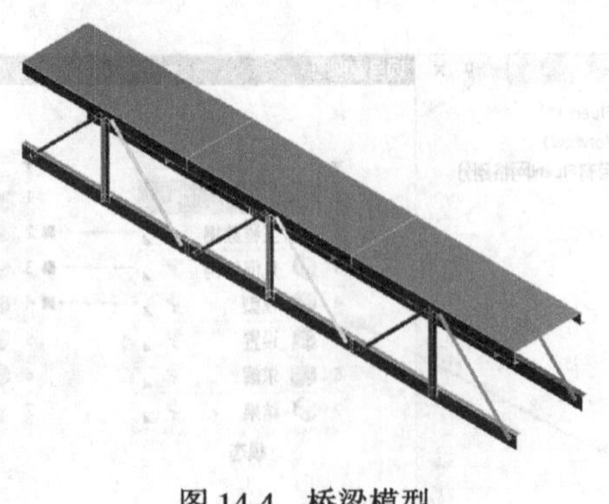

图 14-4　桥梁模型

14.2.1　问题描述

本实例主要是调查桥梁装配体的振动特性。模型桥梁采用结构钢材料，需要分析此结构在底部约束点随机载荷作用下的结构分析反应。模型文件的名称为“桥梁 .agdb”，随机载荷如图 14-5 所示。

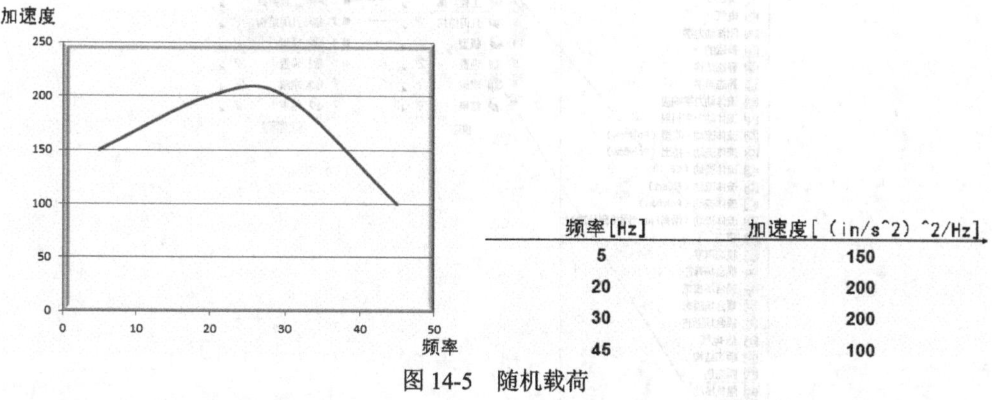

频率[Hz]	加速度[（in/s^2）^2/Hz]
5	150
20	200
30	200
45	100

图 14-5 随机载荷

14.2.2 项目原理图

01 启动 ANSYS Workbench 2021 R1，进入其工作界面。

02 选择“单位”→“美国惯用单位（lbm, in, s, °F, A, lbf, V）”命令，设置模型的单位，如图 14-6 所示。

03 展开左边的分析系统工具箱，将工具箱里的“模态”模块直接拖动到项目管理界面中或直接在其上双击，建立一个含有“模态”的项目模块（需要先求解，查看系统的固有频率和模态），如图 14-7 所示。

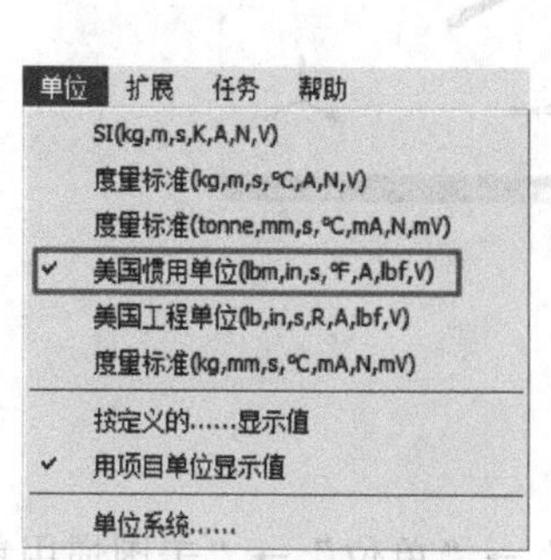

图 14-6 设置模型单位

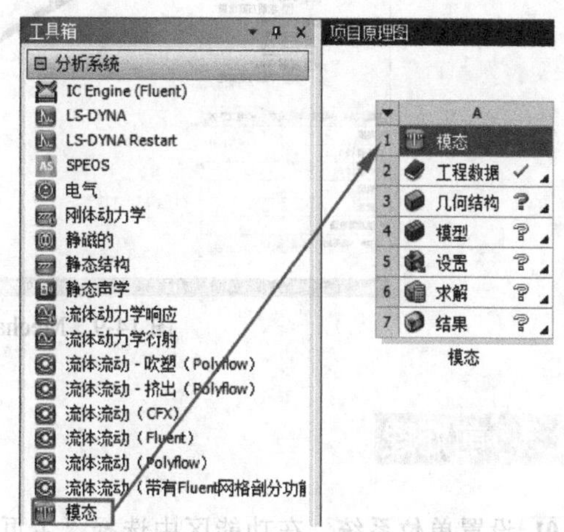

图 14-7 添加“模态”模块

04 添加“随机振动”模块。把“随机振动”模块拖放到“模态”模块的“求解”栏上，将“随机振动”模块中的工程数据、几何结构、模型与“模态”模块中的单元共享。如图 14-8 所示。

05 导入模型。右击“A3 几何结构”栏 3 几何结构 ?，弹出快捷菜单，选择“导入几何模型”→“浏览”命令，打开“打开”对话框，打开随书资源中的“桥梁 . agdb”。

06 双击“A4 模型”栏 4 模型，启动 Mechanical 应用程序，如图 14-9 所示。

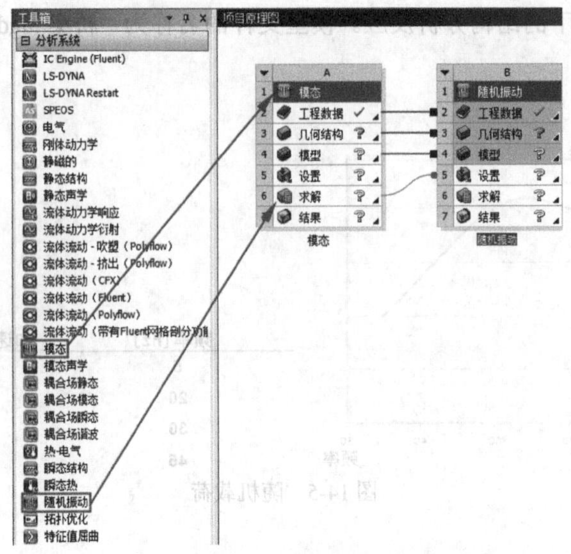

图 14-8　添加“随机振动”模块

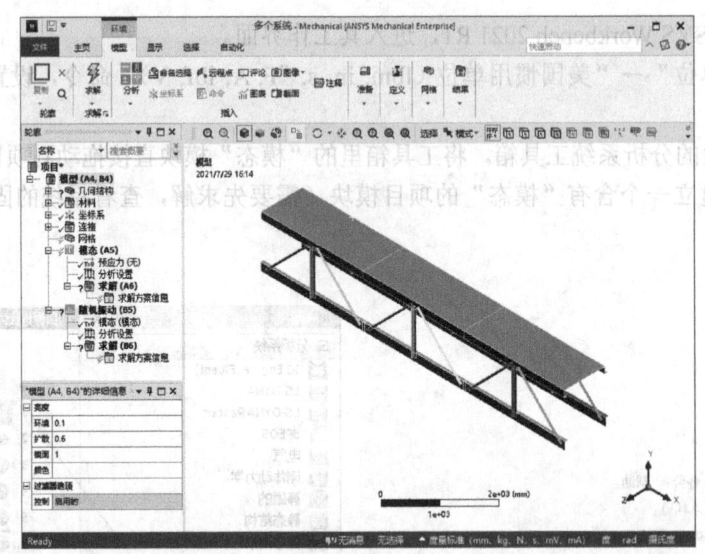

图 14-9　Mechanical 应用程序

14.2.3　前处理

01 设置单位系统。在功能区中选择“主页”→“工具”→“单位”→“美国惯用单位（in, lbm, lbf, °F, s, V, A）”，设置单位为英制单位。

02 输入厚度及确认材料。在树形目录中单击“几何结构”下所有的“表面几何”分支，在“多个选择”的详细信息的“厚度”栏中输入“0.5 时间”，查看“任务”栏，确定其值为“结构钢”，如图 14-10 所示。

03 添加尺寸控制。单击树形目录中的“网格”分支，在功能区中单击“控制”面板中的“尺寸调整”按钮，如图 14-11 所示，为网格划分添加尺寸控制。

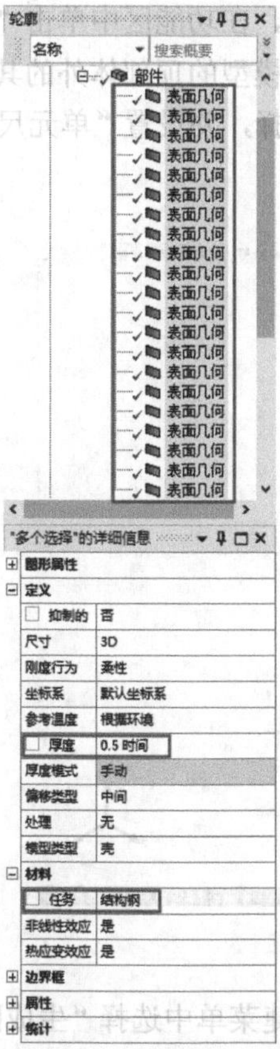

图 14-10 输入厚度及确认材料

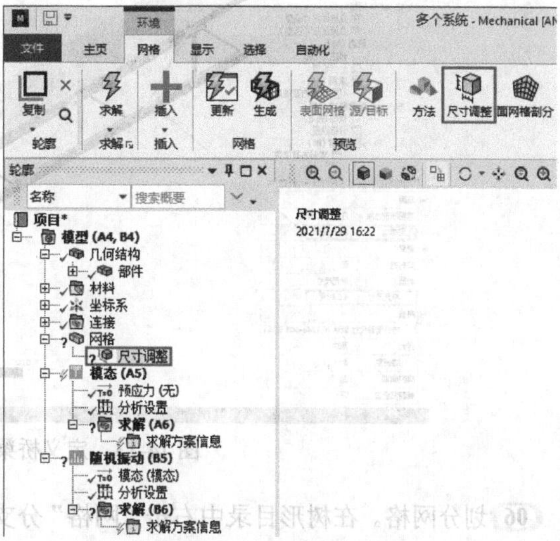

图 14-11 添加尺寸控制

(04)单击图形工具栏中的“体”按钮，选择图 14-12 所示的桥梁模型的顶部体，此时体显示为紫色。在详细信息中单击“几何结构”栏中的“应用”按钮 应用 ，完成体的选择，并设置“单元尺寸”为“2.0 时间”。

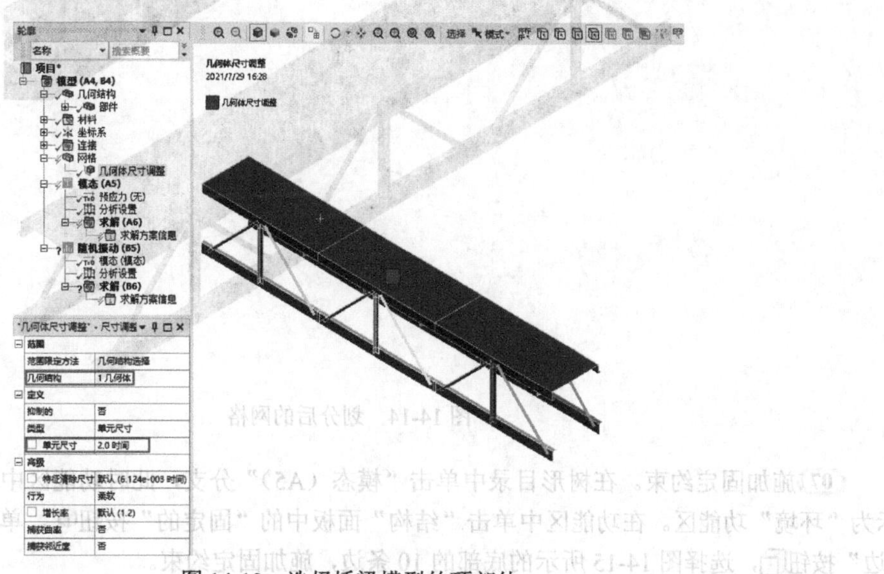

图 14-12 选择桥梁模型的顶部体

(05)定义桥梁架的网格尺寸。单击树形目录中的“网格”分支，在功能区中单击“控制”面板中的“尺寸调整”按钮，为网格划分添加尺寸控制。选择除桥梁模型的顶部体外的其余体，在详细信息中单击“几何结构”栏中的“应用”按钮 应用 ，完成体的选择，并设置“单元尺寸”为“4.0 时间”，如图 14-13 所示。

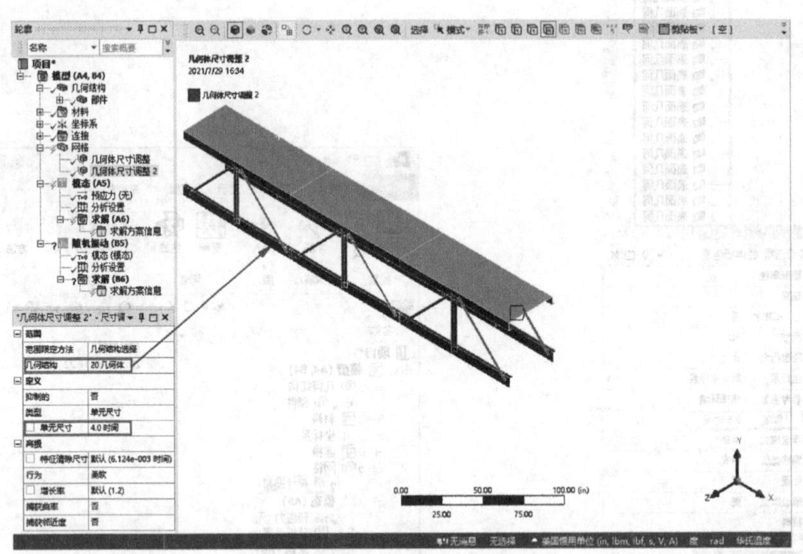

图 14-13　定义桥梁架的网格尺寸

(06)划分网格。在树形目录中右击“网格”分支，在弹出的快捷菜单中选择“生成网格”命令。划分后的网格如图 14-14 所示。

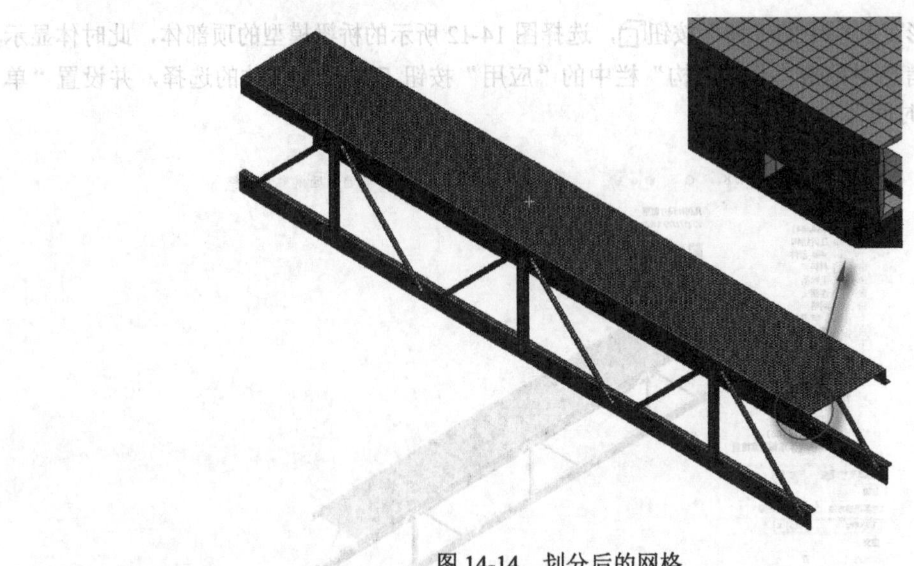

图 14-14　划分后的网格

(07)施加固定约束。在树形目录中单击“模态（A5）”分支，此时功能区中的“环境”标签显示为“环境”功能区。在功能区中单击“结构”面板中的“固定的”按钮，单击图形工具栏中的“边”按钮，选择图 14-15 所示的底部的 10 条边，施加固定约束。

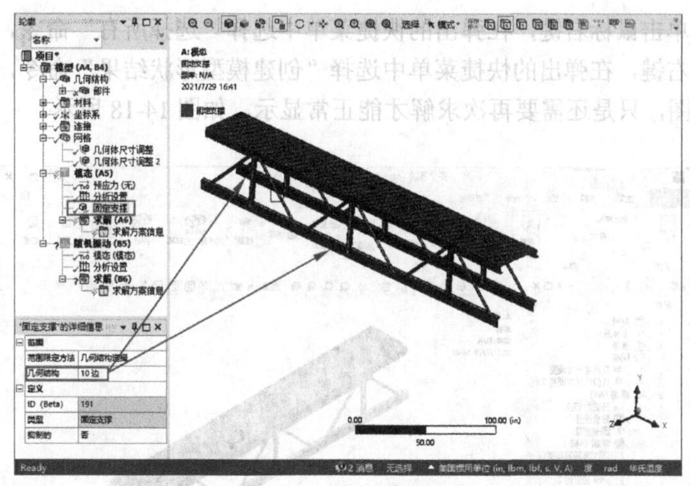

图 14-15　施加固定约束

14.2.4　模态分析求解

(01)单击“模态（A5）”中的“求解（A6）”分支，单击“主页”功能区→“求解”面板中的“求解”按钮，如图 14-16 所示，进行求解。

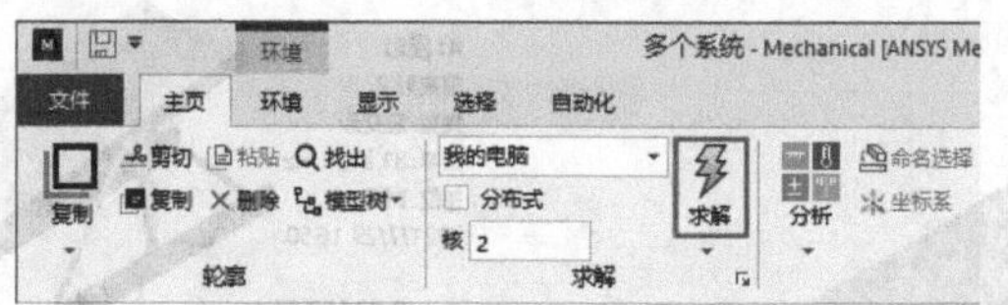

图 14-16　单击“求解”按钮

(02)单击树形目录中的“求解（A6）”分支，此时绘图区域的下方会出现“图形”和“表格数据”窗格，如图 14-17 所示。

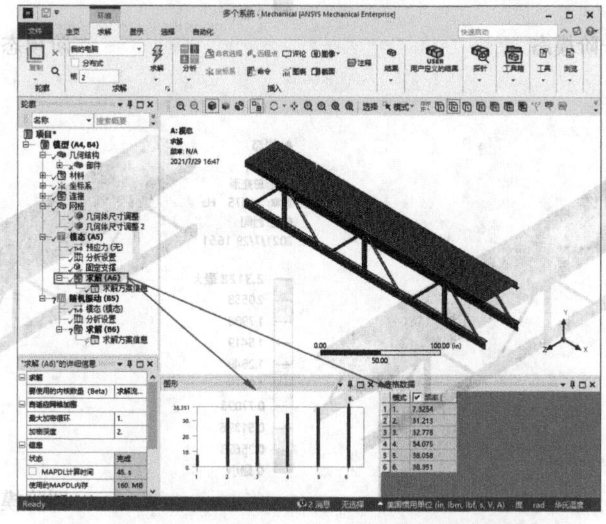

图 14-17　“图形”和”表格数据”窗格

03 在图形上单击鼠标右键，在弹出的快捷菜单中选择“选择所有”命令，选择所有的模态。

04 单击鼠标右键，在弹出的快捷菜单中选择“创建模型形状结果”命令，此时树形目录中会显示各模态的结果图，只是还需要再次求解才能正常显示，如图 14-18 所示。

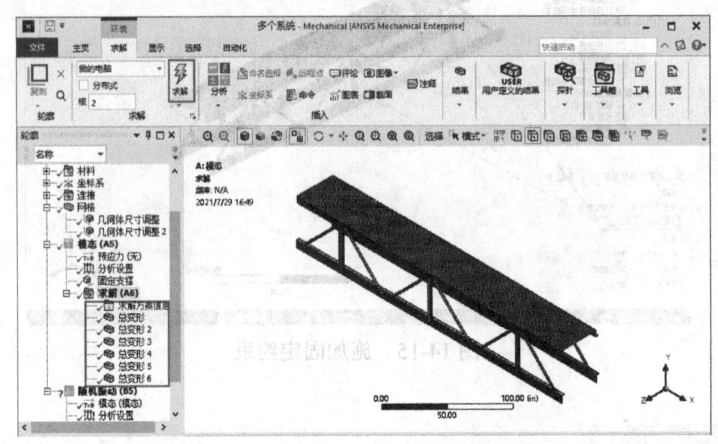

图 14-18　树形目录中各模态的结果图

05 单击“主页”功能区→“求解”面板中的“求解”按钮⚡，进行求解。

06 在树形目录中单击各模态，查看各阶模态的云图，如图 14-19 所示。

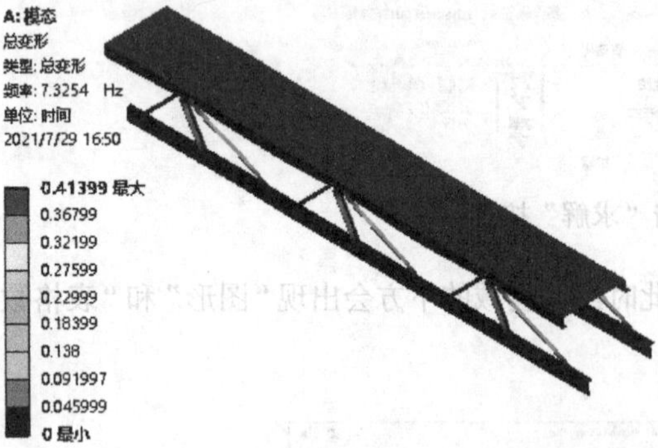

A: 模态
总变形
类型: 总变形
频率: 7.3254 Hz
单位: 时间
2021/7/29 16:50
0.41399 最大
0.36799
0.32199
0.27599
0.22999
0.18399
0.138
0.091997
0.045999
0 最小

一阶模态

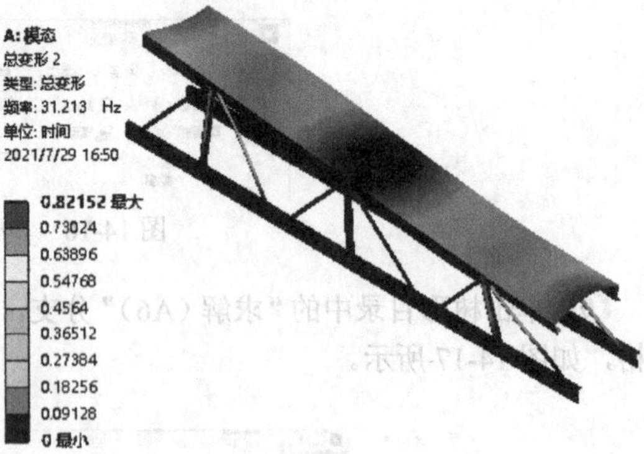

A: 模态
总变形 2
类型: 总变形
频率: 31.213 Hz
单位: 时间
2021/7/29 16:50
0.82152 最大
0.73024
0.63896
0.54768
0.4564
0.36512
0.27384
0.18256
0.09128
0 最小

二阶模态

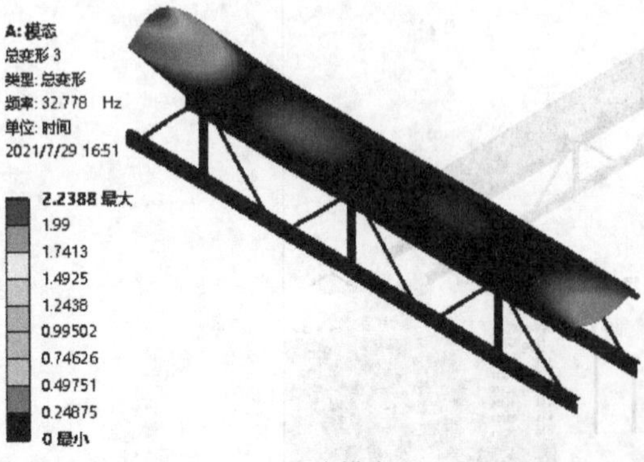

A: 模态
总变形 3
类型: 总变形
频率: 32.778 Hz
单位: 时间
2021/7/29 16:51
2.2388 最大
1.99
1.7413
1.4925
1.2438
0.99502
0.74626
0.49751
0.24875
0 最小

三阶模态

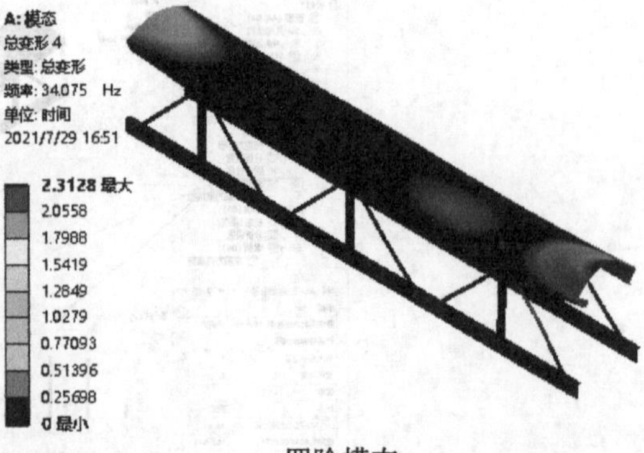

A: 模态
总变形 4
类型: 总变形
频率: 34.075 Hz
单位: 时间
2021/7/29 16:51
2.3128 最大
2.0558
1.7988
1.5419
1.2849
1.0279
0.77093
0.51396
0.25698
0 最小

四阶模态

图 14-19　各阶模态的云图

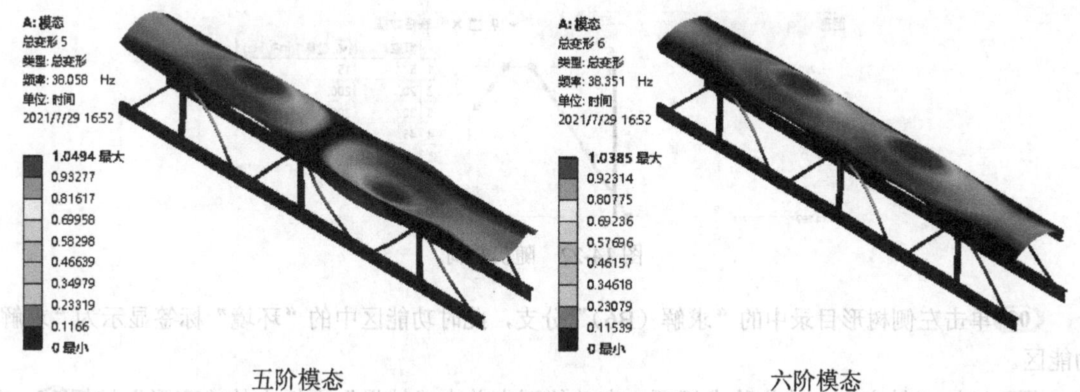

五阶模态　　六阶模态

图 14-19　各阶模态的云图（续）

14.2.5　随机振动分析设置并求解

01 添加 PSD 位移。单击树形目录中的“随机振动（B5）”分支，在功能区中单击“随机振动”面板中的“PSD 位移”按钮，为模型添加 X 轴方向上的 PSD 位移，如图 14-20 所示。

02 定义属性。在树形目录中单击新添加的“PSD 位移”分支，在详细信息中，将“边界条件”设置为“固定支撑”，在“加载数据”栏中选择“表格数据”，如图 14-21 所示。在图形区域下方的“表格数据”窗格中输入图 14-22 所示的随机载荷，返回到详细信息，将“方向”设置为“X 轴”。

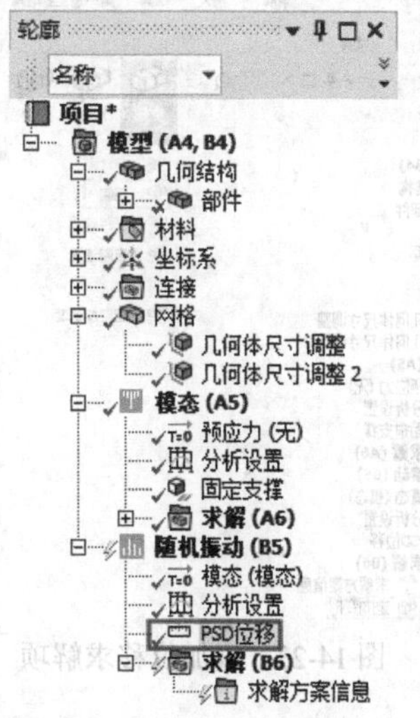

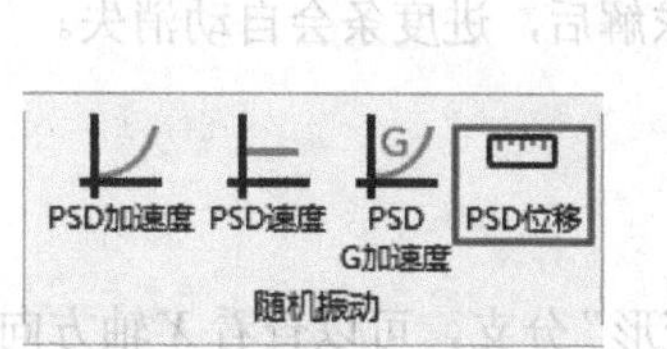

图 14-20　添加 PSD 位移

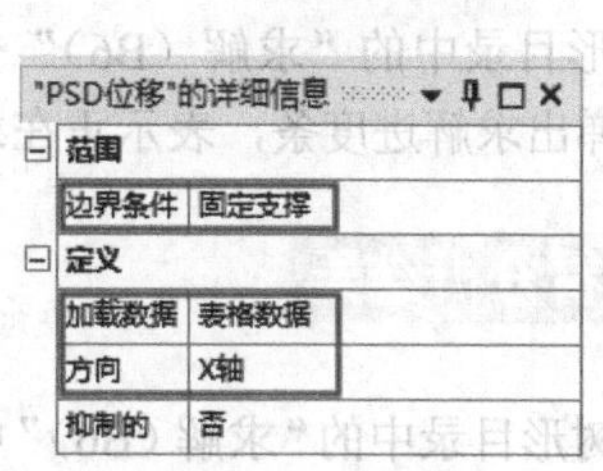

图 14-21　定义属性

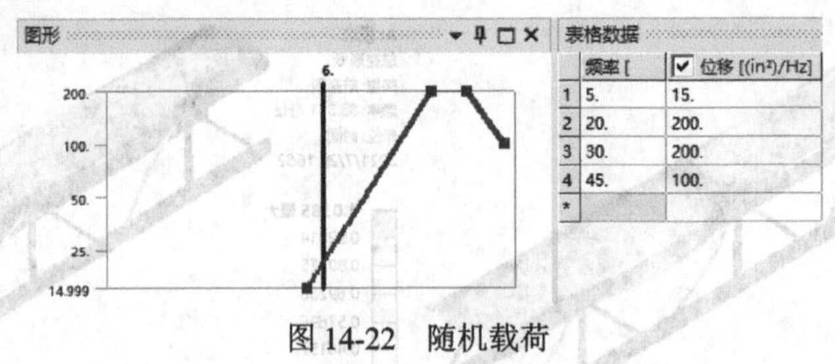

图 14-22　随机载荷

03 单击左侧树形目录中的“求解（B6）”分支，此时功能区中的“环境”标签显示为“求解”功能区。

04 添加 X 轴方向上的位移求解项。在功能区中单击“结果”面板中的“变形”按钮，在弹出的下拉菜单中选择“定向”命令，如图 14-23 所示。此时在树形目录中会出现“定向变形”分支，在详细信息中设置“方向”为“X 轴”。

05 采用同样的方式，分别添加 Y 轴方向、Z 轴方向上的位移求解项。

06 添加等效应力求解项。单击“结果”面板中的“应力”按钮，在弹出的下拉菜单中选择“等效（Von-Mises）”命令，如图 14-24 所示。此时在树形目录中会出现“等效应力”分支，详细信息中保持默认设置。

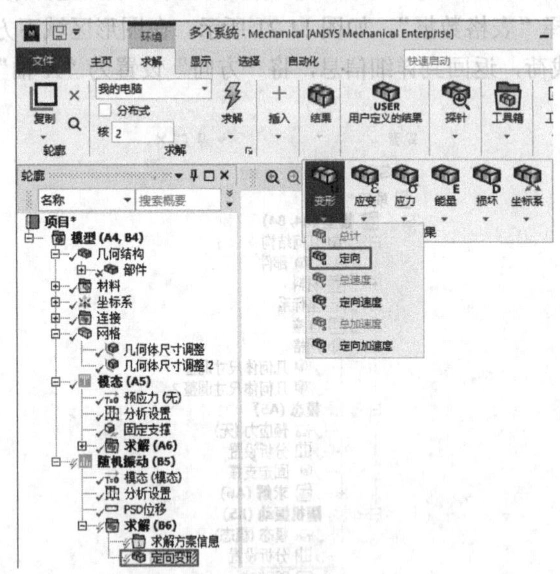

图 14-23　添加位移求解项

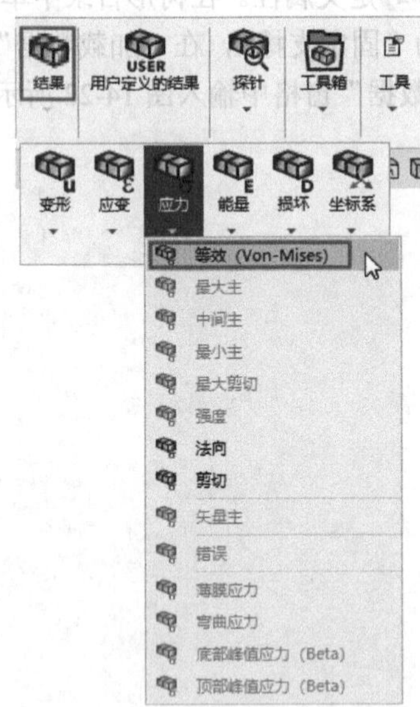

图 14-24　添加等效应力求解项

07 在树形目录中的“求解（B6）”分支上单击鼠标右键，在弹出的快捷菜单中选择“求解”命令，此时会弹出求解进度条，表示正在求解。完成求解后，进度条会自动消失。

14.2.6　查看分析结果

01 单击树形目录中的“求解（B6）”中的“定向变形”分支，可以查看 X 轴方向上的位移云图，如图 14-25 所示。

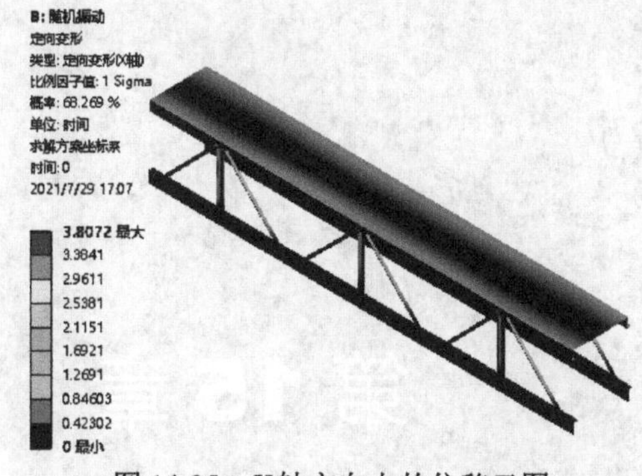

图 14-25　*X* 轴方向上的位移云图

02 分别单击“定向变形 2”分支、“定向变形 3”分支查看 *Y* 轴方向、*Z* 轴方向上的位移云图，如图 14-26 和图 14-27 所示。

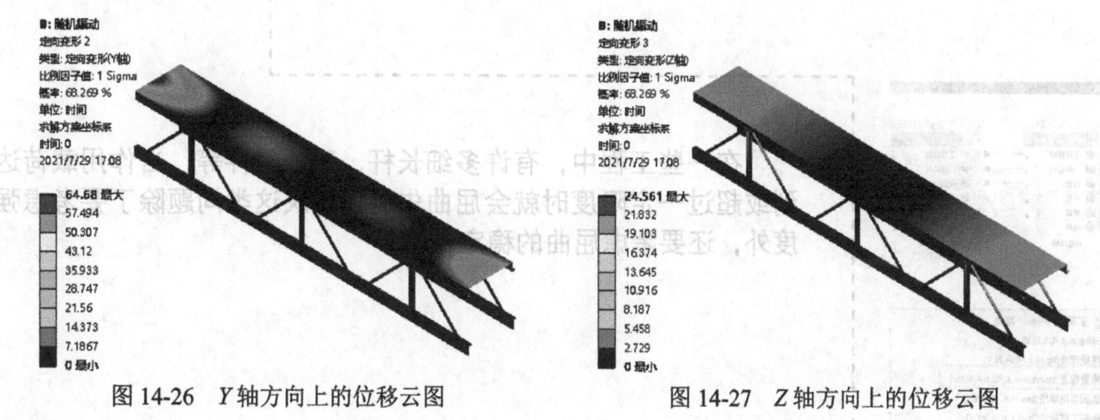

图 14-26　*Y* 轴方向上的位移云图　　　　图 14-27　*Z* 轴方向上的位移云图

03 单击树形目录“求解（B6）”中的“等效应力”分支，可以查看等效应力云图，如图 14-28 所示。

图 14-28　等效应力云图

第 15 章 线性屈曲分析

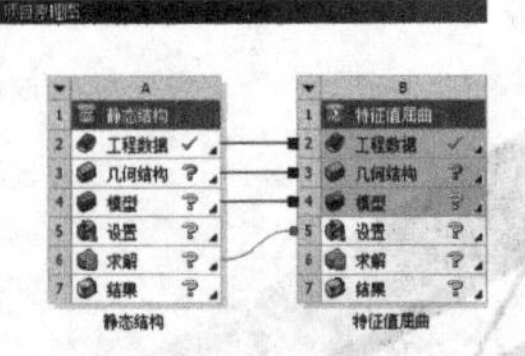

在一些工程中，有许多细长杆、压缩部件等，当作用载荷达到或超过一定限度时就会屈曲失稳。解决这类问题除了要考虑强度外，还要考虑屈曲的稳定性。

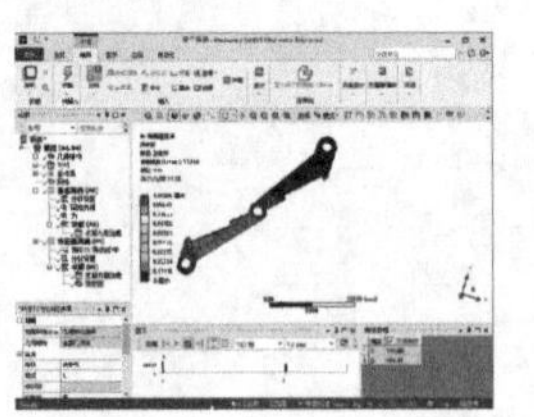

学习要点

- 线性屈曲概述
- 线性屈曲分析步骤
- 线性屈曲分析实例

15.1　线性屈曲概述

在线性屈曲分析中，需要评价许多结构的稳定性。在薄柱、压缩部件和真空罐中，稳定性是非常重要的。在负载基本没有变化（只有一个小负载扰动）的情况下，失稳（屈曲）的结构会有一个非常大的位移变化。失稳悬臂梁如图 15-1 所示。

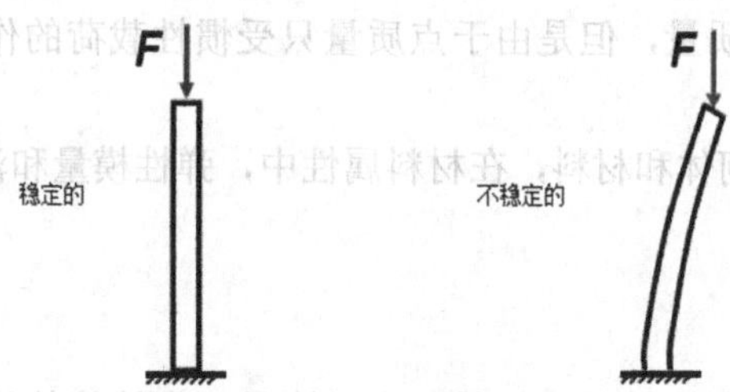

图 15-1　失稳悬臂梁

特征值或线性屈曲分析用于预测理想线弹性结构的理论屈曲强度。此方法相当于教科书上线弹性屈曲分析的方法。用欧拉行列式求解特征值屈曲会得到与用经典的欧拉公式一致的结果。

缺陷和非线性行为使现实结构无法与它们的理论弹性屈曲强度一致。线性屈曲一般会得出不保守的结果。

但线性屈曲也会遇到无法解释的问题：非弹性的材料响应、非线性作用、不属于建模的结构缺陷（凹陷等）。

尽管结果不保守，但线性屈曲有多个优点。

（1）它比非线性屈曲计算省时，并且可以作为第一步计算来评估临界载荷（屈曲开始时的载荷）。在屈曲分析中做一些对比可以体会到二者的明显不同。

（2）线性屈曲分析可以用作确定屈曲形状的设计工具。结构屈曲的方式可以为设计提供向导。

15.2　线性屈曲分析步骤

需要在线性屈曲分析之前（或连同）完成静态结构分析。线性屈曲分析的基本步骤如下。

（1）附上几何体。

（2）指定材料属性。

（3）定义接触区域（如果合适）。

（4）定义网格控制（可选）。

（5）加入载荷与约束。

（6）求解静力结构分析。

（7）链接线性屈曲分析。

（8）设置初始条件。

（9）求解。

（10）模型求解。

（11）检查结果。

15.2.1 几何体和材料属性

与线性静力分析类似，软件支持的任何类型的几何体都可以使用，如以下几种几何体。

- 实体。
- 壳体（确定适当的厚度）。
- 线体（定义适当的横截面）。在分析时只有屈曲模式和位移结果可用于线体。

尽管模型中可以包含点质量，但是由于点质量只受惯性载荷的作用，因此在应用中会有一些限制。

另外，不管使用何种几何体和材料，在材料属性中，弹性模量和泊松比是必须要有的。

15.2.2 接触区域

线性屈曲分析中可以定义接触对。但是，由于这是一个纯粹的线性分析，因此其接触行为不同于非线性分析的接触类型，线性屈曲分析的特点如表 15-1 所示。

表 15-1 线性屈曲分析的特点

接触类型	线性屈曲分析		
	初始接触	搜索区域内	搜索区域外
绑定	绑定	绑定	自由
不分离	不分离	不分离	自由
粗糙	绑定	自由	自由
无摩擦	不分离	自由	自由

15.2.3 载荷与约束

要进行屈曲分析，至少应有一个导致屈曲的结构载荷，以适用于模型。而且模型也必须至少要施加一个能够引起结构屈曲的载荷。另外所有的结构载荷都要乘上载荷系数来决定屈曲载荷，因此，在进行屈曲分析时不支持不成比例的载荷或常值的载荷。

在进行屈曲分析时，不推荐采用只有压缩的载荷。如果在模型中没有刚体的位移，则结构可以是全约束的。

15.2.4 设置屈曲

在项目原理图中，屈曲分析经常与结构分析进行耦合，如图 15-2 所示。

“预应力”分支中包含结构分析的结果。

单击“特征值屈曲（B5）”下的“分析设置”分支，在它的详细信息中可以修改模态数，默认为 6，如图 15-3 所示。

15.2.5 求解模型

建立屈曲分析模型后，可以求解除静力结构分析以外的分析。设定好模型参数后，可以利用“求解”命令求解屈曲分析。对于同一个模型，线性屈曲分析中计算机 CPU 的使用率比静力分析要高很多。

树形目录中的“求解方案信息”分支提供了详细的求解输出信息，如图 15-4 所示。

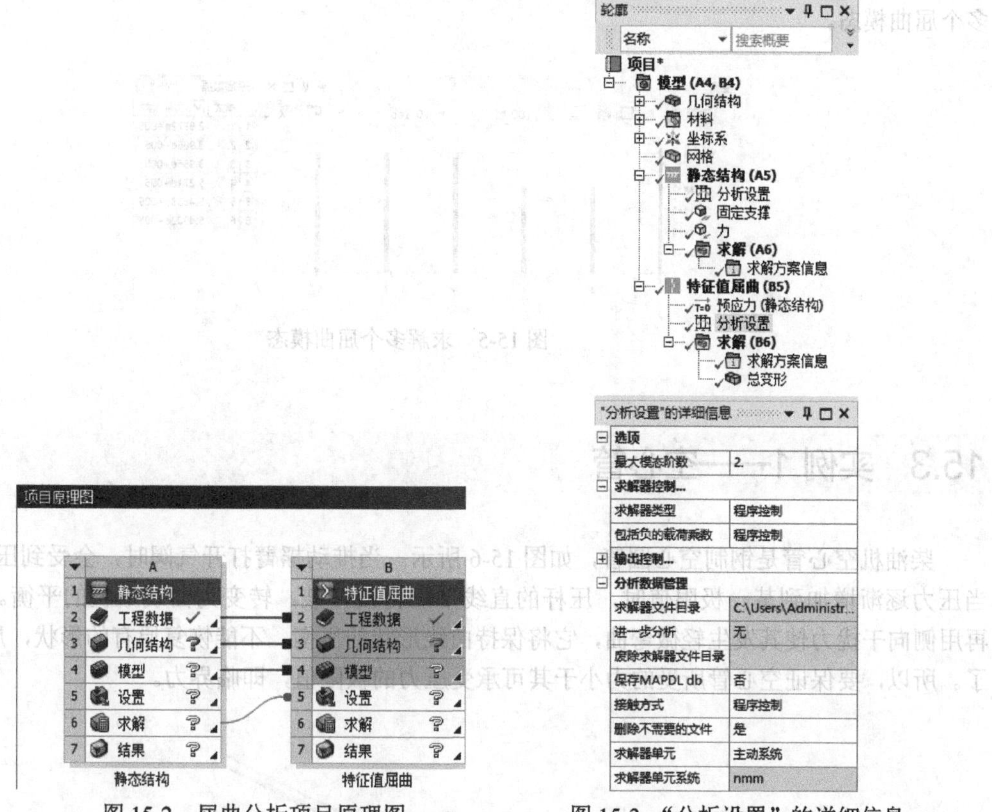

图 15-2　屈曲分析项目原理图　　　　图 15-3　“分析设置”的详细信息

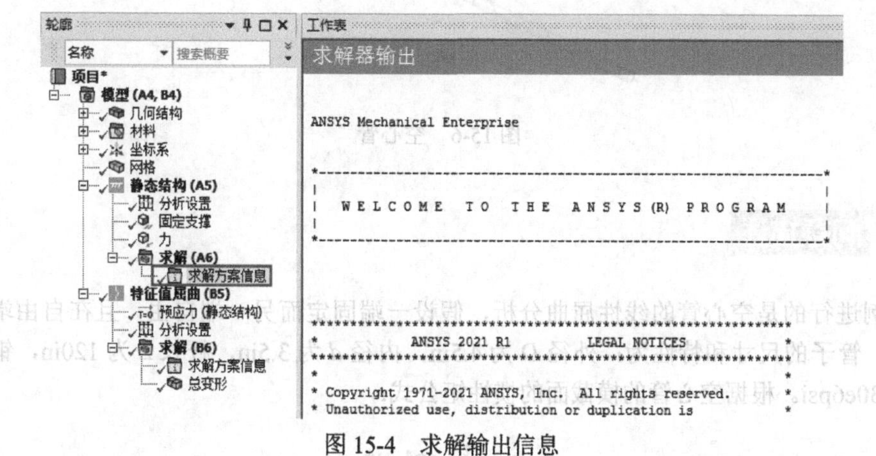

图 15-4　求解输出信息

15.2.6　检查结果

求解完成后，可以检查屈曲模型求解的结果，每个屈曲模态的载荷因子显示在“图形”和“表格数据”窗格中，载荷因子乘以施加的载荷值即为屈曲载荷。

屈曲载荷因子可以在“特征值屈曲”分支的“图形”窗格中进行检查。

图 15-5 所示为求解多个屈曲模态的例子，通过图表可以观察结构屈曲在给定的施加载荷下的多个屈曲模态。

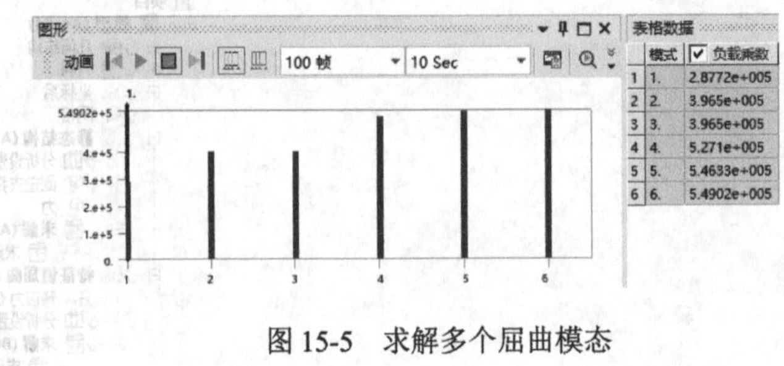

图 15-5　求解多个屈曲模态

15.3　实例 1——空心管

柴油机空心管是钢制空心圆管，如图 15-6 所示。当推动摇臂打开气阀时，会受到压力的作用。当压力逐渐增加到某一极限值时，压杆的直线平衡将被打破，转变为曲线形状的平衡。这时如果再用侧向干扰力使其发生轻微弯曲，它将保持曲线形状的平衡，不能恢复原有的形状，屈曲就发生了。所以，要保证空心管所受的力小于其可承受压力的极限值，即临界力。

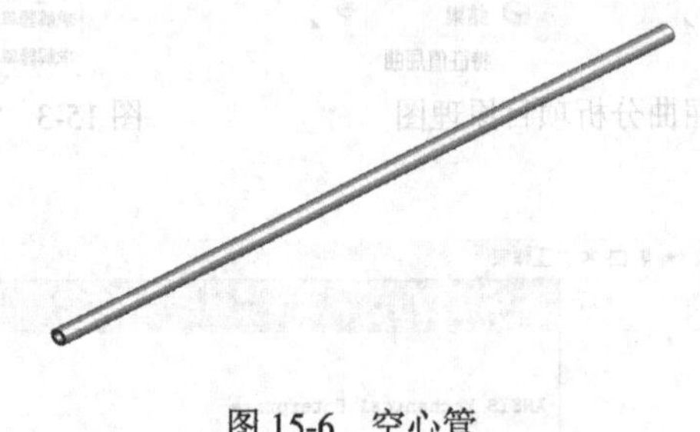

图 15-6　空心管

15.3.1　问题描述

本实例进行的是空心管的线性屈曲分析，假设一端固定而另一端自由，且在自由端施加了一个纯压力。管子的尺寸和特性为：外径 D 为 4.5in，内径 d 为 3.5in，杆长 L 为 120in，钢材的弹性模量 E 为 30e6psi。根据空心管的横截面的惯性矩公式：

$$I=\frac{\pi}{64}(D^4-d^4)$$

可以计算得到此空心管的惯性矩：

$$I=\frac{\pi}{64}(D^4-d^4)=\frac{\pi}{64}(4.5^4-3.5^4)\text{in}^4=12.763^4\ \text{in}^4$$

利用临界力公式：

$$F_{cr}=\frac{\pi^2 EI}{(\mu L)^2}$$

式中，对于一端固定，另一端自由的梁来说，参数 μ=2。

根据上面的公式和数据可以推导出屈曲载荷为：

$$F_{cr}=\frac{\pi^2 EI}{(\mu L)^2}=\frac{\pi^2\times 30e6psi\times 12.763in^4}{(2\times 120in)^2}=65607.2lbf$$

15.3.2　项目原理图

(01)打开 ANSYS Workbench 2021 R1 工作界面，展开左边的分析系统工具箱，将工具箱里的“静态结构”模块直接拖动到项目管理界面中或直接在项目上双击，建立一个含有“静态结构”的项目模块，结果如图 15-7 所示。

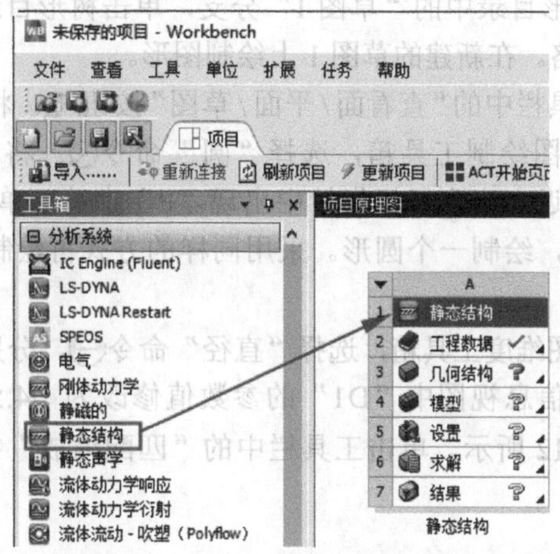

图 15-7　添加“静态结构”模块

(02)在工具箱中选中“特征值屈曲”模块，按住鼠标左键向项目管理界面中拖动，此时项目管理界面中可拖动到的位置将以绿色框显示，如图 15-8 所示。

(03)将“特征值屈曲”模块放到“静态结构”模块的“求解”栏上，此时两个模块分别以 A、B 编号显示在项目管理界面中。两个模块中间出现 4 个链接，其中以方形结尾的链接为可共享链接，以圆形结尾的链接为下游到上游链接，结果如图 15-9 所示。

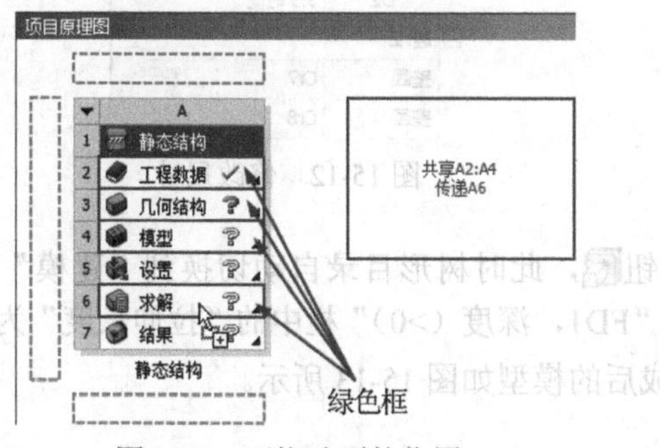

图 15-8　可拖动到的位置

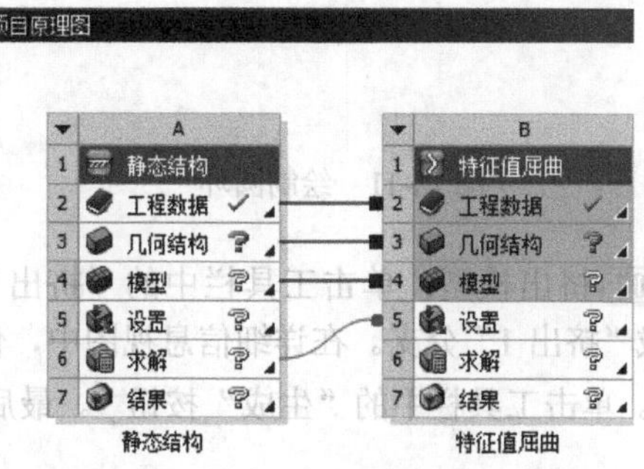

图 15-9　添加“特征值屈曲”模块

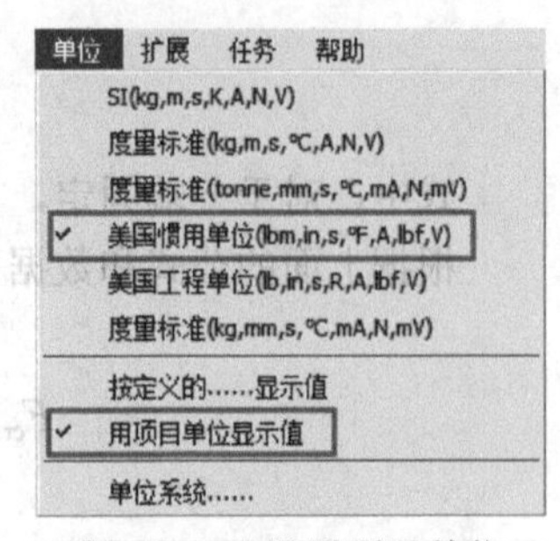

图 15-10 设置项目单位

04 设置项目单位。选择“单位”→“美国惯用单位（lbm, in, s, °F, A, lbf, V)”命令，选择“用项目单位显示值”命令，如图 15-10 所示。

05 新建模型。右击“A3 几何结构”栏 3 几何结构 ?，弹出快捷菜单，选择“新的 DesignModeler 几何结构......”命令，启动 DesignModeler。

06 设置单位系统。选择“单位”→“英寸”命令，采用英寸为单位。

15.3.3 创建草图

01 创建工作平面。单击树形目录中的“XY 平面”分支，单击工具栏中的“新草图”按钮，创建一个工作平面，此时树形目录中“XY 平面”分支下会多出一个名为“草图 1”的工作平面。

02 创建草图。单击树形目录中的“草图 1”分支，单击树形目录下方的“草图绘制”标签，打开“草图绘制”工具箱窗格。在新建的草图 1 上绘制图形。

03 切换视图。单击工具栏中的“查看面 / 平面 / 草图”按钮。将视图切换为 *XY* 方向的视图。

04 绘制圆环。展开草图绘制工具箱，选择“圆”命令。将鼠标指针移入右边的视图区域。移动鼠标指针到原点附近，直到鼠标指针中出现“P”字符。单击确定圆的中心点，然后移动鼠标指针到右上方并单击，绘制一个圆形。采用同样的方式再绘制一个圆形，结果如图 15-11 所示。

05 标注尺寸。展开草图维度工具箱，选择“直径”命令，分别标注两个圆的直径尺寸。

06 修改尺寸。将详细信息视图中“D1”的参数值修改为“4.5 时间”、“D2”的参数值修改为“3.5 时间”，如图 15-12 所示。单击工具栏中的“匹配缩放”按钮，将视图切换为合适的大小。

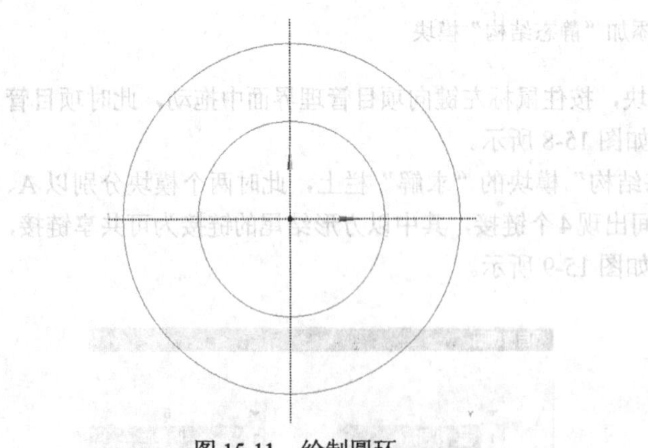
图 15-11 绘制圆环

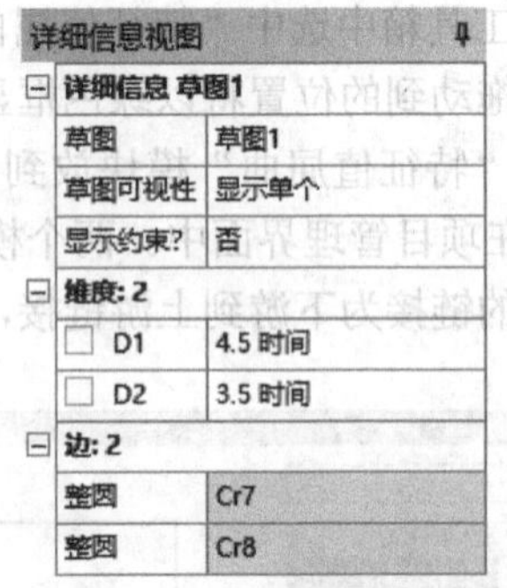

详细信息视图	
详细信息 草图1	
草图	草图1
草图可视性	显示单个
显示约束?	否
維度: 2	
D1	4.5 时间
D2	3.5 时间
边: 2	
整圆	Cr7
整圆	Cr8

图 15-12 修改尺寸

07 挤出模型。单击工具栏中的“挤出”按钮，此时树形目录自动切换到“建模”标签，并生成“挤出 1”分支。在详细信息视图中，修改“FD1，深度（>0）”栏中的“拉伸长度”为“120 时间”。单击工具栏中的“生成”按钮。最后生成后的模型如图 15-13 所示。

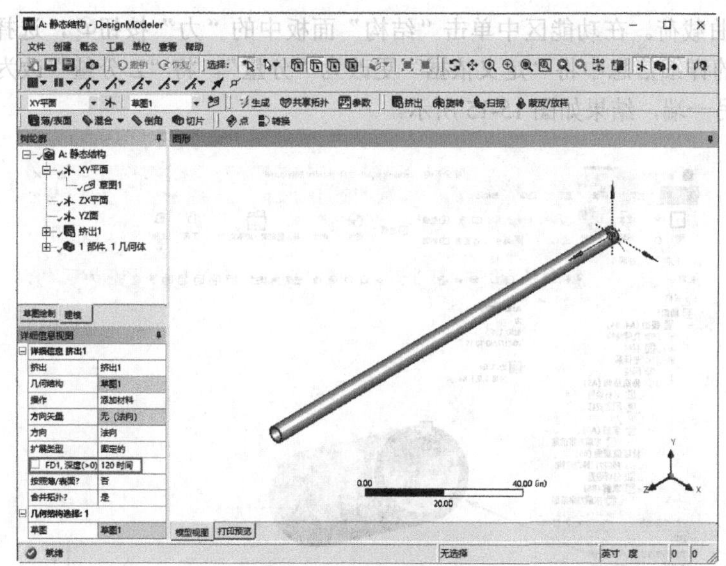

图 15-13　挤出模型

15.3.4　前处理

(01)启动 Mechanical。双击 ANSYS Workbench 2021 R1 项目管理界面中的“A4 模型”栏 4 模型 ，启动 Mechanical 应用程序。

(02)设置单位系统。在功能区中选择“主页”→“工具”→“单位”→“美国惯用单位（in, lbm, lbf, °F, s, V, A）”，设置单位为英制单位。

(03)施加固定约束。单击树形目录中的“静态结构（A5）”分支，此时功能区中的“环境”标签显示为“环境”功能区。在功能区中单击“结构”面板中的“固定的”按钮，选择空心管的一个端面，单击“固定支撑”的详细信息中的“应用”按钮 应用 ，施加固定约束，如图 15-14 所示。

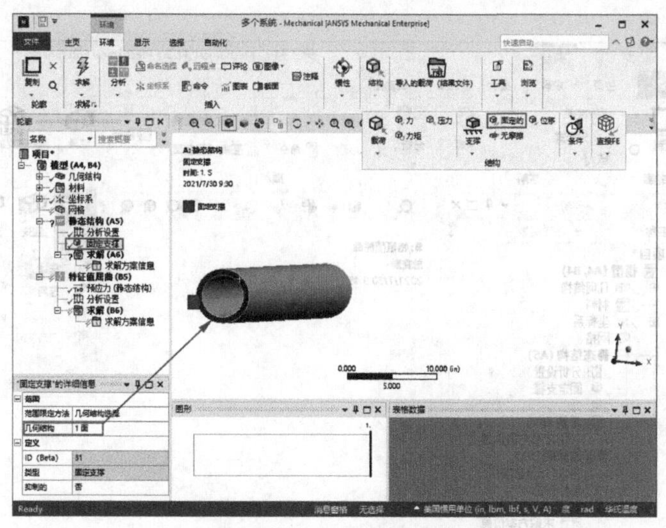

图 15-14　施加固定约束

04 施加屈曲载荷。在功能区中单击“结构”面板中的“力”按钮，选择空心管的另一个端面，在“力”的详细信息中将“定义依据”更改为“分量”，将“Z 分量”改为“1lbf（斜坡）”，并指向空心管的另一端，结果如图 15-15 所示。

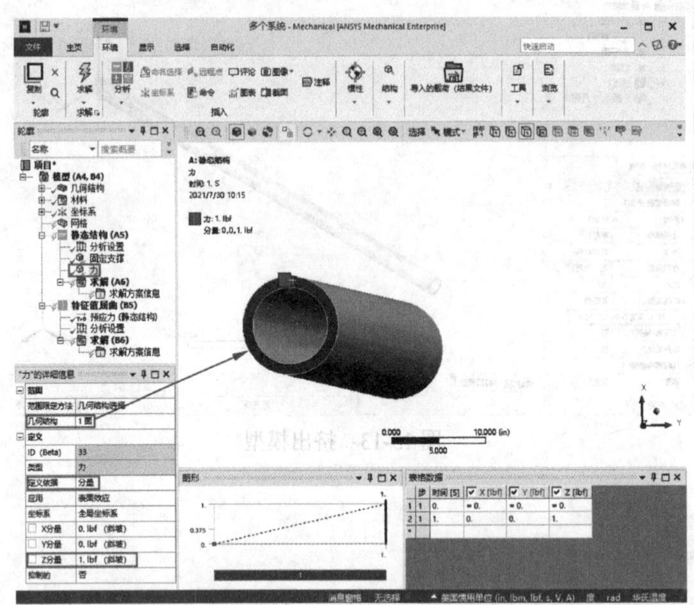

图 15-15　施加屈曲载荷

15.3.5　求解

01 添加位移结果。单击树形目录中的“求解（B6）”分支，此时功能区中的“环境”标签显示为“求解”功能区。在功能区中单击“结果”面板中的“变形”按钮，在弹出的下拉菜单中选择“总计”命令，添加位移结果，如图 15-16 所示。

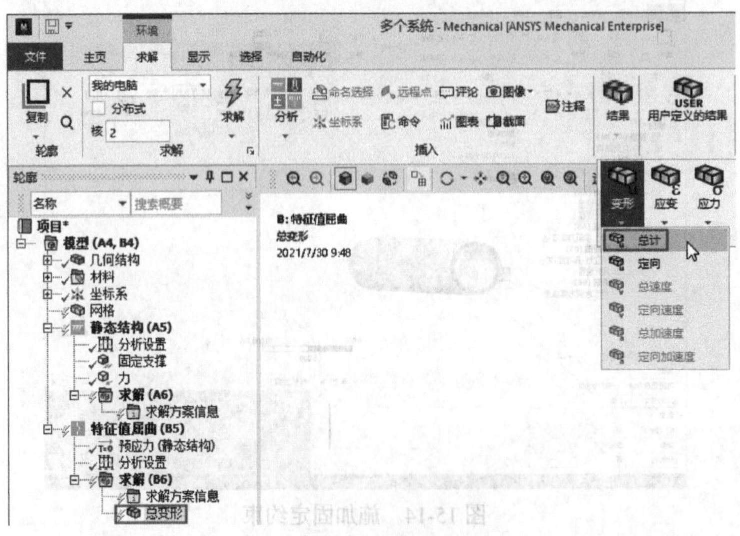

图 15-16　添加位移结果

02 求解模型。单击“主页”功能区→“求解”面板中的“求解”按钮，如图 15-17 所示，进行求解。

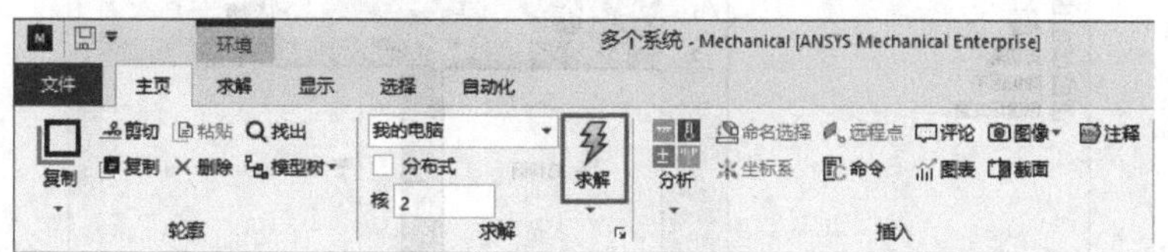

图 15-17　单击“求解”按钮

15.3.6　结果

01 查看位移结果。单击树形目录中“求解（B6）”下的“总变形”分支，此时绘图区域右下角的“表格数据”窗格中将显示结果，如图 15-18 所示。可以看到临界压力 F_{cr}=63429lbf，而通过计算得到的结果为 65607.2lbf，二者之间差距很大。这是因为并没有设置材料的弹性模量，这样得到的惯性矩也不同，所以需要修改材料的弹性模量。

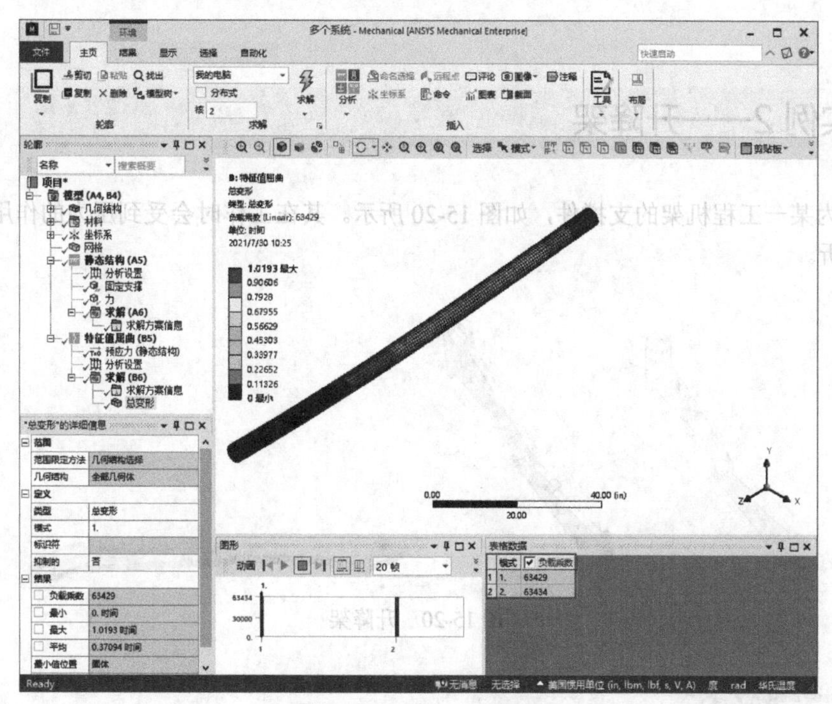

图 15-18　初步分析结果

02 修改材料的弹性模量。回到 ANSYS Workbench 2021 R1 的项目管理界面，双击“A2 工程数据”栏 2 工程数据 ✓，进入工程数据界面。在右下角的窗格中找到第 8 行“杨氏模量”并将其值改为“2.07E+11”，如图 15-19 所示。单击界面上的“项目”标签，返回 ANSYS Workbench 2021 R1 界面。

03 求解。自 ANSYS Workbench 2021 R1 界面进入 Mechanical 应用程序，执行“求解”命令，再次进行求解。这次得到的结果与通过计算得到的结果基本相符。

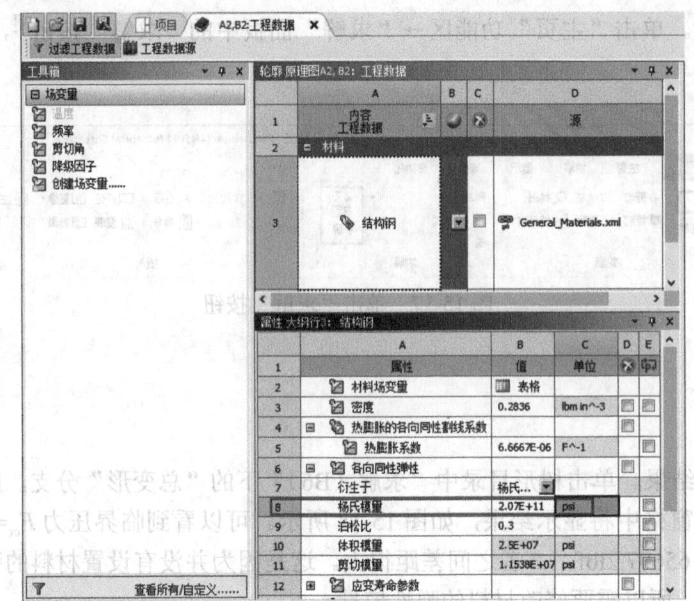

图 15-19　修改弹性模量

15.4　实例 2——升降架

升降架为某一工程机架的支撑件，如图 15-20 所示。其在工作时会受到压力的作用，现在对其进行屈曲分析。

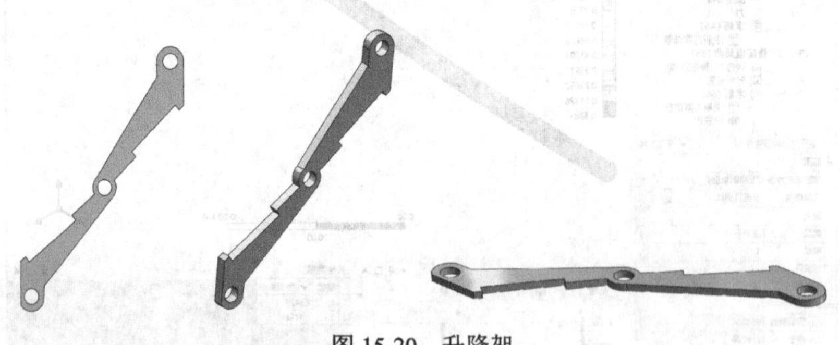

图 15-20　升降架

15.4.1　问题描述

本实例进行的是升降架的线性屈曲分析，假设一端固定而另一端被施加了一个力。

15.4.2　项目原理图

01 打开 ANSYS Workbench 2021 R1 工作界面，展开左边的分析系统工具箱，将工具箱里的“静态结构”模块直接拖动到项目管理界面中或直接在其上双击，建立一个含有“静态结构”模块的项目模块，结果如图 15-21 所示。

02 添加“特征值屈曲”模块。在“A6 求解”栏 求解 ? 中单击鼠标右键，弹出快捷菜单，选择其中的“将数据传输到‘新建’”→“特征值屈曲”命令，如图 15-22 所示。将“特征值屈曲”模块添加到“静态结构”模块的右侧，结果如图 15-23 所示。

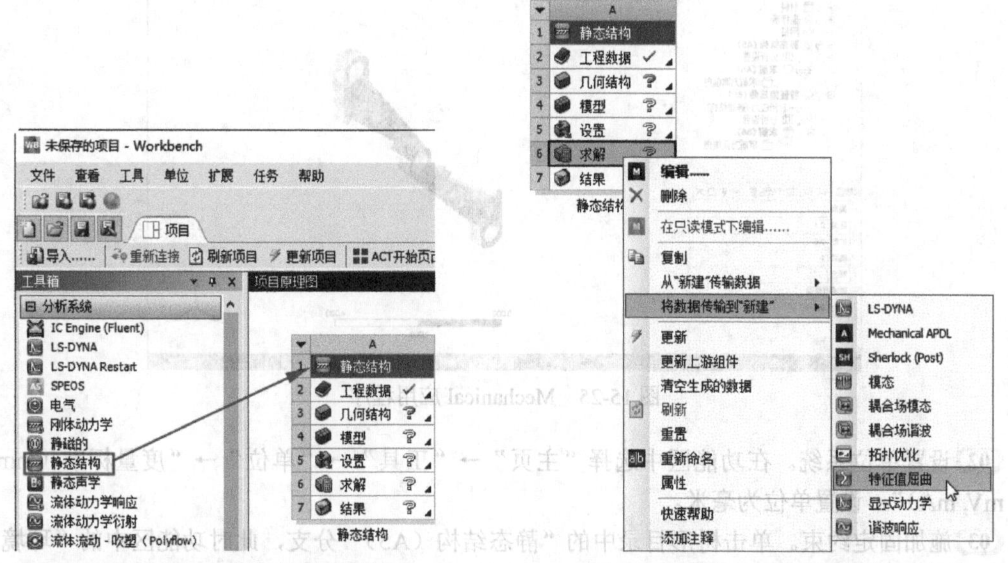

图 15-21 添加“静态结构”模块　　图 15-22 选择“特征值屈曲”命令

03 设置项目单位。选择“单位”→“度量标准（tonne, mm, s, ℃, mA, N, mV）”命令，选择“用项目单位显示值”命令，如图 15-24 所示。

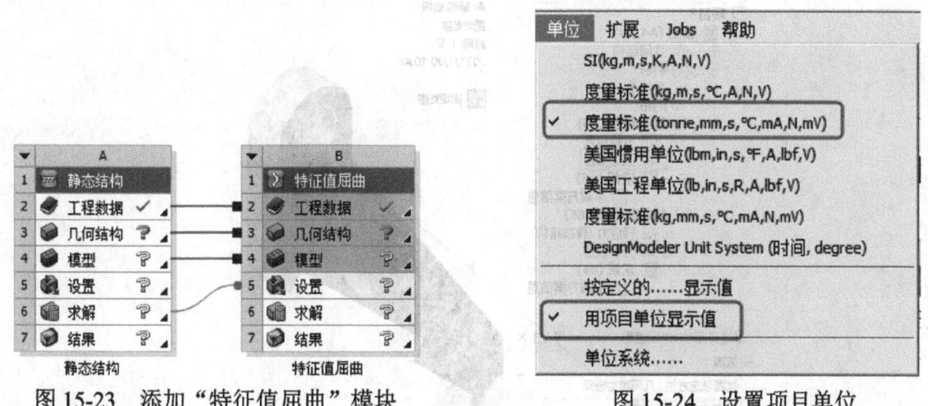

图 15-23 添加“特征值屈曲”模块　　图 15-24 设置项目单位

04 导入模型。右击“A3 几何结构”栏 3 几何结构 ? ，弹出快捷菜单，选择“导入几何模型”→“浏览”命令，打开“打开”对话框，打开随书资源中的“升降架.x_t”。

15.4.3 前处理

01 启动 Mechanical。双击 ANSYS Workbench 2021 R1 项目管理界面中的“A4 模型”栏 4 模型 ，启动 Mechanical 应用程序，如图 15-25 所示。

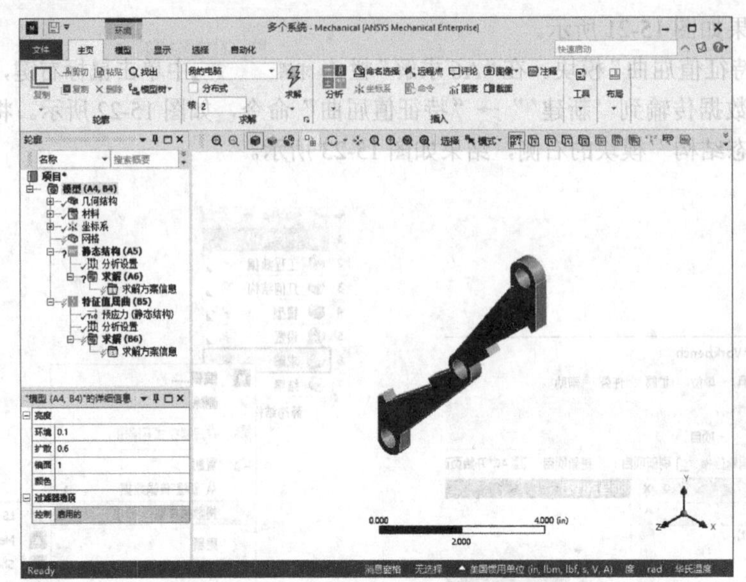

图 15-25　Mechanical 应用程序

02 设置单位系统。在功能区中选择“主页”→“工具”→“单位”→“度量标准（mm, kg, N, s, mV, mA）”，设置单位为毫米。

03 施加固定约束。单击树形目录中的“静态结构（A5）”分支，此时功能区中的“环境”标签显示为“环境”功能区。单击“结构”面板中的“固定的”按钮，选择升降架一个端面的圆孔，单击“固定支撑”的详细信息中的“应用”按钮 应用 ，施加固定约束，如图 15-26 所示。

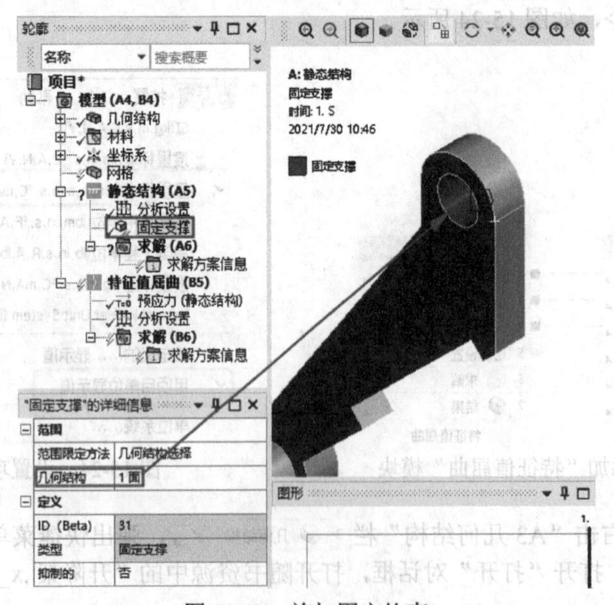

图 15-26　施加固定约束

04 施加屈曲载荷。在功能区中单击“结构”面板中的“力”按钮，选择升降架另一端的圆孔面，在“力”的详细信息中将“定义依据”更改为“分量”，将“Y 分量”改为“100N（斜坡）”，并指向升降架的另一端，结果如图 15-27 所示。

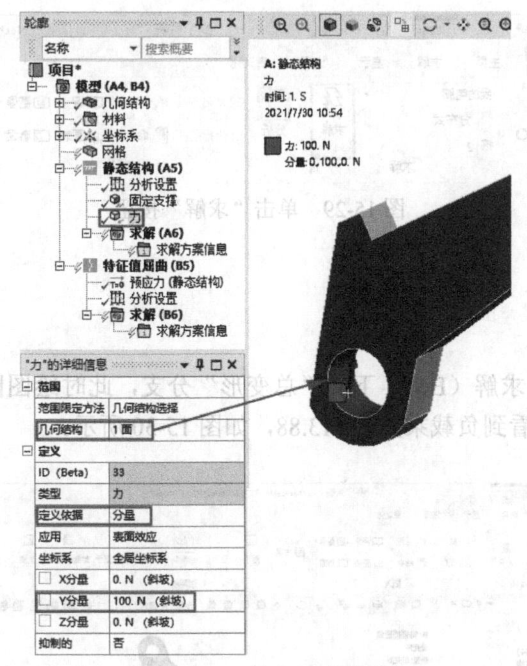

图 15-27　施加屈曲载荷

15.4.4　求解

01 添加位移结果。单击树形目录中的“求解（B6）”分支，单击鼠标右键，在弹出的快捷菜单中选择“插入”→“变形”→“总计”命令，添加位移结果，如图 15-28 所示。

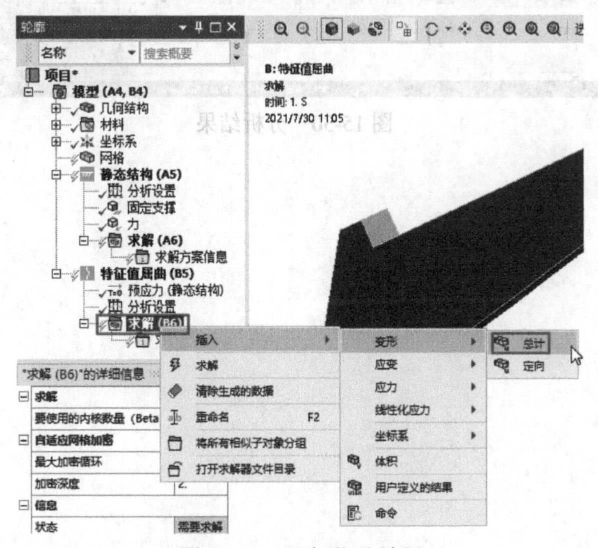

图 15-28　添加位移结果

02 求解模型。单击“主页”功能区→“求解”面板中的“求解”按钮⚡，如图 15-29 所示，进行求解。

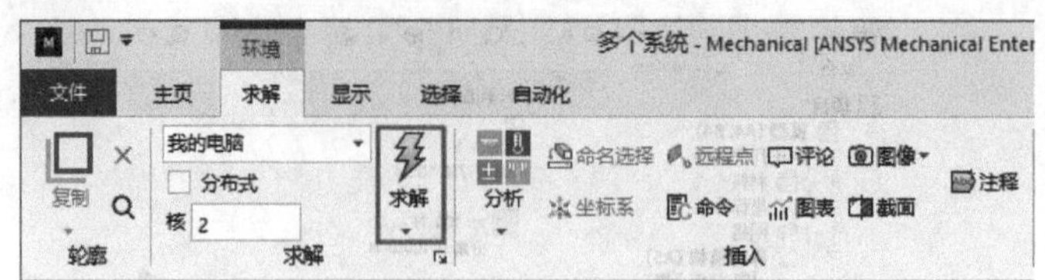
图 15-29　单击“求解”按钮

15.4.5　结果

单击树形目录中的“求解（B6）”下的“总变形”分支，此时绘图区域右下角的“表格数据”窗格中将显示结果。可以看到负载乘数为 113.88，如图 15-30 所示。

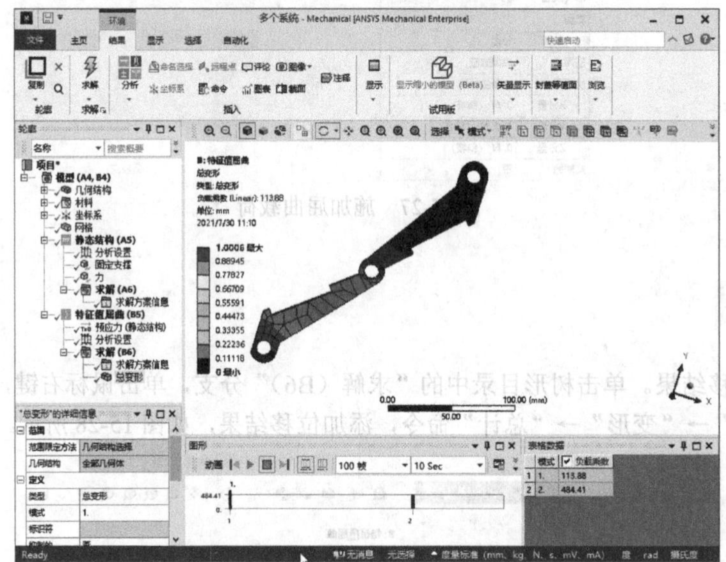
图 15-30　分析结果

第 16 章 结构非线性分析

前面介绍的许多内容都属于线性问题，然而在实际生活中许多结构的力和位移并不满足线性关系，这样的力与位移关系就是本章要讨论的结构非线性问题。

通过本章的学习，读者可以深入地掌握 ANSYS Workbench 2021 R1 结构非线性分析的基础知识与一般过程。

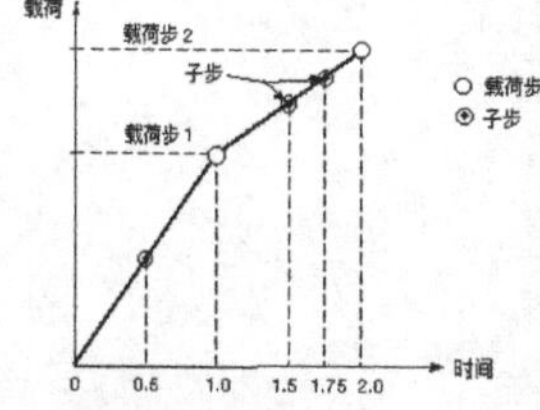

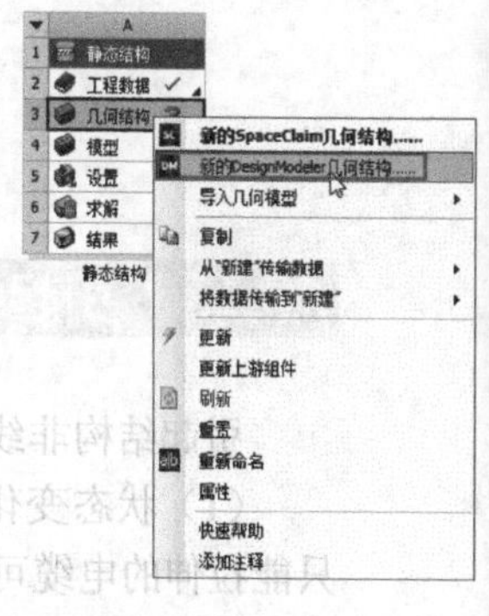

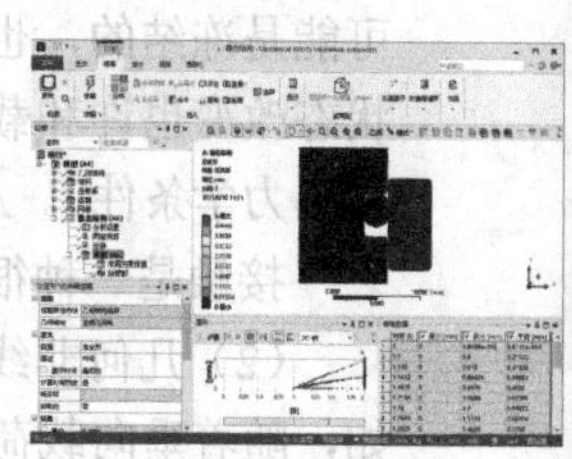

学习要点

- 结构非线性分析概论
- 结构非线性分析的一般过程
- 接触非线性结构
- 结构非线性分析实例

16.1 结构非线性分析概论

在日常生活中，经常会遇到结构非线性问题。例如，用订书机订书，金属订书针将永久地弯曲成一个不同的形状，如图 16-1（a）所示；如果在一个木书架上放置重物，随着时间的迁移木书架的形变会越来越大，如图 16-1（b）所示；当在汽车或卡车上装货时，轮胎与路面的接触面积将随货物重量而变化，如图 16-1（c）所示。如果将上面例子的载荷 - 变形曲线画出来，将会发现它们都显示了结构非线性的基本特征：变化的结构刚性。

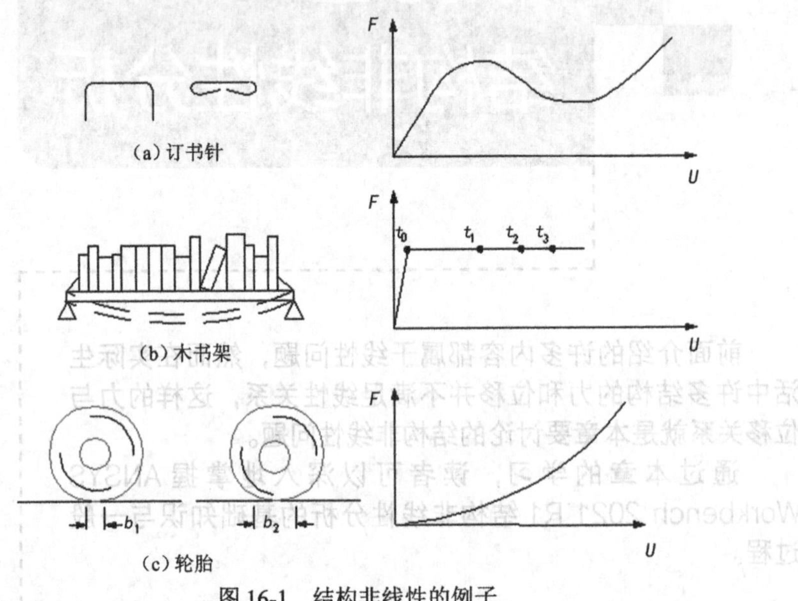

图 16-1 结构非线性的例子

16.1.1 引起结构非线性的原因

引起结构非线性的原因有很多，可以分成以下 3 种主要类型。

（1）状态变化（包括接触）。许多普通结构表现出一种与状态相关的非线性行为。例如，一根只能拉伸的电缆可能是松散的，也可能是绷紧的；轴承套可能是接触的，也可能是不接触的；冻土可能是冻结的，也可能是融化的。这些系统的刚度因系统状态的改变而在不同的值之间突然变化。状态改变也许和载荷直接相关（如在电缆情况中），也可能由某种外部原因引起（如在冻土中的紊乱热力学条件）。ANSYS 中单元的激活与注销选项用于给这种状态的变化建模。

接触是一种很常见的非线性行为，因此接触是状态变化非线性类型中一个重要的子集。

（2）几何非线性。如果结构经受大变形，它变化的几何形状可能会引起结构的非线性响应。例如，随着垂向载荷的增加，竿不断弯曲以至于动力臂明显地减小，导致竿端显示出在较高载荷下不断增长的刚性，如图 16-2 所示。

（3）材料非线性。非线性的应力 - 应变关系是造成结构非线性的常见原因。许多因素可以影响材料的应力 - 应变性质，包括加载历史（如在弹 - 塑性响应状况下）、环境状况（如温度）、加载的时间总量（如在蠕变响应状况下）。

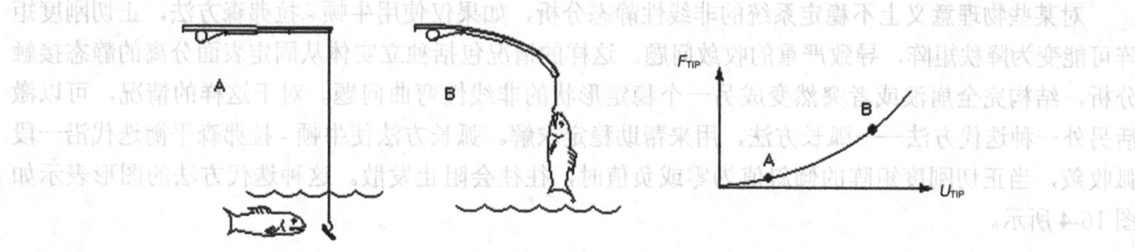

图 16-2　几何非线性示例

16.1.2　结构非线性分析的基本信息

ANSYS 程序的方程求解器通过计算一系列的联立线性方程来预测工程系统的响应。然而，结构非线性行为不能直接用这样一系列的线性方程表示，而需要一系列的带校正的线性近似来求解。

1. 结构非线性求解方法

一种近似的结构非线性求解方法是将载荷分成一系列的载荷增量。可以在几个载荷步内或者在一个载荷步的几个子步内施加载荷增量。在每一个载荷增量的求解完成后，进行下一个载荷增量的求解之前，ANSYS 程序会调整刚度矩阵以反映结构刚度的非线性变化。遗憾的是，纯粹的增量近似会不可避免地随着每一个载荷增量积累误差，导致结果最终失去平衡，如图 16-3（a）所示。

ANSYS 程序使用牛顿 - 拉弗森（Newton-Raphson）方法克服了这个问题，它迫使每一个载荷增量的末端解达到平衡收敛（在某个容限范围内）。图 16-3（b）描述了在单自由度非线性分析中牛顿 - 拉弗森方法的使用。在每次求解前，牛顿 - 拉弗森方法估算出残差矢量，这个矢量是回复力（对应于单元应力的载荷）和所加载荷的差值。然后 ANSYS 程序使用非平衡载荷进行线性求解，并核查收敛性。如果不满足收敛准则，则重新估算非平衡载荷，修改刚度矩阵，获得新解，并持续这种迭代过程直到结果收敛。

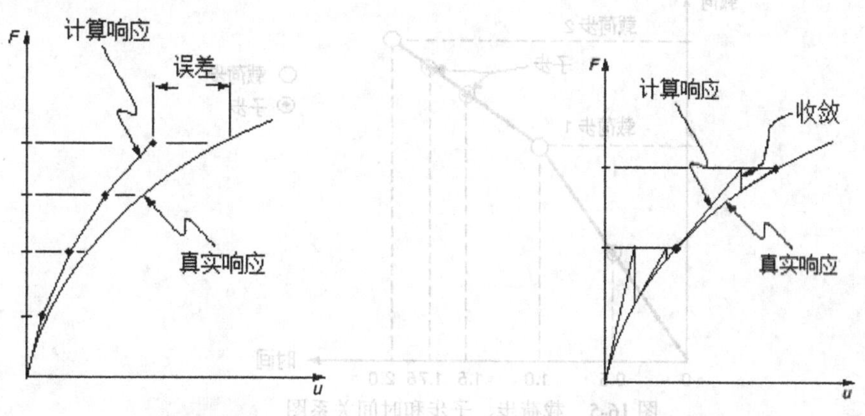

（a）普通增量式解　　（b）用牛顿 - 拉弗森方法迭代求解（两个载荷增量）

图 16-3　纯粹增量近似与牛顿 - 拉弗森近似的关系

ANSYS 程序提供了一系列命令来增强问题的收敛性，如自适应下降、线性搜索、自动载荷步及二分法等。如果不能得到收敛的解，那么程序要么继续计算下一个载荷步，要么终止（依据用户的指示而定）。

对某些物理意义上不稳定系统的非线性静态分析，如果仅使用牛顿 - 拉弗森方法，正切刚度矩阵可能变为降秩矩阵，导致严重的收敛问题。这样的情况包括独立实体从固定表面分离的静态接触分析，结构完全崩溃或者突然变成另一个稳定形状的非线性弯曲问题。对于这样的情况，可以激活另外一种迭代方法——弧长方法，用来帮助稳定求解。弧长方法使牛顿 - 拉弗森平衡迭代沿一段弧收敛，当正切刚度矩阵的倾斜值为零或负值时，往往会阻止发散。这种迭代方法的图形表示如图 16-4 所示。

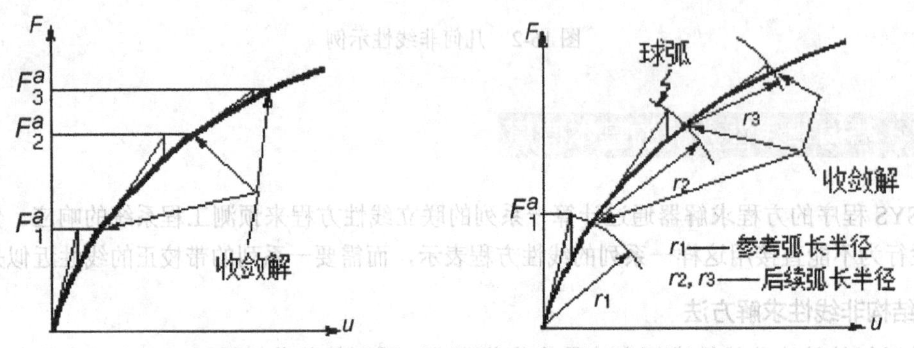

图 16-4　传统的牛顿 - 拉弗森方法与弧长方法的比较

2. 结构非线性求解的级别

结构非线性求解分为 3 个操作级别。

（1）“顶层”级别由在一定时间范围内明确定义的载荷步组成。假定载荷在载荷步内是线性变化的。

（2）在每一个子步内，为了逐步加载可以控制程序来执行多次求解（子步或时间步）。

（3）在每一个子步内，程序将进行一系列的平衡迭代，以获得收敛的解。

图 16-5 所示说明了一段用于结构非线性分析的典型的载荷历史。

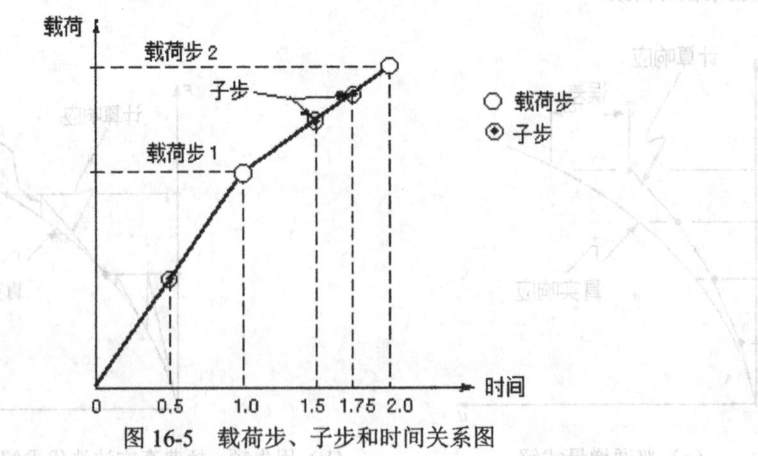

图 16-5　载荷步、子步和时间关系图

3. 载荷和位移的方向改变

当结构经历大变形时，应该考虑载荷将发生什么变化。在许多情况中，无论结构如何变形，施加在系统中的载荷保持恒定的方向。而在另一些情况中，载荷的方向将随着单元方向的改变而变化。

注意

在大变形分析中不修正节点坐标系的方向，计算出的位移在最初的方向上输出。

ANSYS 程序对这两种情况都可以建模，依赖于所施加的载荷类型。加速度和集中力将不管单元方向的改变而保持它们最初的方向，表面载荷作用在变形单元表面的法向，且可被用来模拟“跟随”力。图 16-6 所示说明了结构变形前后载荷方向的变化。

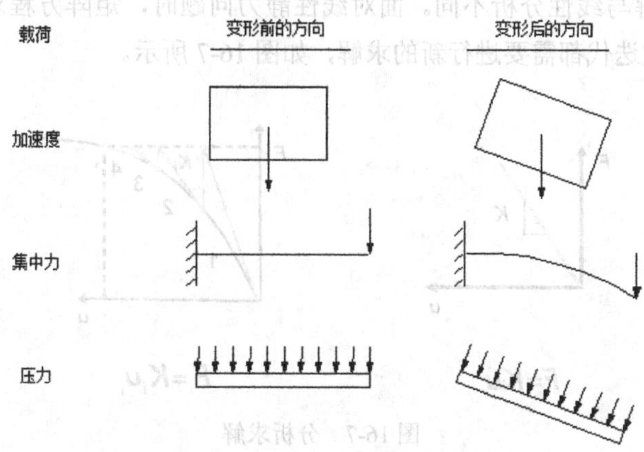

图 16-6　结构变形前后载荷方向的变化

4. 非线性瞬态过程分析

非线性瞬态过程分析与线性静态或准静态分析类似：以步进增量加载，程序在每一步中进行平衡迭代。静态和瞬态处理的主要不同是在瞬态过程分析中要激活时间积分效应。因此，在瞬态过程分析中，“时间”总是表示实际的时序。自动时间分步和二等分特点同样适用于瞬态过程分析。

16.2　结构非线性分析的一般过程

16.2.1　建立模型

前面已经介绍了线性模型的建立，本节介绍如何建立非线性模型。其实建立非线性模型与建立线性模型的差别不是很大，只是承受大变形和应力硬化效应的轻微非线性行为可能不需要对几何和网格进行修正。

另外需要注意以下几点。

- 进行网格划分时需考虑大变形的情况。
- 设置非线性材料大变形的单元技术选项。
- 大变形下的加载和边界条件的限制。

对于要进行网格划分的非线性模型，如果预期有大的应变，需要将形状检查选项改为“强力机械”选项。对于大变形的分析，如果单元形状发生改变，会降低求解的精度。

在使用“强力机械”选项的形状检查时，在 ANSYS Workbench 2021 R1 的 Mechanical 应用程序中要保证求解之前网格的质量较好，以预见在大应变分析过程中单元的扭曲。

而使用“标准机械”选项，形状检查的质量很适合做线性分析，因此在线性分析中不需要改变形状检查选项。

当设置成“强力机械”形状检查时，很可能会出现网格失效的情况。

16.2.2 分析设置

非线性分析的求解与线性分析不同。面对线性静力问题时，矩阵方程求解器只需要进行一次求解；而非线性的每次迭代都需要进行新的求解，如图 16-7 所示。

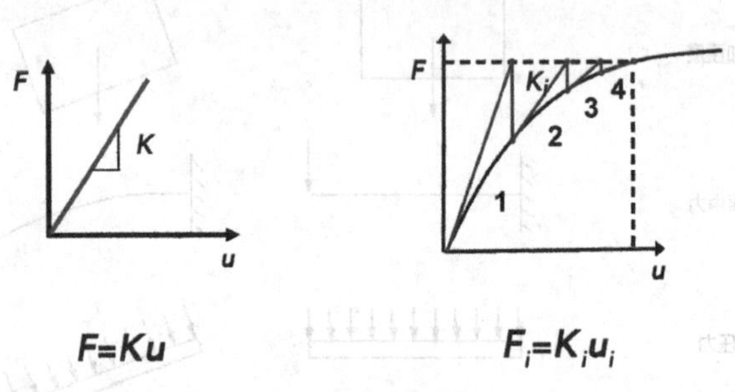

图 16-7　分析求解

结构非线性分析中，求解前的设置同样在“分析设置”的详细信息中进行，如图 16-8 所示，设置前需要先单击 Mechanical 树形目录中的“分析设置”分支。

在这里需要考虑的选项设置如下。

- 步控制：载荷步和子步。
- 求解器控制 ...：求解器类型。
- 非线性控制：牛顿 - 拉弗森收敛准则。
- 输出控制 ...：控制载荷历史中保存的数据。

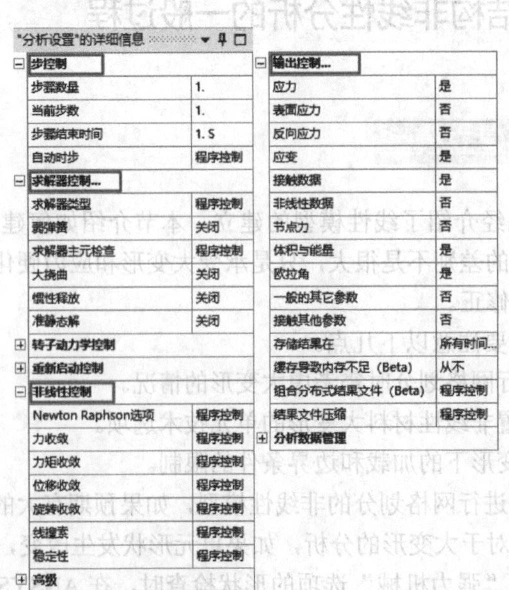

图 16-8 “分析设置”的详细信息

1. 步控制

在“分析设置”的详细信息中，开启“步控制”下的“自动时步”设置使用户可定义每个加载步的“初始子步”“最小子步”“最大子步”，如图 16-9 所示。

如果在使用 ANSYS Workbench 2021 R1 进行分析时有收敛问题，则将使用“自动时步”对求解进行二分。二分会以更小的增量施加载荷（在指定范围内使用更多的子步），从最后成功收敛的子步重新开始收敛。

如果用户在“分析设置”的详细信息中没有进行自动时步设置，系统将根据模型的非线性特性进行自动设定（“自动时步”默认为“程序控制”）。如果使用默认的“自动时步”设置，用户可以通过查看求解信息和二分来校核这些设置。

2. 求解器控制

在“分析设置”的详细信息中可以看到，求解器类型有“直接”和“迭代的”两种，如图 16-10 所示。

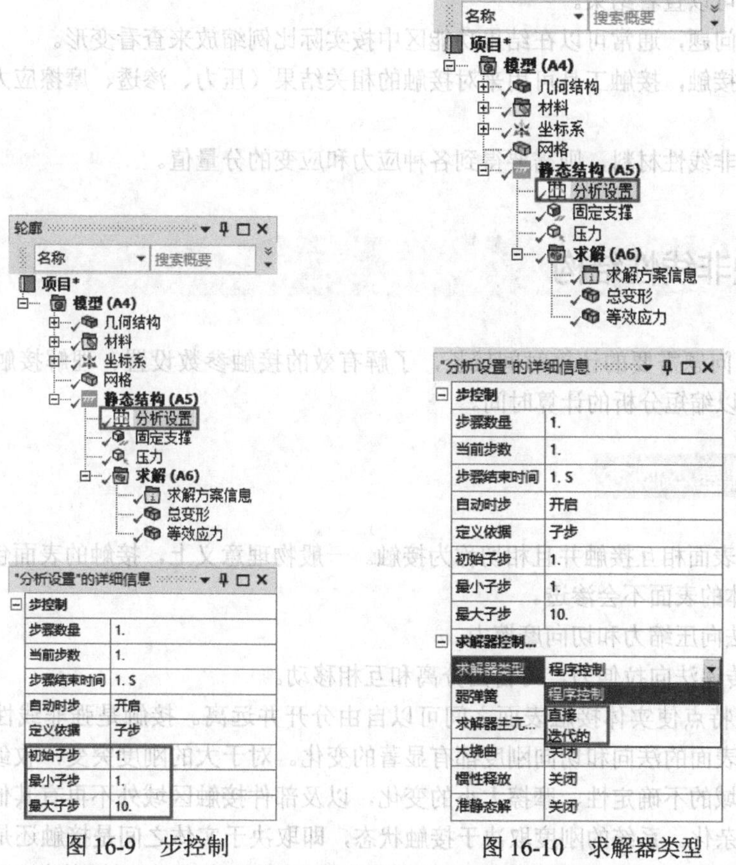

图 16-9 步控制　　　图 16-10 求解器类型

求解器类型的设置将影响程序代码对每次牛顿 - 拉弗森平衡迭代建立刚度矩阵的方式。

- 直接求解器适用于非线性模型和非连续单元（壳和梁）。
- 迭代求解器更有效（运行时间更短），适合线弹性行为的大模型。
- 默认的“程序控制”选项表示系统将基于当前问题自动选择求解器。

如果在“分析设置”的详细信息的“求解器控制”栏中，设置“大挠曲”为“开启”，则系统将在多次迭代后调整刚度矩阵，以考虑分析过程中几何体的变化。

3. 非线性控制

非线性控制用来自动计算收敛容差。在牛顿 - 拉弗森迭代过程中，它用来确定模型何时收敛或“平衡”。默认的收敛准则适用于大多数工程。对于特殊的情形，可以不考虑默认值而收紧或放松收敛容差。收紧的收敛容差能给出更高的精确度，但可能使收敛更加困难。

4. 输出控制

许多时候可以应用默认的输出控制，很少需要改变准则。

不采用放松准则来消除收敛困难。查看求解中的 MINREF 警告消息，确保使用的最小参考值对求解的问题来说是有意义的。

16.2.3 查看结果

求解结束后可以查看结果。

对于大变形问题，通常可以在结果功能区中按实际比例缩放来查看变形。

如果定义了接触，接触工具可用来对接触的相关结果（压力、渗透、摩擦应力、状态等）进行后处理。

如果定义了非线性材料，则需要得到各种应力和应变的分量值。

16.3 接触非线性结构

接触非线性问题需要的计算时间较长，了解有效的接触参数设置、理解接触问题的特征和建立合理的模型可以缩短分析的计算时间。

16.3.1 接触基本概念

两个独立的表面相互接触并且相切称为接触。一般物理意义上，接触的表面包含如下特点。

- 不同物体的表面不会渗透。
- 可传递法向压缩力和切向摩擦力。
- 通常不传递法向拉伸力，可自由分离和互相移动。

接触的上述特点使实体接触表面之间可以自由分开并远离。接触是强非线性的，随着接触状态的改变，接触表面的法向和切向刚度都有显著的变化。对于大的刚度突变，收敛问题的挑战性较大。另外接触区域的不确定性、摩擦大小的变化，以及部件接触区域外不再有其他的约束，都会导致接触问题的复杂化。系统的刚度取决于接触状态，即取决于实体之间是接触还是分离。

在实际中，接触体间不相互渗透。因此，程序必须建立两表面间的相互关系以阻止分析中的相互穿透。在程序中阻止渗透，称为强制接触协调性。ANSYS Workbench 2021 R1 中的 Mechanical 提供了几种不同的接触公式来强制接触协调性，接触协调性不被强制时发生渗透的示意图如图 16-11 所示。

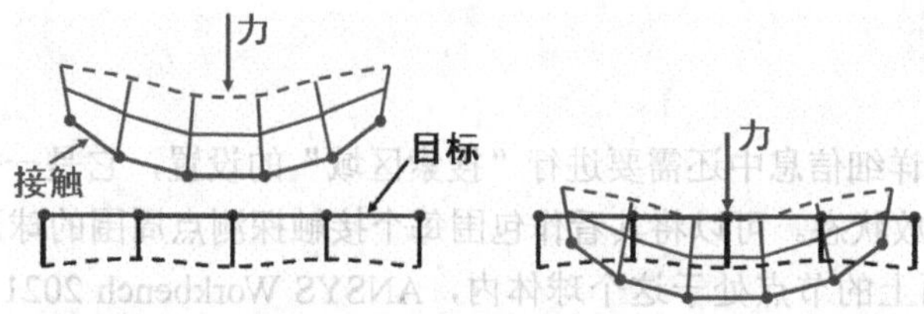

图 16-11　接触协调性不被强制时发生渗透的示意图

16.3.2　接触类型

在 ANSYS Workbench 2021 R1 的 Mechanical 中有 5 种不同的接触类型，分别为绑定、无分离、无摩擦、粗糙和摩擦的，如图 16-12 所示。

16.3.3　刚度及渗透

在 Workbench 中接触所用的公式默认为“罚函数”，如图 16-13 所示。但在大变形问题的无摩擦或摩擦接触中建议使用“广义拉格朗日法”公式。“广义拉格朗日”公式增加了额外的控制以自动减少渗透。

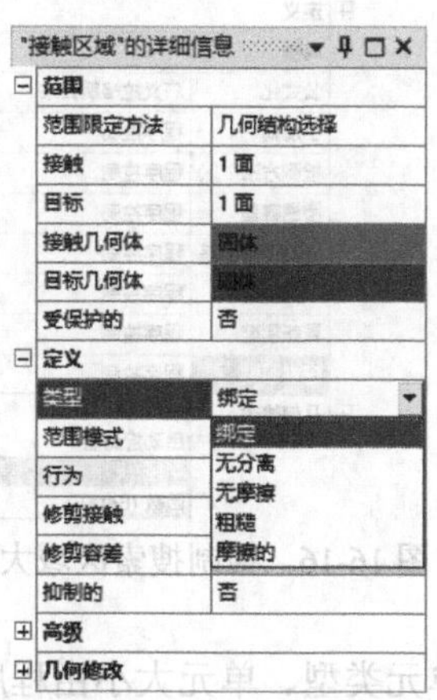

图 16-12　接触类型

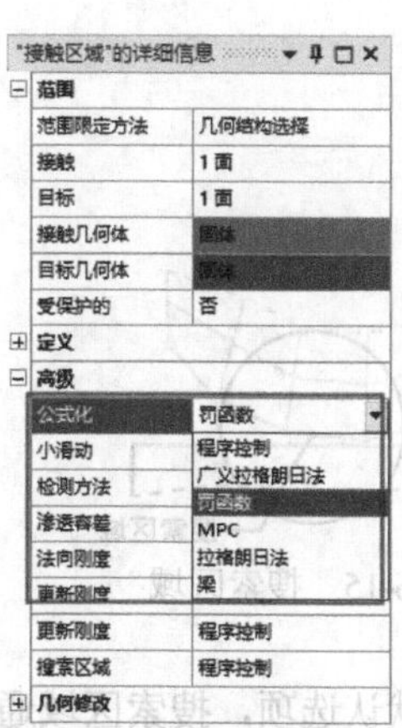

图 16-13　所用公式

“法向刚度”是接触刚度，只用于“罚函数”公式或“广义拉格朗日法”公式中。

接触刚度在求解中可自动调整，如图 16-14 所示。如果收敛困难，刚度会自动减小。法向接触刚度是影响精度和收敛行为的最重要的参数。

- 刚度越大，结果越精确，收敛越困难。
- 如果接触刚度太大，模型会振动，接触面会相互弹开。

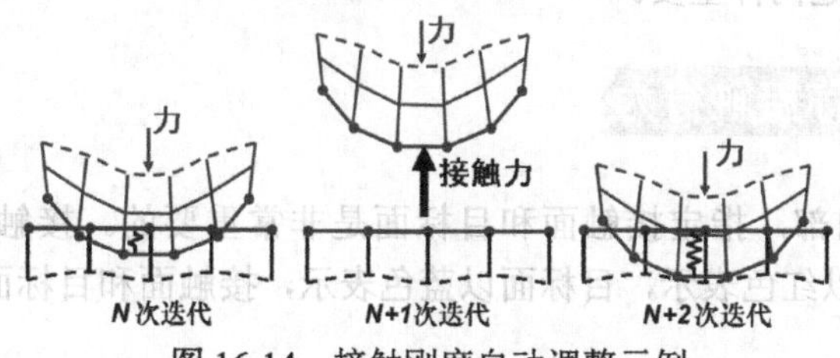

图 16-14　接触刚度自动调整示例

16.3.4 搜索区域

在“接触区域”的详细信息中还需要进行“搜索区域”的设置，它是一个接触单元参数，用于区分远场开放和近场开放状态。可以将其看作包围每个接触探测点周围的球形边界。

如果一个在目标面上的节点处于这个球体内，ANSYS Workbench 2021 R1 中的 Mechanical 应用程序就会认为它“接近”接触，而且会更加密切地监测它与接触探测点的关系（什么时候建立接触及是否已经建立接触），在球体以外的目标面上的节点相对于特定的接触探测点不会受到密切监测。搜索区域如图 16-15 所示。

如果绑定接触的缝隙小于搜索半径，ANSYS Workbench 2021 R1 中的 Mechanical 应用程序仍将会按绑定来处理那个区域。

对于每个接触探测点，有 4 个选项来控制搜索区域的大小，如图 16-16 所示。

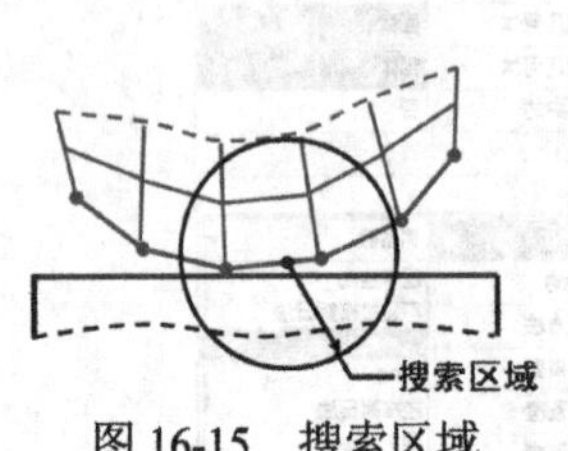

图 16-15　搜索区域

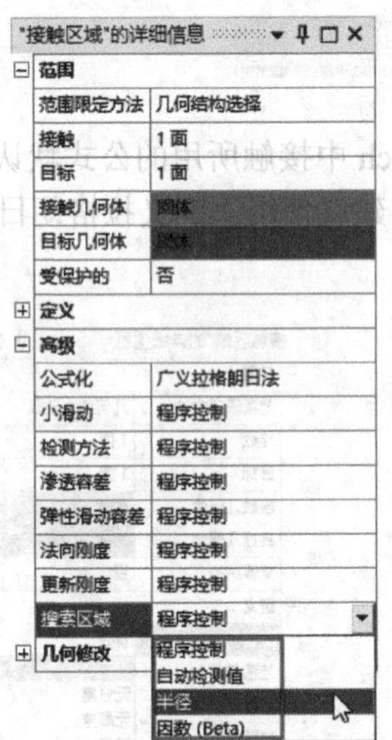

图 16-16　控制搜索区域大小的选项

- 程序控制：默认选项，搜索区域通过其下的单元类型、单元大小由程序计算给出。
- 自动监测值：使搜索区域与全局接触设置的容差值相等。
- 半径：用户手动为搜索区域设置数值。
- 因数（Beta）：搜索区域等于全局接触设置的容差值。

为便于确认，“因数”自动探测值或者用户定义的搜索“半径”在接触区域以一个球的形式出现，如图 16-17 所示。

通过定义搜索半径，用户可直观确认一个缝隙在绑定接触行为中是否被忽略，搜索区域对于大变形问题和初始穿透问题同样重要。

16.3.5 对称 / 非对称接触行为

在 Workbench 程序内部，指定接触面和目标面是非常重要的。接触面和目标面都会显示在“接触区域”中。接触面以红色表示，目标面以蓝色表示，接触面和目标面指定了两对相互接触的表面。

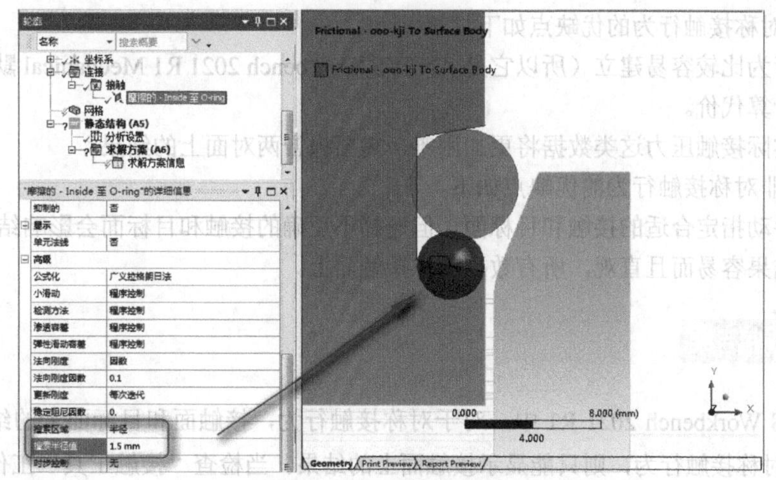

图 16-17　接触区域

ANSYS Workbench 2021 R1 中的 Mechanical 应用程序默认采用对称接触行为，如图 16-18 所示，这意味着接触面和目标面不能相互穿透。

"接触区域"的详细信息

范围	
范围限定方法	几何结构选择
接触	1 面
目标	1 面
接触几何体	固体
目标几何体	固体
受保护的	否
定义	
类型	绑定
范围模式	自动
行为	程序控制（程序控制 / 不对称 / 对称 / 自动不对称）
修剪接触	
修剪容差	
抑制的	
高级	
几何修改	

图 16-18　对称接触行为

对于非对称接触行为，接触面的节点不能穿透目标面，这是需要记住的十分重要的规则。图 16-19 左图所示的顶部网格是接触面的网格划分，节点不能穿透目标面，所以接触建立正确；图 16-19 右图所示的底部网格是接触面而顶部是目标面。接触面节点不能穿透目标面，因为发生了太多的实际渗透。

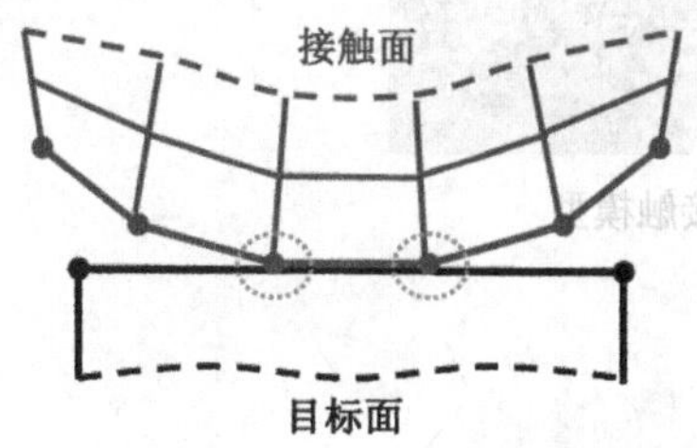

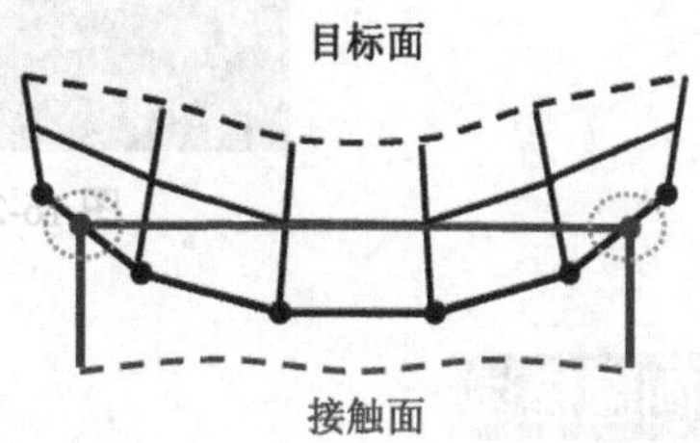

图 16-19　非对称接触行为

（1）使用对称接触行为的优缺点如下。

- 对称行为比较容易建立（所以它是 ANSYS Workbench 2021 R1 Mechanical 默认的）。
- 更大计算代价。
- 解释实际接触压力这类数据将更加困难，需要报告两对面上的结果。

（2）使用非对称接触行为的优缺点如下。

- 用户手动指定合适的接触和目标面，但选择不正确的接触和目标面会影响结果。
- 观察结果容易而且直观，所有数据都在接触面上。

16.3.6 接触结果

在 ANSYS Workbench 2021 R1 中，对于对称接触行为，接触面和目标面上的结果都是可以显示的；对于非对称接触行为，则只能显示接触面上的结果。当检查“接触工具”工作表时，可以选择接触面或目标面来观察结果，如图 16-20 所示。

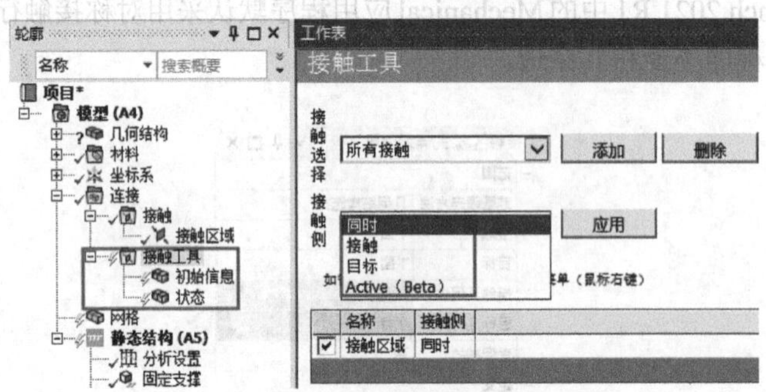

图 16-20 接触结果

16.4 实例 1——刚性接触

本实例研究刚性接触的两物体之间的接触刚度，模型如图 16-21 所示。

图 16-21 刚性接触模型

16.4.1 问题描述

在本实例中建立的模型为二维模型。在分析时将下面的模型固定，力加载于上面模型的顶部。

16.4.2 项目原理图

(01)打开 ANSYS Workbench 2021 R1 工作界面，展开左边的分析系统工具箱，将工具箱里的“静态结构”模块直接拖动到项目管理界面中或直接在其上双击，建立一个含有“静态结构”的项目模块，结果如图 16-22 所示。

(02)右击“静态结构”模块中的 A3 栏，在弹出的快捷菜单中选择“新的 DesignModeler 几何结构 ......”命令，如图 16-23 所示，启动 DesignModeler。

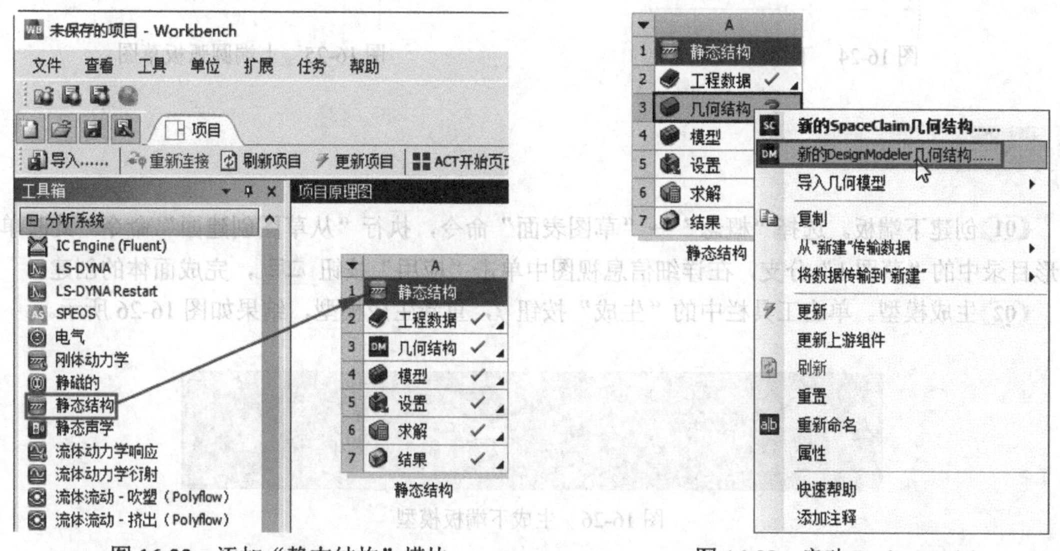

图 16-22　添加“静态结构”模块　　　　图 16-23　启动 DesignModeler

(03)选择“单位”→“毫米”命令，设置单位为毫米。此时树形目录默认为建模状态下的树形目录。

16.4.3 绘制草图

(01)创建工作平面。单击树形目录中的“XY 平面”分支，单击工具栏中的“新草图”按钮，创建一个工作平面，此时树形目录中“XY 平面”分支下会多出一个名为“草图 1”的工作平面。

(02)创建草图。单击树形目录中的“草图 1”分支，单击树形目录下方的“草图绘制”标签，打开草图绘制工具箱窗格。单击工具栏中的“查看面 / 平面 / 草图”按钮，将视图切换为 *XY* 方向的视图。在新建的草图 1 上绘制图形。

(03)绘制下端板草图。利用草图绘制工具箱中的矩形命令绘制下端板草图。注意，绘制时要保证下端板左下角的顶点与坐标的原点重合，标注并修改尺寸，结果如图 16-24 所示。

(04)绘制上端圆弧板草图。单击“建模”标签，返回到树形目录中，单击“XY 平面”分支，单击工具栏中的“新草图”按钮，创建一个工作平面，此时树形目录中“XY 平面”分支下会多出一个名为“草图 2”的工作平面。利用草图绘制工具箱中的绘图命令绘制上端圆弧板草图。绘制后添加圆弧与线相切的几何关系，标注并修改尺寸，结果如图 16-25 所示。

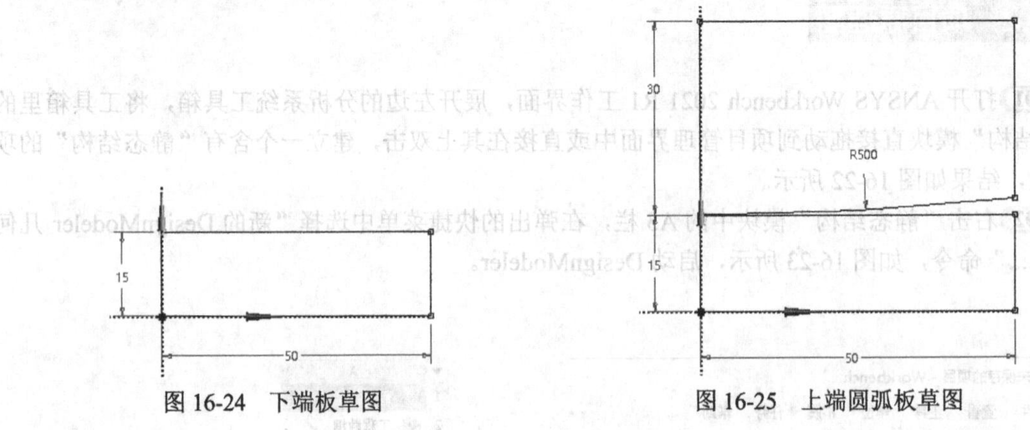

图 16-24　下端板草图　　　图 16-25　上端圆弧板草图

16.4.4　创建面体

(01)创建下端板。选择“概念”→“草图表面”命令，执行“从草图创建面”命令。此时单击树形目录中的“草图 1”分支，在详细信息视图中单击“应用”按钮 应用 ，完成面体的创建。

(02)生成模型。单击工具栏中的“生成”按钮，重新生成模型，结果如图 16-26 所示。

图 16-26　生成下端板模型

(03)创建上端圆弧板模型。选择“概念”→“草图表面”命令，执行“从草图创建面”命令。单击树形目录中的“草图 2”分支，在详细信息视图中单击“应用”按钮 应用 ，完成面体的创建。单击工具栏中的“生成”按钮，重新生成模型。树形目录和最终的结果如图 16-27 所示。

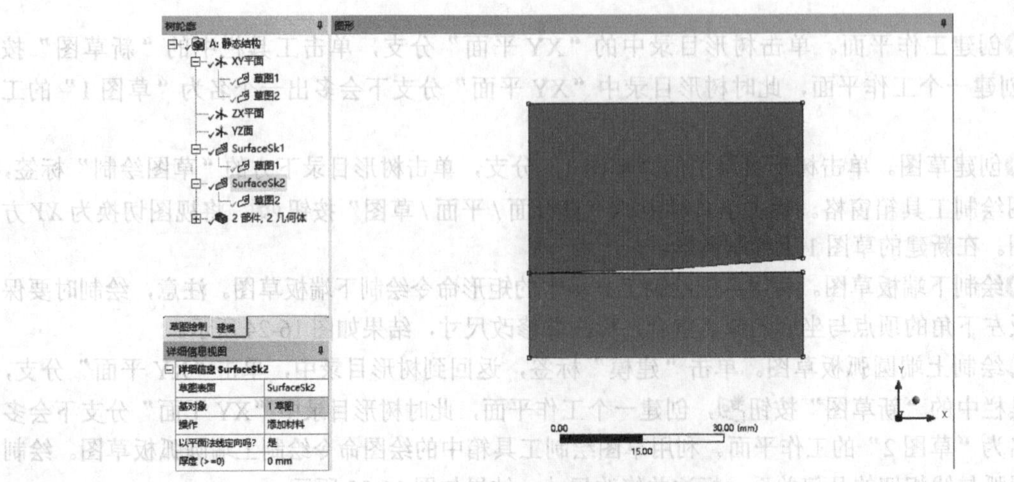

图 16-27　树形目录和最终的结果

16.4.5　更改模型分析类型

图 16-28　设置项目单位

01 设置项目单位。返回到 ANSYS Workbench 2021 R1 工作界面，选择“单位”→“度量标准（tonne, mm, s, ℃, mA, N, mV）”命令，选择“用项目单位显示值”命令，如图 16-28 所示。

02 设置模型分析类型。右击项目管理界面中的 A3 栏，在弹出的快捷菜单中选择“属性”命令。此时将弹出“属性原理图 A3：几何结构”窗格，更改第 11 行的“分析类型”为“2D”，如图 16-29 所示。

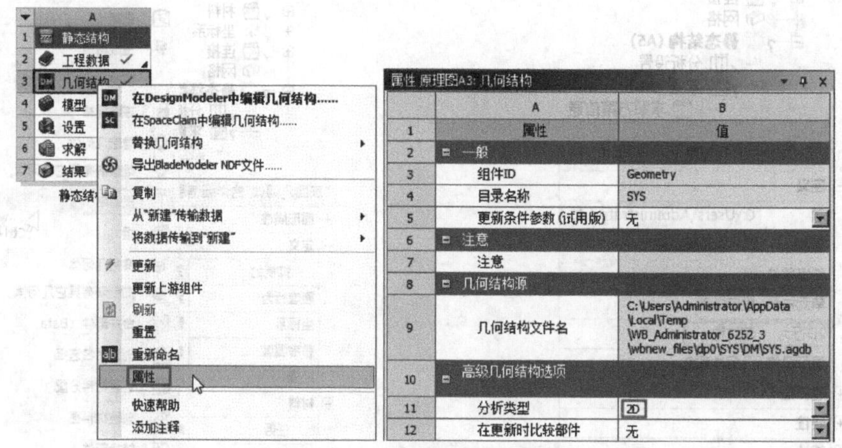

图 16-29　设置模型分析类型

16.4.6　修改几何体属性

01 双击“静态机构”模块中的“A4 模型”栏 4 模型，打开 Mechanical 应用程序，如图 16-30 所示。

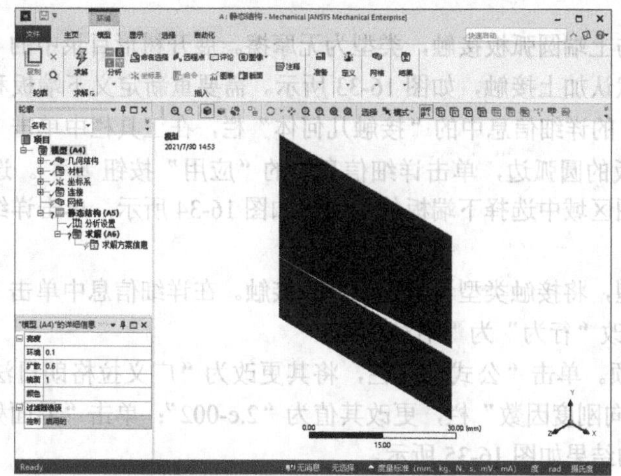

图 16-30　Mechanical 应用程序

02 单击树形目录中的“几何结构”分支，在详细信息中找到“2D 行为”栏，将右侧的属性改为“轴对称”，如图 16-31 所示。

03 更改几何体名称。分别右击树形目录中“几何结构”下的“表面几何体”分支，在弹出的快捷菜单中选择“重命名”命令，如图 16-32 所示，将两个模型的名称改为“上”和“下”。

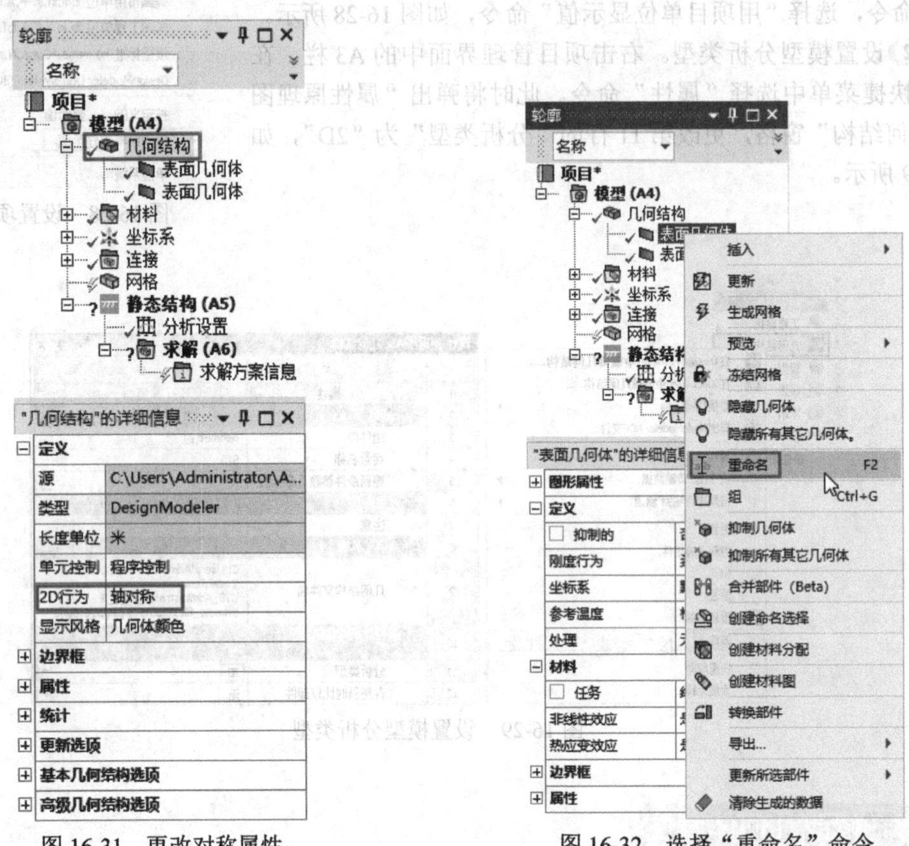

图 16-31 更改对称属性　　图 16-32 选择“重命名”命令

16.4.7 添加接触

01 设定下端板与上端圆弧板接触，类型为无摩擦。展开树形目录中的“连接”→“接触”分支，可以看到系统会默认加上接触，如图 16-33 所示。需要重新定义下端板和上端圆弧板之间的接触。选择“接触区域”的详细信息中的“接触几何体”栏，在工具栏中单击“边”按钮，在绘图区域中选择上端圆弧板的圆弧边，单击详细信息中的“应用”按钮 应用 。选择详细信息中的“目标几何体”栏，在绘图区域中选择下端板的上边，如图 16-34 所示，单击详细信息中的“应用”按钮 应用 。

02 更改接触类型，将接触类型设置为无摩擦接触。在详细信息中单击“类型”栏，更改接触类型为“无摩擦”，更改“行为”为“不对称”。

03 更改高级选项。单击“公式化”栏，将其更改为“广义拉格朗日法”；更改“法向刚度”为“因数”；单击“法向刚度因数”栏，更改其值为“2.e-002”；单击“界面处理”栏，将其更改为“调整接触”。设置后的结果如图 16-35 所示。

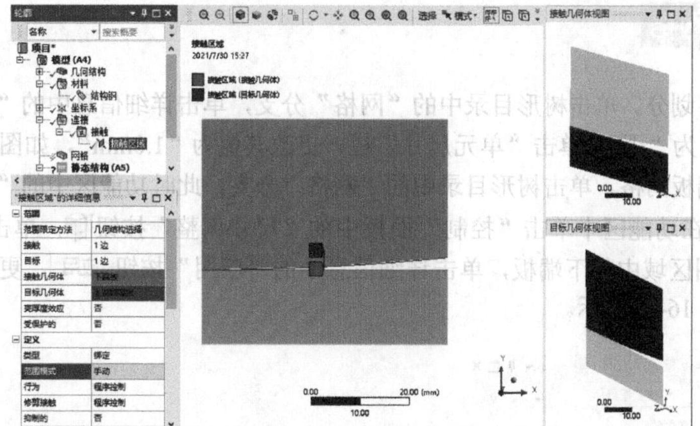

图 16-33　默认接触

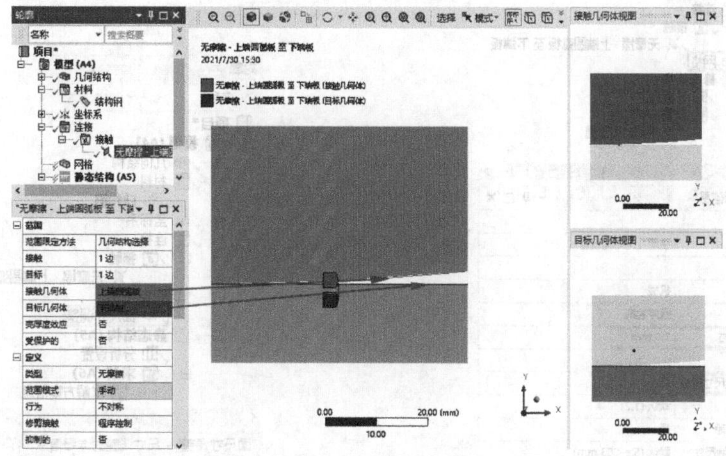

图 16-34　选择下端板的上边

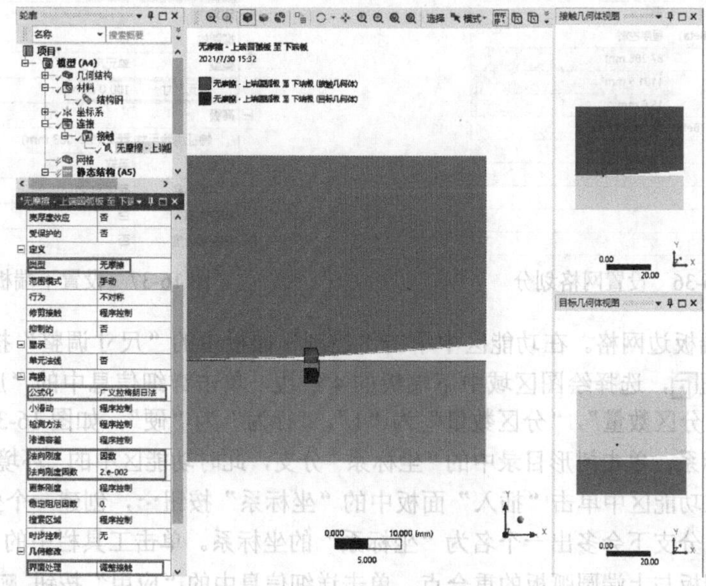

图 16-35　更改高级选项

16.4.8 划分网格

01 设置网格划分。单击树形目录中的“网格”分支，单击详细信息中的“使用自适应尺寸调整”栏，将其更改为“否”；单击“单元尺寸”栏，更改其值为“1.0mm”，如图 16-36 所示。

02 设置下端板网格。单击树形目录中的“网格”分支，此时功能区中的“环境”标签显示为“网格”功能区。在功能区中单击“控制”面板中的“尺寸调整”按钮，单击工具栏中的“面”按钮，选择绘图区域中的下端板，单击详细信息中的“应用”按钮 应用，更改“单元尺寸”为“100.0mm”，如图 16-37 所示。

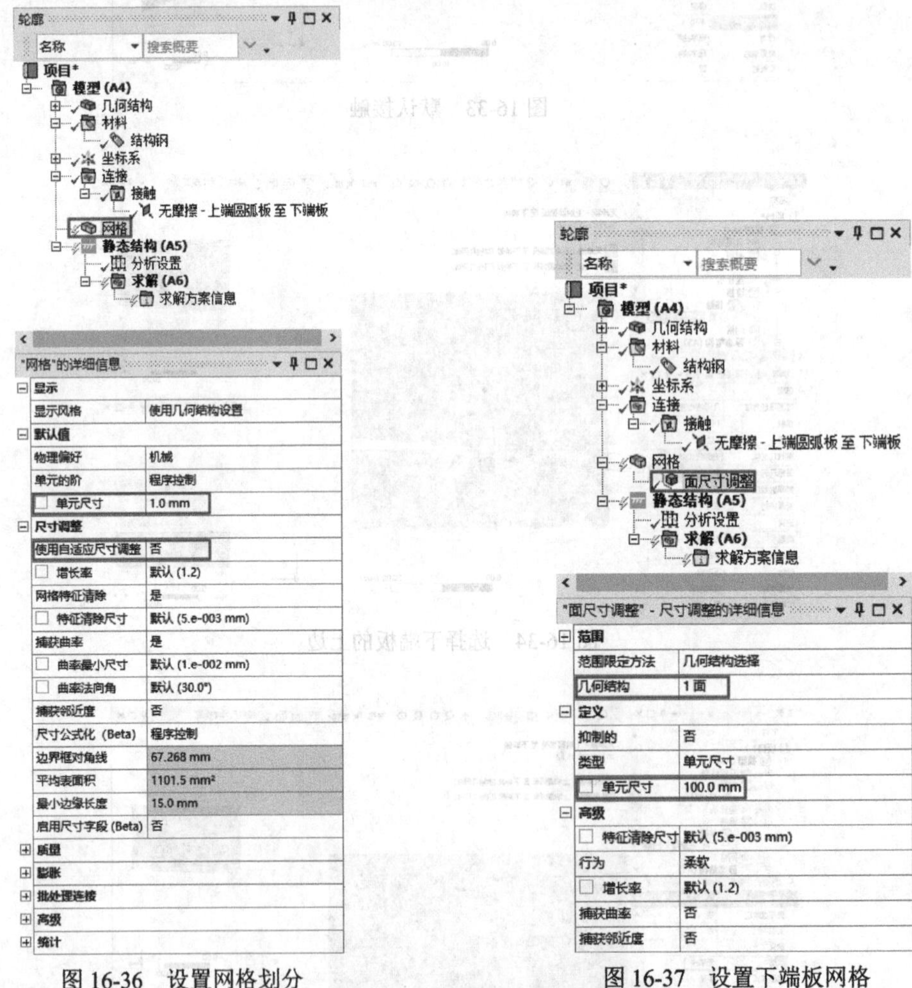

图 16-36 设置网格划分

图 16-37 设置下端板网格

03 设置下端板边网格。在功能区中单击“控制”面板中的“尺寸调整”按钮，单击工具栏中的“边”按钮，选择绘图区域中下端板的 4 条边，单击详细信息中的“应用”按钮 应用，更改“类型”为“分区数量”，“分区数量”为“1”，“行为”为“硬”，如图 16-38 所示。

04 设置坐标系。单击树形目录中的“坐标系”分支，此时功能区中的“环境”标签显示为“坐标系”功能区。在功能区中单击“插入”面板中的“坐标系”按钮，创建一个坐标系，此时树形目录中“坐标系”分支下会多出一个名为“坐标系”的坐标系。单击工具栏中的“点”按钮，选择绘图区域中下端板与上端圆弧板的重合点，单击详细信息中的“应用”按钮 应用，设置坐标系，如图 16-39 所示。

图 16-38　设置下端板边网格　　图 16-39　设置坐标系

05 设置上端圆弧板网格。单击树形目录中的“网格”分支，此时功能区中的“环境”标签显示为“网格”功能区。在功能区中单击“控制”面板中的“尺寸调整”按钮，单击工具栏中的“面”按钮，选择绘图区域中的上端圆弧板，单击详细信息中的“应用”按钮 应用 。更改“类型”为“影响范围”，“球心”为“坐标系”，“球体半径”为“10mm”，“单元尺寸”为“0.5mm”。

06 网格划分。右击树形目录中的“网格”分支，在弹出的快捷菜单中选择“生成网格”命令，对设置的网格进行划分。划分后的图形如图 16-40 所示。

16.4.9　分析设置

01 设置载荷步。单击树形目录中的“分析设置”分支，将详细信息中的“自动时步”设置为“开启”，将“初始子步”设置为“10”，将“最小子步”设置为“5”，将“最大子步”设置为“100”。在详细信息的“求解控制”分组中，将“弱弹簧”设置为“关闭”，将“大挠曲”设置为“开启”，如图 16-41 所示。

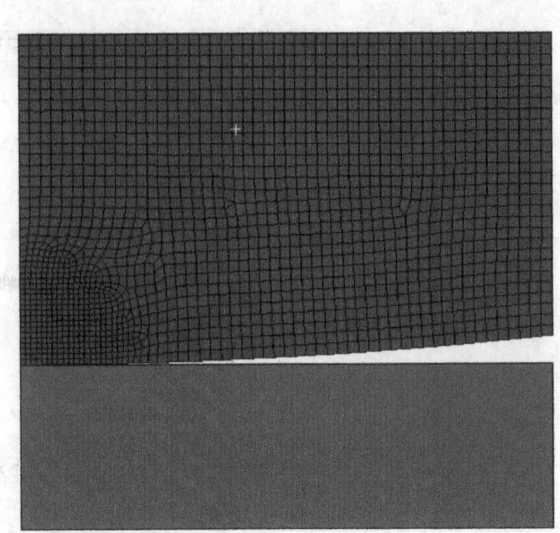

图 16-40　网格划分

"分析设置"的详细信息	
步控制	
步骤数量	1.
当前步数	1.
步骤结束时间	1. s
自动时步	开启
定义依据	子步
初始子步	10.
最小子步	5.
最大子步	100.
求解器控制...	
求解器类型	程序控制
弱弹簧	关闭
求解器主元检查	程序控制
大挠曲	开启
惯性释放	关闭
准静态解	关闭
转子动力学控制	
重新启动控制	
非线性控制	
高级	
输出控制...	
分析数据管理	

图 16-41　设置载荷步

02 施加固定约束。在树形目录中单击"静态结构（A5）"分支，此时功能区中的"环境"标签显示为"环境"功能区。在功能区中单击"结构"面板中的"固定的"按钮，如图 16-42 所示。单击工具栏中的"面"按钮，选择绘图区域中的下端板，单击详细信息中的"应用"按钮 应用 ，施加固定约束，如图 16-43 所示。

图 16-42　"环境"功能区

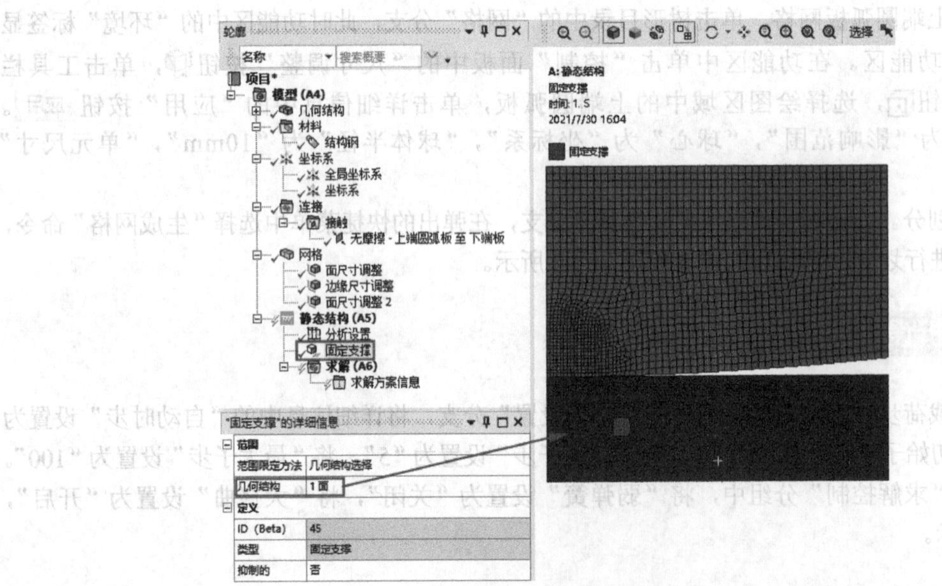

图 16-43　施加固定约束

(03)施加压力约束。在功能区中单击“结构”面板中的“压力”按钮。单击工具栏中的“边”按钮，选择绘图区域中上端圆弧板的最顶端，单击详细信息中的“应用”按钮 应用，更改“大小”为“5MPa（斜坡）”，施加压力约束，如图 16-44 所示。

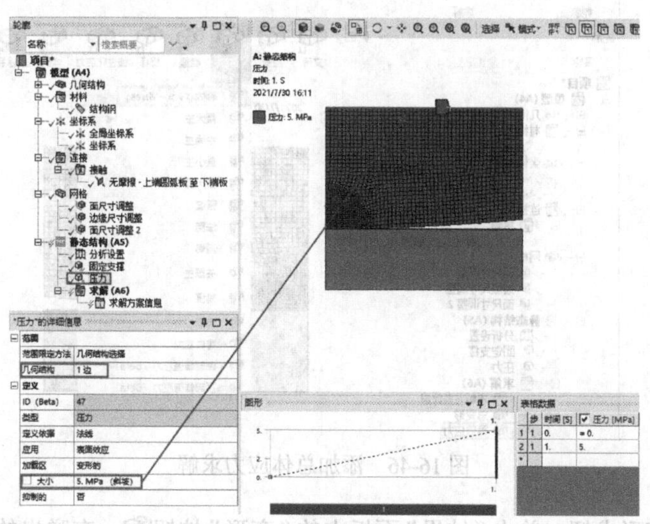

图 16-44 施加压力约束

16.4.10 求解

(01)添加总体位移求解。单击树形目录中的“求解（A6）”分支，此时功能区中的“环境”标签显示为“求解”功能区。在功能区中单击“结果”面板中的“变形”按钮，在弹出的下拉菜单中选择“总计”命令，添加总体位移求解，如图 16-45 所示。

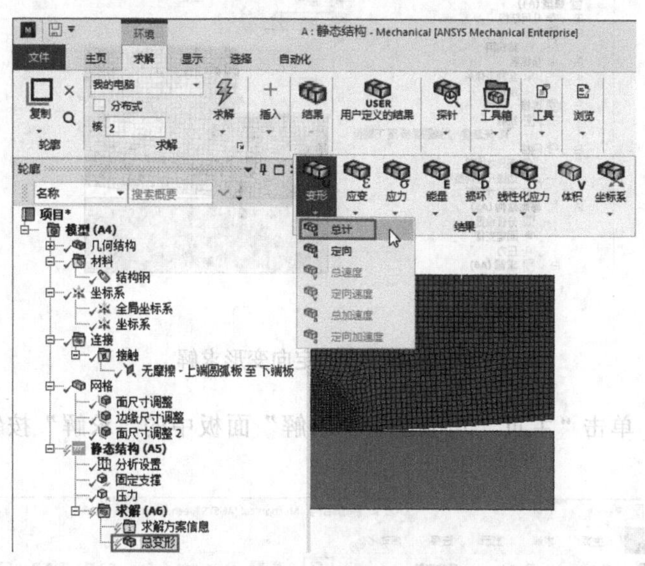

图 16-45 添加总体位移求解

(02)添加总体应力求解。单击“结果”面板中的“应力”按钮，在弹出的下拉菜单中选择“等效（Von-Mises）”命令，添加总体应力求解，如图 16-46 所示。

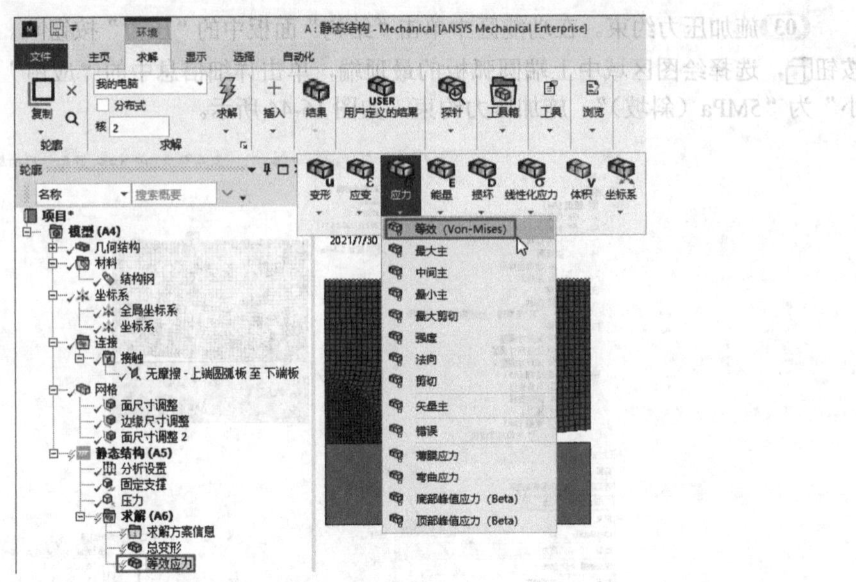

图 16-46　添加总体应力求解

03 添加定向变形求解。单击"结果"面板中的"变形"按钮，在弹出的下拉菜单中选择"定向"命令，添加定向变形求解，如图 16-47 所示。

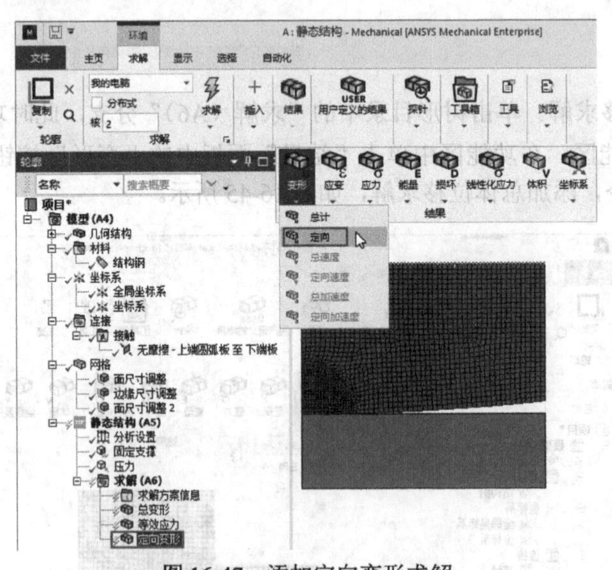

图 16-47　添加定向变形求解

04 求解模型。单击"主页"功能区→"求解"面板中的"求解"按钮，进行求解，如图 16-48 所示。

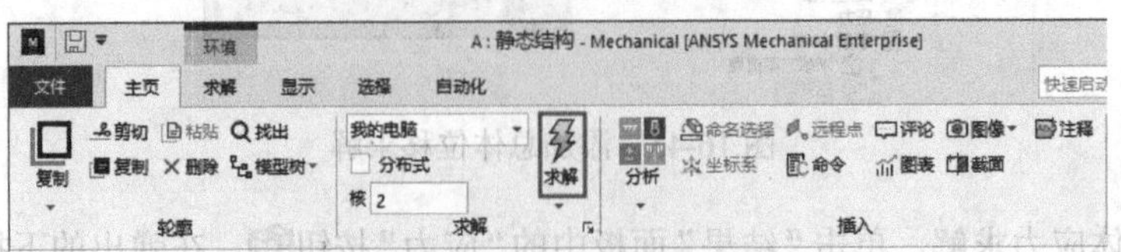

图 16-48　单击"求解"按钮

16.4.11　查看求解结果

(01)查看收敛力。单击树形目录中“求解”（A6）中的“求解方案信息”分支，将详细信息中的“求解方案输出”更改为“力收敛”。可以在绘图区域中看到求解的收敛力，如图 16-49 所示。

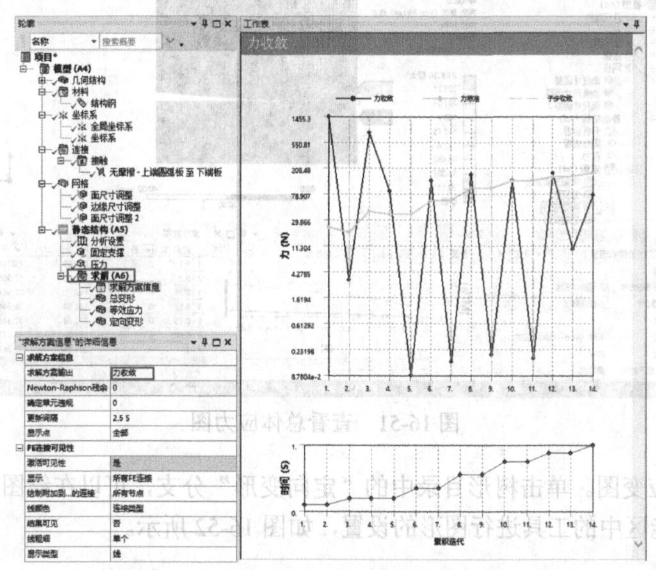

图 16-49　收敛力

(02)查看总体变形图。单击树形目录中的“总变形”分支，可以在绘图区域中查看总体变形图，单击“显示”面板中的“1.0 真实尺度”，显示“最大”“最小”标签，结果如图 16-50 所示，可以看到最大和最小的位移。单击“图形”窗格中的播放按钮，可以查看动态显示的位移变形情况。

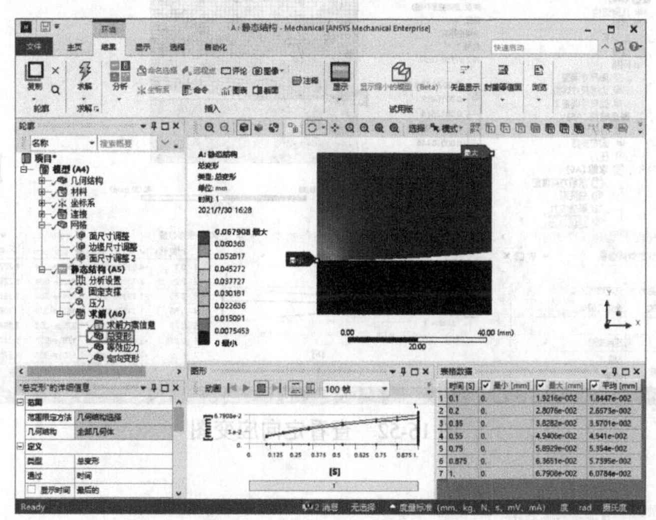

图 16-50　查看总体变形图

(03)查看总体应力图。单击树形目录中的“等效应力”分支，可以在绘图区域中查看总体应力图，也可以通过功能区中的工具进行图形的设置，例如单击“显示单元”按钮，显示“最大”“最小”标签，结果如图 16-51 所示。

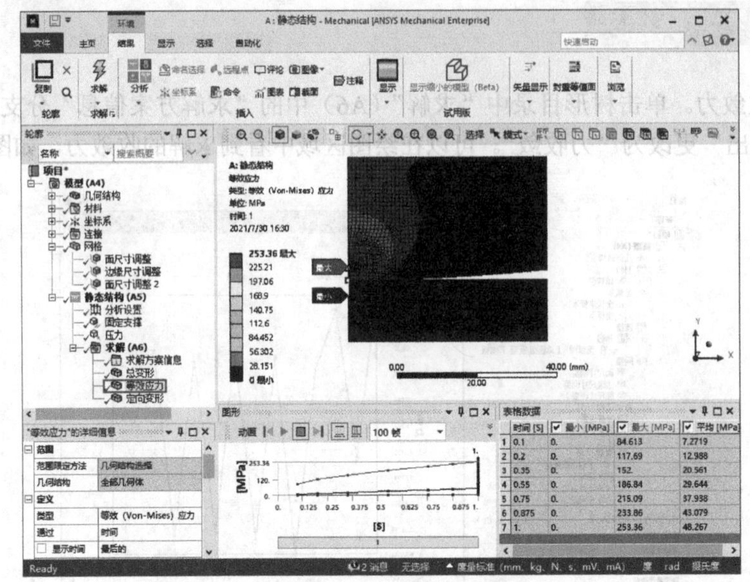

图 16-51　查看总体应力图

04 查看定向应变图。单击树形目录中的“定向变形”分支，可以在绘图区域中查看定向应变图，也可以通过功能区中的工具进行图形的设置，如图 16-52 所示。

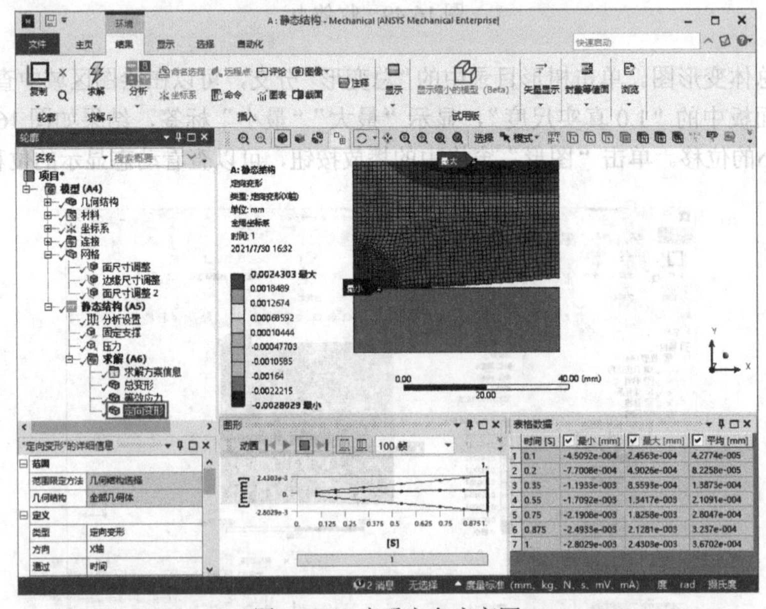

图 16-52　查看定向应变图

16.4.12　接触结果后处理

01 求解。单击树形目录中的“求解（A6）”分支，在功能区中单击“工具箱”面板中的“接触工具”按钮，如图 16-53 所示，进行求解。

02 添加接触压力后处理。右击树形目录中的“接触工具”分支，在弹出的快捷菜单中选择

“插入”→“压力”命令，如图 16-54 所示。

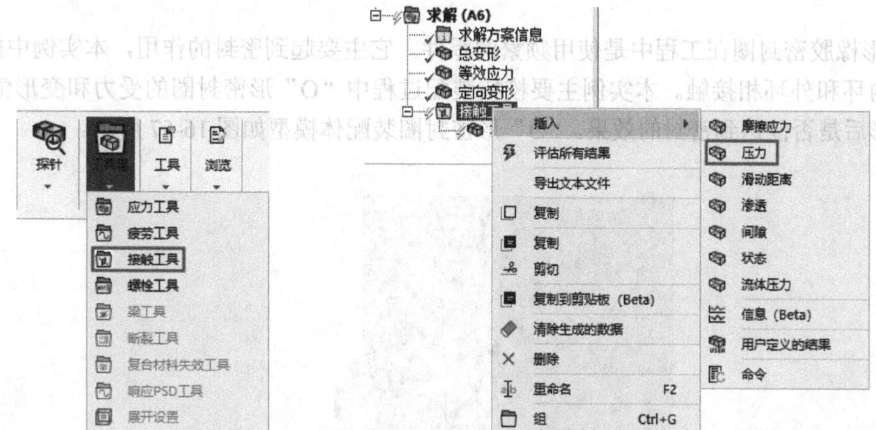

图 16-53　接触工具　　　　图 16-54　添加接触压力后处理

03 查看接触压力。单击树形目录中“接触工具”下的“压力”按钮，查看接触压力，如图 16-55 所示。

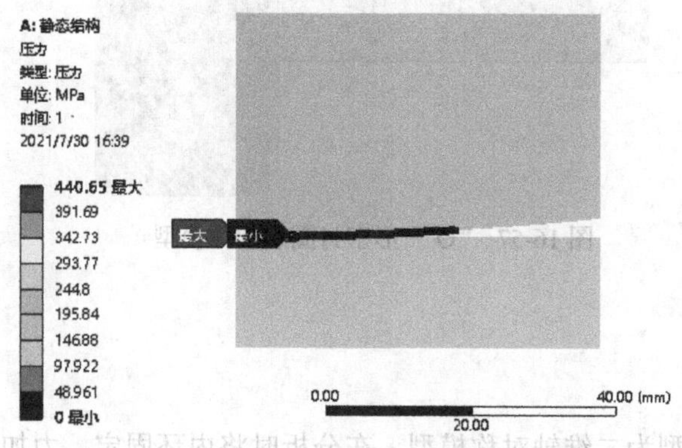

图 16-55　查看接触压力

04 查看接触渗透。采用同样的方式查看接触渗透，如图 16-56 所示。

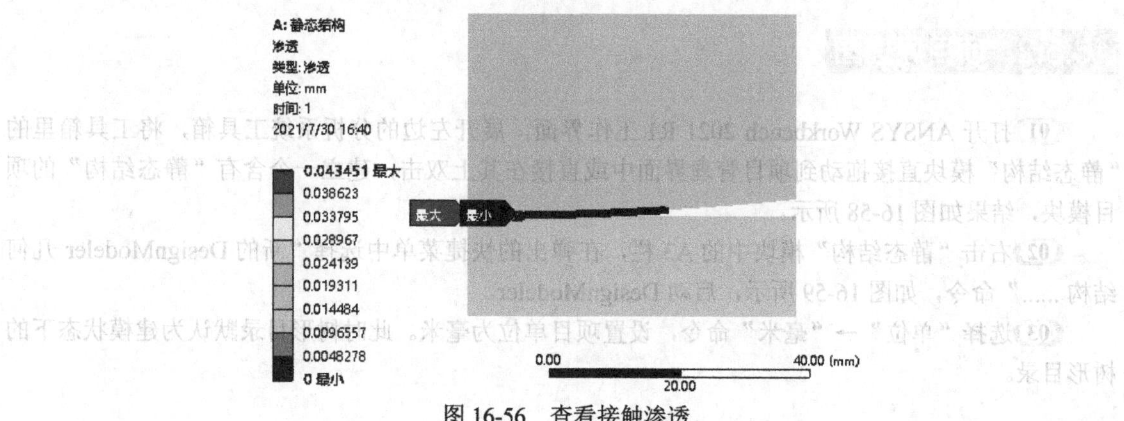

图 16-56　查看接触渗透

16.5 实例 2——“O”形密封圈

“O”形橡胶密封圈在工程中是使用频繁的零件。它主要起到密封的作用，本实例中的“O”形密封圈与内环和外环相接触。本实例主要校核装配过程中“O”形密封圈的受力和变形情况，以及检查其变形后是否能达到密封的效果。“O”形密封圈装配体模型如图 16-57 所示。

图 16-57 “O”形密封圈装配体模型

16.5.1 问题描述

在本实例中建立的模型为二维轴对称模型。在分析时将内环固定，力加载在外环上。“O”形圈在模拟装配体中可以移动。在本实例中，内环和外环材料为钢，“O”形圈材料为橡胶。3 个部件间有两个接触对，分别为内环与“O”形圈、“O”形圈与外环；然后运行两个载荷步来分析 3 个部件的装配过程。

16.5.2 项目原理图

01 打开 ANSYS Workbench 2021 R1 工作界面，展开左边的分析系统工具箱，将工具箱里的“静态结构”模块直接拖动到项目管理界面中或直接在其上双击，建立一个含有“静态结构”的项目模块，结果如图 16-58 所示。

02 右击“静态结构”模块中的 A3 栏，在弹出的快捷菜单中选择“新的 DesignModeler 几何结构 ......”命令，如图 16-59 所示，启动 DesignModeler。

03 选择“单位”→“毫米”命令，设置项目单位为毫米。此时树形目录默认为建模状态下的树形目录。

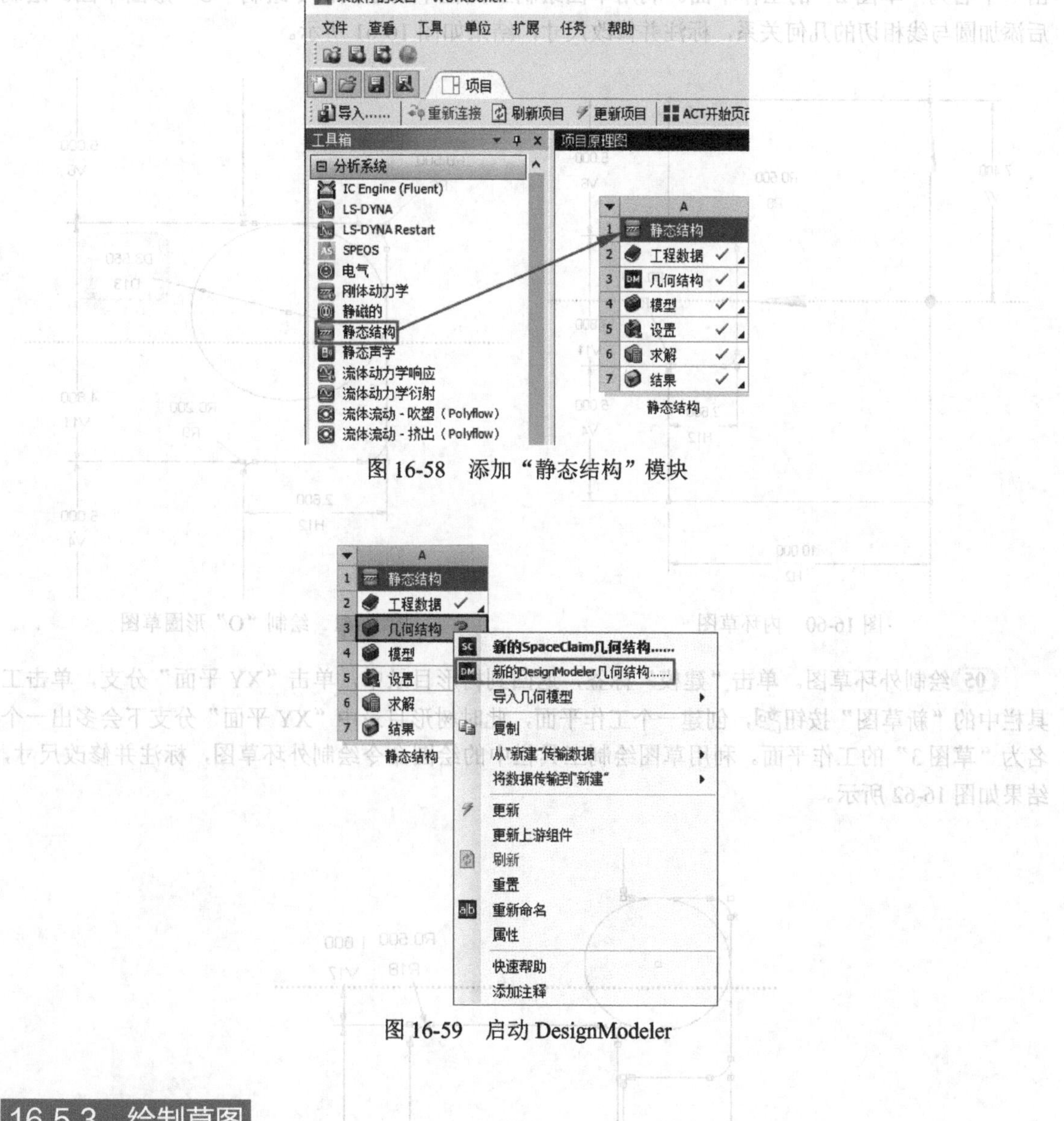

图 16-58　添加“静态结构”模块

图 16-59　启动 DesignModeler

16.5.3　绘制草图

01 创建工作平面。单击树形目录中的“XY 平面”分支，单击工具栏中的“新草图”按钮，创建一个工作平面，此时树形目录中“XY 平面”分支下会多出一个名为“草图 1”的工作平面。

02 创建草图。单击树形目录中的“草图 1”分支，单击树形目录下方的“草图绘制”标签，打开草图绘制工具箱窗格。单击工具栏中的“查看面 / 平面 / 草图”按钮，将视图切换为 *XY* 方向的视图。在新建的草图 1 上绘制图形。

03 绘制内环草图。利用草图绘制工具箱中的绘图命令绘制内环草图。注意，绘制时要保证内环的左端线中点与坐标的原点相重合，标注并修改尺寸，如图 16-60 所示。

04 绘制“O”形圈草图。单击“建模”标签，返回到树形目录中，单击“XY 平面”分支，单击工具栏中的“新草图”按钮，创建一个工作平面，此时树形目录中“XY 平面”分支下会多出一个名为“草图 2”的工作平面。利用草图绘制工具栏中的绘图命令绘制“O”形圈草图。绘制后添加圆与线相切的几何关系，标注并修改尺寸，结果如图 16-61 所示。

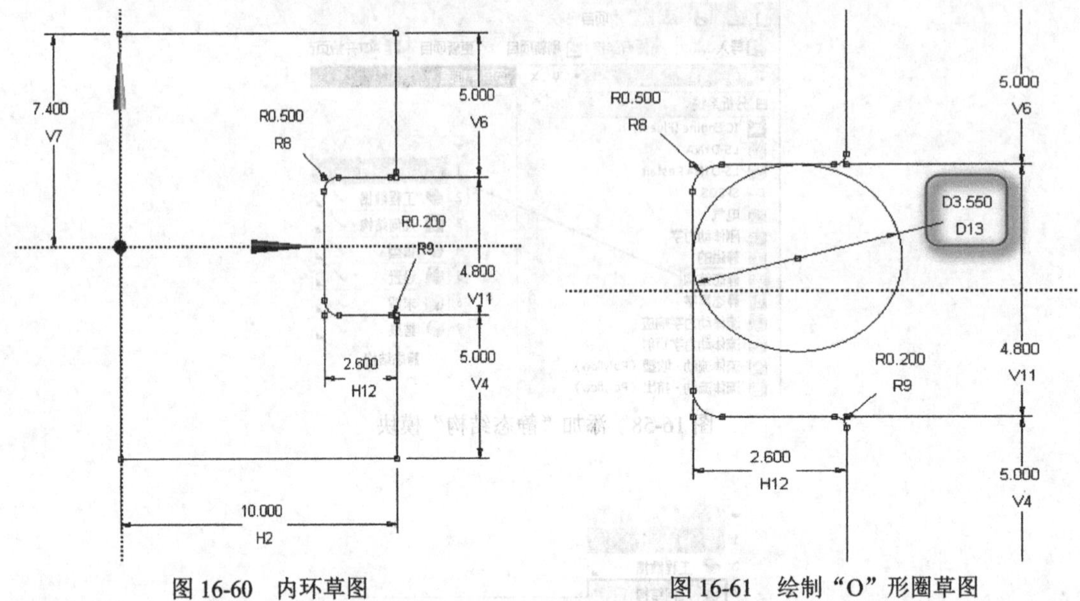

图 16-60　内环草图　　　　图 16-61　绘制“O”形圈草图

05 绘制外环草图。单击“建模”标签，返回到树形目录中，单击“XY 平面”分支，单击工具栏中的“新草图”按钮，创建一个工作平面，此时树形目录中“XY 平面”分支下会多出一个名为“草图 3”的工作平面。利用草图绘制工具栏中的绘图命令绘制外环草图，标注并修改尺寸，结果如图 16-62 所示。

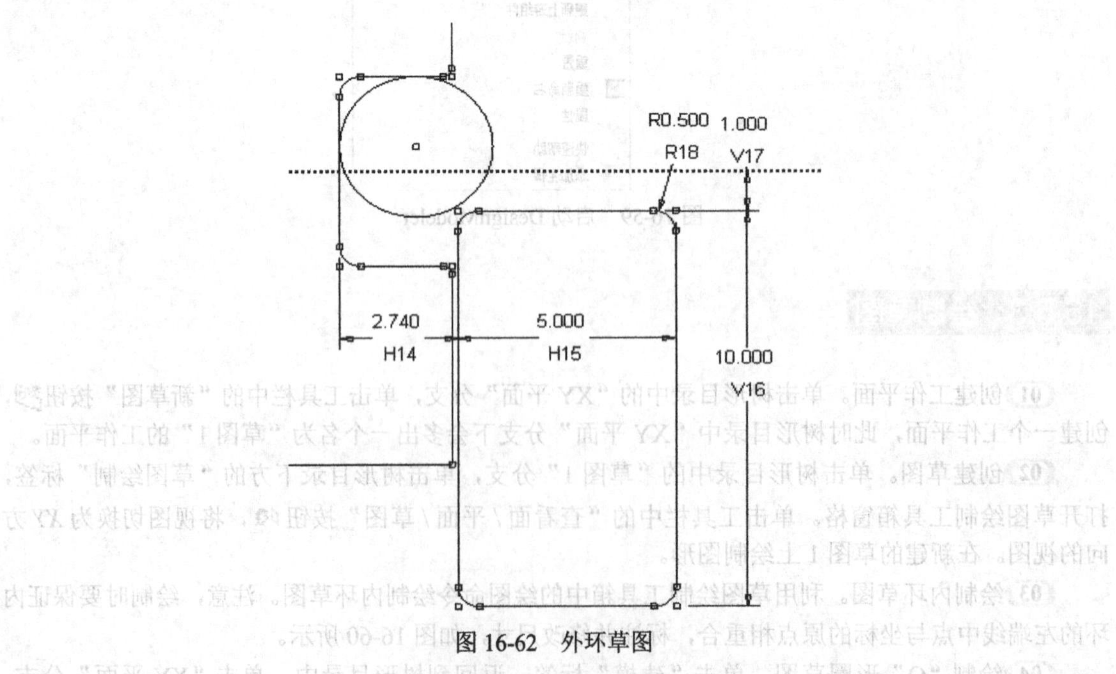

图 16-62　外环草图

16.5.4　创建面体

(01)创建内环面体。选择“概念”→“草图表面”命令，执行“从草图创建面”命令。单击树形目录中的“草图 1”分支，在详细信息视图中单击“应用”按钮 应用 ，完成面体的创建。

(02)生成内环面体模型。单击工具栏中的“生成”按钮，重新生成模型，结果如图 16-63 所示。

(03)冻结模型。选择“工具”→“冻结”命令，将所创建的模型冻结。

(04)生成“O”形圈面体模型。选择“概念”→“草图表面”命令，执行“从草图创建面”命令。单击树形目录中的“草图 2”分支，在详细信息视图中单击“应用”按钮 应用 ，完成面体的创建。单击工具栏中的“生成”按钮，重新生成模型，结果如图 16-64 所示。

(05)冻结模型。选择“工具”→“冻结”命令，将所创建的模型冻结。

(06)创建外环面体模型。选择“概念”→“草图表面”命令，执行“从草图创建面”命令。单击树形目录中的“草图 3”分支，在详细信息视图中单击“应用”按钮 应用 ，完成外环面体模型的创建。单击工具栏中的“生成”按钮，重新生成模型，结果如图 16-65 所示。至此模型创建完成，将 DesignModeler 应用程序关闭，返回到 ANSYS Workbench 2021 R1 工作界面。

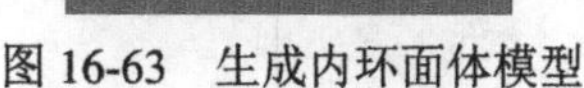
图 16-63　生成内环面体模型

图 16-64　生成“O”形圈面体模型

图 16-65　生成外环面体模型

16.5.5　添加材料

(01)设置项目单位。选择“单位”→“度量标准（tonne, mm, s, ℃, mA, N, mV）”命令，选择“用项目单位显示值”命令，如图 16-66 所示。

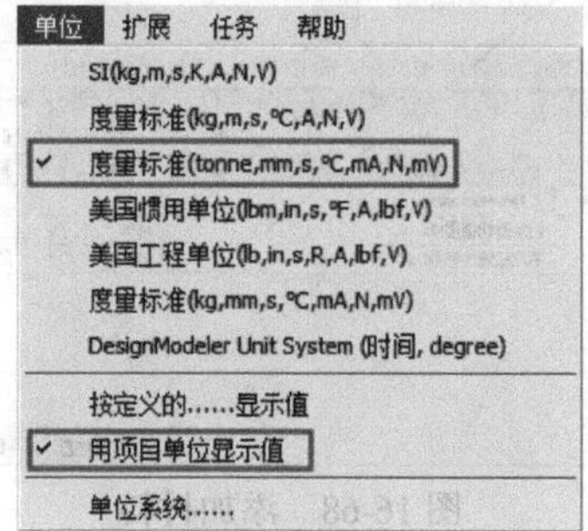

图 16-66　设置项目单位

02双击“静态结构”模块中的“A2 工程数据”栏 2 工程数据 ✓ ，进入“A2：工程数据”界面，如图 16-67 所示。

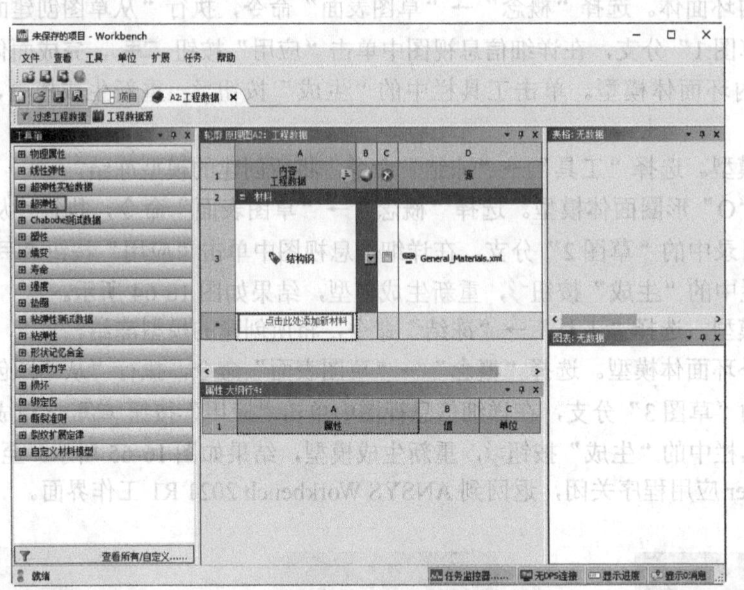

图 16-67 “A2：工程数据”界面

03添加材料。单击“轮廓 原理图 A2：工程数据”窗格最下边的“点击此处添加新材料”栏。输入新材料名称“橡胶”，单击展开左边工具箱中的“超弹性”栏，双击“Neo-Hookean”。此时工作区域中将出现 Neo-Hookean 目录，在其中设置“初始剪切模量 Mu”的值为“1”、“不可压缩性参数 D1”的值为“1.5”，如图 16-68 所示。

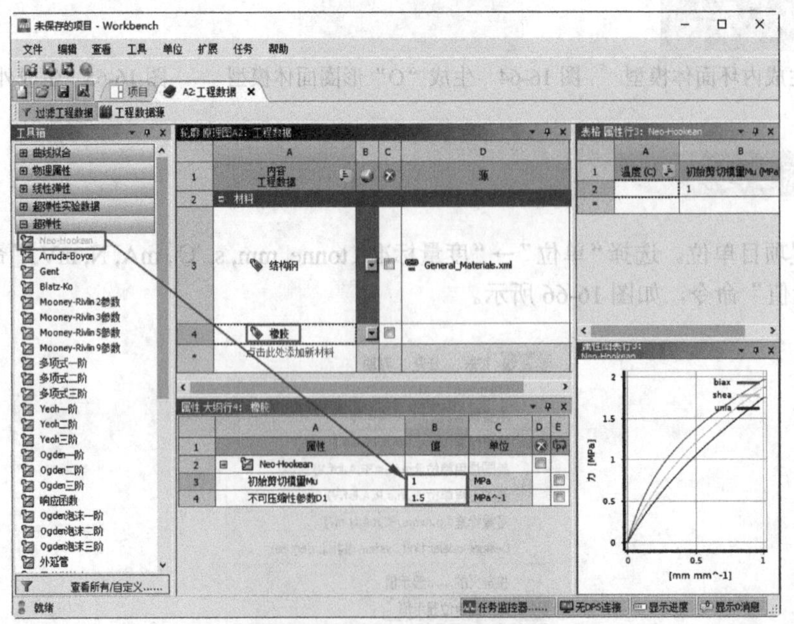

图 16-68 添加材料

04 关闭“A2：工程数据”界面，返回到项目管理界面中。

05 更改模型分析类型。右击项目管理界面中的 A3 栏，在弹出的快捷菜单中选择“属性”命令，弹出“属性 原理图 A3：几何结构”窗格，更改第 11 行的“分析类型”为“2D”，如图 16-69 所示。

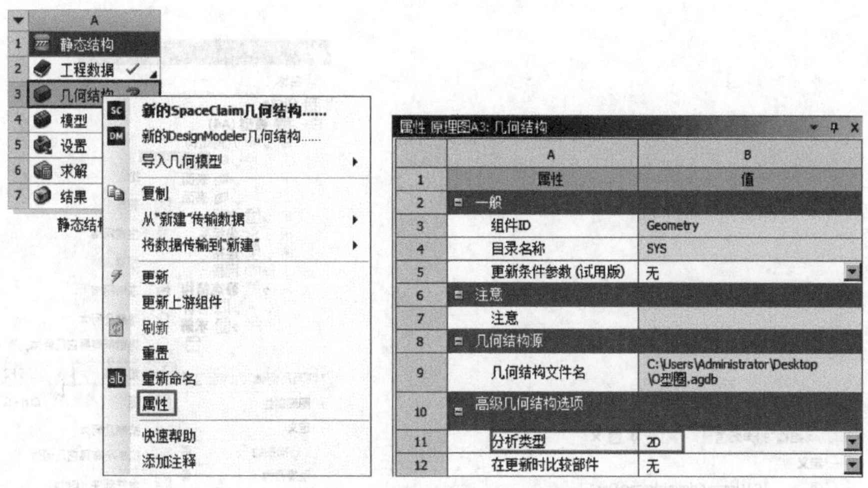

图 16-69　更改模型分析类型

16.5.6　修改几何体属性

01 双击“静态结构”模块中的“A4 模型”栏，打开 Mechanical 应用程序，如图 16-70 所示。在功能区中选择“主页”→“工具”→“单位”→“度量标准（mm, kg, N, s, mV, mA）”，设置项目单位为毫米。

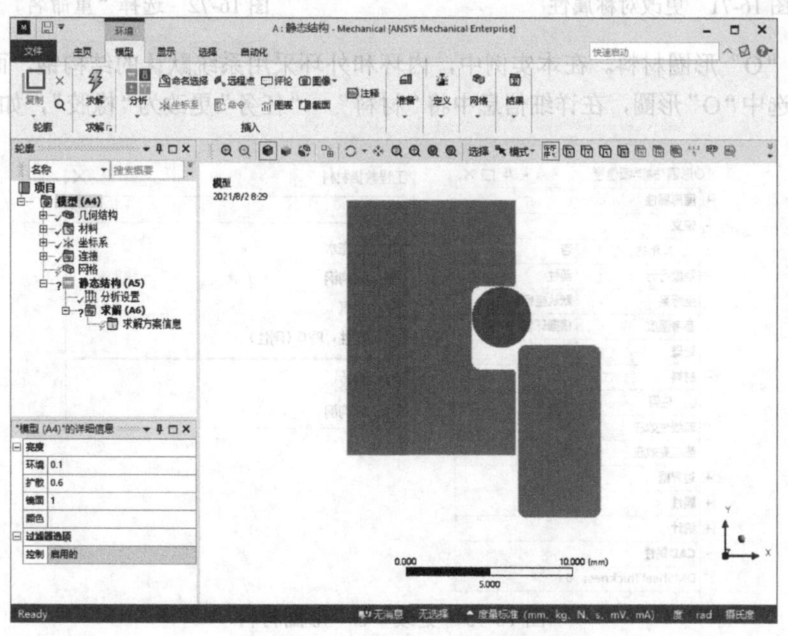

图 16-70　Mechanical 应用程序

02 单击树形目录中的“几何结构”分支，在详细信息中找到“2D 行为”栏，将其属性更改为“轴对称”，如图 16-71 所示。

03 更改几何体名称。分别右击树形目录中“几何结构”下的“表面几何体”分支，在弹出的快捷菜单中选择“重命名”命令，如图 16-72 所示，将 3 个模型的名称改为内环、“O”形圈和外环。

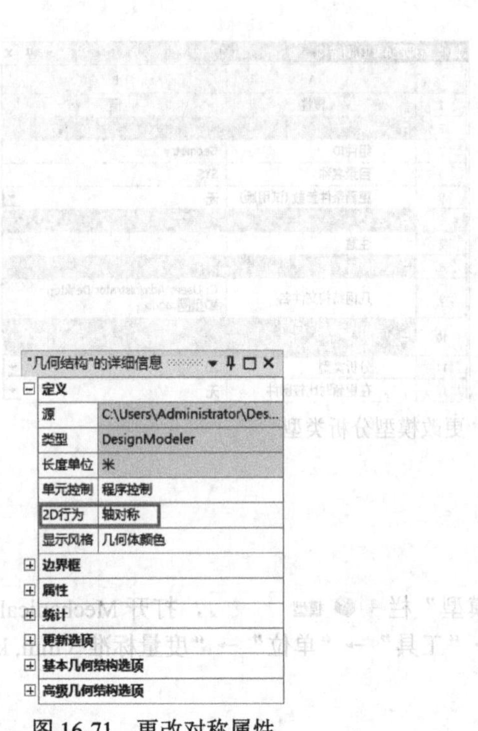

图 16-71　更改对称属性

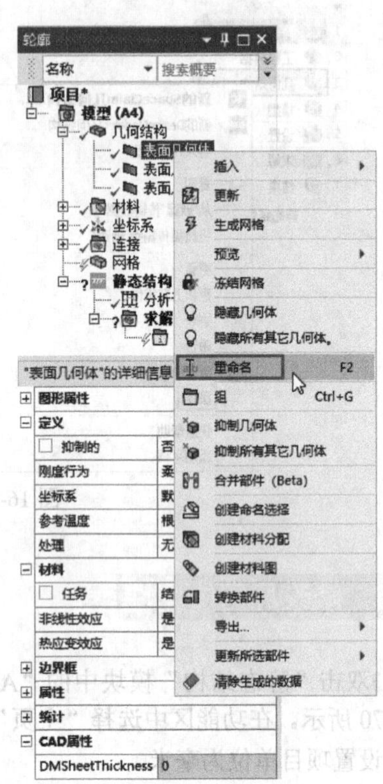

图 16-72　选择“重命名”命令

04 更改“O”形圈材料。在本实例中，内环和外环采用系统默认的结构钢，而“O”形圈采用橡胶材料。选中“O”形圈，在详细信息中将“材料”→“任务”更改为“橡胶”，如图 16-73 所示。

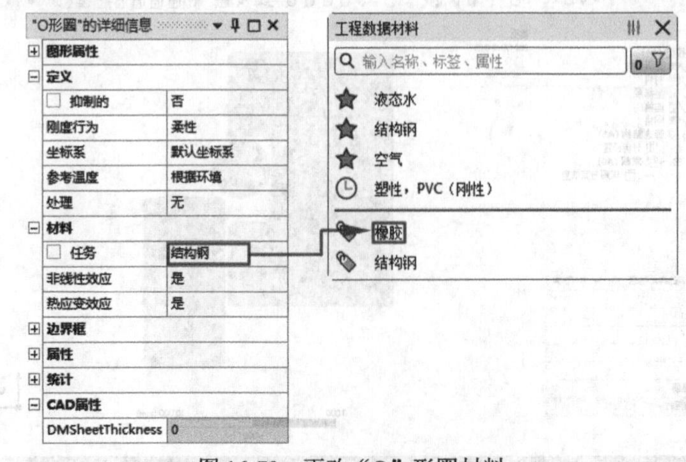

图 16-73　更改“O”形圈材料

16.5.7　添加接触

01 设定内环和“O”形圈之间的接触。展开树形目录中的“连接”→“接触”分支，可以看到系统会默认加上接触，如图 16-74 所示。需要重新定义内环和“O”形圈之间的接触。选择详细信息中的“接触几何体”栏，在工具栏中单击“线”按钮，在绘图区域中选择“O”形圈的外环线，单击详细信息中的“应用”按钮 应用 。选择详细信息中的“目标几何体”栏，在绘图区域中选择内环的 7 条边，如图 16-75 所示，单击详细信息中的“应用”按钮 应用 。

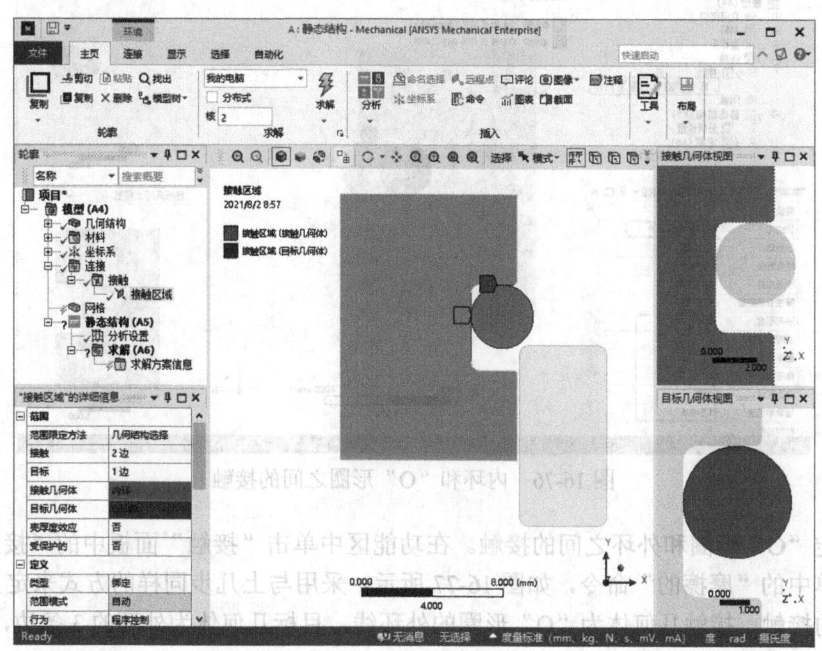

图 16-74　默认接触

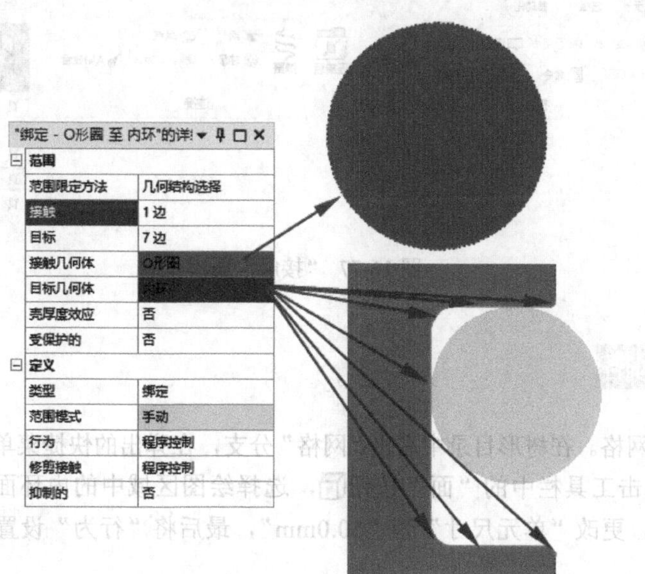

图 16-75　选择边

(02)设置接触类型为摩擦接触，摩擦因数为“0.05”。在详细信息中单击“类型”栏，更改接触类型为“摩擦的”，并将“摩擦系数”设置为“0.05”，更改“行为”为“不对称”。

(03)更改高级选项。单击“高级”→“公式化”栏，将其更改为“广义拉格朗日法”，更改“法向刚度”为“因数”，设置“法向刚度因数”为“0.1”，将“更新刚度”设置为“每次迭代”，将“搜索区域”设置为“半径”并且设置半径值为“1.5mm”，如图 16-76 所示。

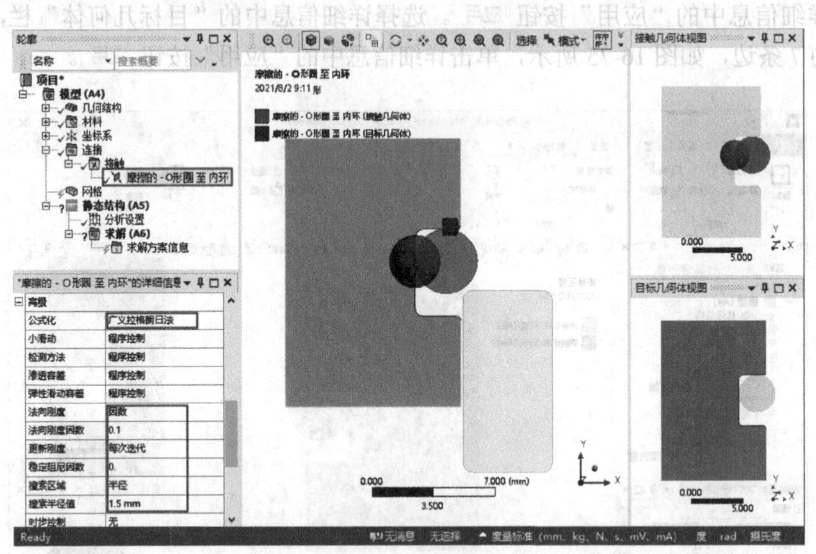

图 16-76　内环和“O”形圈之间的接触

(04)设定“O”形圈和外环之间的接触。在功能区中单击“接触”面板中的“接触”按钮。选择下拉菜单中的“摩擦的”命令，如图 16-77 所示。采用与上几步同样的方式来定义“O”形圈和外环之间的接触。接触几何体为“O”形圈的外环线，目标几何体为外环的 3 条边，详细信息的设置如图 16-78 所示。

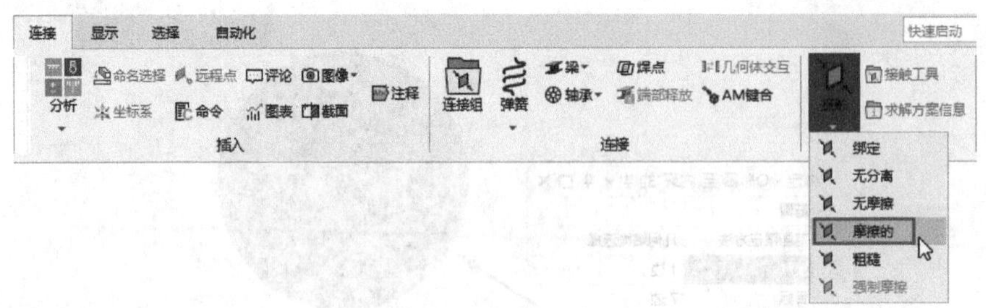

图 16-77　“接触”面板

16.5.8　划分网格

(01)设置内环网格。在树形目录中右击“网格”分支，在弹出的快捷菜单中选择“插入”→“尺寸调整”命令，单击工具栏中的“面”按钮，选择绘图区域中的内环面，单击详细信息中的“应用”按钮 应用，更改“单元尺寸”为“50.0mm”，最后将“行为”设置为“硬”，如图 16-79 所示。

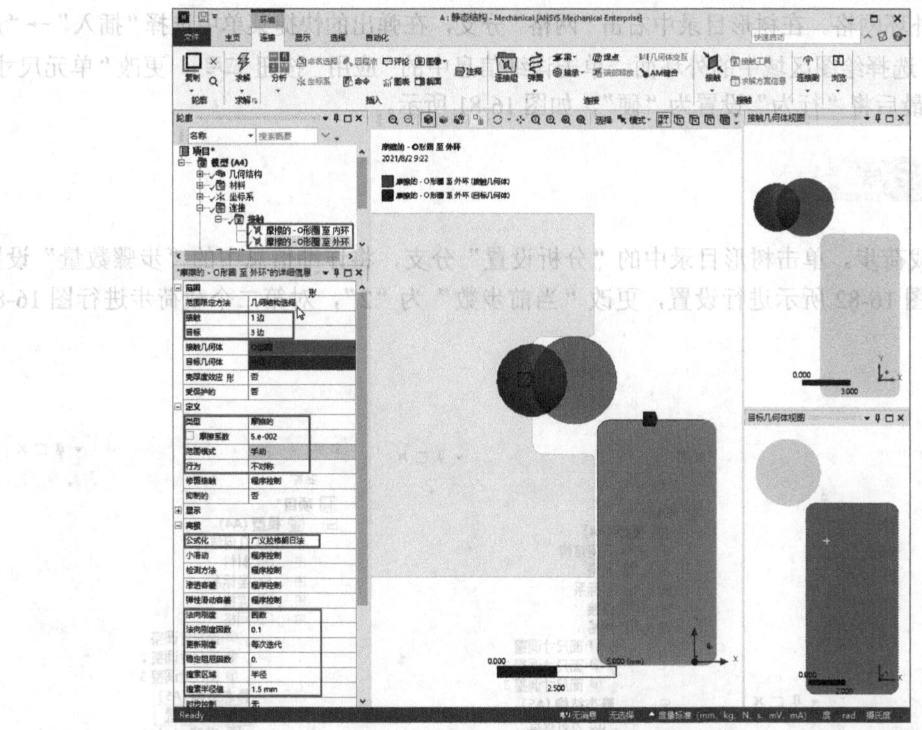

图 16-78 “O”形圈和外环之间的接触

02 设置“O”形圈网格。在树形目录中右击“网格”分支，在弹出的快捷菜单中选择“插入”→“尺寸调整”命令，选择绘图区域中的“O”形圈，单击详细信息中的“应用”按钮 应用，更改“单元尺寸”为“0.2mm”，最后将“行为”设置为“柔软”，如图 16-80 所示。

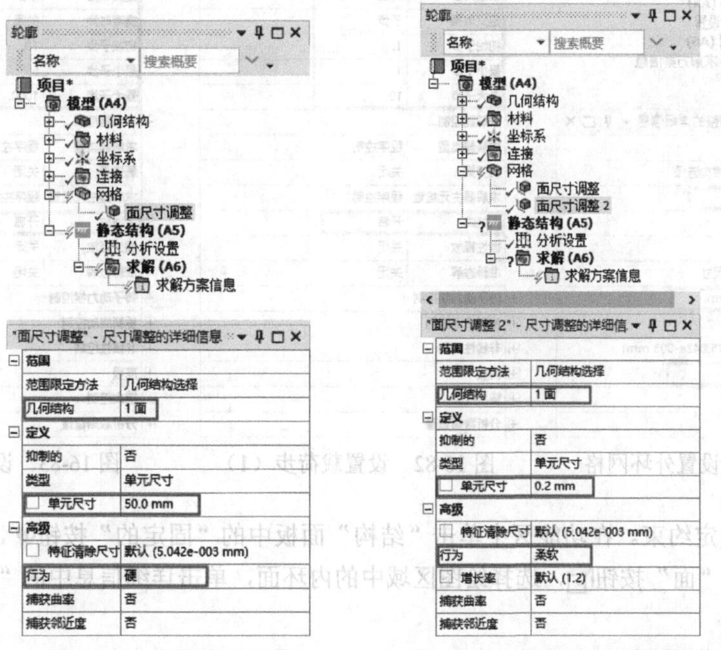

图 16-79 设置内环网格　　图 16-80 设置“O”形圈网格

03 设置外环网格。在树形目录中右击“网格”分支，在弹出的快捷菜单中选择“插入”→“尺寸调整”命令，选择绘图区域中的外环面，单击详细信息中的“应用”按钮 应用 ，更改“单元尺寸”为“0.5mm”，最后将“行为”设置为“硬”，如图 16-81 所示。

16.5.9 分析设置

01 设置载荷步。单击树形目录中的“分析设置”分支，将详细信息中的“步骤数量”设置为“2”，根据图 16-82 所示进行设置，更改“当前步数”为“2”，对第二个载荷步进行图 16-83 的设置。

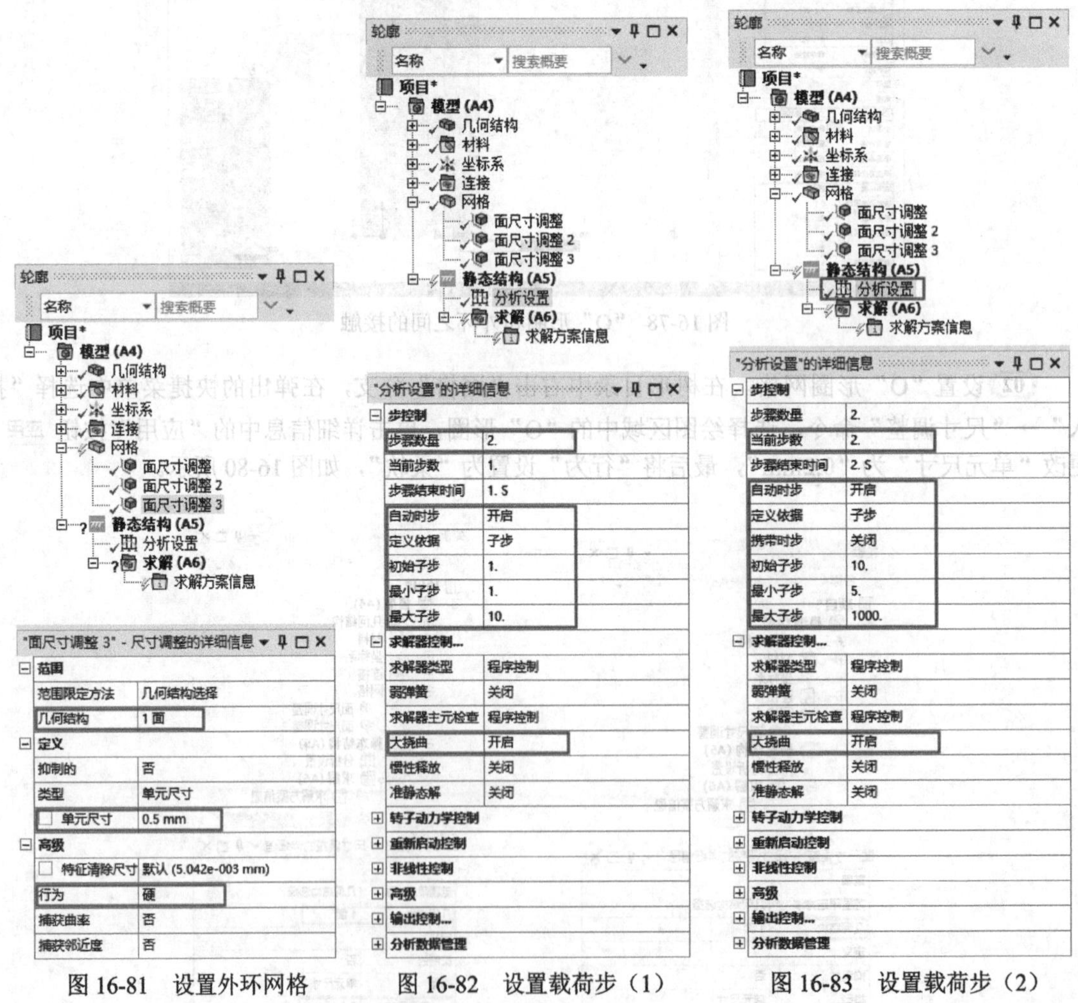

图 16-81 设置外环网格　　图 16-82 设置载荷步（1）　　图 16-83 设置载荷步（2）

02 施加固定约束。在功能区中单击“结构”面板中的“固定的”按钮，如图 16-84 所示。单击工具栏中的“面”按钮，选择绘图区域中的内环面，单击详细信息中的“应用”按钮 应用 ，如图 16-85 所示。

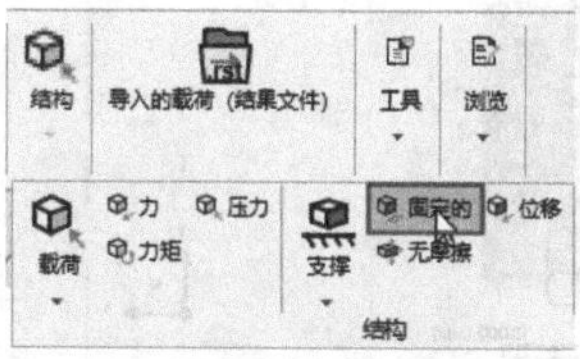

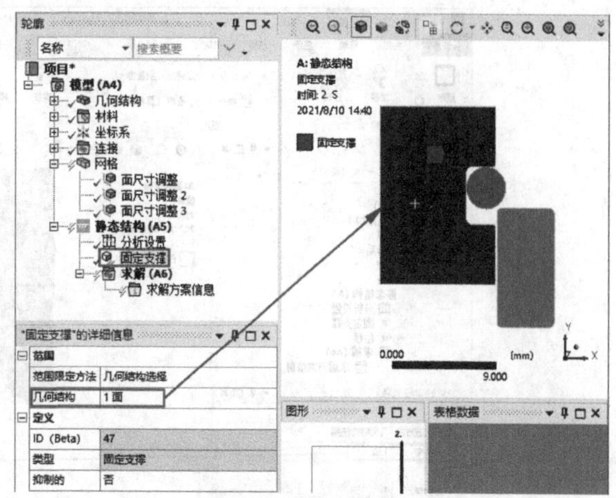

图 16-84　单击“固定的”按钮

图 16-85　施加固定约束

03 施加位移约束。在功能区中单击“结构”面板中的“位移”按钮，单击工具栏中的“线”按钮，选择绘图区域中的外环面的最底端，单击详细信息中的“应用”按钮 应用，更改 *X* 轴方向的位移约束为“0mm（斜坡）”，设置“Y 分量”为“表格”，如图 16-86 所示。在绘图区域的右下方更改表格数据，这里将第 3 行 Y 向的值更改为“5”，如图 16-87 所示。这时在“表格数据”窗格左边的“图形”窗格中将显示位移的矢量图。

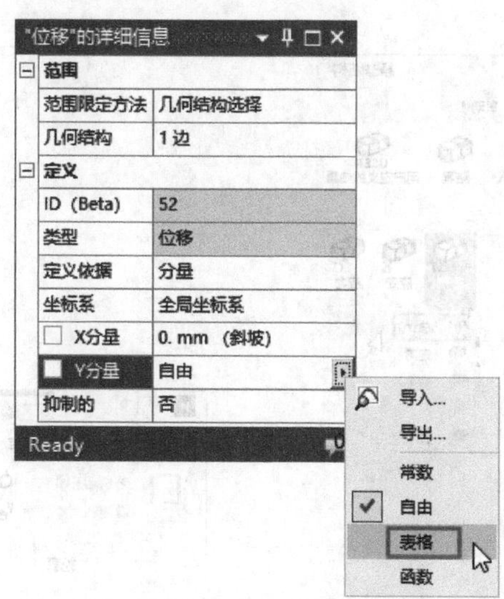

图 16-86　施加位移约束

16.5.10　求解

01 添加总体位移求解。单击树形目录中的“求解（A6）”分支，此时功能区中的“环境”标签显示为“求解”功能区。在功能区中单击“结果”面板中的“变形”按钮，在弹出的下拉菜单中选择“总计”命令，如图 16-88 所示，添加总体位移求解。

02 求解模型。单击“主页”功能区→“求解”面板中的“求解”按钮，进行求解，如图 16-89 所示。

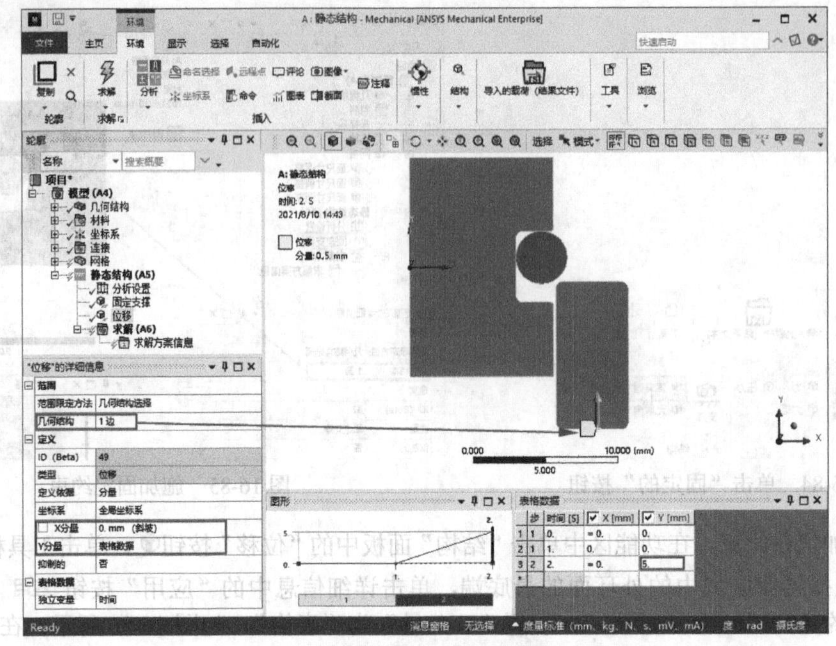

图 16-87　更改表格数据

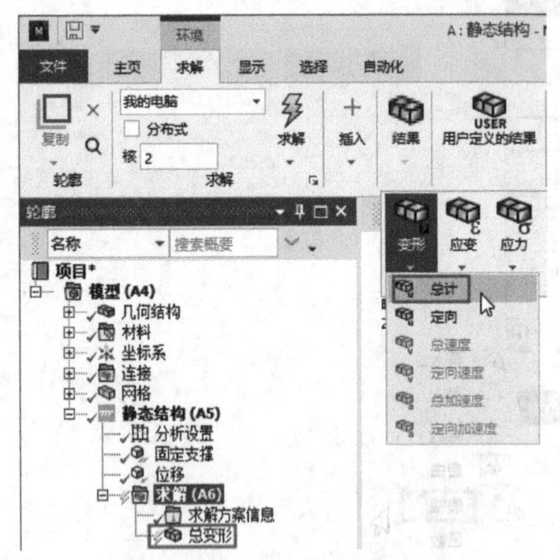

图 16-88　添加总体位移求解

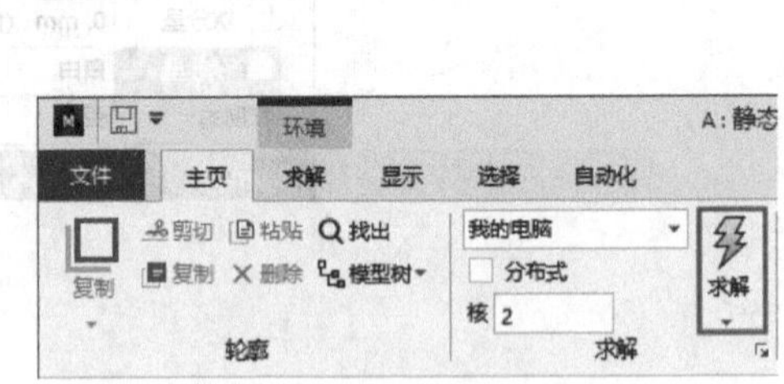

图 16-89　单击“求解”按钮

16.5.11　查看求解结果

01 查看收敛力。单击树形目录中的“求解方案信息”分支，将详细信息中的“求解方案输出”更改为“力收敛”。这时可以在绘图区域中看到求解的收敛力，如图 16-90 所示。

02 查看总体变形图。单击树形目录中的“总变形”分支，可以在绘图区域中查看总体变形图，可以看到最大位移和最小位移，单击“图形”窗格中的播放按钮，还可以查看动态显示的位移变形情况，如图 16-91 所示。

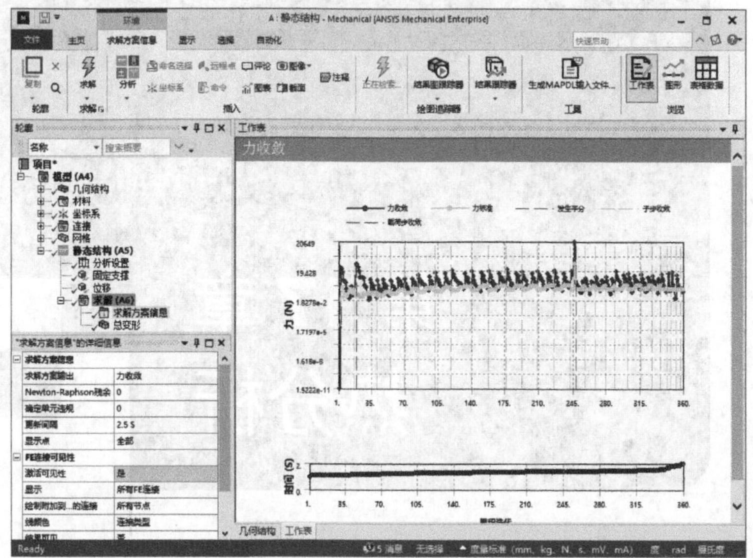

图 16-90　查看收敛力

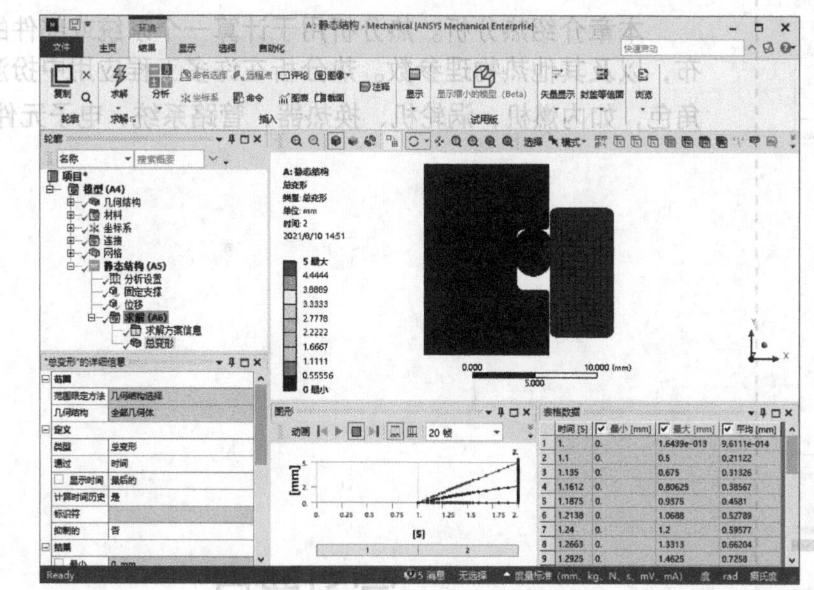

图 16-91　查看总体变形图

第 17 章 热分析

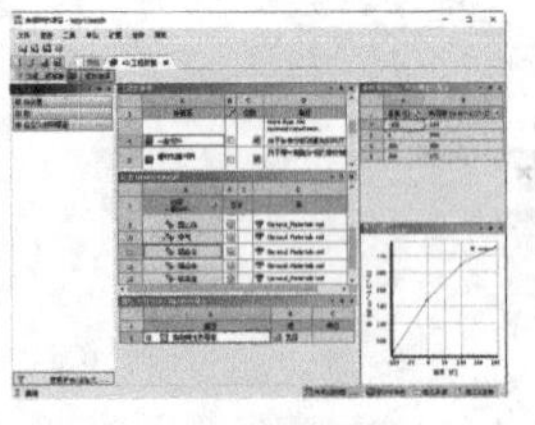

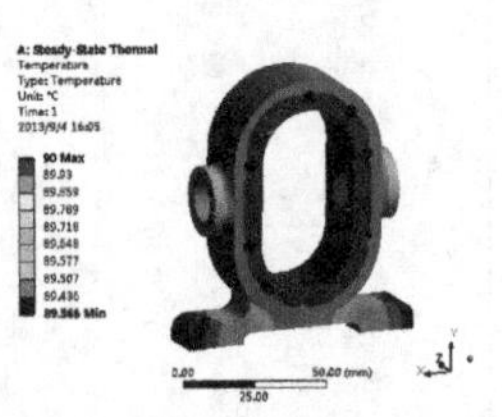

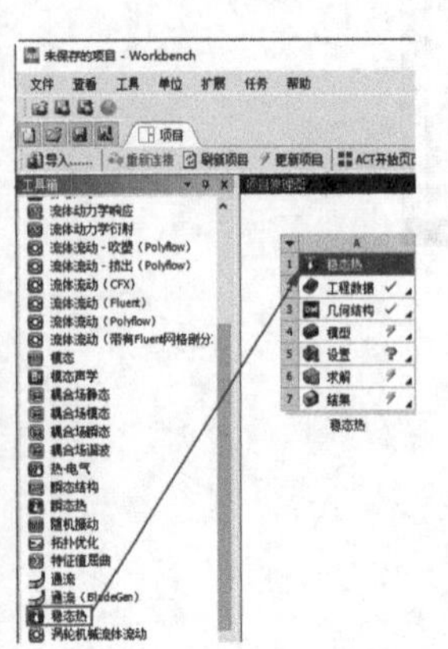

本章介绍热分析。热分析用于计算一个系统或部件的温度分布，以及其他热物理参数。热分析在许多工程应用中扮演着重要角色，如内燃机、涡轮机、换热器、管路系统、电子元件等。

学习要点

- 热分析模型
- 装配体
- 热环境功能区
- 求解选项
- 结果和后处理
- 热分析实例

17.1 热分析模型

在 ANSYS Workbench 2021 R1 的 Mechanical 应用程序中热分析模型与其他模型有所不同。

在热分析中，对于一个稳态热分析的模拟，温度矩阵 $\{\boldsymbol{T}\}$ 通过下面的矩阵方程解得：

$$[K(T)]\{\boldsymbol{T}\}=\{Q(T)\}$$

假设在稳态分析中不考虑瞬态影响，$[K]$ 可以是一个常量或是温度的函数，$\{Q\}$ 可以是一个常量或是温度的函数。

上述方程基于傅立叶定律：固体内部的热流是 $[K]$ 的基础；热通量、热流率及对流在 $\{Q\}$ 中为边界条件；对流被处理成边界条件，虽然对流换热系数可能与温度相关。

17.1.1 几何模型

在热分析中，所有的实体类都被约束，包括体、面、线。对于线实体的截面和轴向在 DesignModeler 中的定义，热分析里不可以使用点质量的特性。

关于壳体和线体的假设如下。

- 壳体：没有厚度方向上的温度梯度。
- 线体：同样在厚度方向上没有温度梯度。但是假设线体的截面上有一个温度常量，则在线体的轴向上会有温度变化。

17.1.2 材料属性

在稳态热分析中唯一需要的材料属性是导热性，即需定义导热系数。材料属性如图 17-1 所示。另外，还需注意以下两点。

- 导热性是在工程数据中输入的。
- 与温度相关的导热性以表格形式输入。

若存在任何与温度相关的材料属性，将导致非线性求解。

17.2 装配体

热分析的装配体要考虑组件间的实体接触、导热率和接触的方式（如点焊）等。

17.2.1 实体接触

在装配体中需要考虑实体接触，此时为确保部件间的热传导，实体间的接触区域将被自动创建，如图 17-2 所示。当然，不同的接触类型将会决定热量是否会在接触面和目标面间传导，总结如表 17-1 所示。

如果部件初始就已经接触，那么会发生热传导。如果部件初始就没有接触，那么不会发生热传导。

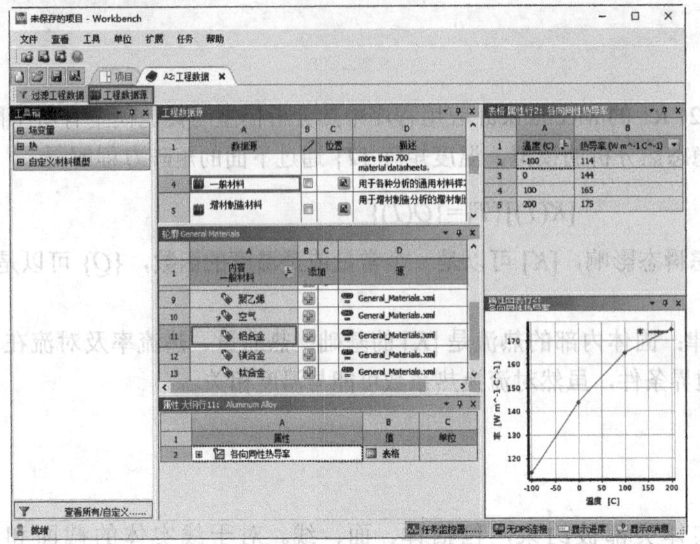

图 17-1　材料属性

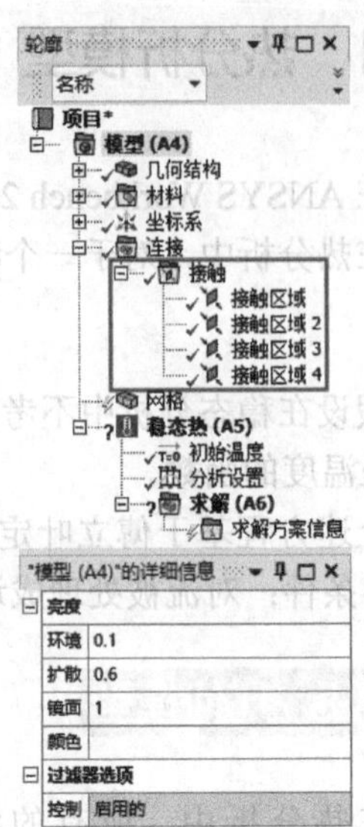

图 17-2　实体接触

表 17-1　不同实体接触类型的热传导总结

接触类型	接触区内部件间的热传导		
	起始接触	搜索区内	搜索区外
绑定	√	√	×
不分离	√	√	×
粗糙	√	×	×
无摩擦	√	×	×
有摩擦	√	×	×

17.2.2　导热率

默认情况下，假设部件间是完美的热接触传导，这意味着接触界面上不会发生温度降低。实际情况下，有些条件削弱了完美的热接触传导，这些条件包括：表面光滑度、表面粗糙度、氧化物、包埋液、接触压力、表面温度及导电脂等。

实际上，穿过接触界面的热流速由接触热通量 q 决定：

$$q=\text{TCC}\cdot(T_{target}-T_{contact})$$

式中，$T_{contact}$ 是一个接触节点上的温度，T_{target} 是对应目标节点上的温度。

默认情况下，基于模型中定义的最大材料导热性（KXX）和整个几何边界框的对角线（ASMDIAG），热接触传导（TCC）被赋予一个相对较大的值：

$$\text{TCC}=\text{KXX}\cdot 10000/\text{ASMDIAG}$$

这实际上为部件间提供了一个完美的接触传导。

在 ANSYS Professional 或更高版本中，用户可以为纯罚函数和增广拉格朗日方程定义一个有限 TCC。在细节窗口为每个接触域指定 TCC 输入值。如果已知接触热阻，那么用它的相反数除以接触面积就可得到 TCC 值。

17.2.3 点焊

点焊提供了离散的热传导点。点焊在 CAD 软件（目前只有 DesignModeler 和 Unigraphics 可用）中进行定义。

17.3 热环境功能区

在 ANSYS Workbench 2021 R1 中添加热载荷是通过功能区中的命令进行的。热环境功能区如图 17-3 所示。

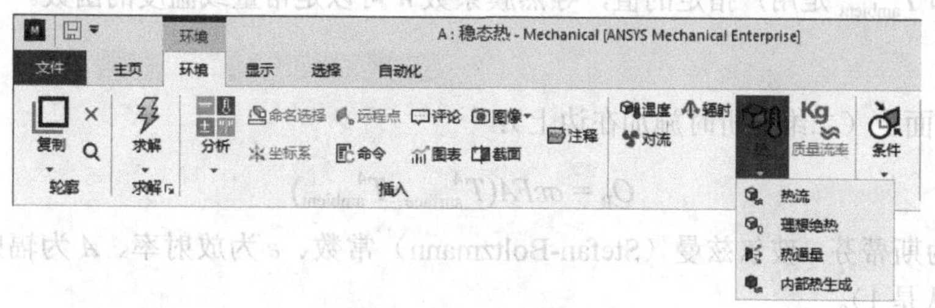

图 17-3 热环境功能区

17.3.1 热载荷

热载荷包括热流量、热通量及热生成等。

1. **热流量**

- 热流量可以施加在点、边或面上，它分布在多个选择域上。
- 热流量的单位是能量比上时间。

2. **完全绝热（热流量为 0）**

- 可以删除原来面上施加的边界条件。

3. **热通量**

- 热通量只能施加在面上（二维情况下只能施加在边上）。
- 热通量的单位是能量比时间再除以面积。

4. **热生成**

- 内部热生成只能施加在实体上。
- 热生成的单位是能量比时间再除以体积。

正的热载荷会增加系统的能量。

17.3.2 热边界条件

在 Mechanical 中有 3 种形式的热边界条件，分别为温度、对流、辐射。在分析时，至少应存在一种类型的热边界条件；否则，如果热量源源不断地输入系统中，稳态时的温度将会达到无穷大。

另外，分析时给定的温度或对流载荷不能施加到已施加了某种热载荷或热边界条件的表面上。

1. 温度

- 给点、边、面或体上指定一个温度。
- 温度是需要求解的自由度。

2. 对流

- 只能施加在面上（二维分析时只能施加在边上）。
- 对流 q 由导热膜系数 h、面积 A、表面温度 $T_{surface}$ 与环境温度 $T_{ambient}$ 的差值定义：

$$q = hA(T_{surface} - T_{ambient})$$

式中，h 和 $T_{ambient}$ 是用户指定的值，导热膜系数 h 可以是常量或温度的函数。

3. 辐射

- 施加在面上（二维分析时施加在边上）：

$$Q_R = \sigma\varepsilon FA(T^4_{surface} - T^4_{ambient})$$

式中，σ 为斯蒂芬 - 玻尔兹曼（Stefan-Boltzmann）常数、ε 为放射率、A 为辐射面面积、F 为形状系数（默认是 1）。

- 只针对环境辐射，不存在于面与面之间（形状系数假设为 1）。
- 斯蒂芬 - 玻尔兹曼常数自动由工作单位制系统确定。

17.4 求解选项

插入“稳态热”模块，在项目管理界面中建立一个“稳态热”分析结构，在 Mechanical 里，可以使用“分析设置”为热分析设置求解选项，如图 17-4 所示。

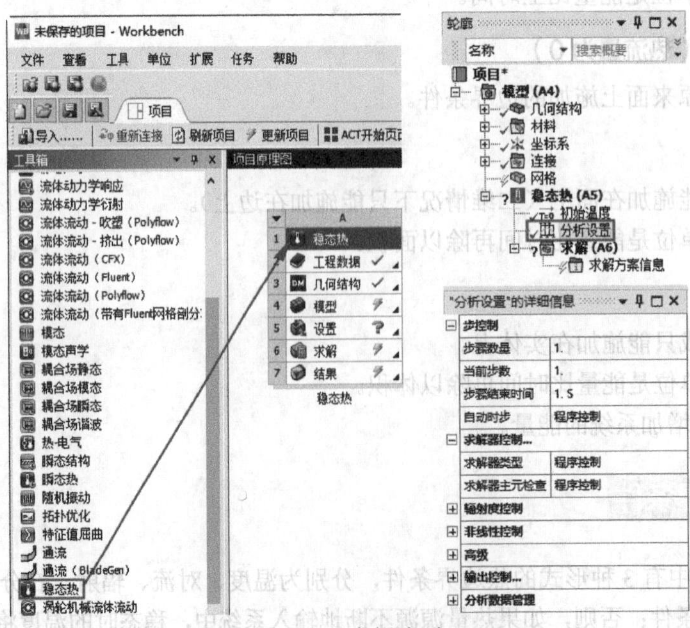

图 17-4 求解选项

为了实现热应力求解，需要在求解时把结构分析关联到热模型上。在“静态结构”中插入一个“导入的几何体温度”分支，并同时导入施加的结构载荷和约束，如图 17-5 所示。

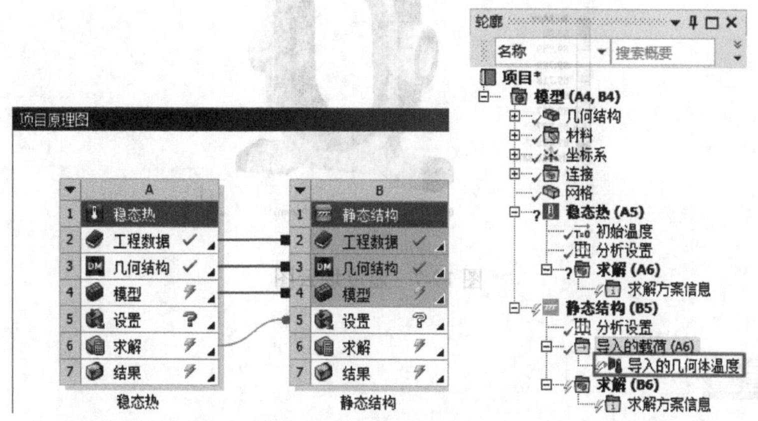

图 17-5　热应力求解

17.5　结果和后处理

后处理可以处理各种结果，包括温度、热通量、反作用的热流量和用户自定义结果，如图 17-6 所示，此处只对最常用的温度和热通量做简单介绍。

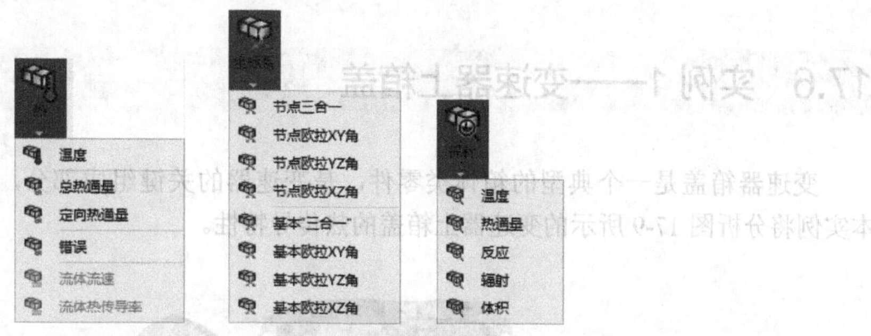

图 17-6　后处理结果

模拟时，结果通常在求解前指定，但也可以在求解结束后指定。搜索模型求解结果不需要再进行一次模型的求解。

17.5.1　温度

在热分析中，温度是求解的自由度，是标量，没有方向，其显示温度场云图，如图 17-7 所示。

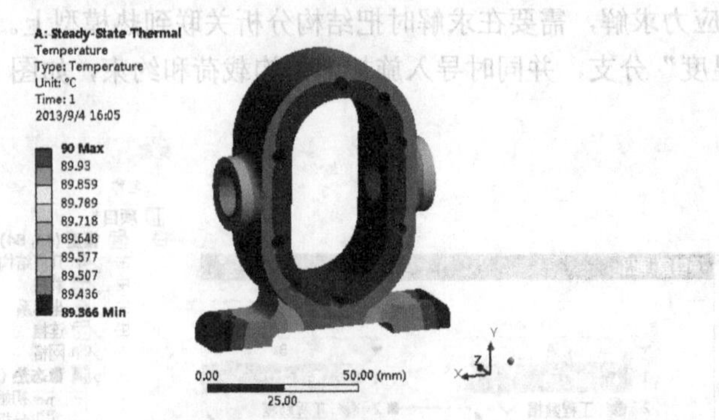

图 17-7　温度场云图

17.5.2　热通量

可以得到热通量的等高线或矢量图，如图 17-8 所示，热通量 q 定义为：

$$q = -\mathrm{KXX} \cdot \Delta T$$

式中，KXX 为导热系数，ΔT 为温度梯度。

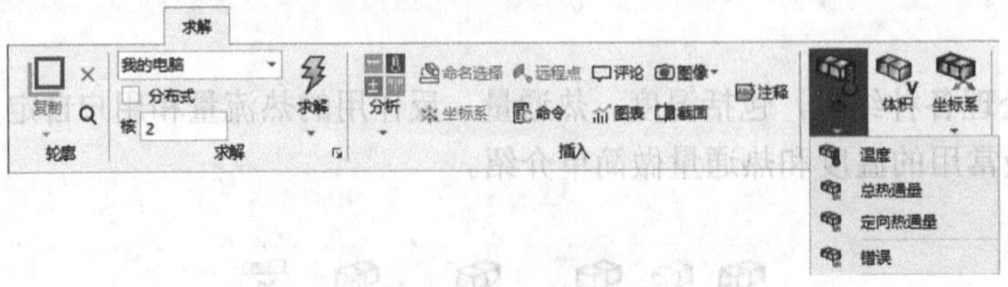

图 17-8　热通量

可以指定“总热通量”和“定向热通量”，激活矢量显示模式可以显示热通量的大小和方向。

17.6　实例 1——变速器上箱盖

变速器箱盖是一个典型的箱体类零件，是变速器的关键组成部分，用于保护箱体内的零件。本实例将分析图 17-9 所示的变速器上箱盖的热传导特性。

图 17-9　变速器上箱盖

17.6.1 问题描述

在本例中，进行的是变速器上箱盖的热分析。假设箱体材料为灰铸铁，箱体的接触区域温度为 60℃，箱体的内表面承受 90℃的流体，而箱体的外表面则用一个对流关系简化停滞空气模拟，温度为 20℃。

17.6.2 项目原理图

01 打开 ANSYS Workbench 2021 R1 工作界面，展开左边的分析系统工具箱，将工具箱里的“稳态热”模块直接拖动到项目管理界面中或直接在其上双击，建立一个含有“稳态热”的项目模块，结果如图 17-10 所示。

02 设置项目单位。选择“单位”→“度量标准（kg, m, s, ℃ , A, N, V）”命令，选择“用项目单位显示值”命令，如图 17-11 所示。

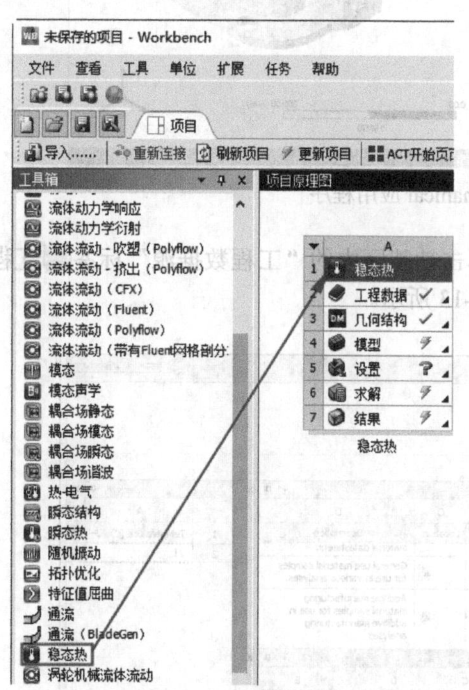

图 17-10 添加“稳态热”模块

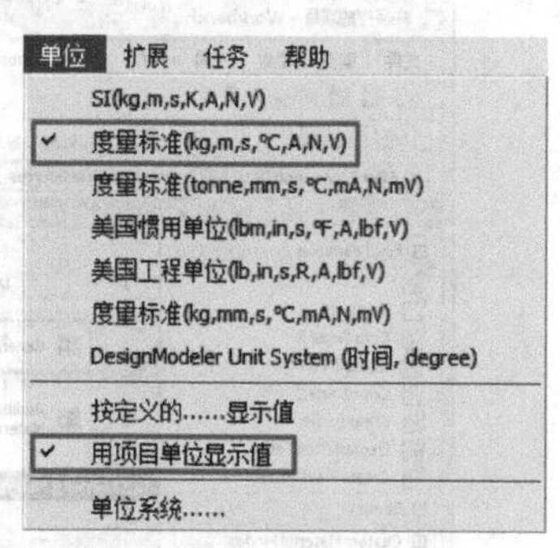

图 17-11 设置项目单位

03 导入模型。右击“A3 几何结构”栏 3 几何结构 ?，弹出快捷菜单，选择“导入几何模型”→“浏览”命令，打开“打开”对话框，打开随书资源中的“上盖 .igs”。

04 双击“A4 模型”栏 4 模型，启动 Mechanical 应用程序，如图 17-12 所示。

17.6.3 前处理

01 设置单位系统。在功能区中选择“主页”→“工具”→“单位”→“度量标准（mm, kg, N, s, mV, mA）”，设置单位为毫米。

02 为部件选择一个合适的材料。返回到项目管理界面并双击“A2 工程数据”栏

2 工程数据 ✓ ，得到它的材料特性应用。

图 17-12　Mechanical 应用程序

03 在打开的“A2：工程数据”界面中，单击功能区中的“工程数据源”标签 工程数据源，单击其中的“一般材料”使之高亮显示，如图 17-13 所示。

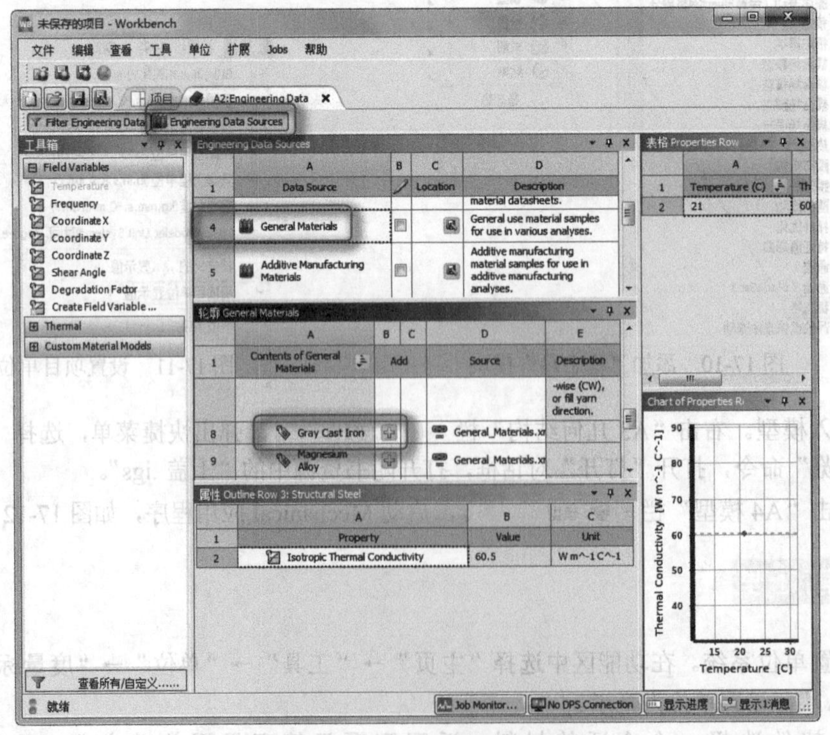

图 17-13　“A2：工程数据”界面

04 单击“轮廓 General Materials”窗格中“灰铸铁”右侧的“添加”按钮，将这个材料添加到当前项目。

05 关闭“A2: 工程数据”界面，返回到项目管理界面中。这时“模型”栏中指出需要进行一次刷新。

06 在“模型”栏上单击鼠标右键，在弹出的快捷菜单中选择“刷新”命令，刷新“模型”栏，如图 17-14 所示。

07 返回到 Mechanical 窗口，在树形目录中单击“几何结构”下的“上盖 -FreeParts”分支，并在详细信息中选择“材料”→“任务”栏，将材料改为“灰铸铁”，如图 17-15 所示。

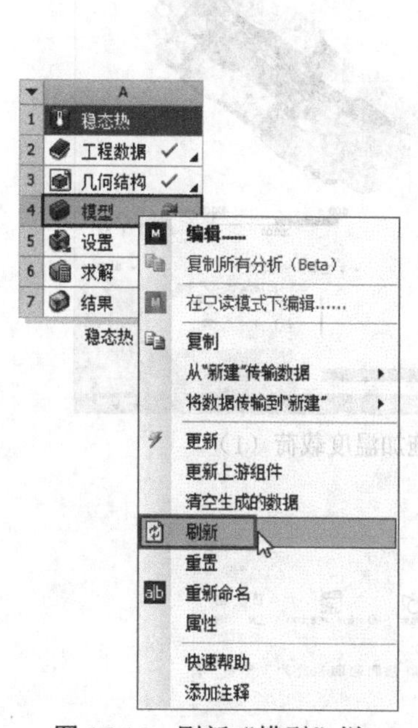

图 17-14 刷新“模型”栏

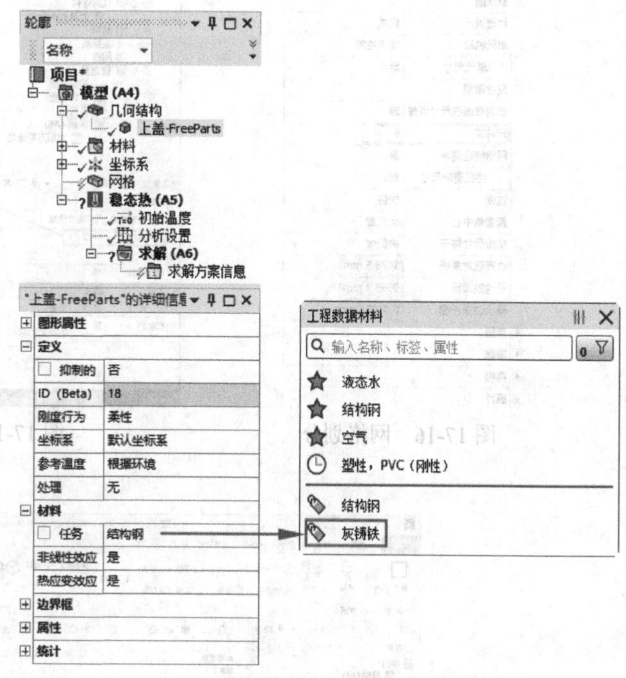

图 17-15 改变材料

08 网格划分。在树形目录中单击“网格”分支，在“网格”的详细信息中将“尺寸调整”中的“分辨率”改为“6”，如图 17-16 所示。

09 施加温度载荷。在树形目录中单击“稳态热（A5)”分支，此时功能区中的“环境”标签显示为“环境”功能区。在功能区中单击“热”面板中的“温度”按钮。

10 选择面。单击图形工具栏中的“面”按钮，选择上盖内表面（此时可先选择一个面，然后选择功能区中的“扩展”→“限值”命令）。

11 选择上盖内表面后单击“温度”的详细信息的“几何结构”栏中的“应用”按钮 应用。此时“几何结构”栏中显示为“14 面”，更改“大小”为“90℃（斜坡)”，如图 17-17 所示。

12 施加温度载荷。在功能区中单击“热”面板中的“温度”按钮，选择上盖接触面，单击“温度 2”的详细信息的“几何结构”栏中的“应用”按钮 应用。此时“几何结构”栏中显示为“8 面”。更改“大小”为“60℃（斜坡)”，如图 17-18 所示。

13 施加对流载荷。在功能区中单击“热”面板中的“对流”按钮，选择上盖外表面。

14 单击“对流”的详细信息的“几何结构”栏中的“应用”按钮 应用。此时“几何结构”栏中显示为“72 面”，如图 17-19 所示。

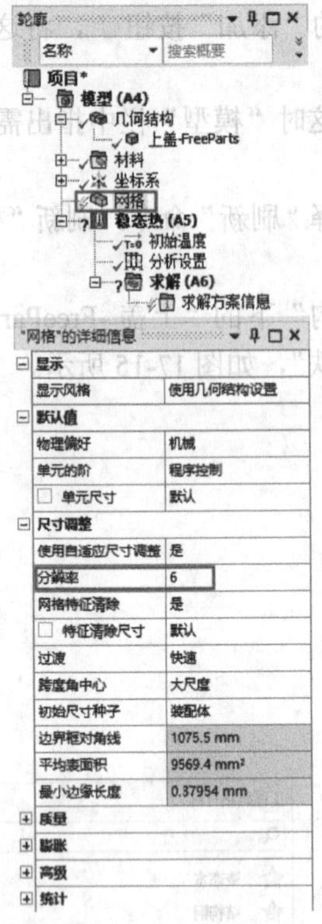

图 17-16　网格划分

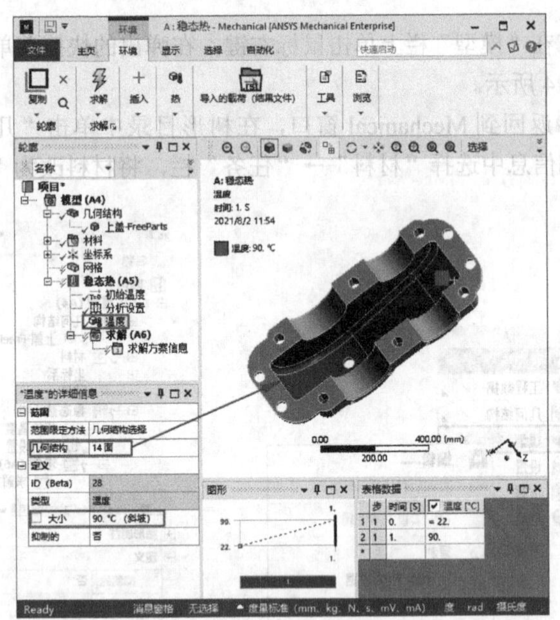

图 17-17　施加温度载荷（1）

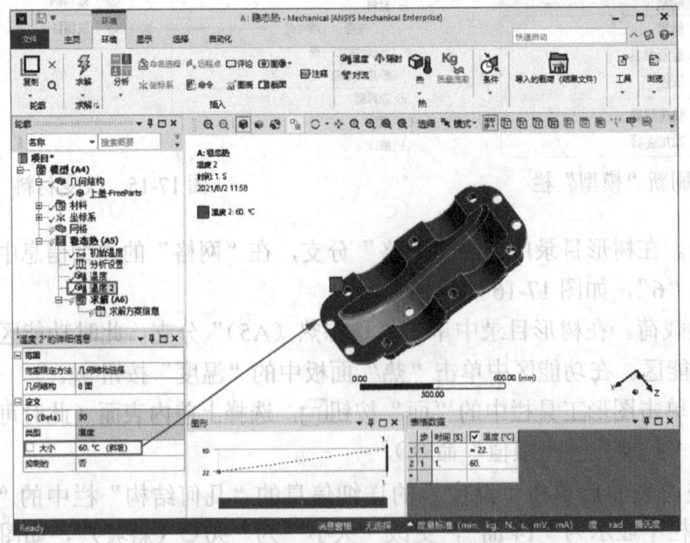

图 17-18　施加温度载荷（2）

⑮单击“薄膜系数”栏中的箭头，在弹出的下拉列表中选择“导入温度相关的 ...”选项，弹出“导入对流数据”对话框。

⑯在“导入对流数据”对话框下方的列表框中选中“Stagnant Air - Simplified Case”单选项，如图 17-20 所示，单击“OK”按钮，关闭对话框。返回到“对流”的详细信息中，将“环境温度”更改为“20℃（斜坡）”。

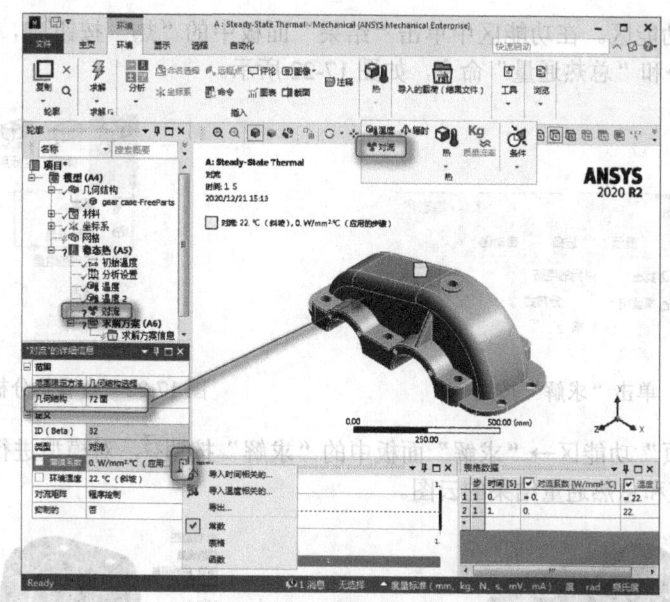

图 17-19 施加对流载荷

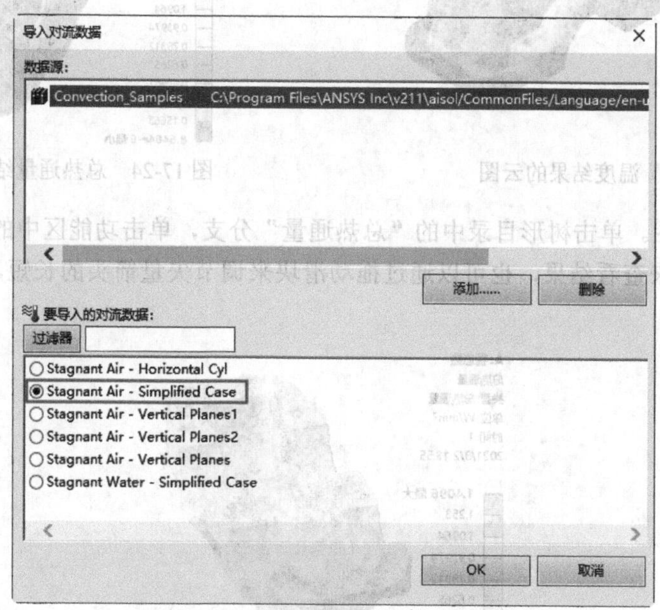

图 17-20 “导入对流数据”对话框

17.6.4 求解

单击“主页”功能区→“求解”面板中的“求解”按钮⚡，如图 17-21 所示，进行模型求解。

17.6.5 结果

(01)查看热分析的结果。在树形目录中单击“求解（A6）”分支，此时功能区中的“环境”标签显示为“求解”功能区。在功能区中单击“结果”面板中的“热”按钮，在弹出的下拉菜单中选择“温度”命令和“总热通量”命令，如图 17-22 所示。

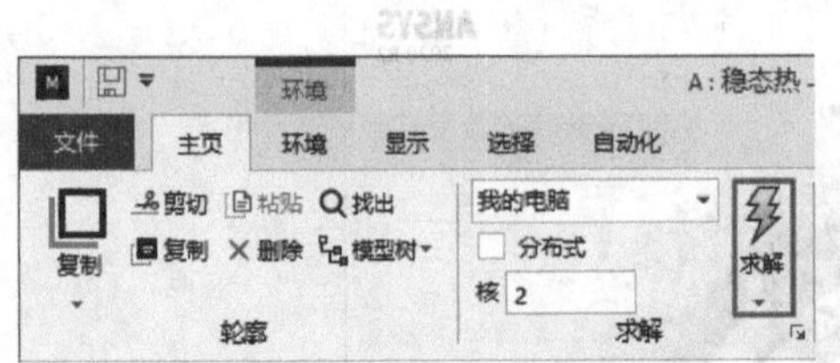

图 17-21　单击“求解”按钮

图 17-22　查看热分析的结果

02 单击“主页”功能区→“求解”面板中的“求解”按钮，对模型进行计算。图 17-23 和图 17-24 所示为温度和总热通量结果的云图。

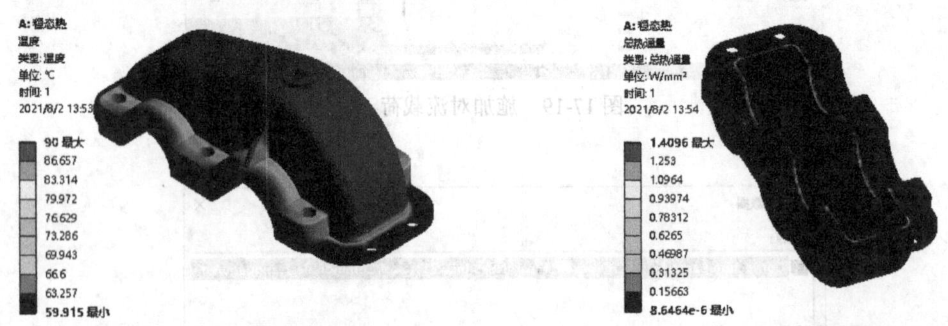

图 17-23　温度结果的云图

图 17-24　总热通量结果的云图

03 查看矢量图。单击树形目录中的“总热通量”分支，单击功能区中的“矢量显示”按钮，可以以矢量图来查看结果，也可以通过拖动滑块来调节矢量箭头的长短，矢量图如图 17-25 所示。

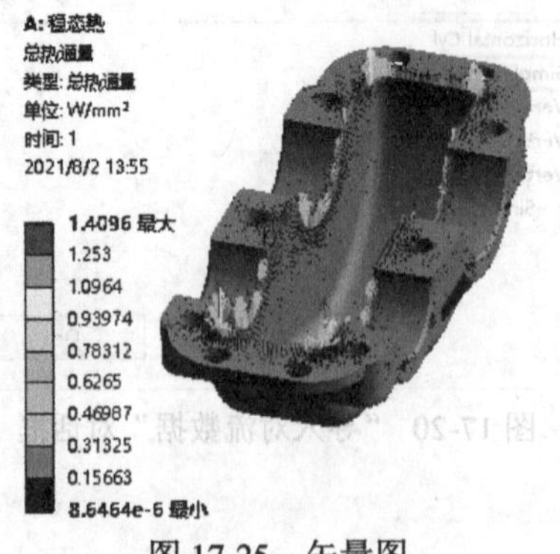

图 17-25　矢量图

17.7　实例 2——齿轮泵基座

齿轮泵基座的热传导特性对其性能有重要影响。降低传热量会增加零件的热应力，导致润滑

图 17-26　齿轮泵基座

油性能降低。因此，研究基座内热传导特性显得非常重要。本实例将分析图 17-26 所示齿轮泵基座的热传导特性。

17.7.1　问题描述

本实例假设环境温度为 22℃，齿轮泵内部温度为 90℃，齿轮泵基座外表面的传热方式为静态空气对流换热。

17.7.2　项目原理图

01 打开 ANSYS Workbench 2021 R1 工作界面，展开左边的分析系统工具箱，将工具箱里的“稳态热”模块直接拖动到项目管理界面中或直接在其上双击，建立一个含有“稳态热”的项目模块，结果如图 17-27 所示。

02 设置项目单位。选择“单位”→“度量标准（kg, m, s, ℃ , A, N, V）”命令，选择“用项目单位显示值”命令，如图 17-28 所示。

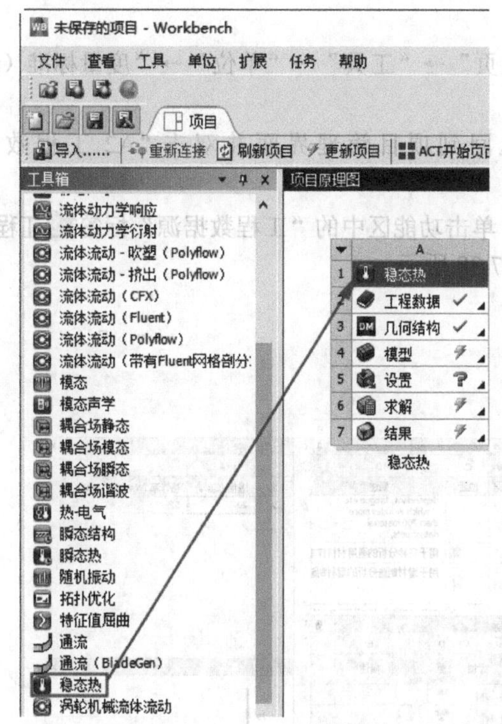

图 17-27　添加“稳态热”模块

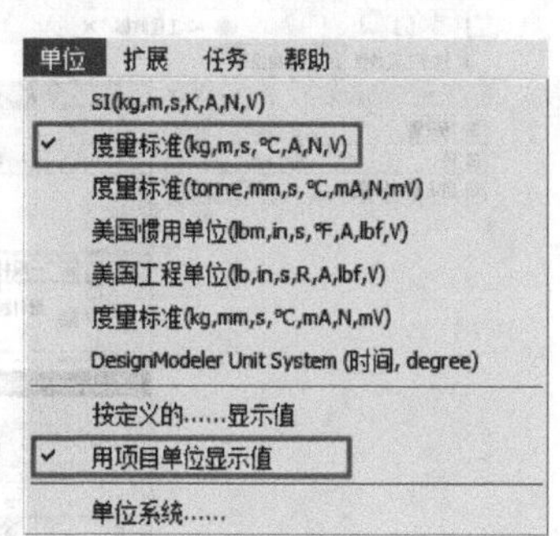

图 17-28　设置项目单位

03 导入模型。右击“A3 几何结构”栏 3 几何结构 ？，弹出快捷菜单，选择“导入几何模型”→“浏览”命令，打开“打开”对话框，打开随书资源中的“齿轮泵 .igs”。

04 双击“A4 模型”栏 4 模型，启动 Mechanical 应用程序，如图 17-29 所示。

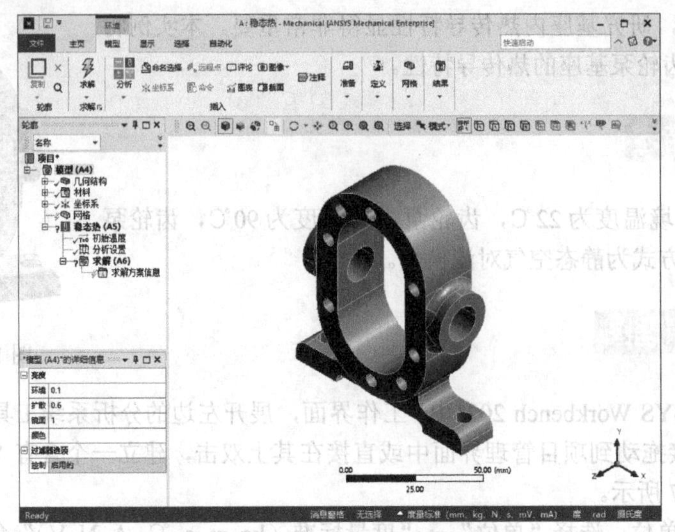

图 17-29 Mechanical 应用程序

17.7.3 前处理

01 设置单位系统。在功能区中选择“主页”→“工具”→“单位”→“度量标准（mm, kg, N, s, mV, mA）”，设置单位为毫米。

02 为部件选择一个合适的材料。返回到项目管理界面并双击“A2 工程数据”栏 2 工程数据 ✓，得到它的材料特性应用。

03 在打开的“A2：工程数据”界面中，单击功能区中的“工程数据源”标签 工程数据源，单击其中的“一般材料”使之高亮显示，如图 7-30 所示。

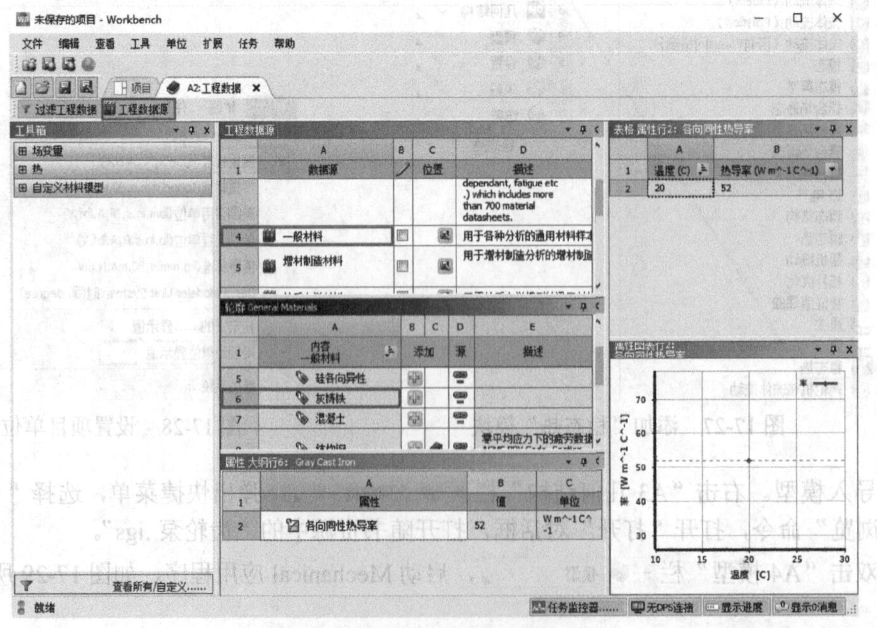

图 17-30 “A2：工程数据”界面

04 单击“轮廓 General Materials”窗格中“灰铸铁”右侧的“添加”按钮，将这个材料添加到当前项目。

05 关闭“A2：工程数据”界面，返回到项目管理界面中。这时“模型”栏中指出需要进行一次刷新。

06 在“模型”栏上单击鼠标右键，在弹出的快捷菜单中选择“刷新”命令，刷新“模型”栏。

07 返回到 Mechanical 窗口，在树形目录中单击“几何结构”下的“齿轮泵 -FreeParts”分支，并在详细信息中选择“材料”→“任务”栏，将材料改为“灰铸铁”，如图 17-31 所示。

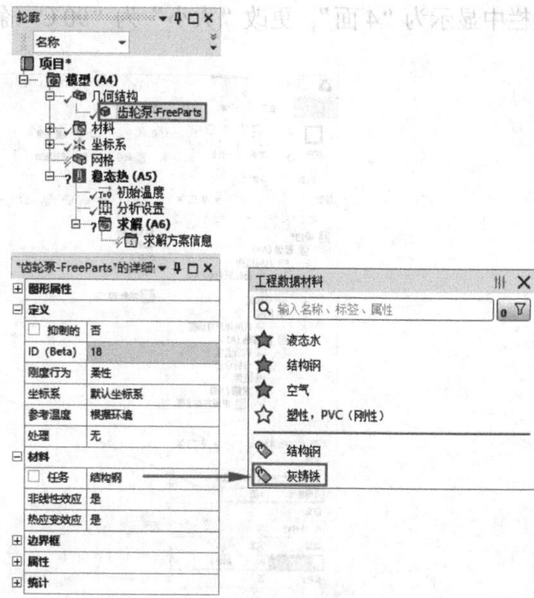

图 17-31 改变材料

08 网格划分。在树形目录中单击“网格”分支，单击鼠标右键，在弹出的快捷菜单中选择“插入”→“尺寸调整”命令，如图 17-32 所示。在“尺寸调整”的详细信息中单击“几何结构”，在绘图区域中选择整个基体，在“尺寸调整”的详细信息中设置“单元尺寸”为“3.0mm”，如图 17-33 所示。

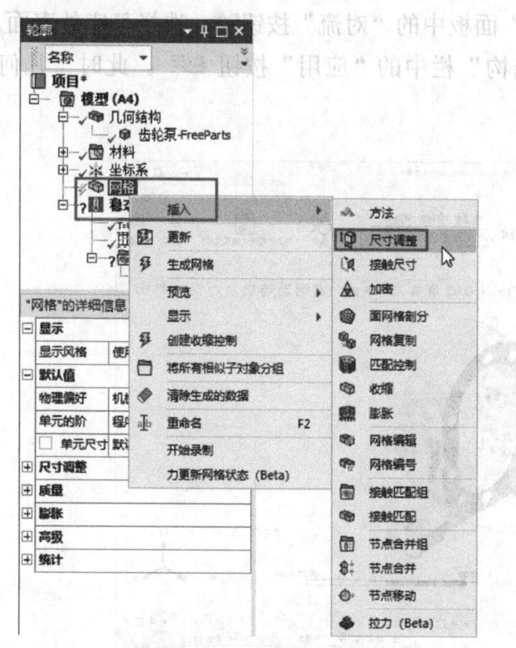

图 17-32 网格划分

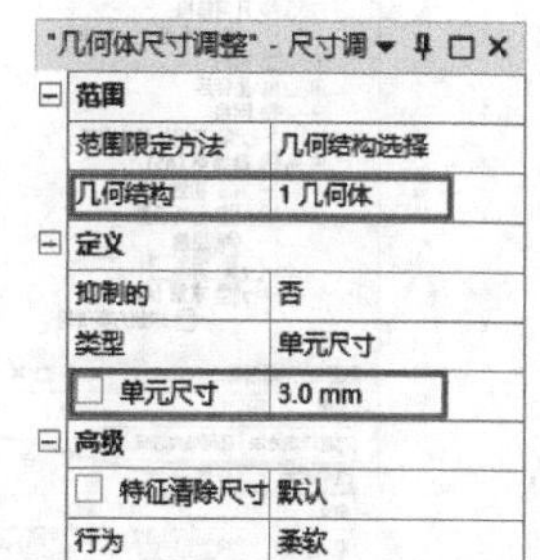

图 17-33 “尺寸调整”的详细信息

09 施加温度载荷。在树形目录中单击“稳态热（A5）”分支，此时功能区中的“环境”标签显示为“环境”功能区，单击其中的“热”→“温度”按钮。

10 选择面。单击图形工具栏中的“面”按钮，选择基座内表面（此时可先选择一个面，然后选择功能区中的“扩展”→“限值”命令）。

11 单击“温度”的详细信息的“几何结构”栏中的“应用”按钮 应用 。此时“几何结构”

栏中显示为“4 面”。更改“大小”为“90℃（斜坡）”，如图 17-34 所示。

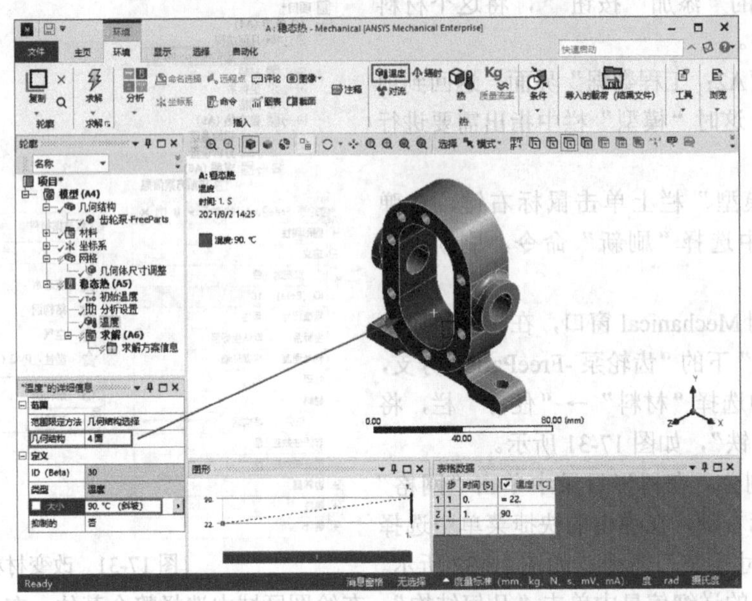

图 17-34　施加温度载荷

⑫施加对流载荷，在功能区中单击“热”面板中的“对流”按钮，选择基座外表面。

⑬单击“对流”的详细信息的“几何结构”栏中的“应用”按钮 应用 。此时“几何结构”栏中显示为“43 面”，如图 17-35 所示。

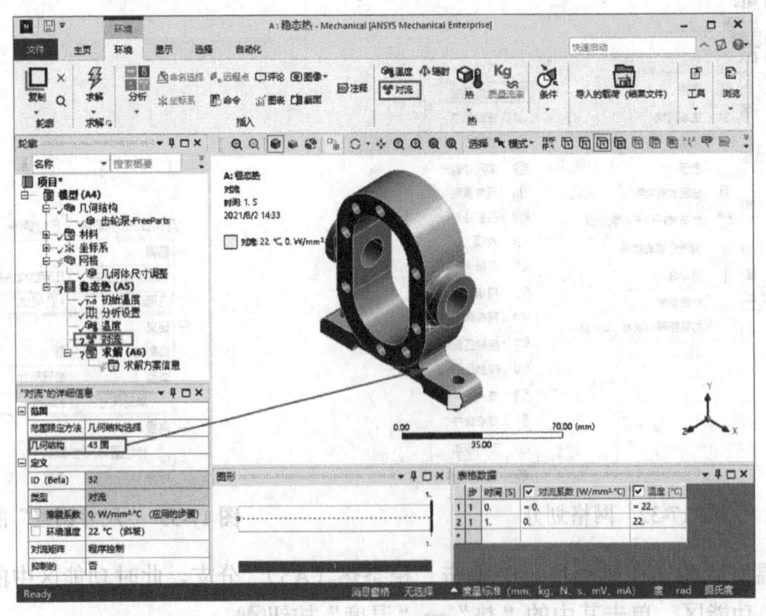

图 17-35　施加对流载荷

⑭在“对流”的详细信息中，单击“薄膜系数”栏中的箭头，在弹出的下拉列表中选择“导入温度相关的...”选项，弹出“导入对流数据”对话框，如图 17-36 所示。

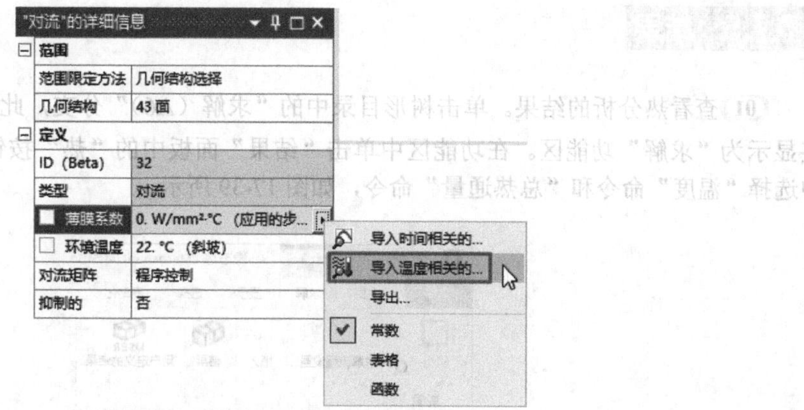

图 17-36　“对流”的详细信息

⑮在“导入对流数据”对话框下方的列表框中选中“Stagnant Air - Simplified Case”单选项，如图 17-37 所示，单击“OK”按钮，关闭对话框。

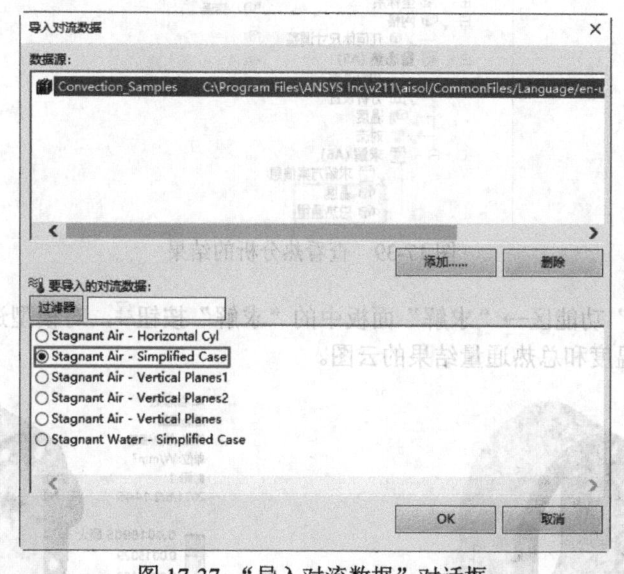

图 17-37　“导入对流数据”对话框

17.7.4　求解

单击“主页”功能区→“求解”面板中的“求解”按钮，如图 17-38 所示，进行求解。

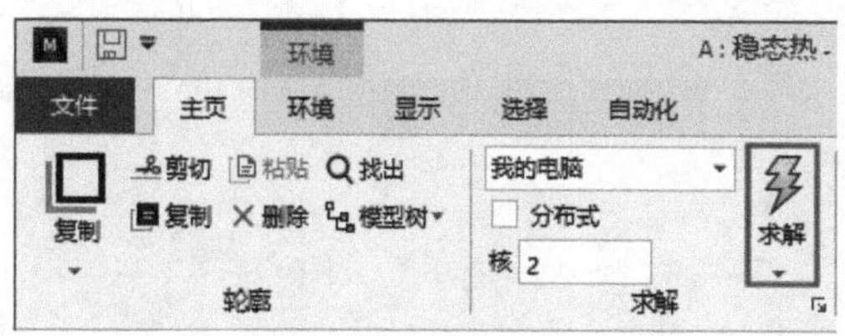

图 17-38　单击“求解”按钮

17.7.5 结果

01 查看热分析的结果。单击树形目录中的“求解（A6）”分支，此时功能区中的“环境”标签显示为“求解”功能区。在功能区中单击“结果”面板中的“热”按钮，在弹出的下拉菜单中选择“温度”命令和“总热通量”命令，如图 17-39 所示。

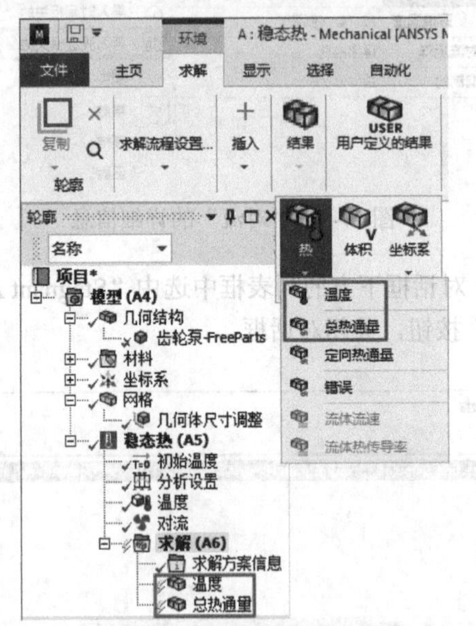

图 17-39　查看热分析的结果

02 单击“主页”功能区→“求解”面板中的“求解”按钮，对模型进行计算。图 17-40 和图 17-41 所示分别为温度和总热通量结果的云图。

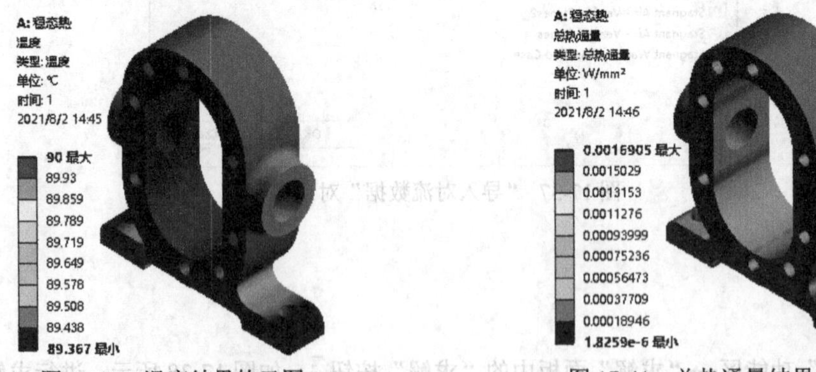

图 17-40　温度结果的云图　　图 17-41　总热通量结果的云图

第 18 章 优化设计

优化设计是一种寻找最优设计方案的技术。本章介绍ANSYS优化设计的全流程，详细讲解各种参数的设置方法与功能，最后通过拓扑优化设计实例对 ANSYS Workbench 2021 R1 优化设计功能进行具体演示。

通过本章的学习，读者可以完整、深入地掌握 ANSYS Workbench 2021 R1 优化设计的各种功能和应用方法。

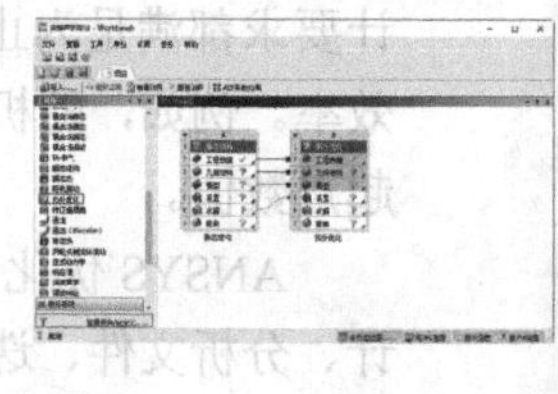

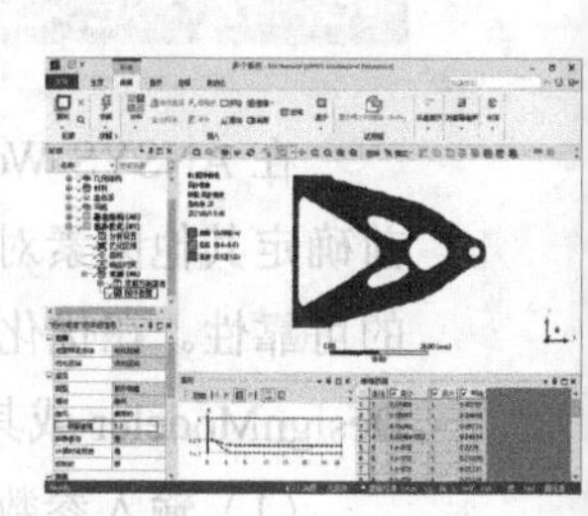

学习要点

- 优化设计概论
- 优化工具
- 优化设计实例

18.1 优化设计概论

“最优设计”指的是方案可以满足所有的设计要求，而且所需的支出（如重量、面积、体积、应力、费用等）最小。最优设计方案也可理解为最有效率的方案。

设计方案的任何方面都是可以优化的，例如尺寸（如厚度）、形状（如过渡圆角的大小）、支撑位置、制造费用、自然频率、材料特性等。实际上，所有可以参数化的 ANSYS 选项均可进行优化设计。

18.1.1 ANSYS 优化方法

ANSYS 提供了两种优化方法，这两种方法可以处理绝大多数的优化问题。零阶方法是一个很完善的处理方法，可以很有效地处理大多数的工程问题。一阶方法基于目标函数对设计变量的敏感程度，因此更加适合精确地优化分析。

对于这两种方法，ANSYS 提供了一系列的“分析—评估—修正”循环过程，就是对初始设计进行分析，对分析结果就设计要求进行评估，然后修正设计。这一循环过程重复进行直到所有的设计要求都满足为止。除了这两种优化方法，ANSYS 还提供了一系列的优化工具以提高优化过程的效率。例如，随机优化分析的迭代次数是可以指定的。随机计算结果的初始值可以作为优化过程的起点数值。

ANSYS 优化设计中包括的基本概念有：设计变量、状态变量、目标函数、合理和不合理的设计、分析文件、迭代、循环、设计序列等。可以参考以下这个典型的优化设计问题进行理解。

在以下的约束条件下找出图 18-1 所示矩形截面梁的最小重量。

总应力 σ 不超过 σ_{max}（$\sigma \leqslant \sigma_{max}$），梁的变形 δ 不超过 δ_{max}（$\delta \leqslant \delta_{max}$），梁的高度 h 不超过 h_{max}（$h \leqslant h_{max}$）。

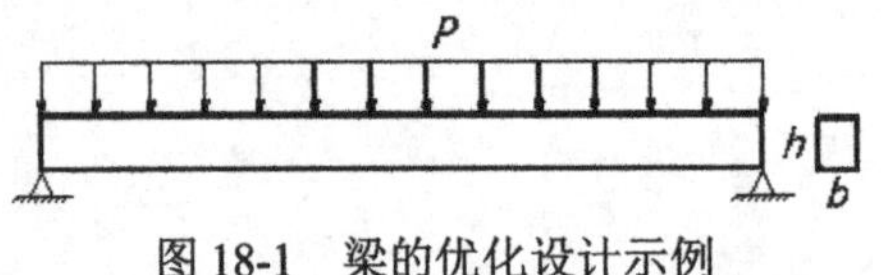

图 18-1 梁的优化设计示例

18.1.2 定义参数

在 ANSYS Workbench 2021 R1 中设计探索，主要可以帮助工程设计人员在产品设计和使用之前确定其他因素对产品的影响。根据设置的定义参数进行计算，确定如何才能最有效地提高产品的可靠性。在优化设计中，所使用的参数是设计探索的基本要素，而各类参数可来自 Mechanical、DesignModeler 或其他应用程序。设计探索中共有 3 类参数。

（1）输入参数（Input Parameters）。输入参数可以从几何体、载荷或材料的属性中设定。如可以在 CAD 系统或 DesignModeler 中定义厚度、长度等并将其作为设计探索中的输入参数，也可以在 Mechanical 中定义压力、力或材料的属性并将其作为输入参数。

（2）输出参数（Output Parameters）。典型的输出参数有体积、重量、频率、应力、热流、临界屈曲值、速度和质量流等输出值。

（3）导出参数（Derived Parameters）。导出参数指不能直接得到的参数，所以导出参数可以是输入参数和输出参数的组合值，也可以是各种函数表达式等。

18.2 优化工具

ANSYS Workbench 2021 R1 中的优化工具包括下面几种。

（1）拓扑优化。

拓扑优化是一种根据给定的负载情况、约束条件和性能指标，在给定的设计区域内对材料分布进行优化的数学方法，是结构优化的一种。

（2）设计探索优化。

- 3D ROM：用于通过一系列模拟来生成降维模型。作为一个独立的数字对象，3D ROM 提供了一种数学表示形式，可以进行降低计算量的近实时分析。
- 参数相关性：用于得到输入参数的敏感性，也就是说可以得出某一输入参数对相应曲面的影响究竟是大还是小。
- 响应面：主要用于直观地观察到输入参数的影响，图表形式能动态地显示输入参数与输出参数间的关系。
- 响应面优化：在“设计探索”中分为两部分，分别是直接优化及响应面优化。实际上它是一种多目标优化技术，是从给出的一组样本中来得到一个“最佳”的结果。其一系列的设计目标都可用于优化设计。
- 六西格玛分析：主要用于评估产品的可靠性概率，其基于 6 个标准误差理论。例如假设材料属性、几何尺寸、载荷等不确定性输入变量的概率分布（Gaussian、Weibull 分布等）对产品性能的影响，判断产品是否达到六西格玛标准。

18.2.1 拓扑优化设计

拓扑优化系统对模型的选定区域计算几何图形的优化结构设计，指定该区域的设计目标和约束。拓扑优化是一种物理驱动的优化工具，它基于先前静态结构系统、模态系统或静态和模态分析组合提供的一组载荷和边界条件。现在的 ANSYS Workbench 大大降低了拓扑优化的使用难度，只需要简单的静力分析或模态分析就可以完成拓扑优化。图 18-2 所示为拓扑优化设计界面。

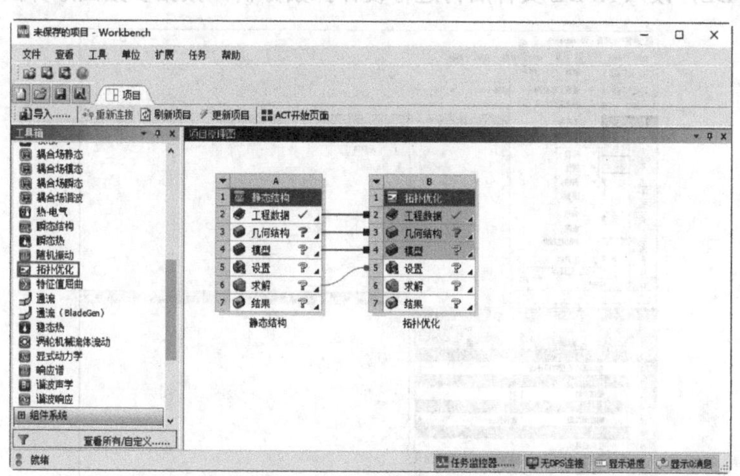

图 18-2　拓扑优化设计界面

拓扑优化是设计中具有决定意义的一步，其目的是使设计域内给定量的材料达到最佳的分布形式，为工程师在概念设计阶段提供参考。

18.2.2 设计探索优化

设计探索优化作为 Workbench 的一个模块，其用户界面简明，读入文件方便，大大方便了用户的设计。

1. 设计探索用户界面

进行优化设计时，需要从 ANSYS Workbench 中进入设计探索的优化设计模块，Workbench 界面中设计探索工具箱在图形界面的左边，包含优化设计的类型：3D ROM、直接优化、参数相关性、响应面、响应面优化和六西格玛分析，如图 18-3 所示。

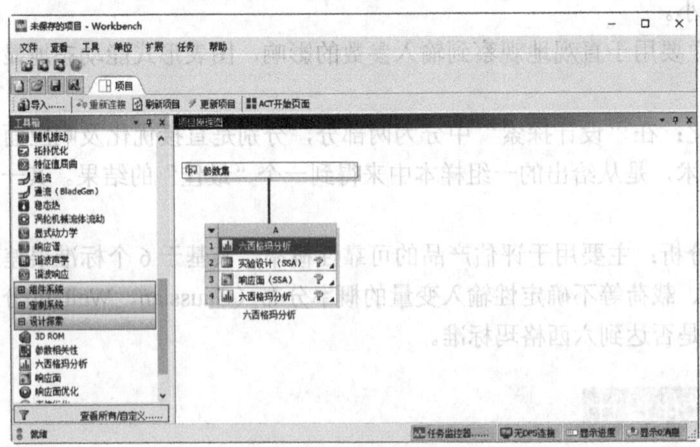

图 18-3 图形界面

2. 读入 APDL 文件

进行优化设计时，可以引用 APDL 文件。在 ANSYS Workbench 中读入 APDL 文件，需要先打开 Mechanical APDL，读入 APDL 文件后再进行设计探索分析，数据参数图形界面如图 18-4 所示。

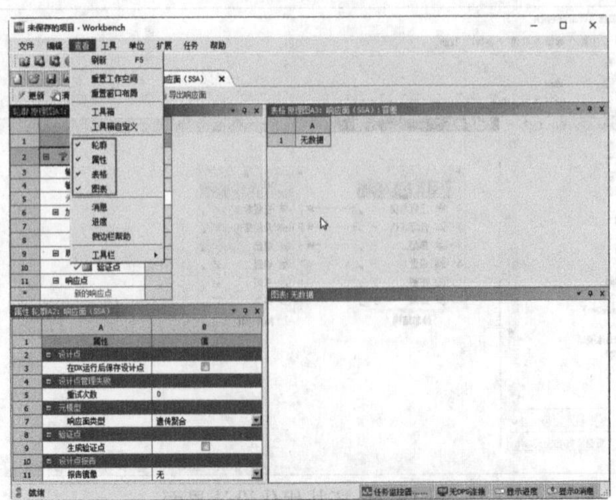

图 18-4 数据参数图形界面

18.3 实例——板材拓扑优化设计

拓扑优化是指形状优化，有时也称为外形优化。拓扑优化的目标是寻找承受单载荷或多载荷的物体的最佳材料分配方案。这种方案在拓扑优化中表现为“最大刚度”设计。图 18-5 所示为优化前后的对比。

图 18-5 优化前后的对比

18.3.1 问题描述

本例对模型进行拓扑优化，目的是在确保其承载能力的基础上让其减重 40%。分析所使用的软件是针对普通设计工程师的快速分析工具——“设计探索”，该软件具有方便、快捷、使用者不需要具备有限元基本知识的特点。利用“设计探索”的拓扑优化功能，可以得到在承受固定载荷下的支架模型，以减少的材料质量为状态变量，保证结构刚度最大的拓扑形状，为后续的详细设计提供依据。

18.3.2 项目原理图

01 打开 ANSYS Workbench 2021 R1 工作界面，展开左边的分析系统工具箱，将工具箱里的“静态结构”模块直接拖动到项目管理界面中或直接在其上双击，建立一个含有“静态结构”的项目模块，如图 18-6 所示。

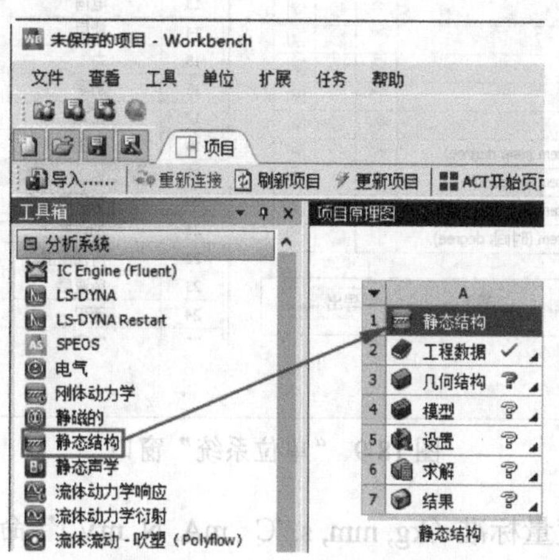

图 18-6 添加“静态结构”模块

02 在工具箱中选中“拓扑优化”模块，按住鼠标左键不放向项目管理界面中拖动，此时项目管理界面中可拖动到的位置将以绿色框显示，如图 18-7 所示。

03 将“拓扑优化”模块放到“静态结构”模块第 6 行的“求解”中，此时两个模块分别以 A、B 编号显示在项目管理界面中，两个模块中间出现 4 个链接，其中以方形结尾的链接为可共享链接、以圆形结尾的链接为下游到上游链接，结果如图 18-8 所示。

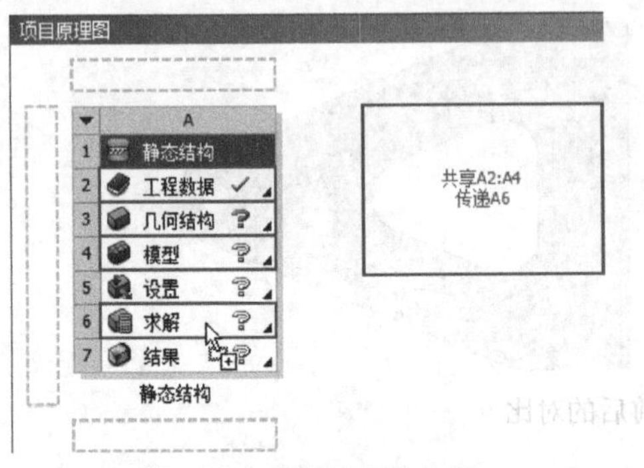

图 18-7　可拖动到的位置

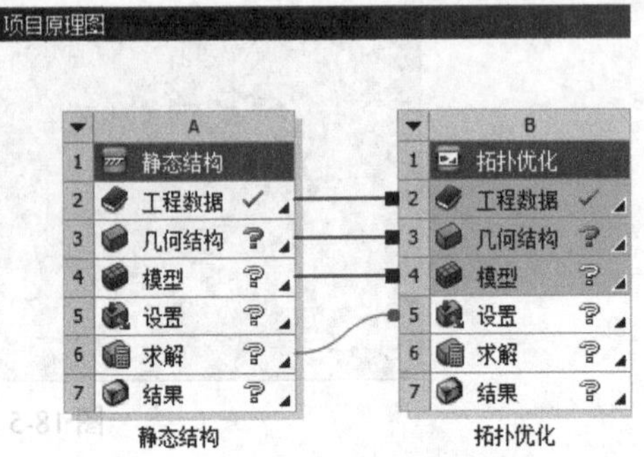

图 18-8　添加“拓扑优化”模块

04 在 ANSYS Workbench 2021 R1 工作界面中选择“单位”→“单位系统”命令，打开“单位系统”窗口，如图 18-9 所示。取消勾选 D8 栏中的复选框，“度量标准（kg, mm, s, ℃ , mA, N, mV）”选项将会出现在“单位”菜单中。设置完成后单击“关闭”按钮✕，关闭此窗口。

单位系统

	A
1	单位系统
2	SI(kg,m,s,K,A,N,V)
3	度量标准(kg,m,s,℃,A,N,V)
4	度量标准(tonne,mm,s,℃,mA,N,mV)
5	美国惯用单位(lbm,in,s,℉,A,lbf,V)
6	美国工程单位(lb,in,s,R,A,lbf,V)
7	度量标准(g,cm,s,℃,A,dyne,V)
8	度量标准(kg,mm,s,℃,mA,N,mV)
9	度量标准(kg,μm,s,℃,mA,μN,V)
10	度量标准(decatonne,mm,s,℃,mA,N,mV)
11	美国惯用单位(lbm,ft,s,℉,A,lbf,V)
12	一致的CGS
13	一致的NMM
14	一致 μMKS
15	一致的KGMMMS
16	一致 BIN
17	一致 BFT
18	DesignModeler Unit System (mm, degree)
19	DesignModeler Unit System (m, degree)
20	DesignModeler Unit System (um, degree)
21	DesignModeler Unit System (时间, degree)

复制　删除　导入......　导出......

	A	B
1	数量名称	单位
2	基础单元	
3	角度	radian
4	化学量	mol
5	当前	A
6	长度	m
7	亮度	cd
8	质量	kg
9	立体角	sr
10	温度	K
11	时间	s
12	常见单元	
13	电荷	A s
14	能量	J
15	力	N
16	功率	W
17	压力	Pa
18	电压	V
19	其他单位	
20	加权声压级	dBA
21	加速度	m s^-2
22	角加速度	rad s^-2
23	角速度	radian s^-1
24	面积	m^2

关闭

图 18-9　“单位系统”窗口

05 选择“单位”→“度量标准（kg, mm, s, ℃ , mA, N, mV）”命令，设置模型单位，选择“用项目单位显示值”命令，如图 18-10 所示。

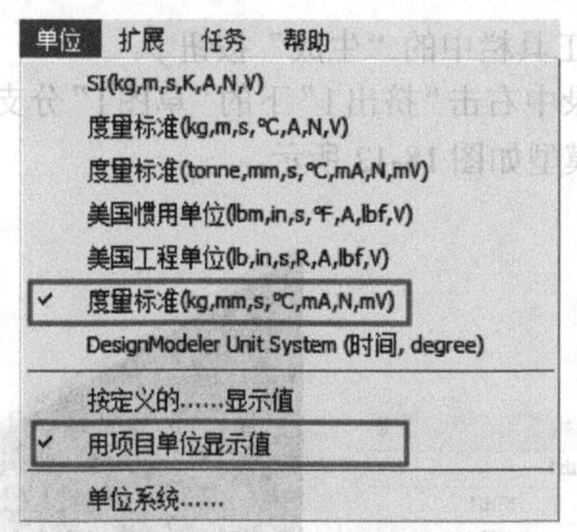

图 18-10　设置模型单位

06 新建模型。右击“A3 几何结构”栏 ，弹出快捷菜单，选择“新的 DesignModeler 几何结构 ......”命令，启动 DesignModeler。

07 设置单位系统。选择“单位”→“毫米”命令，采用毫米单位。

18.3.3　创建模型

01 创建工作平面。单击树形目录中的“XY 平面”分支，单击工具栏中的“新草图”按钮 ，创建一个工作平面，此时树形目录中“XY 平面”分支下会多出一个名为“草图 1”的工作平面。

02 创建草图。单击树形目录中的“草图 1”分支，单击树形目录下方的“草图绘制”标签，打开“草图绘制”工具箱窗格。在新建的草图 1 上绘制图形。单击工具栏中的“查看面 / 平面 / 草图”按钮 ，将视图切换为 *XY* 方向的视图。

03 绘制草图。展开草图绘制工具箱，利用其中的绘图工具绘制图 18-11 所示的草图。

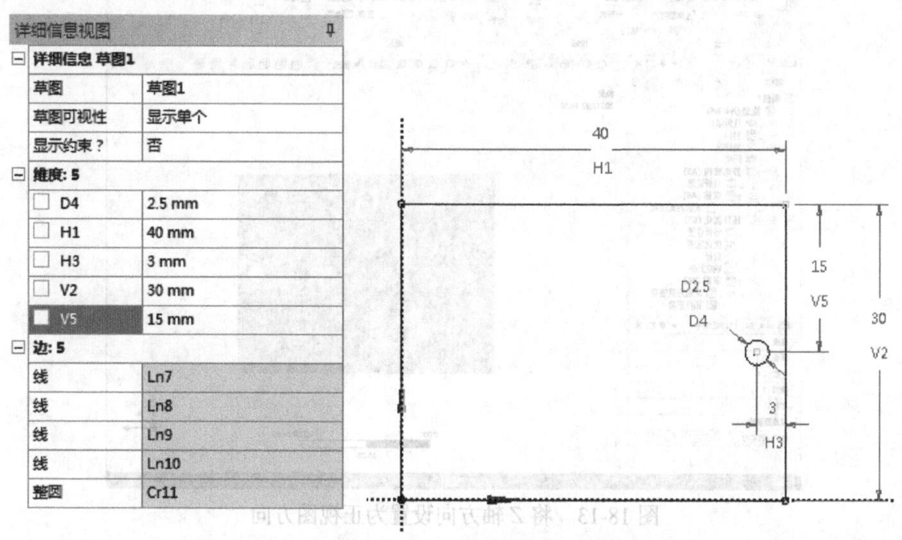

图 18-11　绘制草图

04 拉伸模型。单击工具栏中的“挤出”按钮 ，此时树形目录自动切换到“建模”标签，并生成“挤出 1”分支。在详细信息视图中，修改“FD1，深度（>0）”栏中的拉伸长度为“1mm”，即设置拉伸深度为 1mm。单击工具栏中的“生成”按钮。

05 隐藏草图。在树形目录中右击“挤出 1”下的“草图 1”分支，在弹出的快捷菜单中选择“隐藏草图”命令。最后生成后的模型如图 18-12 所示。

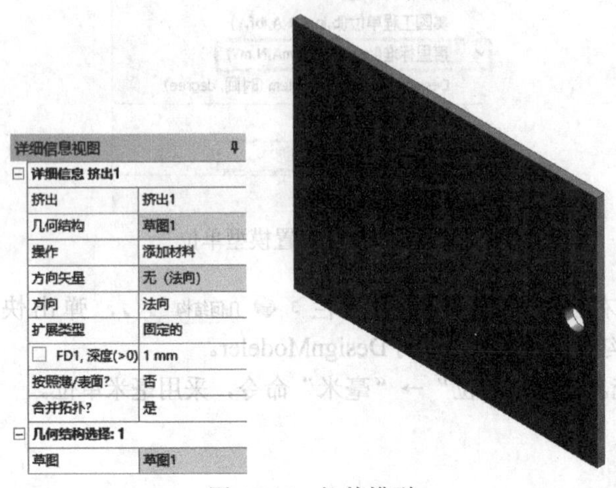

图 18-12　拉伸模型

18.3.4　前处理

01 双击 A4 栏 4 模型，启动 Mechanical 应用程序。单击绘图区域右下角坐标中的 *Z* 轴，将 *Z* 轴方向设置为正视图方向，如图 18-13 所示。

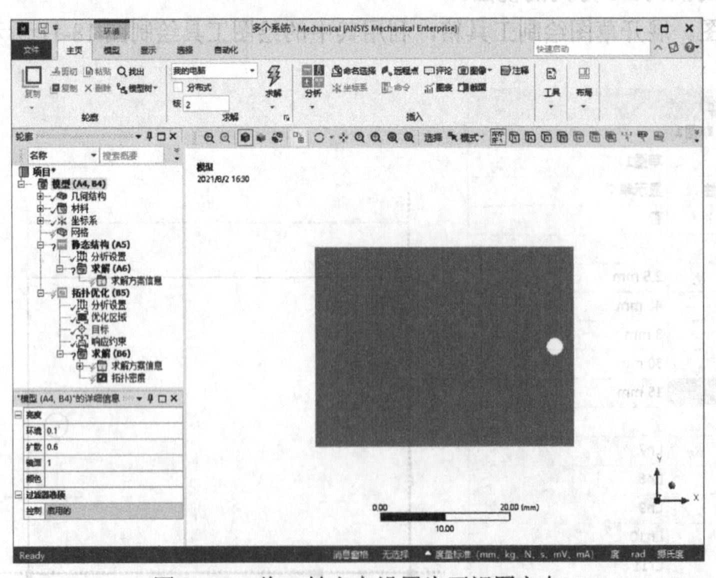

图 18-13　将 *Z* 轴方向设置为正视图方向

02 设置单位系统。在功能区中选择“主页”→“工具”→“单位”→“度量标准（mm, kg, N, s, mV, mA）”，设置单位为毫米。

03 网格划分。在树形目录中右击“网格”分支，在弹出的快捷菜单中选择“插入”→“尺寸调整”命令，如图 18-14 所示。

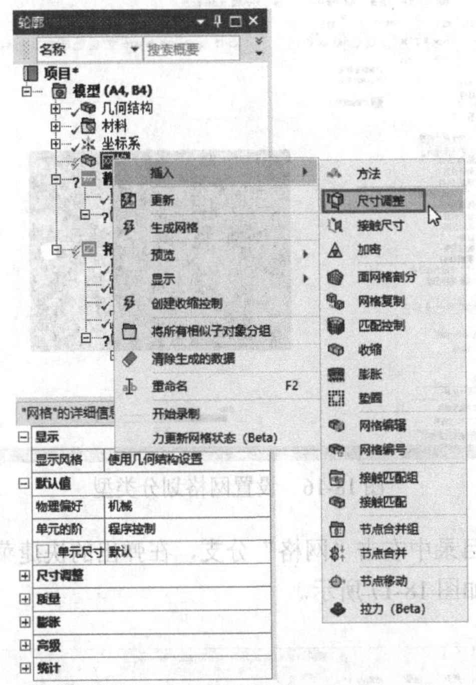

图 18-14 网格划分

04 输入尺寸。在“几何体尺寸调整”的详细信息中，选择整个板实体，设置“单元尺寸”为“1.0mm”，如图 18-15 所示。

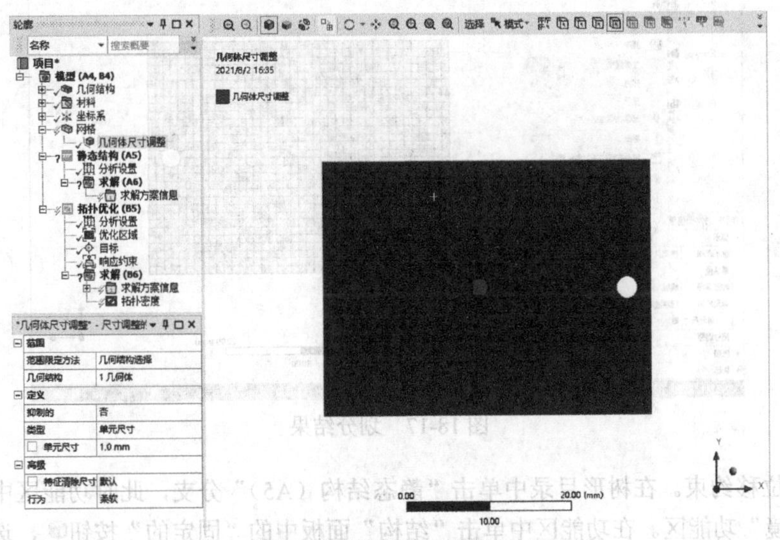

图 18-15 调整几何体尺寸

05 网格划分。在树形目录中右击“网格”分支，在弹出的快捷菜单中选择“插入”→“方法”命令。

06 设置网格划分类型。在“六面体主导法”的详细信息中，选择整个板实体，并设置“方法”为“六面体主导”，如图 18-16 所示。

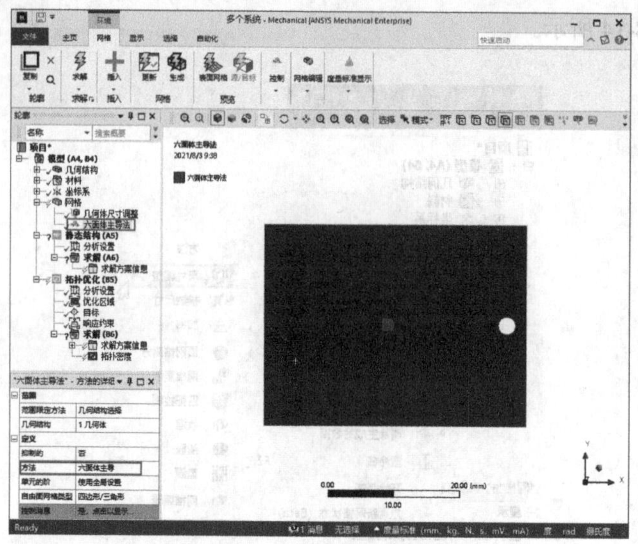

图 18-16　设置网格划分类型

07 网格划分。在树形目录中右击“网格”分支，在弹出的快捷菜单中选择“生成网格”命令进行网格的划分，划分结果如图 18-17 所示。

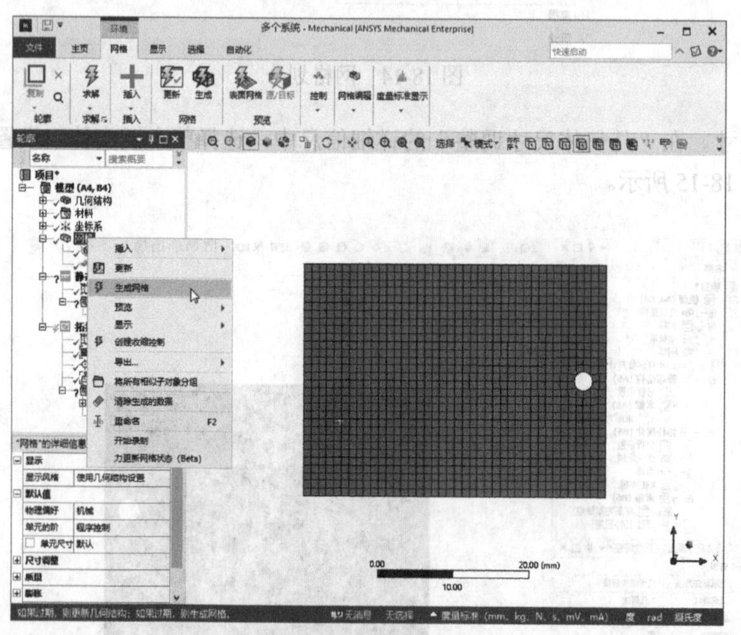

图 18-17　划分结果

08 施加位移约束。在树形目录中单击“静态结构（A5）”分支，此时功能区中的“环境”标签显示为“环境”功能区。在功能区中单击“结构”面板中的“固定的”按钮，选择实体的左端面，将左端面的约束设为固定约束，结果如图 18-18 所示。

09 施加载荷约束。实体最大负载为 10N，作用于圆孔并垂直向下。在功能区中单击“结构”面板中的“力”按钮，插入一个“力”，树形目录中将出现一个“力”分支。

10 选择参考受力面，并指定受力位置为圆孔面，将“定义依据”更改为“分量”，将“Y 分量”改为“−10N（斜坡）”，负号表示方向为 Y 轴负方向，如图 18-19 所示。

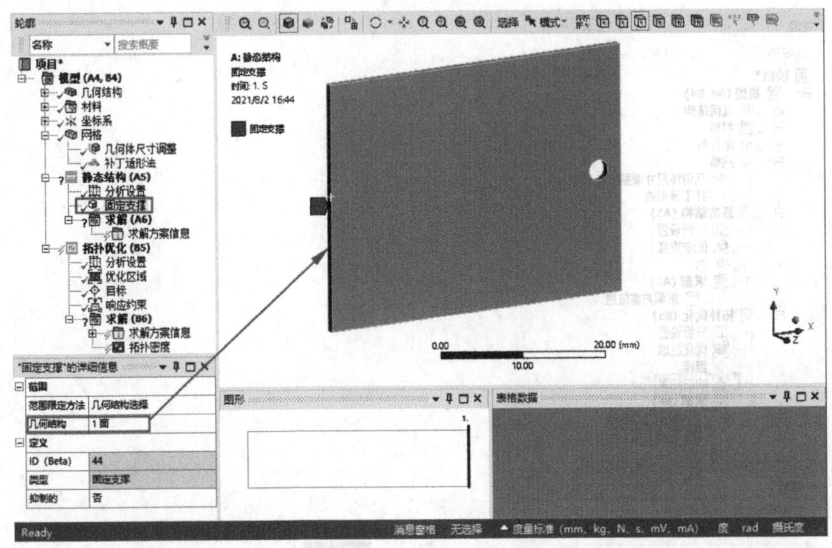

图 18-18　施加固定约束

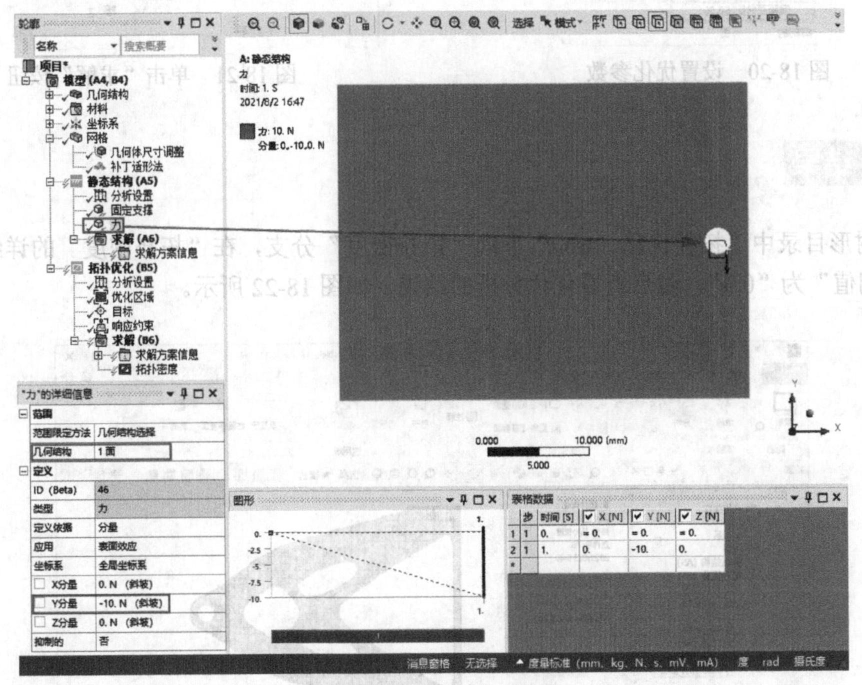

图 18-19　施加载荷约束

⑪设置优化参数。单击树形目录中“拓扑优化（B5）”下的“响应约束”分支，在“响应约束”的详细信息中将“保留百分比”更改为“50%”，如图 18-20 所示。

18.3.5　求解

单击“主页”功能区→“求解”面板中的“求解”按钮⚡，如图 18-21 所示，进行求解。

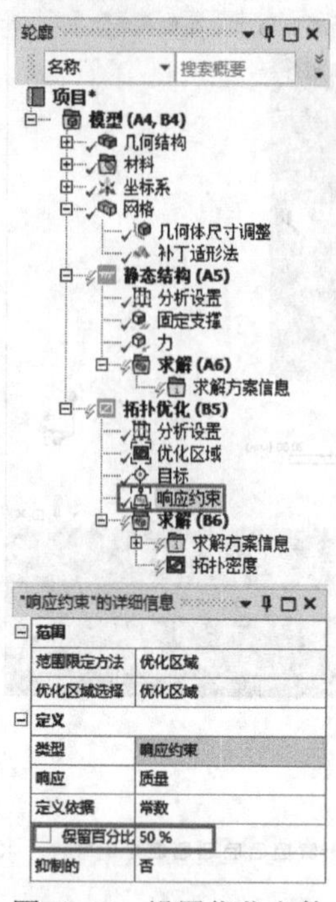

图 18-20 设置优化参数

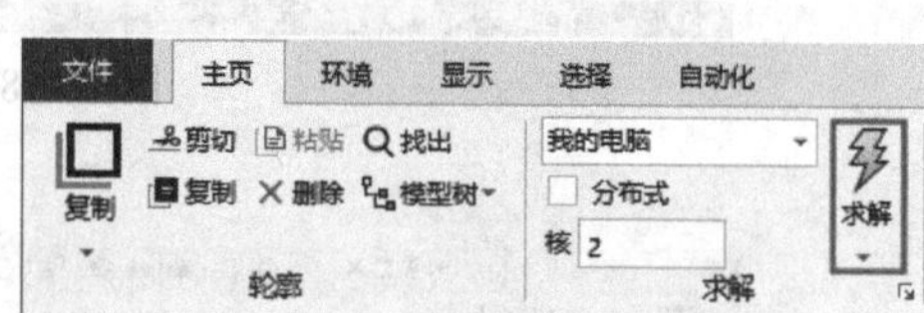

图 18-21 单击“求解”按钮

18.3.6 结果

单击树形目录中“拓扑优化（B6）”下的“拓扑密度”分支，在“拓扑密度”的详细信息中设置“保留阈值”为“0.3”，然后查看优化分析的结果，如图 18-22 所示。

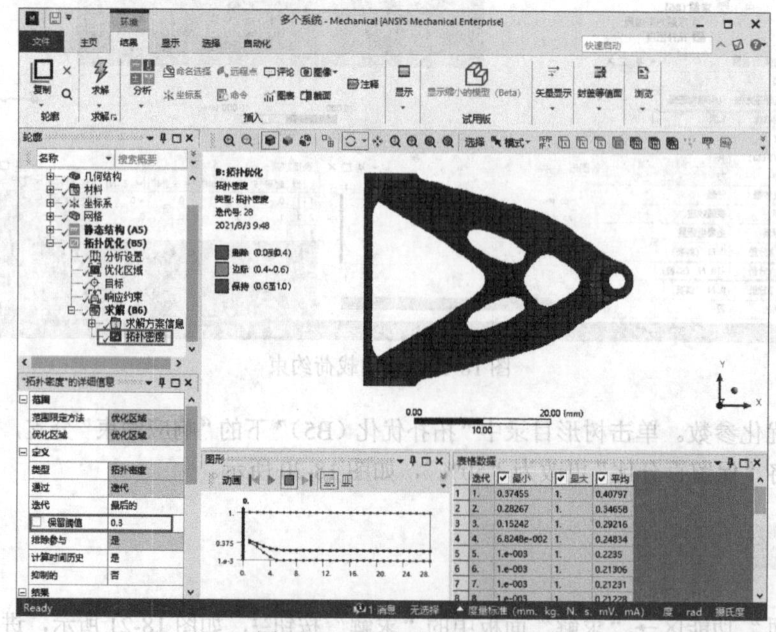

图 18-22 优化分析的结果